中国风能可持续发展之路

李家春　贺德馨　主编

科学出版社

北　京

内 容 简 介

　　本书首先阐明了发展风能在优化能源结构、转变发展方式、治理大气环境、应对气候变化等方面的重要意义,根据当前国内外风能发展的现状和趋势,对 2020 年、2030 年和 2050 年我国能源发展做出了统筹规划,特别是对风能发展的规模和时空布局提出了具体方案。为了保障实现我国未来风能可持续发展的战略目标,提出了相应的技术路线、产业体系、市场机制和政策措施。尽管风能具有清洁、低碳、可再生等诸多优势,但由于风力发电的随机性、波动性、间歇性特征,我们必须依靠创新驱动克服规模入网的困难。本书安排了专门章节详细阐述互联网和设计制造中先进技术在风能产生、输送、利用、调度、分配和运维中发挥的重要作用。作为重要的可再生能源之一,风能将是未来社会能源利用的重要形式和发展趋势,我国在过去 50年风能事业取得辉煌成就的基础上必将实现可持续发展,并为我国的经济社会发展做出不可或缺的贡献。

　　本书可供风能企业研究和设计制造部门的科技人员、政府部门的管理人员、高等院校教师、研究生、本科生和广大公众阅读参考。

图书在版编目(CIP)数据

　中国风能可持续发展之路/李家春,贺德馨主编. —北京:科学出版社,2018.1

　　ISBN 978-7-03-054578-7

　Ⅰ.①中… Ⅱ.①李… ②贺… Ⅲ.①风力能源-能源开发-可持续性发展-研究-中国 Ⅳ.①TK81

　中国版本图书馆 CIP 数据核字(2017)第 231058 号

責任編輯:赵敬伟　赵彦超 / 責任校对:邹慧卿
責任印制:张　伟 / 封面设计:耕者工作室

科学出版社 出版
北京东黄城根北街 16 号
邮政编码:100717
http://www.sciencep.com

北京九州迅驰传媒文化有限公司 印刷
科学出版社发行　各地新华书店经销
*
2018 年 1 月第　一　版　开本:720×1000 B5
2019 年 6 月第二次印刷　印张:21 插页:3
字数:420 000
定价:168.00 元
(如有印装质量问题,我社负责调换)

编委会名单

主　编　　李家春　贺德馨

副主编　　任东明　周建平　王同光

编　委　(按姓氏笔画排序)

　　　　　叶友达　叶杭冶　李　晔　李健英
　　　　　林毅峰　杨校生　周济福　赵晓路

秘　书　　孙相人

前　言

　　能源是人类为从事生产活动和提高生活质量所需的动力和热量的来源,是经济社会发展的物质基础,是国家安全的可靠保障。因此,能源问题一贯受到国家和政府部门的高度重视。作为国家最高咨询机构,中国科学院学部总是把能源问题置于重要地位,并通过战略研究、咨询报告、学术论坛等形式不断凝练科学问题,探究解决方案,为国家能源工程发展提出建设性意见。

　　本咨询研究小组曾于 2012 年 9 月举办了"能源开发利用中的前沿力学问题"的学术论坛,2013—2014 年经过深入企业和现场调查研究,向国务院递交了《大力推进我国风能可持续发展的对策建议》的咨询报告。然而,在未来可再生能源的发展过程中仍会遇到各种挑战,能源供给和消费革命任重道远。因此从 2015 年起,我们启动了《中国风能可持续发展之路》的撰写工作。除了政府和管理部门,这本书主要面向企业、工程、科技、教育各界和广大公众,进一步阐明发展风电等可再生能源的深远意义、目标任务、关键技术、制约瓶颈、政策法规、体制机制等问题,并提出相应的对策措施,旨在使从事风能开发、研究和管理的相关人员在可再生能源的战略地位、规划布局、深化改革、创新驱动等方面取得共识,促进风能投资、开发和双创活动。在此期间,国家发布了《中华人民共和国国民经济和社会发展第十三个五年规划纲要》和《可再生能源发展"十三五"规划》。我们要以此两个纲领性文件为准,进一步审视、阐述和丰富咨询报告的相关内容,为未来风电产业的可持续发展做出新贡献。

可再生能源的战略地位

　　人类利用能源有悠久的历史。早在数千年前的文明发源地,人们就使用风力、水力和蓄力进行耕作、碾磨、提水和运输。17 世纪工业革命后,煤炭逐步成为主要动力,19 世纪末开始开采石油,使用电力,科技的进步对能源的转型起了决定性的作用。20 世纪 50—70 年代由于环境污染和能源危机,导致了可再生能源的规模化利用,目前风能、太阳能、生物质能利用方兴未艾。欧盟是全球可再生能源发展时间最早、力度最大、效果最明显的经济体。2011 年,欧盟发布了《2020 年能源发展战略》,明确了"3 个 20%"的目标,即到 2020 年,相对于 1990 年水平,温室气体减排 20%,能耗降低 20%,可再生能源占能源消费总量的比重达 20%,并提出实现 2020 年亟需开展的行动。同年,欧盟发布了《2050 能源发展路线图研究报告》,

计划到 2050 年,在积极的发展情景下,相对于 1990 年水平,温室气体减排 80％—95％,可再生能源占终端能源消费总量的 75％,可再生能源发电量占电力消费总量的 97％,在能源结构中成为最主要的角色。由此可见,清洁能源成为未来社会替代能源的潮流不可逆转。

"十二五"期间我国经济发展进入新常态。为保证我国经济社会长期平稳发展,必须改变生产发展方式,确定调整供给侧经济结构,并提出去产能、去库存、去杠杆、降成本、补短板的应对策略。2016 年经济领域深化改革取得显著成效,煤炭、钢铁、石化、玻璃、水泥等过剩产能都得到了削减,能源结构调整势在必行。可再生能源是能源供应体系的重要组成部分,可再生能源开发利用规模不断扩大,应用成本快速下降,发展可再生能源已成为能源转型的核心内涵和主导方向。

化石能源不久将枯竭,它的使用导致环境污染,生态破坏、健康损害。尤其是从 2013 年以来,国内多次大范围、持续性重度雾霾天气过程引起了社会各界的密切关注。追究雾霾缘由,与 20 世纪中期伦敦烟雾事件(煤烟排放)和洛杉矶光化学烟雾事件(汽车尾气排放)综合因素相似。一方面,通过解析 PM2.5 的成分,发现是排放的硫氧化物、重金属等经化学反应生成的二次颗粒物所致。气象学家证实,雾霾发生与天气因素的相关度为 77.1％。而且京津冀地区近年来由于冷空气过程减弱,年平均风速降低,环境容量减小,自净能力降低,极不利于雾霾消散。因此,在湿度较高、静稳天气的条件下,雾霾必定卷土重来。要切实改变目前空气质量完全依赖气象条件的状况,采用可再生能源替代化石能源是唯一的选择;另一方面,从全球气候变化的角度来看,IPCC 自 1990—2014 年以来发布的五次评估报告确认,大气中二氧化碳含量的上升,地球表面温度的升高,有 95％的置信度是由人类活动引起的,如果不加控制,将导致全球增温摄氏 4 度以上,人类将面临极端气候与海平面上升带来的严重灾难。世界各国经过努力于 2015 年签订了《巴黎协定》,占温室气体排放总量 75％的 110 个国家批准了协议,并即将生效。中美两国首脑发表了关于气候变化的声明,中国政府承诺 2030 年左右二氧化碳排放达到峰值且将努力早日达峰,并计划到 2030 年非化石能源占一次能源消费比重提高到20％左右。

因此,从我国现有的能源结构和世界未来能源发展趋势来判断,大力发展风能等可再生能源不仅有利于改善大气质量,应对气候变化,而且是符合长远经济社会发展目标的重大战略决策。

统筹规划能源时空布局

我国人口众多,能源需求总量巨大,要改变能源结构长期以煤为主的局面,任务艰巨,因此,能源转型的过程绝不是一蹴而就的。可以预期,从现在起到 2050

年,我国的能源结构还处在从以化石能源为主转向非化石能源和化石能源多元利用的阶段,估计要到21—22世纪之交,才有可能实现以可再生能源为主的局面。所以,风能总量及其时空布局的规划必须置于整个能源规划之中,进行科学统筹考虑。

科学统筹规划首先要求我们必须按照我国经济社会发展水平来制定能源消费总量目标,既要满足工业化、城镇化、生活方式改善带来的日益增长的能源需求,同时,又要符合建设资源节约型、环境友好型社会的绿色发展要求。考虑到我国经济社会发展两个一百年的宏伟目标和人口规划,到2050年,我国经济总量将达到300万亿元,以14亿人口为基数,人均GDP约21万元(约3万美元),并基于单位产值能耗(0.20吨标准煤/万元)、人均能耗水平(4吨标准煤/人)、能源消费年均增长速度、产业结构调整、低碳和排放约束条件进行预测,到2050年能源消费总量约为60亿吨标准煤和12万亿度电;科学统筹规划要求我们还要安排好各种能源的比例和发展进程,通过能源结构多元发展,不断减少化石能源的比重。到2050年,规划确定非化石能源的比例将从2015年的12%增长到2030年的20%和2050年的38.5%,届时,风电将占一次能源的比例为10.7%,在电力结构中占比为17.8%,在非化石能源中占比为27.8%,前景无限广阔;科学统筹规划要求我们安排好能源发展的空间布局,全国规划建设蒙东、蒙西、新疆、甘肃、吉林、黑龙江、河北、山东沿海等八大风电基地,有步骤地发展海上风电,确定了具体的发展路线图,即2020年前积极有序开发陆上风电,示范开发近海风电,2020—2030年陆上、近海风电并重发展,2030—2050年实现陆上风电和海上风电的全面发展;科学统筹规划,要求除了集中陆上风电外,还要布局中东部、南方、西藏等地分散的低风速风电,并安排建设哈密-郑州等10条特高压输电通道、抽水蓄能电站、物理化学储能、分布式风电和智能微电网建设,确保可再生能源充分消纳和平稳上网运行;科学统筹规划要求安排多能互补发电布局,建设风电与常规水电、抽水蓄能水电、太阳能等多能互补发电系统,进一步提高风能利用效率。通过实现以上规划,使未来中国能源发展将会实现能源需求增长从以工业为主向民用为主转变,能源终端消费从一次能源向二次能源(电力)转变,能源发展的硬约束从经济增长向生态环保等三个方面的转变,从而使我们不仅实现了国家工业化、生活现代化,并真正达到了绿色、低碳能源利用的宏伟目标。

深化能源机制体制改革

我国风电产业经历了引进示范、自主开发和规模发展三个阶段。第一阶段1986—2005年是技术引进和示范试验阶段。通过与丹麦、德国、意大利、西班牙国际合作,建立了荣成马兰、浙江大陈、新疆达坂城和内蒙古朱日和示范基地,取得了经验,培养了人才;第二阶段 2006—2010 年,自主开发和初步产业化阶段。国家颁布了《可再生能源法》,实施了特许经营权法,推行了强制上网、分类电价、接网补贴、费用分摊和税收优惠等法规,促进了民营企业投资的积极性;第三阶段是 2011—2015 年是规模开发和自主创新阶段,国家进一步完善了《可再生能源法》,我国风电快速发展,到 2015 年底,装机容量 1.293 亿千瓦,发电 1863 亿千瓦时,稳居世界第一,形成了风电装备制造产业、风电场工程与运维产业、风电系统技术服务产业等完整的产业体系,造就了若干可参与国际竞争的整机制造厂,可以制造多兆瓦大型的风力发电机组,产品质量大幅提升,开发了 8 个千万千瓦级的风力发电场,并跃居成为世界风电大国。

我国现有风力发电的市场机制自 2005 年以《可再生能源法》开始,到目前基本成型。特点是以《可再生能源法》为法律保障,以强制上网、分类电价、接网补贴、费用分摊和税收优惠等为效益保障的一整套政策、法规组成。在风力发电早期发展阶段,运行顺畅,效果显著,为风力发电产业的兴起提供了一个由国家主导的有竞争、有管控、有保障的风力发电市场,有效地推动我国风力发电科技进步、产业发展,保证我国风电持续十年高速发展,节能减排和应对气候变化成效显著。

目前,我国风电发展的规模已经与十年前不可同日而语,现行的政策、法规与风电产业现状不相适应的状况日益显现。由于风电规模庞大,补贴经费上升,经费来源渠道有限,财政入不敷出,补贴经费不能及时到位屡见不鲜;风资源丰富的三北地区远离工业发达、人口密集的中东部地区,电网输送、储能容量、当地消纳能力明显不足;电力改革滞后,输、配、售电不分,调度未能独立,市场没有开放,跨区调配不畅;尚未建立电价形成机制,仍然依靠政府定价,可再生能源的环保功能产生的经济、社会效益未能得到体现。以上短板导致弃风现象成为可再生能源的痼疾,愈演愈烈。以 2015 年为例,全年风力发电 1863 亿千瓦时,同比增加 23%。但弃风电量高达 339 亿千瓦时,同比增加 213 亿千瓦时,弃风率为 18.2%。这充分说明我国的电力配送体制阻碍了可再生能源发展前进的步伐。因此,必须通过调查研究、认真分析、总结经验,将深化能源和电力机制体制改革提到议事日程。深化改革的最终目标是建立有可再生能源中长期可持续开发的市场机制。

在目前阶段,新机制的要点是:搞好配套规划,进一步确立风能的战略优先地位;科学合理制定风电配额指标,强制地方执行;发行绿色证书,完善市场交易;推进能源体制改革,发展风能友好型电网。新机制必须保障我国风电和可再生能源发展中长期目标的实现;要解决电网建设长期滞后、弃风、消纳日趋严重、成本电价差距、政府补贴退出、民营资本介入、监督管理机制不健全等问题。

根据非化石能源消费比重和可再生能源开发利用目标的要求,建立全国统一的可再生能源绿色证书交易机制,进一步完善新能源电力的补贴机制。通过设定燃煤发电机组及售电企业的非水电可再生能源配额指标,要求市场主体通过购买绿色证书完成可再生能源配额义务,通过绿色证书市场化交易补偿新能源发电的环境效益和社会效益,逐步将现行差价补贴模式转变为定额补贴与绿色证书收入相结合的新型机制,同时与碳交易市场相对接,降低可再生能源电力的财政资金补贴强度,为最终取消财政资金补贴、实现电力供销完全市场化创造条件。

同时,通过京津冀及其周边地区(张家口、承德、赤峰、乌兰察布)可再生能源协同利用基地,西北、西南水、光、风基地和风、光、热综合基地等示范试验,证明多种可再生能源协同利用在技术上是可行的,从而提高了可再生能源的利用效率,缓解了弃风、弃光和弃水的现象。如果能在此基础上,进一步推广风、光、煤电联合输送示范工程和投融资模式经验,并大胆探索,从体制机制和业务管理机制上深化改革,解决可再生能源的瓶颈问题指日可待。

加速建设创新驱动体系

近十年来,世界经济面临困境。上一轮科技和产业革命所提供的动能耗尽,现有经济治理机制缺陷显现,导致世界经济整体动力不足,有效需求不振。其表象是:增长乏力、失业上升、债务高企、贸易不畅、投资低迷、市场波动、实体经济失速。但事实证明,无论简单的货币政策刺激,还是金融杠杆调节,都无法为世界经济增长带来长期稳定发展的内在动力。唯有通过创新驱动、结构改革、工业革命、网络技术、数字经济等新方式,挖掘增长动能,创新增长方式,才能为世界和中国经济找到出路。另一方面,进入 21 世纪,科学技术加速发展,在宇宙演化、物质结构、生命起源领域正酝酿着重大理论创新,信息技术、生物技术、新材料技术、先进制造技术正孕育着新的突破。全球产业剧烈变革,一场新的工业革命诸如:美国工业互联网、德国工业 4.0、中国制造 2025 等正在兴起。由此可见,基础学科面临着交叉融合,颠覆性关键技术不断涌现,展示了新的前景。总之,世界和中国经济挑战与机遇并存。

我国经济发展进入新常态,国家适时提出了创新、协调、绿色、开放、共享的发展理念,并具体体现在发展速度从高速转向中高速,发展方式从规模速度型粗放增长转向质量效益型集约增长,发展聚焦从传统产业转向新兴产业;发展动力从生产要素驱动转向科技创新驱动,保持经济的平稳增长,赋予中国经济增长新动能。

回顾能源发展史,热力学、电磁学、核物理的发展和蒸汽机、内燃机、水轮机、电动机的发明,导致了能源革命。最近麦肯锡提出的影响未来人类社会的颠覆性技术就包括了可再生能源和储能技术。此时此刻,我们要紧紧抓住世界新技术革命的良好机遇,通过不断突破高效、清洁、低碳、低成本、可持续能源技术,促进风能、太阳能、生物能、核能、氢能等新能源快速发展,进入规模化应用,为我国乃至全球能源革命做出积极贡献。

风能技术与力学、物理学、地球科学、材料、电工、信息等技术紧密相关,需要持续开展基础和应用研究,解决弃风瓶颈问题。为此,我们需要利用先进制造和材料设计技术,制造世界一流的超大型和特殊环境风力发电机组;我们需要发展风资源精细评估、风电场优化布局和海上风电技术,大幅提高风力发电的效率;我们需要优化配置电力资源,结合储能和分布式消纳手段,通过互联网/微电网技术,提高大规模电网平稳接入能力。我们要进一步加大风电领域的研发资金的投入,健全我国可再生能源产业体系,着力建设可再生能源国家实验室、公共服务平台,完善监督认证制度,进一步加强人才引进、培养力度和国际合作交流,使我国在不远的将来建设成为世界风电强国。

本书是在《大力推进我国风能可持续发展的对策建议》咨询报告的基础上,进一步深入研究和细致分析,提出了具体措施,以利于贯彻落实,从而到 2050 年真正能实现所制定的风能发展的宏伟战略目标。

全书共分 6 章。第 1 章经济社会发展与能源问题,介绍风能可持续发展的战略意义;第 2 章风能发展基本情况,介绍国内外风能发展现状与趋势;第 3 章中国风能可持续发展规划与布局,对中国风电中长期发展目标与时空布局提出了具体方案;第 4 章中国风能可持续发展路径,介绍中国风能可持续发展技术路线、产业体系和市场机制;第 5 章中国风能可持续发展的对策与措施,提出了在风能政策、人才培养、服务体系建设和国际交流合作等方面的建议;第 6 章开拓风能可持续发展新空间,对规模化风电并网、分布式风电、互联网在风电系统中的应用、大型风电机组和海上风电设计制造、风电装备绿色制造风能多元化应用等关键问题进行探讨,充分体现互联网和先进制造技术对于风能工程创新发展的重要意义。

本书是集体编撰完成的。在编撰过程中,咨询项目组成员严陆光院士、张涵信院士、胡文瑞院士、徐建中院士和陈祖煜院士对本书的内容提出了许多宝贵的意见。全书除了由编委会成员分工组织和参与有关章节编写外,刘坚、郑雅楠、吕波、李莹、庞静、马江涛、周志超、钟伟、崔新维、胡书举、刘兵、石文辉、傅凌焜等同志也参加了有关章节的编写。本书的编撰出版得到了中国科学院学部的咨询委员会和数理学部的指导和资助,也得到了中国科学院力学研究所的积极支持。在此,一并向他们表示衷心的感谢。

由于涉及领域广泛,编著时间仓促,书中难免疏漏之处,敬请读者批评指正。

李家春　贺德馨

2017 年 9 月 10 日

目　　录

彩图

第1章 经济社会发展与能源问题

1.1 全球经济社会发展中的问题

1.1.1 全球气候变化

早在 19 世纪初,法国物理学家约瑟夫·傅里叶就已认识到了地球大气的重要性,并将大气比作一个能够截留部分太阳辐射热量的温室。1859 年,爱尔兰物理学家约翰·廷德尔发现,太阳短波辐射可穿透大气层将能量传到地表,但地球的长波逆辐射会被二氧化碳所截留,因此,地球可以保持温度并维持生命。根据这个观念,他认为或许可以解释地球历史上的气候变化。1896 年,瑞典诺贝尔化学奖得主斯万特·奥古斯特·阿累尼乌斯教授估算,如果大气中的二氧化碳含量增加两倍,可使地球气温上升 5—6 摄氏度。

1956 年,吉尔伯特·普拉斯利用气候模型,第一次阐述了气候变化的二氧化碳理论。随后,加利福尼亚州立大学圣迭戈分校的查尔斯·基林发表了大气中二氧化碳含量年变化的测量数据,发现大气中二氧化碳浓度有持续上升趋势。在基林数列的开端,二氧化碳的浓度为 315ppm,1970 年则上升到 325ppm,1980 年上升到 335ppm。此后,数值仍不断上升,由 1995 年的 360ppm 上升到 2005 年的 380ppm。这进一步证明了阿累尼乌斯教授提出的观点:大气中的二氧化碳含量的增加会造成全球变暖。不过,基林所发现的二氧化碳含量的增加速度要远远快于阿累尼乌斯的估计。这也促使科学家们开始对二氧化碳和其他温室气体对气候的影响进行更细致的考察,从而为科学分析全球变暖开辟了道路。1977 年,科学家们开始达成了一个新的共识:全球变暖确实对人类构成严重威胁。1979 年,美国国家科学院宣称:可以确信的是,大气中的二氧化碳水平增加一倍,将会使全球变暖 1.5—4.5 摄氏度。

科学观测表明,地球大气中各种温室气体的浓度都在增加,其主要原因是工业革命以来,人类活动影响的结果,特别是消耗的化石燃料(煤炭、石油等)的不断增长和森林植被的大量砍伐导致人为排放的二氧化碳等温室气体不断增长,大气中二氧化碳含量的增长速度每年大约在 1.8ppm(约 0.4%)左右。尽管各种预测模型的结果略有差别,但是所反映的变化趋势却基本是一致:随着二氧化碳等温室气体浓度的加倍,全球大气和土壤的温度将升高 1.5—4.5 摄氏度,这种温度变化是逐渐的,受海洋水体的影响,大约每 10 年升高 0.3—1 摄氏度。

目前科学界对全球气候变化的后果基本取得共识,认为它的影响和危害主要表现在:①海平面上升。全世界大约有 1/3 的人口生活在沿海岸线 60 公里,经济发达,城市密集的地区。全球气候变暖导致的海洋水体膨胀和两极冰雪融化,可能在 2100 年使海平面上升 50 厘米,这将危及全球沿海地区,特别是那些人口稠密、经济发达的河口和沿海低地。这些地区可能会遭受淹没或海水入侵,海岸带滩涂遭受侵蚀,土地恶化,海水倒灌,洪水加剧,并影响沿海养殖业,破坏给排水系统。②对农业和生态系统带来影响。随着二氧化碳(CO_2)浓度增加和气候变暖,可能会增强植物的光合作用,延长生长季节,使世界某些地区更加适合农业耕作。但全球气温和降雨态势的变化,也可能使世界另外一些地区的农业和自然生态系统不能适应,造成大范围的森林植被破坏和农业灾害。③自然灾害加剧。气候变暖导致的自然灾害可能是一个更为突出的问题。全球平均气温略有上升,就可能带来频繁的水文气象灾害,如:暴雨、大范围干旱和持续高温,势必造成严重损失。④危害人类健康。高温会给人类的循环系统增加负担,热浪会引起死亡率增加。同时随着温度升高,可能使许多国家疟疾、淋巴腺丝虫病、血吸虫病、黑热病、登革热、脑炎等传染病蔓延。

作为发展中国家,我国经济在未来相当长时期内还会以中高速增长。根据国内外众多机构的研究结果,在较高的经济增长速度情景下,中国 2020 年能源需求有可能达到近 50 亿吨标准煤;2030 年和 2050 年可能达到 60 亿吨标准煤和 70 亿吨标准煤。2012 年发布的《中国的能源政策白皮书》指出,中国人均能源资源拥有量在世界上仍处于较低水平,煤炭、石油和天然气的人均占有量仅为世界平均水平的 67%、5.4% 和 7.5%。与其他化石能源资源相比,煤炭资源相对丰富,但由于其开发受到赋存量、水资源、生态环境、安全因素、运输条件和环境容量等多方面的限制,能被有效开发利用的煤炭资源量明显不足。中国石油对外依存度已从 21 世纪初的 32% 飙升至 60%,预计 2030 年以后,石油进口依存度将进一步提高到 70%以上;天然气需求从 2006 年的 500 多亿立方米增加到 2030 年的 3000 亿立方米。

由于经济社会发展和人民生活水平的提高,中国未来能源消费还将大幅增长,在化石能源供应压力和资源约束将不断加大的同时,CO_2 排放量也会快速增长,这必然会带来两方面的影响:①国际气候谈判的压力增大。在《联合国气候变化框架公约》下,多数国家正积极采取行动来共同应对气候变化。国际社会已形成共识:将 2050 年全球升温控制在 2 摄氏度以内。为此,全球温室气体排放需在 2020 年左右达到峰值,到 2050 年相比 1990 年需减少 50%。一些发达国家和组织如欧盟、日本、加拿大等均制定了自身的温室气体限量减排目标。同时,呼吁发展中国家也要承担相应减排责任。中国的温室气体排放总量大、增速快,化石能源排放的 CO_2 已位居世界第一位,人均排放量超过世界平均水平。根据美国能源信息署

（EIA）的测算，2012 年中国 CO_2 排放量达 85.5 亿吨，而居世界第二的美国仅 50.7 亿吨。中国人均 CO_2 排放量接近 6.3 吨，远高于世界平均水平（约 4.51 吨），导致中国面临越来越大的国际谈判压力。②将长期遭受全球气候变化带来的不利影响。近年来，中国国内极端气候事件频繁发生，水文气象灾害造成的损失严重。例如，中国西南地区频繁发生历史罕见的秋冬春特大干旱，东北、华北则发生近 40 年罕见冬春持续低温，新疆北部出现有气象记录以来最为严重的雪灾，海南省出现历史罕见持续性强降水过程，甘肃、四川、贵州、云南等地因局地强降水引发严重山洪、泥石流、滑坡等地质灾害等。基于这些情况，中国政府已向国际社会承诺：到 2020 年，单位国内生产总值的 CO_2 排放量比 2005 年下降 40%—45%。非化石能源占一次能源消费的比重达到 15% 左右。到 2030 年，CO_2 排放达到峰值且将努力早日达峰，非化石能源占一次能源消费比重提高到 20% 左右。越来越严格、甚至苛刻的全球气候变化目标的提出，为中国进一步节能减排提出了更紧迫的要求。在碳汇潜力有限、碳捕获技术尚未取得重大突破的条件下，减排 CO_2 归根结底是要限制高碳化石能源消费。这对中国长期以煤为主的高碳能源结构带来严峻挑战。

1.1.2　全球能源安全

随着全球人口与经济的发展，世界能源安全形势引起各国重视，尤其是对于如何实现清洁、高效能源的稳定可靠供应，无论从长期或短期来看都面临一些困难和挑战。

关注能源的供应充足、运输路径的安全以及价格的可负担是传统的能源安全通常考虑的问题。在传统能源安全框架下，一国应该尽量保障自己的能源供应免于中断，或价格失控的风险。作为世界主要能源消费市场，经合组织（OECD）在 20 世纪 70 年代的石油禁运后通过成立国际能源署（IEA）共同保障发达国家的能源供应安全。通过建设石油储备、燃料替换和紧急增产能力，IEA 成员国共同建立应对可能的石油供应中断的应急储备能力，通过向市场释放战略石油储备等方式来缓解石油紧张局面。

但从长期而言，传统化石能源已经难以支撑全球能源需求的持续增长。尽管受到经济增长放缓、环保要求提升、能源价格波动等因素的影响，预计未来 25 年内全世界能源消费总量仍将维持增长态势①；预计 2012 年至 2040 年期间，全球能源消费总量将增长 48%，其中大部分增量将来自经合组织以外的国家，特别是那些经济增长相对强劲的国家，如中国、印度等亚洲国家，有限的化石能源储量与能源需求的持续增长之间的矛盾正在日益凸显。另外尽管近年来化石能源储采比有小幅上升，但截至 2011 年全球石油储采比仍不足 50，天然气储采比不足 60，摆脱

① EIA. 2016. 2016 国际能源展望.

传统化石能源资源是人类在未来 20—50 年间必须予以彻底解决的全球性问题（见图 1-1-1,图 1-1-2）。

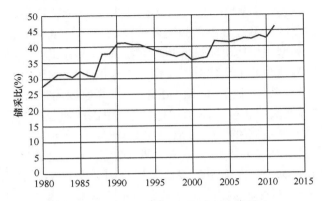

图 1-1-1　1980—2011 年全球石油储采比
来源:美国能源信息署(EIA)

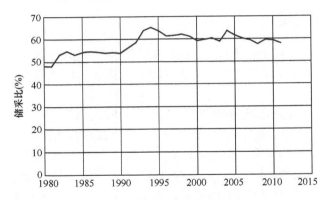

图 1-1-2　1980—2011 年全球天然气储采比
来源:美国能源信息署(EIA)

除资源约束因素外,化石能源的消耗在未来将日益受到碳排放的约束,气候变化将从能源供应、基础设施和用能方式等各个方面对现有能源系统提出挑战,因此提高能源安全需要有面向未来的战略眼光[①]。受各国对能源安全、环境保护、可持续发展以及能源价格的约束,未来近 30 年,化石能源增速将逐渐放缓。其中,尽管以石油为主的液体化石燃料仍然是全球最大的燃料来源,但预计在 2040 年前,液体化石燃料在全球能源消费市场中所占的份额将从 2012 年的 33%,下降至 30%。受价格、环保等因素影响,更多能源用户将倾向于采用能效更高、更为清洁的用能

---

① 王韬. 2014. 面向未来的能源安全战略. 清华-卡内基全球政策中心.

技术,并以此为目标推进各自的能源转型战略。例如,日本等国已将提高能效作为国策,德国、丹麦等国将高比例可再生能源作为能源转型的方向,我国政府也已开始实施减煤和减少二氧化碳排放的能源政策。总而言之,在应对全球气候变化以及高效清洁为主题的能源转型趋势下,开发利用可再生能源已成为保障全球能源安全的重要手段。

在我国各类一次能源中,煤炭资源相对丰富,煤炭也一直在我国能源消费结构中占据主导地位,煤炭资源消费的绝对消费量不断上升。但随着我国石油天然气工业和水电、核电及可再生能源的发展,2008 年以来,其所占总能源消费量的比重近年来呈现出缓慢下降趋势。2015 年我国煤炭消费量约 39.7 亿吨,较上年减少1.5 亿吨,同比减少 3.7%,占能源消费总量的 64%,达到新中国成立以来最低水平(见图 1-1-3)。与煤炭相比,其他能源品种消费占比较低,如 2015 年原油消费量7.7 亿吨标准煤,占能源消费比重的 18%,天然气消费 2.5 亿吨标准煤,占比5.9%;非化石能源消费量 5.9 亿吨标准煤,占比 12%。目前我国煤炭消费量约占世界的 50%,位居世界第一位;人均煤炭消费量约 2 吨标准煤/人,约为世界平均水平的 2.5 倍。整体来看,煤炭消费比重上升阶段均是我国能源消费较快增长时期,这主要是因为煤炭可快速适应能源消费需求,从而进一步强化了其主导地位。

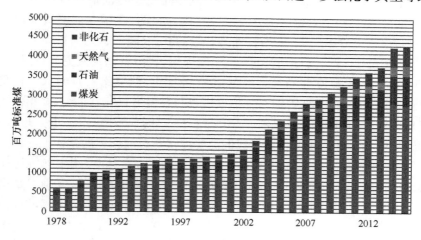

图 1-1-3　我国 1978—2015 年一次能源消费及结构(后附彩图)

来源:国家统计局,中国统计年鉴 2016

然而,在日益严峻的资源与环境约束下,我国现行的煤炭生产和消费方式难以为继。我国煤炭资源储量约为 1145 亿吨,按 1980 年全国煤炭生产量约 6.2 亿吨推算,则储采比为 185。但到 2015 年,全国煤炭年产量已上升至 37.3 亿吨,煤炭储采比已降低至 31(见图 1-1-4)。换而言之,目前高度依赖煤炭的供能体系已经越来越难以长期继续,能源结构转型势在必行。

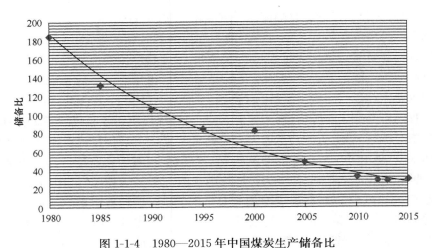

图 1-1-4　1980—2015 年中国煤炭生产储备比

来源：BP Statistical Review of World Energy 2016，中国统计年鉴 2016

随着第三产业，尤其是交通行业的发展，我国石油消费总体呈上升趋势。1953—1978 年间，我国石油消费的平均占比为 11.4％。改革开放后，机动车得到快速普及，石油需求迅速提高。1980 年到 2012 年我国石油消费所占比重平均为 19％，到 2015 年石油消费量已上升至 5.4 亿吨。目前，我国石油消费量约占世界的 12.9％，位居世界第二位，人均石油消费量约 0.39 吨／人，约为世界人均消费量的 65％，美国的 14.7％，日本的 26％。相比煤炭，我国石油资源更为有限，全国储量仅 25 亿吨，按照 2015 年石油生产 2.15 亿吨推算，储采比仅为 11.6。在我国石油需求快速增长的背景下，石油对外依赖度也与日俱增，从 20 世纪 90 年代初的石油净出口国转变为净进口国（见图 1-1-5），到 2015 年进口比重进一步提升到 60％，不断加剧的石油对外依赖度也迫使我们需要加快对石油燃料的替代。

从历史上看，我国天然气消费比重一直相对较低，在 2000 年之前维持在能源消费总量的 2％左右。近年来，随着开发和进口力度的加大，天然气消费量迅速提升，2008 年消费量超过 1 亿吨标准煤，占一次能源消费的比重达到 3.7％。2012年全国天然气消费量达到 1.88 亿吨标准煤，一次能源中的占比进一步提升至5.2％。近年来，我国天然气消费量稳步上升（见图 1-1-6），2015 年全国天然气消费量约 1906 亿立方米，折合标煤 2.54 亿吨。目前，我国天然气消费量约占世界的5.7％，位居世界第三位，人均天然气消费量约 139 立方米，约为世界平均水平的28.9％，约为美国的 5.7％，俄罗斯的 5.1％[①]。

---

① BP. 2016. 世界能源统计 2016.

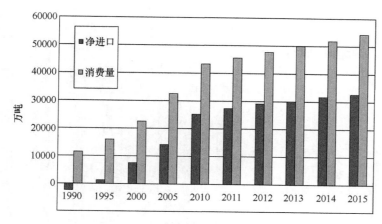

图 1-1-5　1990—2015 年我国石油净进口及消费量

来源:国家统计局,中国统计年鉴 2015

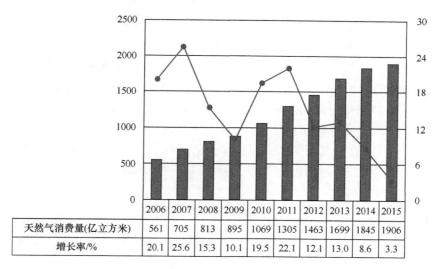

	2006	2007	2008	2009	2010	2011	2012	2013	2014	2015
天然气消费量(亿立方米)	561	705	813	895	1069	1305	1463	1699	1845	1906
增长率/%	20.1	25.6	15.3	10.1	19.5	22.1	12.1	13.0	8.6	3.3

图 1-1-6　2006—2015 年中国天然气消费量与增长率/(亿立方米)

来源:中国统计年鉴 2016

随着非化石能源技术的进步和开发力度的增强,我国非化石能源消费在一次能源消费中的比重稳步上升,从 1978 年的 3.4% 上升到 1990 年 5.1%,再到 2000年 6.4%。特别是从 2006 年《可再生能源法》颁布后,非化石能源消费比重迅速上升,2010 年达到 8.8%,2015 年非化石能源消费量达到 5.59 亿吨标准煤,占一次能源消费的比重超过 12%。但相比煤炭等化石能源,非化石能源消费占比依然偏低(见图 1-1-7)。

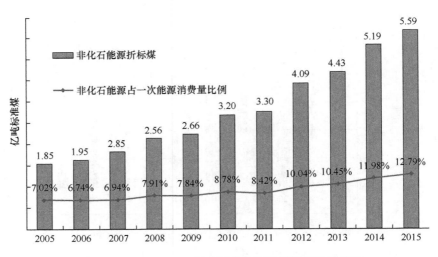

图 1-1-7　2005—2015 年中国非化石能源增量及增长率

发展可再生能源是实现我国低碳发展目标的重要途径。快速增长的煤炭等化石能源需求刺激了我国二氧化碳排放的增加(见图 1-1-8)。我国于 2007 年超过美国成为全球最大二氧化碳排放国,2013 年我国人均二氧化碳排放为 7.2 吨,超过欧盟,为全球平均水平的 1.44 倍。通过能源转型降低二氧化碳排放已成为我国促成全球温室气体减排目标的当务之急。根据 IPCC 报告,要达到 2 摄氏度以内的目标,全球在 2030 年排放水平应减排 150 亿吨温室气体。为此,2015 年末巴黎气候大会上通过的《巴黎气候变化协定》明确"把全球平均气温较工业化前水平升高控制在 2 摄氏度之内,并努力把升温控制在 1.5 摄氏度之内"的具体目标。2016

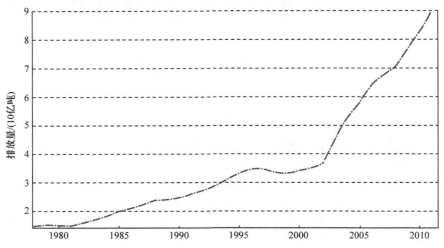

图 1-1-8　中国 1970—2011 年二氧化碳排放量/(10 亿吨)

年 9 月 G20 峰会期间,我国向联合国递交了《巴黎气候变化协定》。可以预见,随着未来《巴黎协定》生效,在减排压力的推动下,我国政府能源结构调整力度将进一步加大。

总而言之,经过数十年的发展,我国已成为世界最大的能源生产和消费国,能源供应能力的提升有效支撑了经济增长和社会发展。但目前以煤炭、石油、天然气等化石能源资源为基础的能源供应体系已导致气候变化、能源安全、环境恶化等一系列问题,已经无法满足未来我国社会经济可持续发展的要求。尤其是近年来随着产业结构转型,能源消费增速出现放缓趋势,2015 年能源消费量同比增幅仅 0.9%,是 1998 年以来最低增速。随着经济转型的不断深化,未来我国能源消费增速将持续放缓,能源结构也将进入从主要依靠化石能源满足供需转向依靠非化石能源满足需求增量的战略性调整期,油气替代煤炭、非化石能源替代化石能源双重更替趋势日益彰显。

1.1.3　全球环境污染

20 世纪的 30 年代到 60 年代,震惊世界的环境污染事件频繁发生,其中最严重的“八大公害”事件有:①1930 年 12 月 1—5 日发生的比利时马斯河谷烟雾事件;②1943 年 5—10 月发生的美国洛杉矶烟雾事件,造成大量居民患眼睛红肿、喉炎、呼吸道疾患恶化等疾病,65 岁以上的老人死亡 400 多人;③1948 年 10 月 26—30 日发生的美国多诺拉事件;④1952 年 12 月 5—8 日发生的英国伦敦烟雾事件,由于冬季燃煤形成的烟雾,导致 5 天时间内 4000 多人死亡;⑤1953—1968 年发生的日本水俣病事件;⑥1955—1961 年发生的日本四日市哮喘病事件;⑦1963 年 3 月发生的日本爱知县米糠油事件;⑧1955—1968 年发生的日本富山骨痛病事件。

20 世纪的 70 年代到 90 年代,全球范围内的重大污染事件再次频发,其中著名的“十大事件”有:①70 年代开始的北美死湖事件;②1978 年 3 月 16 日发生的卡迪兹号油轮事件;③1979 年 6 月 3 日发生的墨西哥湾井喷事件;④80 年代的库巴唐“死亡谷”事件;⑤西德森林枯死病事件;⑥1984 年 12 月 3 日发生的印度博帕尔公害事件;⑦1986 年 4 月 27 日发生的切尔诺贝利核漏事件;⑧1986 年 11 月 1 日发生的莱茵河污染事件;⑨1989 年 11 月 2 日发生的雅典“紧急状态事件”,当天中午雅典市中心空气二氧化碳浓度达到 631 毫克/立方米,超过历史最高纪录;同时一氧化碳浓度也突破危险线。许多市民出现头疼、乏力、呕吐、呼吸困难等中毒症状;⑩海湾战争期间发生的油污染事件。

随着工业全球化的迅速扩张,化石能源的大量使用,环境问题日益严重,已经成为影响人类生存发展的重大危机:①大气污染。大气污染主要表现为煤烟型污染或光化学烟雾事件,导致城市大气环境中悬浮颗粒物浓度普遍超标,二氧化硫污染处于较高水平,并且机动车排放的碳氢化合物、氮氧化物,也进一步加剧了大气污染。酸雨是大气污染的表现形式之一，指的是大气降水中酸碱度（pH 值）低于 5.6 的雨、雪或其他形式的降水。现在"酸雨"一词已用来泛指酸性物质以湿沉降（雨、雪）或干沉降（酸性颗粒物）的形式从大气转移到地面上。酸雨中的成分绝大部分是硫酸和硝酸，主要源于化石燃料。酸雨对人类环境的影响是多方面的：酸雨改变河流、湖泊的生态环境，导致鱼虾减少或绝迹；酸雨可使土壤酸化，破坏营养物质，使土壤贫瘠化，危害植物、森林的生长。此外，酸雨还腐蚀建筑材料，毁坏文物。由于欧洲地区土壤缓冲酸性物质的能力弱，历史上酸雨曾经影响欧洲 30% 的林区发生退化，有些湖泊的酸化甚至导致鱼类灭绝；美国国家地表水调查数据显示，酸雨曾经造成美国 75% 的湖泊和大约一半的河流酸化；加拿大政府也进行过测算，约 43% 的土地（主要在东部）受到过酸雨影响，有 14000 个湖泊是酸性的。②臭氧空洞。在离地球表面 10—50 千米的大气平流层中集中了地球上 90% 的臭氧气体，在离地面 25 千米处形成了厚度约为 3 毫米的臭氧层。但臭氧层十分脆弱，如果接触氯氟烃等消耗臭氧物质（ODS），通过和臭氧发生化学作用将导致臭氧层的破坏。自 1985 年南极上空出现臭氧层空洞以来，情况愈益严重。到 1994 年，南极上空的臭氧层破坏面积已达 2400 万平方公里。现在美国、加拿大、西欧、俄罗斯、中国、日本等国家和地区的上空，臭氧层都开始变薄。实际上，在 1996 年控制 ODS 以前，全球已经向大气层排放 ODS 2000 万吨，不断破坏臭氧层。因此，即使全世界完全停止排放 ODS，也要再过 20 年人类才能看到臭氧层恢复的迹象。臭氧层被破坏，将使地面受到紫外线辐射增强，危及生物蛋白质和基因物质脱氧核糖核酸，造成细胞死亡；使人类皮肤癌发病率增高；白内障患者增加；抑制植物如大豆、瓜类、蔬菜等的生长，并穿透水层，杀死浮游生物和微生物，从而危及水中生物的食物链和自由氧的来源，影响水体生态平衡和自净能力。③水污染。水是我们日常最需要的物质之一，然而由于工业污水、农业污水、生活污水和大量的化学物品的随意排放，导致了海水、湖泊、地下水的严重被污染，已经超出了环境自身的净化能力，水污染问题形势严峻。世界上许多地区面临着严重的水资源危机。据世界银行估计，由于水污染和缺少供水设施，全世界有 10 亿多人口无法得到安全的饮用水。④有毒化学品和危险废物对健康的危害。人类活动产生的铅、汞、一些工业试剂和农药等有毒化学品，经常以废弃物的形式暴露于自然环境中，对人类健康产生严重影响。目前重金属和持久性有机污染物（POPs）正成为人们关注的焦点，这两类化学品会通过食物链的聚集影响整个生态系统。长期暴露于重金属环境中将会导致人体行动迟缓、免疫系统失调甚至诱发癌变；持久性有机污染物会影响人类的生殖、发育和智力。

　　我国巨大的人口总量，特有的以煤为主的能源结构和正处在迅速实现工业化的过程，都对环境和资源构成了超乎异常的压力，使我国面对着更为严重的环境危机：①大气污染严重。我国的大气污染集中在城市群，主要污染物是烟尘、二氧化碳、二氧化硫等,燃煤和汽车尾气排放是主要的污染源。目前,中国二氧化硫和二氧化碳排放量均居世界第二位,大气污染已给中国环境造成了巨大的压力。2011年10月以来,包括京沪在内的我国多地持续出现雾霾天气,严重影响了居民的日常生活,其中一个最重要因素,就是大气悬浮物中的细粒子 PM2.5 严重超标。污染源主要来自煤烟、机动车尾气等产生的硫酸盐气溶胶等二次颗粒物。我国南方是酸雨最严重的地区,成为世界上继欧洲、美国和加拿大后又一大酸雨频发区。②水资源面临危机。全国的水资源分布极不平衡,水资源的 81% 集中分布在占全国耕地面积 36% 的长江流域及其以南地区;占全国耕地面积 64% 的淮河及其以北地区,水资源仅占 19%。供水不足造成农业减产,全国每年因缺水造成的工业产值损失近千亿元。然而,发电、工业等带来的水资源污染也非常突出,城市地下水污染面积持续上升,全国已有 1/3 的水井达不到饮水标准。根据环境保护局的统计资料,我国长江、黄河、松花江、辽河、海河、淮河和太湖、巢湖、滇池等主要水系已有 44.7% 的水失去了饮用功能。③废弃物污染成灾。我国的固体工业废弃物和城市生活垃圾的排放量日益增多,而处理和利用率仍然不高。2009 年,全国工业固体废物产生量为 20.4 亿吨,比上年增加 7.3%,特别是长期埋存的有毒固体废物,经过雨雪淋溶,可溶成分随水从地表向下渗透,向土壤迁移转化,富集有害物质,使堆场附近土质酸化、碱化、硬化,甚至发生重金属型污染。例如,在一般的有色金属冶炼厂附近的土壤中,铅含量为正常土壤中含量的 10—40 倍,铜含量为5—200 倍,锌含量为 5—50 倍。这些有毒物质一方面通过土壤进入水体,另一方面在土壤中发生积累而被植物吸收,毒害农作物。

1.2　全球采取的行动

1.2.1　应对气候变化的主要行动

20 世纪 80 年代,气候变化带来的影响和危害开始受到全球的重视。由于气候变化的全球影响远远超出了自然科学的范围,要应对气候变化问题,需要开展全球范围的合作之路。因此,在联合国的主导下,联合国政府间气候变化专门委员会(IPCC)于 1988 年在日内瓦成立,目的是协调全世界的气候研究和气候保护。1994 年 3 月 21 日,《联合国气候变化框架公约》生效,此后每年都召开一次缔约国大会。其中的三次会议在推动全球气候变化的主要行动中具有重要影响:一是1997 年 12 月在日本京都召开的第三次缔约方大会(COP3),本次会议的最大成果提出了温室气体排放将受到国际法的约束。签订《京都议定书》的国家承诺将二氧化碳和其他温室气体的排放,在 1990 年的基础上降低 5.2%,且在 2008—2012 年之前实现这一目标。欧盟承诺减排 8%,美国承诺减排 7%,日本和加拿大承诺减排 6%。由于温室效应具有全球性,因此,超过限额的工业化国家可以从未用完配额的发展中国家手中购买它们的排放权。二是 2007 年 12 月在印度尼西亚巴厘岛举行的第 13 次缔约方会议。本次会议通过了名为"巴厘路线图"的决议。该决议确认:①为阻止人类活动加剧气候变化必须"大幅度减少"温室气体排放。文件援引科学研究建议,2020 年前将温室气体排放量相对于 1990 年排放量减少 25% 至40%,但文件本身没有量化减排目标。②举行气候变化谈判,谈判期为 2 年,应于2009 年前达成新协议,以便为新协议定在 2012 年底前生效预留足够时间。2008年计划举行四次有关气候变化的大型会议。③谈判应考虑为工业化国家制定温室气体减排目标,发展中国家应采取措施控制温室气体排放增长。比较发达的国家向比较落后的国家转让环境保护技术。④谈判方应考虑向比较贫穷的国家提供紧急支持,帮助他们应对气候变化带来的不可避免的后果,比如帮助他们修建防波堤等。⑤谈判应考虑采取"正面激励"措施,鼓励发展中国家保护环境,减少森林砍伐等。三是 2015 年 11 月 30 日至 12 月 11 日在法国巴黎举行的第二十一次缔约国大会。在本次大会上,全球 195 个缔约方国家通过了具有历史意义的全球气候变化新协议即《巴黎协定》,这是历史上首个关于气候变化的全球性协定。根据该协定,各方同意结合可持续发展的要求和消除贫困的努力,加强对气候变化威胁的全球应对,将全球平均气温升幅与前工业化时期相比控制在 2 摄氏度以内,并继续努力、争取把温度升幅限定在 1.5 摄氏度之内,以大幅减少气候变化的风险和影响。此外,协定指出发达国家应继续带头,努力实现减排目标,发展中国家则应依据不同的国情继续强化减排努力,并逐渐实现减排或限排目标。在资金方面,协定规定发达国家应协助发展中国家,在减缓和适应两方面提供资金资源。同时,将"2020年后每年提供 1000 亿美元帮助发展中国家应对气候变化"作为底线,提出各方最迟应在 2025 年前提出新的资金资助目标。在备受各方关注的国家自主贡献问题上,根据协定,各方将以"自主贡献"的方式参与全球应对气候变化行动。各方应该根据不同的国情,逐步增加当前的自主贡献,并尽其可能大的力度,同时负有共同但有区别的责任。发达国家将继续带头减排,并加强对发展中国家的资金、技术和能力建设支持,帮助后者减缓和适应气候变化。协定还就此建立起一个盘点机制,即从 2023 年开始,每 5 年对全球行动总体进展进行一次盘点,以帮助各国提高力度、加强国际合作,实现全球应对气候变化长期目标。

1.2.2　应对能源安全的主要行动

为应对能源安全问题,许多发达国家和发展中国家都提出了自己能源转型的方案,均把风能、太阳能等可再生能源作为重点发展领域,即使传统化石能源丰富的加拿大、澳大利亚和中东、北非地区的国家,也提出了可再生能源发展目标,以减少对化石能源的依赖(表 1-2-1)。

表 1-2-1　主要国家(地区)可再生能源发展目标和重点领域

国家/地区	可再生能源发展目标	重点领域和措施
欧盟	2020 年可再生能源占到能源消费总量 20%，2050 年 50%	推进风能、太阳能、生物质能、智能电网，实施碳排放交易(ETS)
英国	到 2020 年,可再生能源占能源消费量 15%,其中 40%的电力来自绿色能源领域	积极发展陆上风电、海上风电、生物质发电等,推广智能电表及需求侧输电技术;可再生能源发电差价合约(CfD)
德国	到 2020、2030、2040、2050 年,可再生能源占终端能源消费的比重将分别达到 18%、30%、45%和 60%,可再生能源电力占电力总消费比重分别达到 35%、50%、65%和 80%	扶持风电、太阳能发电、储能,扩建输电管网设施,扩大能源储存能力;可再生能源固定上网电价(FIT)和溢价补贴(FIP)
丹麦	2020 年,风电占到总电力消费总量的 50%;2050 年完全摆脱化石能源消费	支持风电、绿色供暖体系发展,推动可再生能源在建筑、工业、交通领域中的应用,推动智能电网发展
美国	2030 年电力部门二氧化碳排放在 2005 年的基础上削减 30%	推动风电、太阳能发电、生物燃料、智能电网建设。生产税抵扣(PTC)和投资税抵扣(ITC),29 个州和华盛顿特区及 2 个附属地区实行可再生能源配额制政策(RPS)
中国	2020 年和 2030 年非化石能源占一次能源比重分别达到 15%和 20%	支持水电、风电、太阳能发电、可再生能源热利用和燃料;新能源发电的固定上网电价,分布式太阳能发电度电补贴

1. 欧盟

欧洲是引领世界建设低碳、清洁和可持续能源体系建设的引领者。欧盟先后制定了 2020 年可再生能源在能源消费中的比重达到 20%,2030 年达到 27%的能源发展目标,并用量化指标约束各成员国加快发展可再生能源。丹麦提出到 2050 年完全摆脱化石能源,德国提出的战略目标是到 2050 年可再生能源在能源消费中占 60%,在电力消费中占 80%,并制定了各阶段的具体目标。

欧洲各国在欧盟指导下制定各自发展目标,许多国家制定可再生能源发电强制收购要求,通过固定上网电价(FIT)、溢价补贴(FIP)或差价合约(CfD)确保可再生能源发电收益,通过欧盟碳交易(ETS)、碳税或碳标准提高化石能源成本。在战略目标引领和政策推动下,尽管个别国家因政策调整而出现停滞波动,但欧洲整体延续可再生能源发展趋势。2015 年,欧盟新增的 2890 万千瓦电力装机中有 77%来自可再生能源,其中风能和太阳能新增装机分别达到 44%和 30%,均超过了煤电和天然气发电新增装机之和。德国长期引领欧洲可再生能源发展,2015年风能和太阳能光伏发电装机分别达到4500万千瓦和4000万千瓦,使得可再生能源发电占全国发电量比重达到了30%。

2. 美国

美国联邦政府没有直接设定可再生能源发展目标,2015年通过的《清洁电力计划》(CPP)要求美国电力部门在2030年碳排放量较2005年下降32%,并要求各州最晚要在2018年提出各自的实施方案。预计,届时将使可再生能源发电装机占比提升到28%。美国能源部相关研究提出到2030年风电可以占到全部发电量的20%,2050年可再生能源发电占全部发电量的80%。美国最重要的可再生能源扶持政策是联邦层面的生产税抵免(PTC)、投资税抵免(ITC)以及2009年经济刺激法案中的现金补贴政策,2015年12月美国国会两党同意继续延长PTC/ITC政策至2022年,为继续推动美国风电和太阳能发电持续增长打下了政策基础。此外,约29个州和华盛顿特区建立可再生能源市场份额政策(RPS),可再生能源可以出售可再生能源证书(REC)获益。

在政策推动下,美国风能应用规模不断增长。2014年,美国可再生能源在一次能源消费总量中的比重达到9.8%,可再生能源发电在总发电量中的比重达到13.2%。2015年,美国新增装机容量中65%来自可再生能源。当年美国风电新增装机860万千瓦,累计装机容量7440万千瓦,当年发电量1910亿千瓦时,发电量居全球第一,占美国全部发电量的4.7%。太阳能发电新增装机730万千瓦,占当年美国所有新增装机容量的28%,高于天然气发电新增装机。

3. 中国

2014年习近平总书记在中央财经领导小组会议上提出,要积极推动我国能源生产和消费革命,控制化石能源消费,大力发展风能、太阳能等可再生能源。近年来,各方面已逐步形成共识,认识到"能源革命"的本质是主体能源的更替,是由煤炭等高碳化石能源更替到可再生能源等清洁低碳能源的革命。2015年我国在国际社会上承诺2030年左右温室气体排放达到峰值、非化石能源占一次能源消费比重提高到20%左右。

近年来,我国不断完善可再生能源电价扶持政策,在新一轮电力改革中,提出了建立可再生能源发电优先上网制度。在一系列政策推动下,我国持续维持了全球可再生能源新增市场规模最大的地位。到2015年年底,我国水电、风电和太阳能发电累计装机分别达到了3.2亿、1.3亿和4300万千瓦,继续引领全球。非化石能源消费比重达到12%,实现了可再生能源发展"十二五"规划目标。

4. 其他新兴经济体和发展中国家

印度是世界第二人口大国,21 世纪以来能源需求大增,能源供给和环保压力日益加大。2010 年,印度政府宣布将可再生能源的发电比重从 2010 年的 5% 提高到 2020 年的 15%;2014 年,印度政府提出到 2027 年风电装机达到 1.5 亿千瓦。目前印度实行可再生能源固定电价、可再生配额制(RPS)等政策。2015 年,印度可再生能源占一次能源总消费量的 6.3%,风电和太阳能发电分别达到 2500 万千瓦和 500 万千瓦。

巴西能源长期以来依赖水电和油气,水电占全部一次能源消费的 28% 和电力消费的 64%,但近年来大力支持新能源建设,实施可再生能源竞标机制、电力购买协议(PPA)拍卖计划,推动开发风能、太阳能等新能源。到 2015 年年底,巴西风电装机达到 870 万千瓦。

阿联酋、沙特等传统的产油国也日益重视发展可再生能源。沙特 2012 年曾提出远期可再生能源发展目标,计划到 2032 年可再生能源发电总装机 5400 万千瓦,虽然目前进展缓慢,但在 2016 年 4 月最新发布《2030 愿景目标》中强调通过修改有关法律改善投资环境、推动燃料市场自由化确保可再生能源具有竞争力。阿联酋计划在 2025 年前建成完全依赖可再生能源的马斯达尔城。可再生能源也是解决非洲现代能源匮乏的重要途径。2015 年巴黎气候大会(COP21)期间宣布的非洲可再生能源行动计划(AREI)提出,在 2020 年前实现至少 1000 万千瓦新增可再生能源电力装机,到 2030 年前新增 3 亿千瓦。南非提出在未来 20 年内投资 900 亿美元发展可再生能源,计划将可再生能源利用总量提升 40%,使全国总发电量翻一番。

1.2.3　应对环境危机的主要行动

面对不断加剧的环境问题,人们开始着手解决世界范围内的各种环境问题,掀起了反污染反公害的环境保护运动。20 世纪 60 年代,人类历史上第一次超越国界的环保浪潮揭开了序幕。1967 年,日本律师联合会发表公告,明确指出环境问题侵害人类的生产生活。与此同时,理论界也加强了对这一领域的研究力度,于是才有了保罗·埃利奇(P. R. Ehrlich)的《人口、资源与环境》和罗马俱乐部(The Club of Rome)的《增长的极限》等一批影响深远的著作先后问世。1970 年 4 月 22 日更成为世界环保史上值得纪念的日子,这一天的群众性环保运动席卷全美,各阶层人士在各地举行游行、集会、演讲,2000 多万人参加了这次规模空前的运动。这次活动在国际社会上产生了广泛影响,得到了世界许多国家的积极响应,形成了世界性的环保运动。为纪念这次活动,4 月 22 日被定为"世界地球日"。

为应对全球性的环境危机,世界各国举行国际环境会议积极磋商,制定发展规划。自 1972 年以来,联合国召开了以下国际环境会议:

(1) 1972 年斯德哥尔摩联合国人类环境会议

1972 年 6 月 5 日到 16 日,联合国在瑞典斯德哥尔摩召开了人类历史上第一次关于人类环境问题的大型国际会议——联合国人类环境会议,出席会议的有114 个国家的代表和一大批政府间组织和非政府组织的观察员,共约 1200 人。

会议的宗旨是共同讨论人类面临的环境问题,"取得共同的看法和制定共同的原则以鼓舞和指导世界各国人民保持和改善人类环境",拟订各种战略和措施,终止和扭转环境恶化的影响。会议持续 12 天,充分研讨并总结了有关保护人类环境的理论和现实问题,制定了一系列对策和措施,诞生了一系列重要文件和公约,提出了"只有一个地球"的口号,呼吁各国政府和人民为保护和改善人类环境、造福子孙后代而共同努力。这是联合国历史上首次专门研讨人类环境问题的世界性会议,标志着联合国开始全面介入世界环境与发展事务,开启了联合国在人类环境保护史上的一个新里程。会议使各国达成了一致的看法并制定了共同的原则,对唤醒人类环境意识,推动国际环保合作发挥了巨大的推动作用。为了纪念大会的召开,同时引起公众对环境问题的关注和警觉,当年的联合国大会作出决议,与会代表一致同意将 6 月 5 日定为"世界环境日"。经过与会国家的不懈努力,会议通过了两项重要文件,即《斯德哥尔摩人类环境宣言》和《人类环境行动计划》。

(2) 1992 年里约热内卢联合国环境与发展大会

如果说 1972 年斯德哥尔摩人类环境会议的最大功绩在于唤起世人的环境觉醒,那么 20 年后的 1992 年在里约热内卢举行的联合国环境与发展大会,不仅扩展了对环境问题的认识范围和深度,而且把环境问题与经济社会发展结合起来研究,探求它们之间的相互影响和依托关系。

1992 年 6 月 3 日,举世瞩目的联合国环境与发展大会在巴西的里约热内卢隆重开幕,178 个国家代表团出席了会议,其中有一百多位国家元首和政府首脑,八千多名代表,九千多名新闻记者和大批国际机构、非政府组织的观察员。与此相呼应,世界民间环境大会"92 全球论坛"也同时拉开帷幕。

会议的宗旨是"在加强各国和国际努力以促进各国持久无害环境发展的前提下,拟订各种战略和措施,终止和扭转环境恶化的影响"。为期两天的首脑会议是这次会议的高峰,许多国家领导人提出了具体的倡议。在大会的一般性辩论期间,有两百多位发言者代表各国政府、各政府间机构和非政府组织就他们关切的环境与发展问题发表了意见。

此次大会是一次规模空前、影响深远的国际环境盛会,它以筹备时间之长、出席人数之多、级别之高创下了联合国历史的新纪录,被公认为环发领域国际合作的最高标志,赢得了国际社会的高度评价。环发大会的成功既是世界各国真诚合作的结果,也与联合国的努力密不可分。从会议的筹备、举行到僵局的打破,联合国进行了大量的组织和协调工作,有力地保证了会议的顺利进行。经过众多国家的共同努力,里约大会取得了重要成果,通过和签署了两项意义深远的纲领性文件:《里约环境与发展宣言》和《21 世纪议程》。

(3) 2002 年约翰内斯堡联合国可持续发展世界首脑会议

1992 年的环境与发展大会虽然提出了可持续发展的观念,但是由于国际环境发展领域中的矛盾错综复杂,利益相互交错,以可持续发展为目标的《21 世纪议程》等重要文件的执行情况并不理想,全球环境危机不仅没有得到扭转,相反仍在恶化,贫困现象普遍存在,南北差距不断增大。在这种情况下,根据联合国大会第 55/199 号决议,决定召开联合国可持续发展世界首脑会议。

2002 年 8 月 26 日至 9 月 4 日在南非约翰内斯堡召开的可持续发展世界首脑会议,是迄今在环境与发展领域召开的最大规模的国际会议,共有来自 192 个国家的 17000 名代表,其中包括 104 名国家元首和政府首脑参加了这次会议。会议对 1992 年联合国环境与发展大会以来《21 世纪议程》的执行情况进行了全面审查和评价,重申了全球可持续发展伙伴关系。在各方的一致努力下,会议通过了两份重要文件:《约翰内斯堡可持续发展宣言》和《可持续发展问题世界首脑会议执行计划》。

(4) 2015 年“世界可持续之年”

2015 年是“世界可持续之年”,联合国围绕“可持续发展”议题举行了多次高级别会议。其中 2015 年 8 月 2 日,联合国 193 个会员国就日后发展议程达成一致,形成了题为《变革我们的世界——2030 年可持续发展议程》的共识文件。这份共识文件既反映出国际社会对于环境问题日益重视,亦反映出以联合国为代表的国际社会对于建立更加行之有效的全球环境治理制度的呼吁。2015 年 9 月举行的联合国特别峰会上,各国领导人共同签署并批准了《2015 年后发展议程》。

各国家都先后通过理念创新、政策创新、技术创新、产业创新或经营创新来实现经济社会的可持续发展,力图在完成国际条约中所承诺的环保任务的同时,实现本国能源结构和经济结构的调整并带来新的经济发展模式和新的经济增长点。

美国政府在《清洁空气法》《能源政策法》的基础上提出了清洁煤计划,其目标是充分利用进步技术,提高效率,降低成本,减少排放。自 2001 年以来,“美国政府已投入 22 亿美元,用于将先进清洁煤技术从研发阶段向示范阶段和市场化阶段推进。政府通过“煤研究计划”政策,能源部国家能源技术实验室进行清洁煤技术研发,开发创新型污染控制技术、煤气化技术、先进燃烧系统、汽轮机及碳捕捉封存技术等。”另外美国采取多种财政税收政策发展可持续经济,例如,制定免税政策鼓励节能,为购买节能型汽车提供减免税优惠,鼓励美国消费者购买节能型汽车。

欧洲作为老牌的工业地区,在区域内从理念、政策和制度、技术和产业、企业经营和消费生活的各个领域,进行可持续经济的一系列创新活动,通过这些低碳活动提高自己的国家竞争力,树立在环境保护中的良好形象。2006 年,欧盟发表了《斯特恩报告》,该报告形成了欧盟应对环境危机的政策基础。

作为《京都议定书》的发起国和倡导国,日本在可持续经济发展方面也做出了巨大努力。日本投入巨资开发新能源和可再生能源,不仅只集中在新能源的产业化方面,也注重对太阳能、风能、氢能、燃料电池,以及潮汐能、水能、地热能等方面的基础研究。2007 年,日本决定在未来 5 年中投入 2090 亿日元用于发展清洁汽车技术,其目的不仅要大大降低燃料消耗,还要降低温室气体的排放量。2008 年 6 月,日本提出了"福田蓝图",规划日本太阳能发电量到 2020 年要达到目前的 10 倍,到 2030 年要提高到目前的 40 倍。

巴西作为发展中国家通过采取电力基金支持的政策,在节能减排、环境效益与多方面的资源节约等方面取得了瞩目成效。巴西作为乙醇燃料世界生产大国,通过与美国进行合作,将乙醇和其他生物燃料推广到拉美其他国家,把乙醇作为替代能源出口的方式,将进一步推动其低碳能源的经济增长。

印度拥有丰富的可再生能源资源,把发展可再生能源作为国家的重要能源战略,成立了专门负责可再生能源管理的政府机构,确定了可再生能源规模化发展目标。在 2004 年至 2005 年期间,印度建造了安装 1.6 万个太阳能照明系统的 10 万个生物沼气发电厂。2015 年印度政府再次上调了可再生能源的发展目标,将 2022 年可再生能源装机容量的目标提升至 1.75 亿千瓦,不断上调的规划促进了印度减缓其温室气体排放并以此推进经济的快速增长和可持续发展。

我国政府同样十分重视环境保护工作,1994 年通过了《中国 21 世纪议程——中国 21 世纪人口、环境与发展白皮书》,并以此文件来指导我国社会经济未来的发展。2003 年 10 月中国共产党第十六届中央委员会第三次全体会议通过的《中共中央关于完善社会主义市场经济体制若干问题的决定》提出:"坚持以人为本,树立全面、协调、可持续的发展观,促进经济、社会和人的全面发展。"2015 年习近平主席在巴黎大会上的演讲中提到中国要"实现更高水平全球可持续发展、构建合作共赢的国际关系。"可持续发展的思想已经为越来越多的人所接受,并逐渐成为世界各国的共识。它不仅影响到人们的生产方式和思维模式,而且关系到人类的前途和命运。

(5) 2016 年"巴黎协定"

2016 年 4 月 22 日,100 多个国家齐聚纽约联合国总部最终签署了《巴黎协定》,该协定已成为人类可持续发展进程中的重要篇章;《巴黎协定》的最大贡献在于明确了全球共同追求的"硬指标",推动各方以"自主贡献"的方式积极向绿色可持续发展转型,避免过去几十年严重依赖石化产品的增长模式继续对自然生态系统造成危害,引导全球向绿色能源、低碳经济、环境治理方向转变。

1.3　风能的地位和作用

1.3.1　改善能源结构,推进能源转型

目前世界绝大部分国家主要能源仍然来自于石油、煤等化石能源。随着温室效应、大气污染、酸雨等生态环境问题的凸显,能源转型等日益受到关注,使得全球各国开始调整能源发展方向,从传统的以天然气、煤炭和石油为主的能源旧系统,逐步向以清洁可再生能源为主的新系统转变。

风能作为一种清洁能源,是一种取之不尽、用之不竭的可再生能源,它也经历了一个逐步发展的过程:20 世纪 80 年代,以美国加利福尼亚州和丹麦为代表的一些国家和地区相继建起了风力发电场;进入 90 年代,风力发电机组开始大型化,2002 年前后,国际风电市场上主流机型已经达到 1.5 兆瓦,2005 年后各国风电装机呈现爆发式增长;随着各国能源结构调整步伐的不断加快,风能技术的不断突破,主流风电机组的单机容量已经增大到了 2.0—2.5 兆瓦量级,并且 5 兆瓦量级的风电机组也已经得到应用;2015 年丹麦、西班牙、德国的风电发电量占本国总用电量的比例已分别达到 42.1%、19.4%和 12.0%;截至 2015 年年底,在全世界范围内,风电总装机容量已经达到了 4.32 亿千瓦,在世界总电力市场的份额为5.2%。预计到 2020 年,风力发电量将会占到世界总发电量的 12%。经过几十年的开发利用,风能已经成为当前技术最成熟、开发成本最低、最具有开发价值的可再生能源之一,因此,风能具有远大的发展前景和广阔的消费市场,是实现节能减排目标的重要选择。

我国规模化风能开发起步较晚,发展较快,风电电量在全社会用电量中的比例逐年提高,2015 年为 3.3%,预计 2020 年达到 6%—7%。风能利用减少了对常规化石能源的消耗,对于我国的生态环境保护、节约能源起到了重要的作用。国内外研究机构也对我国风电发展前景进行了展望,预计在基本情景下,到 2020 年、2030年和 2050 年,风电装机容量将分别达到 2 亿千瓦、4 亿千瓦和 10 亿千瓦;在积极情景下,风电装机容量将分别达到 3 亿千瓦、12 亿千瓦和 20 亿千瓦,成为我国的五大电源之一,到 2050 年两种情景下分别满足 17%和 30%以上的电力需求(图 1-3-1)。实现上述目标,可带来巨大的环境和社会效益。在两种情景下,2050 年当年二氧化碳减排量分别达到 15 亿吨和 30 亿吨(图 1-3-2)。

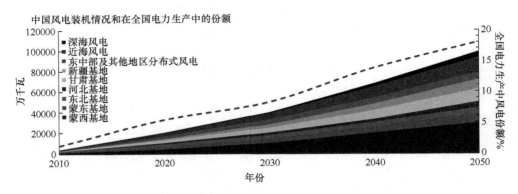

图 1-3-1　中国风电发展目标和布局（后附彩图）

来源：国家可再生能源中心

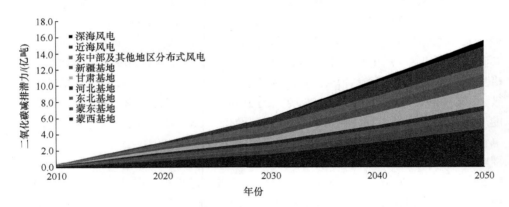

图 1-3-2　中国风电二氧化碳减排潜力（后附彩图）

来源：国家可再生能源中心

1.3.2　创造就业机会，优化经济结构

风能产业发展对宏观经济及就业将带来显著影响。风能产业发展对宏观经济的影响包括几个层面：一是相关产业发生转移，化石能源部门落后产能逐步被淘汰，就业人员转移转产，新能源新技术形成产业，迅速扩大，就业人数显著提高。二是通过能源价格变化对宏观经济产生影响。风能替代化石能源将导致能源生产成本的变化，加之以往未被考虑的环境外部性成本通过税收等形式体现在能源成本中，将会引起下游产业生产成本变化，也带来对产业部门及宏观经济的影响。三是对产业链相关行业的联动影响。如风电设备生产等上游产业的快速扩大，带来了相关原材料、电子机械等产业的扩张，另外，相关产业链的产业和就业人员等也发生相应变化。

　　风电对社会经济影响可分为直接效应和间接效应两类。其中,间接效应既包括可再生能源投资和运营过程对其他产业的正向拉动效应,也包括对传统能源供应行业及其上下游产业的负向挤压作用[1]。上述正向拉动效应和负向挤压效应的加和减是对整体宏观经济的综合影响。对于风能产业链来说,对宏观经济产生影响的主要环节是发电、风电场建设、设备制造及运输、材料生产等。

　　风能产业上游环节主要指材料生产包括对钢材、特种玻璃、水泥等传统和新兴材料制造业产生影响。风电设备零部件制造包括叶片、齿轮箱、塔架、发电机、机舱罩、轴承、控制系统等一系列配件(制造、研发)。各零部件功能不同,在机组中的成本比重也不同。其中,叶片、齿轮箱、轴承等关键零配件的成本占到了整机的主体。近年来我国风能产业已位列全球前列,设备制造及运输产生了一批厂商,形成了巨大的风电设备行业。

　　风电场的建设涉及基础设施、设备安装、运行和维护以及交通运输等。目前国内风电运维市场的模式大致可以分为三类:一是开发商自己设立专门的运维公司;另一类是整机制造商成立的运维公司,主要向业主提供售后服务;最后一类是专门做运维的第三方公司。我国风电装机容量已位居世界第一,但在风电场运营维护管理方面还缺乏经验,风电服务产业尚处于起步阶段。

　　与投入产出表行业类别相比较,风电产业链对应产生影响的主要行业包括电力生产、电力仪表仪器制造、风电设备生产、基础设施建设、有关材料制造业(制造、服务、交通)等。研究发现到 2030 年,风电增加值将超过水电分别达到 0.62 万亿元和 1.50 万亿元,为 2015 年水平的 11 倍(见表 1-3-1)。

表 1-3-1　风电产业增加值(2010 年价格)/(万亿元)

	风电增加值	2010 年	2015 年	2020 年	2025 年	2030 年
既定政策情景	风电	0.00	0.13	0.32	0.51	0.62
高比例情景	风电	0.00	0.13	0.36	0.72	1.50

　　就业方面,风电产业链主要包括零部件制造、风电机组制造、风电场开发与运行维护三大部分。其中零部件制造、风电机组制造、风电场开发、安装运营维护、输配电、咨询和工程、研究开发、融资等众多环节均可创造直接就业机会,并且这些环节通过与其他产业部门的联系还可以创造间接就业机会,并进一步通过消费行为对整个国民经济产生引致性效应。研究发现,到 2030 年,风电及相关产业创造就业有望达到 690 万人(见表 1-3-2)。

---

① 国家可再生能源中心. 2016. 中国可再生能源发展展望 2016.

表 1-3-2　风电产业就业

	既定政策情景(2030 年)	高比例情景(2030 年)
风电产业就业/(万人)	97.99	362.85
风电拉动相关就业/(万人)	136.34	328.22

1.3.3　控制温室气体排放,减少环境污染

风能作为一种清洁能源可以减少煤炭开采带来的生态破坏和水资源消耗,不仅可以显著减少温室气体排放,还可以减轻本地的环境污染,是应对全球气候变化和减少环境污染的重要途径。

国内外许多研究机构相继对全球风电发展的环境影响进行了研究。据预测到2030 年,全球超过 10 亿千瓦的风电装机容量估计每年可以生产将近 2.7 万亿度的风电,相当于全球电力生产的 9%。到 2050 年将增加到 5.2 万亿度风电(占比12%,装机容量超过 20 亿千瓦);2050 年全球电力生产几乎全部依赖于零碳排放能源技术,包括风能和太阳能等可再生能源(46.5%),带二氧化碳捕集和封存的化石燃料(26%)以及核电(23%)。

2007 年中国工程院的研究报告指出,我国的大气污染属于煤烟型污染,二氧化硫、二氧化碳排放量的 85%,烟尘的 70%均来自于燃煤。我国 63.5%的空气环境处于中度或严重污染,南方城市中出现酸雨的占 61.8%,全国酸雨面积占国土面积的 1/3。大气污染造成的经济损失占 GDP 的 3%至 7%,如不能得到有效控制,到 2020 年,仅燃煤污染导致的疾病需付出的经济代价将达 3900 亿美元。根据国家环保总局的测算,我国环境容量限制为:二氧化硫 1620 万吨,氮氧化物 1880万吨。如不采取有效措施,到 2020 年,两者的排放量将分别达到 4000 万吨和3500 万吨,大大超出环境容量,在减少二氧化碳排放方面将受到了越来越大的国际压力。虽然我国人均二氧化碳排放量低,接近世界平均水平,以及排放量的累积值不高,但是其增长速度较快。据预测由于我国强劲的经济增长,发电行业以及工业对煤炭的严重依赖,我国二氧化碳排放总量在 2004—2030 年期间将会增加一倍。我国作为二氧化碳第一排放国,虽然我国近期并不承担温室气体减排的义务,但是作为一个负责任的大国,有责任和义务采取减排措施。

由此可见,风能发展已经成为国际温室气体减排和环境保护的重要举措,我国在颁布的《我国应对气候变化国家方案》中也已把风电能为应对气候变化、减少温室气体排放的重要手段。

参 考 文 献

曹荣湘主编. 2010. 全球大变暖-气候经济、政治与伦理. 北京:社会科学文献出版社.

戴维·赫尔德,安格斯·赫维,玛丽卡·西罗斯主编. 2012. 气候变化的治理-科学、经济学、政治学与伦理学. 谢来辉等译. 北京:社会科学文献出版社.

国际能源署(EIA). 2016. 2016 国际能源展望.

国家发改委能源研究所. 2016. 中国风电发展路线图 2050.

国家可再生能源中心. 2016. 中国可再生能源发展展望 2016.

国家统计局. 2016. 中国统计年鉴 2016.

美国能源信息署(EIA). 石油、煤炭、天然气储量及采量统计.

孟令徽. 2011. 我国风电设备制造产业链整合研究.

王韬. 2014. 面向未来的能源安全战略. 清华-卡内基全球政策中心.

中国工程院. 2007. 我国可持续发展油气资源战略研究.

中国工程院. 2011. 中国能源、中长期(2030、2050)发展战略研究.

沃尔夫·贝林格著. 2012. 气候的文明史-从冰川时代到全球变暖. 史军译. 北京:社会文献出版社.

BP. 2016. 世界能源统计 2016.

第2章 风能发展基本情况

2.1 全球风能发展基本情况

2.1.1 全球风能资源

1. 全球风能资源总量

1981 年,世界气象组织(WMO)对全球风能资源进行了评估,按平均风能密度和相应的年平均风速,将全球风能资源分成 10 个等级。就全球而言,在 10 米高度处风能密度大于 150—200 瓦/米² 的地区约占 2/3。据估计,全球的风能总量有 2.74 万亿千瓦,其中可利用的约为 200 亿千瓦。

2. 全球风能资源分布

据世界能源理事会估计,在地球 1.07×10^8 千米²陆地面积中,距地面 10 米处有 27% 的地区年平均风速高于 5 米/秒。8 级以上的风能高值区主要分布于南半球中高纬度洋面和北半球的北大西洋、北太平洋以及北冰洋的中高纬度部分洋面上,大陆上风能则一般不超过 7 级,其中以美国西部、西北欧沿海、乌拉尔山顶部和黑海地区等多风地带较大,全球陆地风能资源分布情况见表 2-1-1。

表 2-1-1 全球陆地风能资源分布情况

地区	陆地面积/千米²	风力为 3—7 级所占的面积/千米²	风力为 3—7 级所占的面积比例/%
北美	19339	7876	41
拉丁美洲和加勒比	18482	3310	18
西欧	4742	1968	42
东欧和独联体	23049	6783	29
中东和北非	8142	2566	32
撒哈拉以南非洲	7255	2209	30
太平洋地区	21354	4188	20
中国	9597	1056	11
中亚和南亚	4299	243	6
总计	106660	29143	27

2.1.2　全球风能发展现状

1. 风能市场规模稳步增长

近年来,全球风能市场总体上保持稳步增长,风电新增装机量在 4000 万千瓦左右。2013 年美国新增装机出现下降,2014 年恢复增长,2015 年全球风电新增装机容量超过 6000 万千瓦,同比增长了 22.6%;全球风电累计装机容量已超过 4.3 亿千瓦,增长率达 17%。全球风能理事会(GWEC)发布的《全球风电统计数据 2016》显示,2016 年,全球风电新增装机容量超过 54.6 吉瓦(见图 2-1-1),累计装机容量达到 486.7 吉瓦(见图 2-1-2)。其中,中国新增装机容量 23.3 吉瓦,累计装机容量 168.7 吉瓦,分别占世界份额的 42.7% 和 34.7%。

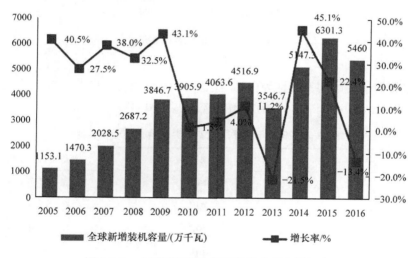

图 2-1-1　全球历年风电新增装机容量和增长率

来源:GWEC

凭借着技术与政策导向的优势,欧洲与美洲是全球风电发展最早的地区。尤其是欧洲,自 20 世纪 90 年代起便开始大力发展风电。同时,随着亚洲新兴市场国家风电的发展及各国对清洁能源重视程度的提高,近几年来,全球风电市场已经从欧美逐渐转向中国和印度等亚洲地区。特别是中国在近几年实现了加速增长。2010 年,中国累计装机容量达到 44.7 吉瓦,成为全球第一。从 2010 年至 2015 年,中国累计装机容量几乎翻了两番。

2016 年,新增装机排名前十的国家分别为中国、美国、德国、印度、巴西、法国、土耳其、荷兰、英国和加拿大,占全球 88% 的市场份额(见表 2-1-2);截至 2016 年,

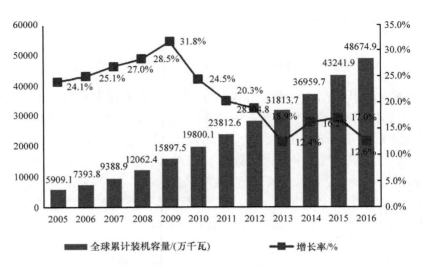

图 2-1-2　全球历年风电累计装机容量和增长率

来源：GWEC

累计装机排名前十的国家分别为中国、美国、德国、印度、西班牙、英国、法国、加拿大、巴西和意大利，占全球 84％ 的市场份额（见表 2-1-3）。

表 2-1-2　2016 年全球风电新增装机容量前十位占比

序号	国家	新增装机占比/%
1	中国	42.7
2	美国	15.0
3	德国	10.0
4	印度	6.6
5	巴西	3.7
6	法国	2.9
7	土耳其	2.5
8	荷兰	1.6
9	英国	1.3
10	加拿大	1.3
其他		12.3

来源：GWEC

表 2-1-3　2016 年全球风电累计装机容量前十位占比

序号	国家	新增装机占比/%
1	中国	34.7
2	美国	16.9
3	德国	10.3
4	印度	5.9
5	西班牙	4.7
6	英国	3.0
7	法国	2.5
8	加拿大	2.4
9	巴西	2.2
10	意大利	1.9
	其他	15.5

来源：GWEC

近年来,海上风电是全球风电发展的一个重要趋势,根据全球风能理事会(GWEC)的统计,全球海上风电项目主要集中在英国、丹麦、德国、比利时和中国这几个国家。2016 年全球海上风电新增装机容量 2.2 吉瓦,累计装机容量 14.3 吉瓦,其中中国海上风电新增装机量增加了 592 兆瓦,累计容量达到 1627 兆瓦,比 2015年增加 58%,累计容量位居世界第三,紧随英国和德国(见图 2-1-3,图 2-1-4)。根据彭博新能源财经的统计,2016 年全球海上风电总投资达 299 亿美元,较 2015 年增长 40%。

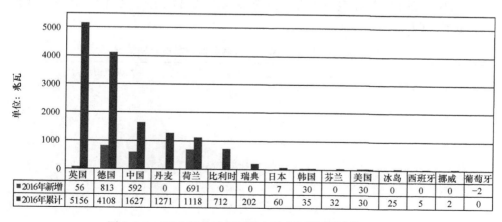

图 2-1-3　2016 年全球各国海上风电新增/累计装机情况

来源：GWEC

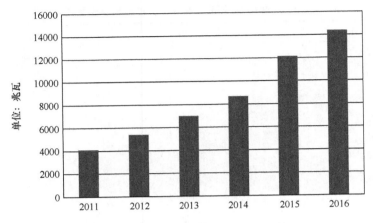

图 2-1-4　全球历年海上风电累计装机情况

来源：GWEC

2. 风能产业趋于全球化

经过不断的探索和发展，全球风能产业逐渐走向成熟，无论是制造商、开发商还是运营商，都有明显的国际化、大型化和一体化的趋势。

（1）制造商

根据 FTI 咨询公司的统计，2016 年，全球风电新增装机容量达到 56.8 吉瓦。其中，排名前十位的风电整机设备制造厂商约占全球市场份额的 75.1％。2016 年，VESTAS 凭借 15.8％的市场占有率，成为全球领先的风电设备制造厂商。2016 年，风电新增装机排名前十五位的全球风电整机制造商中，有 8 家是中国企业（见表 2-1-4）。

表 2-1-4　2016 年全球风电整机制造商市场占有率情况

序号	制造商	国家	新增装机市场占比/％
1	VESTAS	丹麦	15.8
2	GE	美国	12.1
3	金风科技	中国	11.7
4	GAMESA	西班牙	7.5
5	ENERCON	德国	6.8
6	SIEMENS	德国	5.6
7	NORDEX	德国	4.8
8	联合动力	中国	3.8

序号	制造商	国家	新增装机市场占比/%
9	远景能源	中国	3.5
10	明阳风电	中国	3.5
11	重庆海装	中国	3.2
12	上海电气	中国	3.0
13	SENVION	德国	2.5
14	东方电气	中国	2.2
15	湘电风能	中国	2.2
	其他		11.8

来源：FTI

近年来,全球大型风电设备制造商均开始向全球扩张。根据 FTI 咨询公司的统计,2015 年,全球领先的风电整机制造商,市场分布在亚太、美洲、欧洲等地区。其中,排名前五的全球领先风电整机制造商中,Vestas、GE、Siemens 和 Gamesa 在非主要市场国家的占比均超过 40%,而金风科技的主要市场在中国,其他市场占比仅有 2.4%(见表 2-1-5)。根据彭博新能源财经的统计,截至 2016 年底,Vestas 已经在全球 6 大洲的 76 个国家和地区安装了风电机组,市场遍布全球,成为全球领先的"国际化"风电设备制造商。

表 2-1-5　2015 年全球领先风电整机制造商市场占比情况(排名前五)

制造商	主要市场	2015 年总装机/(兆瓦)	主要市场装机/(兆瓦)	主要市场占比/%	其他市场占比/%
金风科技	中国	7863	7673.5	97.6	2.4
Vestas	美国	7430	2993.8	40.3	59.7
GE	美国	5995	3409.6	56.9	43.1
Siemens	德国	5054	1827.6	36.2	63.8
Gamesa	巴西	3376	935.0	27.7	72.3

来源：FTI

（2）开发商

根据 FTI 咨询公司的统计,截至 2015 年年底,全球前 15 位的风电开发商累计装机容量占全球市场的 30%。全球前 10 位风电开发商中,有 6 家是中国的企业,见表 2-1-6：

表 2-1-6　　2015 年全球领先风电开发商市场占比情况（排名前十）

序号	国家	开发商名称	2015 年市场份额	2015 年累计装机/（兆瓦）
1	中国	龙源	3.6%	15740
2	西班牙	Iberdrola Renovables	3.3%	14319
3	美国	NextEra Energy Resource	2.7%	11890
4	中国	中电投	2.3%	9800
5	中国	华能新能源	2.2%	9671
6	葡萄牙	EDP Renovaveis	2.2%	9637
7	中国	中广核	2.2%	9415
8	中国	华电福新	1.7%	7554
9	西班牙	Acciona Energy	1.7%	7212
10	中国	大唐新能源	1.6%	7029

来源：FTI

（3）运营商

2015 年，全球风电运维市场规模 100 亿美元，陆上风电是当前主要风电运维市场，2015 年占比 90% 以上，其余为海上风电运维市场。随着海上风电建设的加速推进，2015—2018 年全球海上风电运维市场规模有望保持 20% 以上的增长速度。根据预测，全球风电运维（OM）市场预计将从 2015 年的 100 亿美元增加到 2020 年，全球风电运维市场规模有望增长至 170 亿美元，年增长率达到 11.2%。

目前，风电机组制造商、风电开发商还有独立的第三方运维公司现在都在做风电运维。以风电机组制造商 Vestas 为例，运维市场已经成为 Vestas 未来重点发力的核心业务之一。目前，Vestas 为遍布全球各地约 60 吉瓦的风机提供运维服务，是世界最大的风电运维服务公司。

3. 风能技术创新能力提升

随着风电市场逐步发展成熟，风能技术特别是海上风电不断寻求新的技术性突破，风电机组单机功率和可靠性得到了提升。

据 FTI 咨询公司的统计，2015 年全球新增风电机组 30996 台。中国作为全球最大的风电市场，2015 年新增风电机组的平均功率已经接近 2 兆瓦，较 2014 年提高 3.96%。其中，德国新增风电机组的平均功率最高，为 3.2 兆瓦左右。见图 2-1-5。

从统计数据分析可知，单机功率 1.5—2.0 兆瓦（不包括 2.0 兆瓦）区间的风电机组市场占有率为 25.6%，而 2.0—2.5 兆瓦范围的风电机组市场占有率已经达到 54.0%。另外，大于 2.5 兆瓦的风电机组市场占有率也已达到 19.5%。

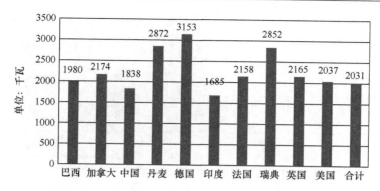

图 2-1-5　2015 年全球主要国家新增风电机组平均功率

来源：FTI

在海上风电技术方面，目前，欧美国家在海上风电场安装的风电机组的单机功率一般在 3.6—6 兆瓦。Vestas 和 Simens 等公司已相继研发出单机功率 8—10 兆瓦的超大型海上风电机组，样机已经基本完成了测试，并开始进入商业化运行阶段。另外，随着海上风电场建设逐渐从近海走向远海，从浅海走向深海后，海上风电机组的支撑基础形式将从固定式走向漂浮式。近年来，大型海上风电机组的型式除了采用双馈异步发电技术外，直驱永磁式全功率变流技术、支取励磁式全功率变流技术和半直驱永磁式全功率变流技术成功的用于 6 兆瓦级以上的主流机型中。

4. 风电度电成本逐渐下降

（1）陆上风电度电成本

近年来，全球风电度电成本呈现逐年下降的趋势。以美国为例，2014 年，每度电 2.35 美分，2015 年下降到 2 美分左右，加上每度电 2.3 美分的生产税抵扣政策（PTC）补贴，合计为每度电 4.3 美分，约相当于人民币 0.287 元。

风电机组（包括塔架和安装）是风电项目成本的主要组成部分，约占陆上发电项目总安装成本的 60％以上[①]。风电机组的价格受经济波动周期和钢铁、铜等商品价格的影响波动较大。在 2000—2002 年间，美国陆上风电机组价格为 750 美元/千瓦左右，而在 2008 年平均价格上涨至 1800 美元/千瓦，这主要是由于钢筋和水泥等材料成本上涨导致的。在 2008—2009 年的峰值价格以后，风电机组价格出现明显下降的趋势。2016 年项目估算价格在 950—1240 美元/千瓦区间，成本降低约 30％—40％。未来几年随着更多行业整合的影响，预计风电机组价格可能继续呈现下降的趋势，见图 2-1-6。

---

① The Power to Change：Solar and Wind Cost Reduction Potential to 2025，IENRE.

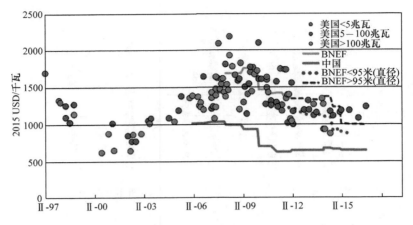

图 2-1-6　风电机组价格变化趋势(1997—2016)(后附彩图)

来源:IENRE

　　风电度电成本,除了与风电机组价格有关以外,还会受资源条件、安装成本和运行维护成本等因素的影响,因此项目之间的风电度电成本存在很大差异。总体来看,风电度电成本是逐年下降的,如图 2-1-7 所示。

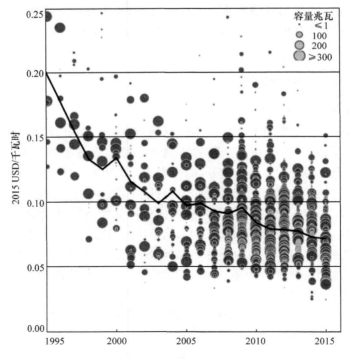

图 2-1-7　全球陆上风电平准化度电成本(LCOE)变化情况(后附彩图)

来源:IENRE

（2）海上风电度电成本

总体来说，海上风电投资成本约为陆地风电的 2 倍左右。2008 年海上风电投资成本为 3100—4700 美元/千瓦；2010—2013 年投资成本上升到 3600—5600 美元/千瓦；而 2014 年平均投资成本为 4950 美元/千瓦，这与海上风电场的离岸距离和水深加大有关。图 2-1-8 给出了典型海上风电项目成本组成情况。

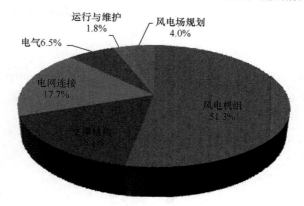

图 2-1-8　欧洲典型海上风电成本组成（后附彩图）

来源：CWEA

彭博新能源财经（BNEF）2016 年发布的《平准化度电成本报告》显示，目前海上风电的经济性正在迅速提高，特别是一些近海项目的平准化度电成本已经或正在逼近其他成熟的发电技术。2016 年下半年，全球海上风电技术的度电成本（加权平均）估计为 126 美元/兆瓦时，较上半年下降约 22%，较 2015 年下半年下降约 28%。其中，采取更大功率的海上风电机组、海上风电项目建设技术提升以及欧洲竞争性项目招标等因素，都是推动全球海上风电度电成本下降的原因。

2.1.3　全球风能发展展望

1. 风能市场增长空间稳定

（1）主要国家风电发展规划目标

REN21 发布的报告称，截至 2015 年，全球共有 64 个国家使用可再生能源发电，总投资达到了 2860 亿美元，有 173 个国家制定了推动可再生能源的具体目标，146 个国家制定有扶持发展政策。此外，还有 52 个国家通过采取财政措施，提供贷款、无偿援助和优惠等推广可再生能源项目。大力发展风电等可再生能源，已经成为全球共识。主要国家风电发展规划目标情况见表 2-1-7 所示。

表 2-1-7　主要国家风电发展规划目标

国家	2020 年发展目标	2050 年发展目标
美国	风电在美国电力结构中的占比达到 10％；建立起海上风电市场和供应链	风电在美国电力结构中的占比高达 35％；海上风电装机达到 86 吉瓦
德国	陆上风电装机 35.80 吉瓦，海上风电装机 10 吉瓦	可再生能源发电提高到 80％以上，可再生能源占终端消费比重达到 60％
西班牙	陆上风电累计装机 35 吉瓦，海上 3 吉瓦，风电占可再生能源发电量的 50％	——
丹麦	风电占发电总量的 50％	能源供应 100％来自于可再生能源
英国	风电装机量达到 31 吉瓦，海上 18 吉瓦，陆上 13 吉瓦	——
巴西	风电装机达到 16 吉瓦，风电占全国总电力消费 9％	——
印度	2022 年风电装机达到 60 吉瓦	——
法国	陆上风电装机达到 19 吉瓦，海上风电装机达到 6 吉瓦	——

来源：国家可再生能源中心

(2) 风电市场规模预测

FTI 咨询公司对 2016—2025 年的全球风电市场做了一个预测，结果显示：全球风电新增装机容量在 2015 年达到新的高峰以后，未来增长预期将会出现一段时间的波动，呈现过山车似的增长。初步预计 2023 年风电新增装机容量将会再次达到高峰。市场放缓的原因主要是中国风电的发展速度放缓。预计 2016—2025 年，年均增长率为 1.4％左右，增加装机容量约 622 吉瓦。其容量分布分别为：东南亚(49.4％)、欧洲(23.3％)、北美(13.0％)、拉丁美洲(6.6％)、非洲(3.4％)、经合组织国家(1.8％)、其他国家(2.5％)。

全球风能理事会(GWEC)发布的《2016 年全球风电发展展望报告》显示：①在稳健情境下，预测 2016 年的年增长率约为 15％；到 2020 年逐渐降至 11％，年新增装机容量达 79 吉瓦，累计装机容量达 800 吉瓦；到 2030 年增长速度稳定在 7％，年新增装机容量到 2030 年达 107 吉瓦，累计装机容量达 1676 吉瓦；2030 年后增速开始放缓，到 2050 年年新增装机容量维持在 120 吉瓦，累计装机容量达 3984 吉瓦；②在超前发展情景下，到 2020 年，风电年新增装机容量将达到 100 吉瓦，累计装机容量达到 879 吉瓦，风电将提供全球 1/3 的电力需求；到 2030 年风电年新增装机容量达到 145 吉瓦，累计装机容量达 2110 吉瓦；到 2050 年，年新增装机容量达到 208 吉瓦，累计装机容量达 5806 吉瓦。

2. 产业整合与一体化加强

随着市场竞争者增多,大型企业向风电产业涌入,并购整合也越来越普遍。风电机组制造商在全球风电市场的并购可分为横向并购和纵向并购。横向并购是一家风电机组制造商并购另一家风电机组制造商。2016 年 6 月,德国西门子(Siemens)与西班牙歌美飒(Gamesa)合并后,对西门子获得三大收益:首先,获得拉美、印度和中国等新兴市场的突破;其次,获得歌美飒分段式叶片和低风速风电机组的技术;最后,获得歌美飒的运维服务能力。

纵向并购则是风电机组制造商向产业链的上下游并购。2016 年 10 月,美国 GE 收购全球最大的风电叶片制造商 LM。并购 LM 对延伸美国 GE 风电产业链、开拓亚欧美以及新兴市场、降低制造成本提升全球风电竞争力都大有裨益。

从国外市场来看,陆上风电经过二三十年的开发,市场发展空间有限,未来五到十年,将以海上风电竞争为主。巨头合并对业界产生了不小震动,2016 年国际风电巨头纷纷并购整合,并购交易将使得国际市场的竞争越发激烈。

3. 风能新技术广泛应用

近年来,风力发电技术愈加成熟,随着单机容量持续增加,风电技术也发生重大变革,变桨变速功率调节技术除双馈异步发电技术外,还发展了直驱永磁式全功率变流技术、直驱励磁式全功率变流技术和半直驱永磁式全功率变流技术。从定桨失速功率调节发展到变桨变速功率调节,风电机组的发电效率和可靠性不断增加,运行维护成本也得到显著降低。

另外,海上风电技术仍为风电创新发展的前沿,全球海上风电场建设进入高速发展新阶段。未来海上风电场将向深海和远海发展,离岸距离将增加到 50 千米以上,漂浮式基础、整体安装及自航自升式施工平台将成为未来的主流技术。单机功率 8 兆瓦级的风电机组已投入运行,10 兆瓦级的风电机组也正在研发。超导风电机组是研制 10 兆瓦级别及以上的超大型风电机组的重要技术路径。由于超导体的零电阻特性解决了散热问题,提升了功率密度,应用超导技术将大幅度提高发电机功率密度和转矩密度,较传统永磁发电机提高 50% 以上,风电度电成本有望下降 30%。

另外,近年来国际上还提出了高空风电机组技术,利用地球在距地面大约 480 米至 12000 米的高空风力来发电。目前有两类技术路线:一是“气球路线”,利用氢气球的升力作用,在空中建风电站,然后通过电缆输送到地面;另一类是“风筝路线”,利用拉动地面发电机组将机械能转换为电能。上述提出的新概念风能转换系统都尚处在可研阶段。

4. 风电政策体系不断优化

风电发展初期与化石能源相比不具备市场竞争力,对风电实行固定上网电价政策是目前世界各国推动风电等可再生能源发展的主要着力点。价格补贴政策促进了各国风电装机规模的迅速扩大。截至 2016 年年底,包括中国在内,已经有 110 多个国家和地区出台了国家或州/省固定上网电价政策。

随着风电装机规模的不断扩大,原有的补贴政策难以为继。在经济下行和财政补贴压力凸显的背景下,世界范围内越来越多的国家开始采用上网电价竞标方式对风电进行补贴。以德国为例,近年来,考虑到可再生能源技术成本下降及补贴总额增加使终端电力用户负担加大等因素,德国的可再生能源定价机制开始由固定电价向市场溢价和可再生能源项目规模拍卖试点转变,宣布自 2017 年起在全国范围内推广风电项目的竞标模式。欧盟也要求自 2017 年起,对技术成熟的可再生能源项目的补贴,需引进竞价机制。上网电价竞标是更市场化的资源配置手段,在竞标机制驱动下,可以使可再生能源逐渐具备与传统能源相竞争的能力。巴西、南非、埃及等国家的风电招标电价已低于当地传统化石能源上网电价,美国风电长期协议价格也已下降到与化石能源电价相当的水平,风电开始逐步显现出较强的经济性。风电竞标制度正在引起世界各国的关注,已成为下一阶段各国补贴政策转型的重要选择。

2.2 中国风能发展基本情况

2.2.1 中国风能资源

1. 中国风能资源总量

2014 年,中国气象局风能太阳能资源中心发布的中国风能资源评估成果表明,中国陆地 70 米高度风功率密度达到 150 瓦/平方米以上的风能资源技术可开发量为 72 亿千瓦,风功率密度达到 200 瓦/平方米以上的风能资源技术可开发量为 50 亿千瓦,风功率密度大于或等于 300 瓦/平方米的陆上分更能资源技术可开发量达到 26 亿千瓦;80 米高度风功率密度达到 150 瓦/平方米以上的风能资源技术可开发量为 102 亿千瓦,风功率密度达到 200 瓦/平方米以上的风能资源技术可开发量为 75 亿千瓦。在近海 100 米高度内,水深 5—25 米范围内的风电技术可开发量可以达到约 1.9 亿千瓦,水深 25—50 米范围内的风电技术可开发量约为 3.2 亿千瓦。2015 年,中国气象局对中东南部 18 个省市的低风速区分更能资源潜力又进行了一次评估,结果显示,我国中东南部 18 个省市低风速区开发以后,风能资源技术开发量增加 6 亿千瓦。

2. 中国风能资源分布

内蒙古、新疆和甘肃是中国风能资源最丰富的省(区),技术可开发量分别达到 14.6 亿千瓦、4.4 亿千瓦、2.4 亿千瓦。风能资源超过 1000 万千瓦的有 14 个省(区),包括位于内陆的山西、云南、青海、宁夏等(见表 2-2-1)。

表 2-2-1　中国各省(区、市)陆地 70 米高度风能资源储量(≥300 瓦/平方米)

省份	技术开发量/(万千瓦)	省份	技术开发量/(万千瓦)
内蒙古	145967	贵州	456
新疆	43555	河南	389
甘肃	23634	江苏	370
黑龙江	9651	四川	340
吉林	6284	江西	310
辽宁	5981	浙江	209
河北	4188	海南	206
山东	3018	重庆	138
云南	2066	湖北	126
青海	2008	台湾	119
山西	1598	湖南	113
宁夏	1555	安徽	77
广东	1367	西藏	65
陕西	1115	天津	56
福建	955	上海	51
广西	692	北京	50

来源:《中国可再生能源产业发展报告》

目前,中国海上风能资源主要分布在中国的东南沿海及其附近岛屿,有效风能密度在 300 瓦/平方米以上;沿海岸线向外延伸,风速逐步提高,风功率密度等级逐步增大,其中以台湾海峡的风能资源最为丰富。山东半岛沿海地区的年平均风速为 7 米/秒以上,江苏沿海区域海上年平均风速在 7—8 米/秒,离海岸线较远的区域风速更大,福建、浙江沿海区域其平均风速达到 9 米/秒以上,具有丰富的风能资源。

2.2.2　中国风能发展现状

1. 风电市场规模持续增长

2010 年以来,随着中国对风电产业持续不断地扶持及投入,风电装机容量不断增加。目前,中国已经成为全球规模最大、增长最快的风电市场。根据中国可再生能源学会风能专业委员会(CWEA)调研统计,2016年,全国(除台湾地区外)新增装机容量2337万千瓦,同比下降24%;累计装机容量达到1.69亿千瓦(见图2-2-1)。

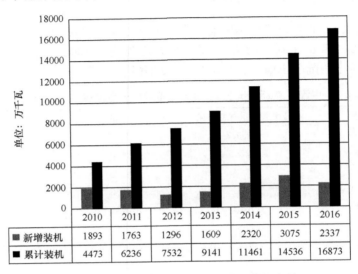

图 2-2-1　中国历年新增和累计风电装机容量

来源:CWEA

　　随着中国风电市场布局的不断优化,"三北"地区新增规模逐渐减少,中东部和南方地区的风电项目规模不断扩大。与2015年相比,2016年我国华北地区和华东地区以及中南地区占比均出现了增长,其中,华东地区占比由原来的13%增长到20%,中南地区占比由原来的9%增长到13%;西北地区和东北地区均出现减少,其中,西北地区占比由38%下降到26%(图2-2-2)。

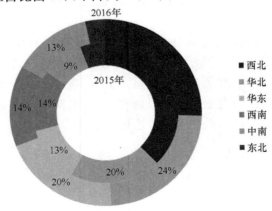

图 2-2-2　2015年和2016年中国各区域新增风电装机容量占比情况(后附彩图)

来源:CWEA

2016 年,中国各省(区、市)风电新增装机容量排名前五的省份为新疆、内蒙古、云南、河北和山东,占全国新增装机容量的 44.6%。风电累计容量排名前五的省份为内蒙古、新疆、甘肃、河北和山东,占全国累计装机总容量的 49.8%。

2016 年,中国海上风电新增装机 154 台,容量达到 59 万千瓦,同比增长 64%。截至 2016 年底,海上风电累计装机容量达到 163 万千瓦(见图 2-2-3)。

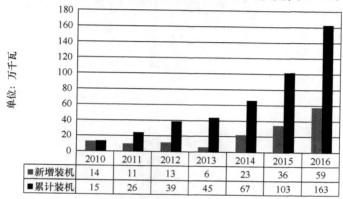

单位:万千瓦	2010	2011	2012	2013	2014	2015	2016
■新增装机	14	11	13	6	23	36	59
■累计装机	15	26	39	45	67	103	163

图 2-2-3　2016 年中国海上风电新增和累计装机容量

来源:CWEA

2. 风能产业体系基本形成

(1) 制造商

根据 CWEA 统计,2016 年,中国风电有新增装机的整机制造商共 25 家,新增装机容量 2337 万千瓦,其中,金风科技新增装机容量达到 634.3 万千瓦,市场份额达到 27.1%,位列首位。远景能源、明阳风电、联合动力和重庆海装分列 2 至 5 位(见图 2-2-4)。截至 2016 年底,有五家整机制造企业的累计装机容量超过 1000 万千瓦,五家市场份额合计达到 55.9%;其中金风科技累计装机容量达到 3748 万千瓦,占国内市场的 22.2%(见图 2-2-5)。

近 4 年,风电整机制造企业的市场份额逐渐趋于集中。排名前五的风电机组制造企业市场份额由 2013 年的 54.1%增加到 2016 年的 60.1%,排名前十的风电制造企业市场份额由 2013 年的 77.8%增长到 2016 年的 84.2%。2015 年,全球风电排名前十位的风电整机制造企业中,中国企业就有 4 家,分别是金风科技、联合动力、上海电气和远景能源,这四家风电整机制造企业的市场份额约占全球总量的 21.5%(见图 2-2-6)。

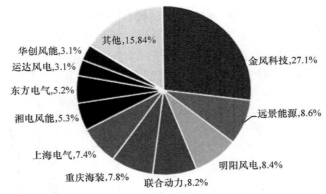

图 2-2-4　2016 年中国风电整机制造企业国内市场份额（后附彩图）

来源：CWEA

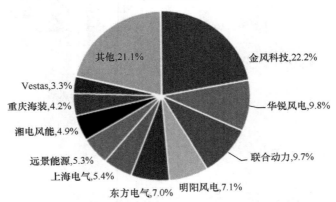

图 2-2-5　2016 年中国风电整机制造企业累计市场份额（后附彩图）

来源：CWEA

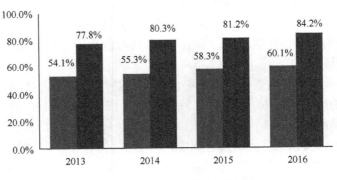

图 2-2-6　2013 年至 2016 年中国风电整机制造企业前五/前十市场份额占比情况

来源：CWEA

（2）开发商

2016 年，中国风电有新增装机的开发商企业超过 100 家，前十家装机容量超过 1300 万千瓦，占比达到 58.8％（见图 2-2-7）。累计装机前十家的开发企业装机容量超过 1 亿千瓦，占比达到 69.4％（见图 2-2-8）。

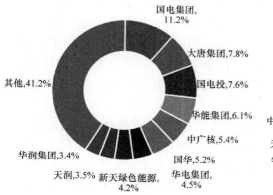

图 2-2-7　2016 年中国风电开发企业
新增装机市场份额（后附彩图）
来源：CWEA

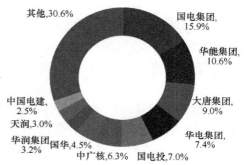

图 2-2-8　2016 年中国风电开发企业
累计装机市场份额（后附彩图）
来源：CWEA

（3）运营商

近年来，中国风电装机在电力装机总量中的比重逐年提高，风电运维市场也受到越来越多的关注。由于中国近年来风电装机量的快速增长，已经逐渐传导至风电运维市场。出于对长期效益的考虑，开发商对于机组质量，以及出质保后风电场如何保持高效发电的能力更为关心。

随着我国风电行业发展走向成熟，以及走出质保风电机组的累计式增长，风电运维服务市场规模逐渐显现。尤其是率先发展起来的风电整机巨头，更具有存量优势。第一批进入后运维市场的风电机组来自华锐风电、金风科技、明阳风电等企业。据了解，华锐风电仅 1.5 兆瓦的风电机组就有 8000 余台，目前释放出来的市场量已达到 3 亿元。至 2016 年底，华锐风电将有 6000 台风电机组走出质保期。并且随着大数据、云计算等新兴 IT 技术的广泛应用，应用新兴互联网技术提高风机运行稳定性和风电场发电效益成为风电行业新趋势。智慧运维将成为风电运维服务的重要组成。从行业发展的角度看，更适合由第三方运维公司专门承担运维服务，实现产业的专业化和高效化。

目前,国内从事风电后市场运维服务的企业主要有三类:风电整机商运维服务、开发商运维服务和第三方专业运维服务公司。

3. 风能技术水平稳步提升

近年来,我国风电机组技术研发能力不断提升,从早期的引进技术、消化吸收、再创新,到通过自主研发,逐步形成具有自主知识产权的多兆瓦级大型风电机组的研发能力。系列化、平台化机组的设计,有效缩短了研发设计适应市场需求的反应能力。2016 年,我国新增装机的风电机组平均功率达到 1955 千瓦,与 2015 年的 1837 千瓦相比,增长 6.4%;累计装机的风电机组平均功率为 1608 千瓦,同比增长 2.9%。

目前,我国陆地风电场的主流机型由 1.5 兆瓦向 2—2.5 兆瓦风电机组发展,3—4 兆瓦级风电机组已批量生产,5 兆瓦和 6 兆瓦的风电机组也已经并网运行。在大型化风电机组研发、生产和应用方面,我国正迎头赶上国际先进水平。2010 年以来,在新增风电装机市场中,2 兆瓦的风电机组装机市场份额不断上升,2015 年首次超过 1.5 兆瓦机组。根据 CWEA 的最新统计,2016 年,我国新增风电机组中,2 兆瓦风电机组装机占全国新增装机容量的 60.9%,较 2015 年上升 11 个百分点。3 兆瓦及以上大型化风电机组的装机台数也不断增加,2016 年市场份额占比达到 4.5%(见表 2-2-2)。2016 年,我国累计风电装机中,1.5 兆瓦的风电机组仍占主导地位,占总装机容量的 50.4%,同比下降约 5 个百分点;2 兆瓦的风电机组市场份额上升至 32.2%,同比上升约 5 个百分点(见表 2-2-3)。

表 2-2-2　2016 年中国不同功率风电机组新增装机容量比例

风电机组单机功率分布	新增装机容量/(万千瓦)	占比/%
2.0 兆瓦	1422.2	60.9
1.5 兆瓦	415.8	17.8
2.1—2.9 兆瓦	355.8	15.2
3—3.9 兆瓦	60.5	2.6
4 兆瓦及以上	44.8	1.9
1.6—1.9 兆瓦	34.1	1.5
小于 1.5 兆瓦	3.8	0.2

来源:CWEA

表 2-2-3　2016 年中国不同功率风电机组累计装机容量比例

风电机组单机功率分布	累计装机容量/(万千瓦)	占比/%
1.5 兆瓦	8498.7	50.4
2.0 兆瓦	5434.2	32.2
2.1—2.9 兆瓦	1160.7	6.9
小于 1.5 兆瓦	1112.4	6.6
3—3.9 兆瓦	337.4	2.0
1.6—1.9 兆瓦	238.5	1.4
4 兆瓦及以上	91.3	0.5

来源：CWEA

　　另外,随着开发布局优化调整,适应我国本土高海拔、低风速等复杂地形的风电机组设计技术快速发展,促进了内陆和山地风电场的开发,高海拔、低风速区域的风电装机容量也实现了突破性增长,累计装机容量呈现逐渐增长的变化趋势。我国高海拔地区主要分布在云南、贵州、四川、青海、西藏五省,低风速区域主要分布在在河南、安徽、江西、湖南、湖北等省。

　　随着低风速机组技术的不断发展,风轮直径呈现逐渐加大的趋势,2.0 兆瓦风电机组的风轮直径加大的趋势较为明显,110 米及以上风轮直径近两年明显增多。风轮直径 120 米以上、轮毂高度 100 米以上的低风速风电技术研发应用,使得高海拔、低风速地区的风能资源得到更加有效的利用,先前在平均风速 6.5 米/秒的地区才能够达到的 2000 小时年利用小时数,目前 5.3 米/秒左右风速就可以实现;风电可开发区域风功率密度也从 300 瓦/平方米下降到 200 瓦/平方米,进一步提高了低风速等复杂地形区域风电开发的技术经济性。

4. 风能保障措施逐步完善

　　目前,我国已初步建立了较为完善的促进风电产业发展的行业管理和政策体系,保障措施逐步完善。出台了风电项目开发、建设、并网、运行管理及信息监管等各关键环节的管理规定和技术要求,简化了风电开发建设管理流程,完善了风电技术标准体系,开展了风电设备整机及关键零部件型式认证,建立了风电产业信息监测和评价体系,基本形成了相对规范、公平、完善的风电行业政策环境,保障了风电产业的持续健康发展。

　　（1）目标引导

　　2016 年初,国家能源局为了落实党中央和国务院提出的到 2020 年非化石能源占比达到 15% 的目标,测算并发布《关于建立可再生能源开发利用目标引导制度的指导意见》,除了明确风电整体的发展目标外,还根据《可再生能源法》的要求,提出了到 2020 年全社会用电量中风电等非水可再生能源电力消纳量比重占比达到 9％的要求,这一指标跟产业规模同等重要,是我国能源转型进度的重要参考指标。下一步还会深入研究,把习近平总书记提出的 2030 年非化石能源占一次能源消费比重 20％的目标进行分解落实,倒逼各市场主体和各级政府利用和消纳新能源的积极性,引导风电等新能源产业的进一步发展。

（2）项目管理

一方面,将风电项目核准制改为年度开发方案管理制度,要求根据全国风电发展规划的要求,按年度编制滚动实施方案,国家能源局不再统一下发带有具体项目的风电核准计划,将风电核准权限下放到地方政府。另一方面,建立了监测预警机制,明确各地区的预警级别,有效引导产业投资方向,推动布局优化,使资本流向无弃风数据限电不严重、产业政策环境较好的中东部地区流动。

（3）全额保障性收购

2016 年 3 月,国家发展改革委印发《可再生能源发电全额保障性收购管理办法》(发改能源[2016]625 号),明确了可再生能源发电全额保障性收购的定义、责任主体、保障范围以及补偿办法等。并将可再生能源并网年发电量分为保障性收购电量和市场交易电量两部分,并对保障性收购电量部分进行优先收购。2016 年 5 月,国家发展改革委、国家能源局共同发布《关于做好风电、光伏发电全额保障性收购管理工作的通知》(发改能源[2016]1150 号),核定发布了部分存在弃风、弃光问题地区规划内的风电、光伏发电最低保障收购年利用小时数,同时对各方权责和具体实施要求进行了明确,未达到保障小时数要求,地方不得新建项目,电网企业和交易机构落实限电补偿。

（4）电价管理

2016 年 12 月底,国家发展改革委发布了《关于调整光伏发电和陆上风电标杆上网电价的通知》(发改价格[2016]2729 号),明确自 2018 年 1 月 1 日之后,一类至四类资源区新核准建设陆上风电标杆上网电价分别调整为每千瓦时 0.40 元、0.45 元、0.49 元、0.57 元,比 2016—2017 年电价每千瓦时分别降低 7 分、5 分、5 分、3 分。海上风电标杆上网电价保持不变。进一步通过电价机制倒逼风电平价上网。

5. 风能发展存在制约因素

（1）弃风限电形势愈加严峻

随着我国风电产业的快速规模化发展,并网瓶颈问题也日益凸显。2016 年,我国风电弃风电量 497 亿千瓦时,同比增加 158 亿千瓦时;全国平均弃风率17.1％,同比上升 2.1 个百分点(如图 2-2-9)。

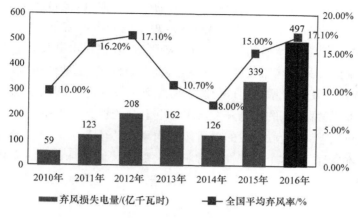

图 2-2-9　我国历年弃风限电情况

来源:国家能源局

目前,弃风限电成为我国风电产业发展的最大制约。以一个 5 万千瓦的陆上风电项目为例,按照全国平均单位千瓦造价 8000 元/千瓦估算,风电上网电价按照发改价格[2015]3044 号文件公布的 2016 年 Ⅱ 类资源区 0.50 元/千瓦时(含税)进行计算,在等效利用小时数满发的情况下(2500 小时),税后的财务内部收益率为8.04%。弃风 10% 的情况下,税后的财务内部收益率就突降到 6.34%,严重影响项目财务收益。

受新常态下电力需求增速放缓,风电本地消纳不足以及部分地区风电配套电网建设相对滞后,调峰电源结构单一、比重较低,火电项目建设规模依然维持较高水平等复杂因素的影响,短期内弃风限电问题不会得到彻底解决。

(2)补贴资金缺口日益扩大

可再生能源补贴发放不及时、不到位已成为阻碍新能源发展的重要因素。根据国家能源局统计,截至 2016 年年底,可再生能源补贴资金缺口累计已超过 6000亿元。随着年度可再生能源装机规模不断增加,旧的补贴没有到位,新的需求加速,导致补贴资金缺口日益扩大。

补贴资金拖欠导致风电企业经营困难,现金流吃紧,难以覆盖银行贷款利息,财务费用增加,资金实力较弱的风电企业面临资金链断裂的风险。根据测算,年度累计未结算可再生能源电价附加资金在 17 亿元的情况下,按照一年期贷款基准利率 4.6% 测算年增加财务费用 0.77 亿元左右,相当于降低度电利润 0.012 元/千瓦时。

(3)风电开发成本下降空间有限

2015 年以来,风电开发的成本没有明显下降,平均单位千瓦造价在 8300 元/千瓦左右。风电机组占陆上风电项目投资的 60% 以上,其价格自 2013 年基本稳定在 4200 元/千瓦左右的水平,没有发生大的变动。而且,经过多年的实践,该价格也是保证风电机组可靠性重要边界条件,短期内基本没有下降的空间。"十三五"期间,受"三北地区"严峻的弃风限电形势影响,我国风电开发重心将逐步向中东部和南方地区转移。该区域地形地势复杂,人口密集,土地使用成本高,项目开发难度大,单位千瓦造价增加。即使综合考虑风电技术进步、集成开发等措施对成本上涨的对冲,局部地区的风电开发成本也有上升的趋势。此外,中东部和南方地区风资源相对较差,现阶段开发的项目年平均风速已经降至 5—5.5 米/秒左右,但在目前的技术条件下,这个经济性非常脆弱。随着区域征林征地等费用的水涨船高,风电开发成本也不断上涨,而风资源则越来越差,这些地区的风电开发成本下降空间有限。

2.2.3　中国风能发展展望

1. 市场规模稳定可期

规划目标的制定以及年度开发建设方案的确定,对风电可持续发展起着关键性的作用,也是实现我国到 2020 年非化石能源占一次能源比重达到 15% 目标的重要保证。近期,《电力发展"十三五"规划》《可再生能源发展"十三五"规划》以及《风电发展"十三五"规划》陆续发布,从战略层面对风电的发展进行了布局和引导。

(1)"十三五"规划目标

① 总量目标:到 2020 年年底,全国的风电装机并网容量将达到 2.1 亿千瓦以上,其中,海上风电装机容量达到 500 万千瓦以上。

② 消纳利用目标:到 2020 年,有效解决弃风问题,"三北"地区全面达到最低保障性收购利用小时数的要求。

③ 产业发展目标:风电设备制造水平和研发能力不断提高,3—5 家设备制造企业全面达到国际先进水平,市场份额明显提升。

(2)"十三五"规划布局

① 一是要加快开发中东部和南方地区陆上风能资源:到 2020 年,中东部和南方地区陆上风电新增并网装机容量 4200 万千瓦以上,累计并网装机容量达到 7000 万千瓦以上。

② 二是有序推进"三北"地区风电就地消纳利用:到 2020 年,"三北"地区在基本解决弃风问题的基础上,通过促进就地消纳和利用现有通道外送,新增风电并网装机容量 3500 万千瓦左右,累计并网容量达到 1.35 亿千瓦左右。

③ 三是利用跨省跨区输电通道优化资源配置:"十三五"期间,有序推进"三北"地区风电跨省区消纳 4000 万千瓦(含存量项目)。

④ 四是积极稳妥推进海上风电建设:重点推动江苏、浙江、福建、广东等省的海上风电建设,到 2020 年四省海上风电开工建设规模均达到百万千瓦以上。积极推动天津、河北、上海、海南等省(市)的海上风电建设。探索性推进辽宁、山东、广西等省(区)的海上风电项目。

2. 产业实现转型升级

在风电发展初期,制造业一直是中国风电产业发展的中坚力量。随着近年来风电装机在中国电力装机总量中的比重逐年提高,风电运维市场容量将有望达到 300 亿元左右,发展前景广阔。由于我国的风电服务体系建设和服务人才队伍的建设都相对滞后,风电投资商也更多依赖于主机设备制造商的服务,质保期过后的运维服务仍未形成完整的产业链。未来风电市场的重心将逐步由产业链的前端逐步向后端转移。另外,随着大数据与风电产业的不断融合,开展数字化转型工程,从风电大数据入手,利用互联网、云计算、大数据等技术,整合风电全生命周期数据,开展基于大数据的风电场设计和建设、风电设备智能制造、风电场智能管理,也成为未来产业转型升级的一个重要途径和方向。

2016 年 9 月,工业和信息化部、发展改革委、财政部、科技部联合印发了《绿色制造工程实施指南(2016—2020 年)》,要求要大力推行绿色制造,实现我国传统制造业的转型升级。风电领域可以通过开展技术创新和系统优化,将绿色设计、绿色技术和工艺、绿色生产、绿色管理、绿色供应链、绿色循环利用等历年贯穿于产品全生命周期中,实现全产业链的环境影响最小、资源能源利用率最好,最终实现向绿色制造的转型升级。《中国制造 2025》则提出要通过"三步走"实现制造强国的战略目标:第一步,到 2025 年迈入制造强国行列;第二步,到 2035 年我国制造业整体达到世界制造强国阵营中等水平;第三步,到新中国成立一百年时,我国制造业大国地位更加巩固,综合实力进入世界制造强国前列。

3. 技术自主创新能力不断提升

中国风能技术经历了技术引进、消化吸收、联合研发再到自主研发的发展进程,对中国风能发展起到了非常重要的作用。但是由于中国国情与欧美等国国情的不同,在借鉴国外先进技术的同时,要提高自主创新和国际竞争能力。未来技术创新主要体现在以下几个方面:

（1）大型化、智能化风电机组技术

根据我国发布的《能源技术革命创新行动计划 2016—2030》，未来中长期阶段，我国将重点研究陆上大功率风电机组整机一体化优化设计及轻量化设计技术；开展大功率机组叶片、载荷与先进传感控制集成一体化降载优化技术，大功率风电机组电气控制系统智能诊断、故障自恢复免维护技术，以及大功率陆上风电机组及关键部件绿色制造技术的研发等。另外，在海上风电机组及关键部件设计制造方面，将重点研究 10 兆瓦级海上风电机组整机设计技术，包括风电机组、塔架、基础一体化设计技术，以及考虑极限载荷、疲劳载荷、整机可靠性的设计优化技术；研制自主知识产权的 10 兆瓦级海上风电机组及其轴承和发电机等关键部件。另外，随着未来风电装机容量占比越来越大、风电场智能运行控制和维护要求越来越高，智能化风电机组也成为未来发展的一个重要技术方向。

（2）低风速风电技术

为了充分利用风速地区的风能资源，近年来低风速风电机组和低风速风电场得到了快速发展。低风速风电机的风轮直径和塔架高度都已经超过了 100 米，另外低风速地区的复杂地形和风湍流特性，都会给风电机组设计和风电场建设带来许多新的挑战，特别是你风速风电机组的可靠性设计和复杂山地风速风电场的优化布局需要进行综合的研究。

（3）海上风电场设计和建设成套关键技术

随着海上风电开发经验的不断积累，未来 5 年内近海海域风电场设计和建设成套关键技术将取得突破。随着海上风电开发的深入，中国也将会启动深海和远海海域的风电场开发。根据《能源技术革命创新行动计划（2016—2030）》，未来中长期阶段，我国将重点研究海上风电场建设选址技术，适时提出适合我国远海深水区风资源条件的风电机组优化布置方法。开展极端海洋环境载荷作用下海上风电机组结构的非线性荷载特性、远海深水区极端海况条件下大容量海上风电机组基础的载荷联合作用计算方法等研究；开发远海风电机组施工与建造技术、远海风电场并网技术、深水电缆铺设及动态跟随风电机组的柔性连接技术、风能与海洋能综合一体化互补利用技术与装备等。并研究提出适用于我国远海深水区大容量风电机组的海上基础结构型式，研究大容量风电机组基础设计制造技术，研制远海海洋环境负荷特点下满足施工与制造要求的新型漂浮式基础。

（4）风电场精益化设计和运维技术

随着风电场装机容量的逐渐增大，以及在电力网架中的比例不断升高，对风电场的精益化设计、开发、运行和维护管理逐步成为一个新的技术方向。随着"互联网＋"的迅速发展，我国将重点研究风电机组和风电场综合智能化传感技术、风电大数据收集及分析技术；研究复杂地形、特殊环境条件下风电场与大型并网风电场的优化设计方法及基于大数据的风电场运行优化技术；基于物联网、云计算和大数据综合应用的不同类型风电场智能化运维关键技术,以及适合接入配电网的风电场优化协调控制、实时监测和电网适应性等关键技术也成为未来重要的发展方向。在海上风电场监测和运维方面,则是要重点分析影响海上风电场群运维安全及成本的因素,研究海上风电场运维技术,开发基于寿命评估的动态智能运维管理系统;研发海上风电场的运行维护专用检测和作业装备及健康模型与状况评估、运行风险评估、剩余寿命预测和运维决策支持等技术;研究海上机组的新型状态检测系统装备技术及职能故障预估的维护技术、关键部件远程网络化监控与智能诊断技术。

(5) 风电场集群运行控制技术

由于风能具有随机性、波动性与间歇性,难以控制,大规模风电集中并网对电力系统的安全稳定运行、调度与控制等要求越来越高。风电场集群协调控制是将风电场群进行整合、集中协调控制,使其具备灵活响应电网调度与控制的能力,形成在规模和外部调控特性都与常规电厂相近的电源,提高风电电源的利用率。风电场集群协调控制,能够保证风电场集群稳定的按照电网调度下发的期望发电功率运行,且在变化过程中风电场输出功率波动变化平缓,抑制了风电场功率输出的波动,较传统的风电场单独控制策略在稳定电压方面具有很大的优越性,表明风电不但是可控、能控的,而且是能够快速、精确控制的,可以为风电的大规模发展提供有效支撑。

(6) 风电多元化应用技术

随着风电技术的不断发展完善,风能的应用领域不断扩延,逐渐呈现多元化应用趋势。一是风电机组在不同场景中的环境适应性得到提高;二是通过风资源精细化评估和微观选址布局等实现风能资源的开发效率,风电场开发的市场竞争力得到提高;三是推进风电供热、风电制氢等技术的发展;四是依靠抽水蓄能、储能装置、智能电网等技术,实现多能互补的集成优化,提高风电消纳;五是充分利用新能源多能互补,给海岛、偏远地区、特定工业负荷、通信基站、市政和居民生活等提供安全、经济环保的电力供应。通过深入开展风电多元化应用,突破风电发展的技术瓶颈和政策制约,进而实现风电产业的健康可持续发展。

4. 政策环境进一步优化

可再生能源配额制是国际上一些国家发展可再生能源的重要政策选择之一。据统计,可再生能源配额制在美、英、意、荷等 20 多个国家得到广泛实施,很多国家都实现了可再生能源发电占比的飞跃。另外,国际上也普遍采用绿色电力证书(绿证)交易。绿证作为一种可交易、能兑现为货币的凭证,是对可再生能源发电方式予以确认的一种指标。它既可以作为可再生能源发电的计量工具,也可以作为一种转让可再生能源环境等正外部性所有权的交易工具,推行绿色电力证书交易,是促进可再生能源产业可持续健康发展的有效途径之一。

2016 年 4 月 22 日，国家能源局综合司发出《关于建立燃煤火电机组非水可再生能源发电配额制制度有关要求的通知》(征求意见稿)，明确国家正在制定、建立燃煤火电机组非水可再生能源发电配额考核制度，并明确提出考核办法为：2020年各燃煤发电企业承担的可再生能源发电量配额，与火电发电量的比重应在 15％以上，并对未完成非水可再生能源配额要求的燃煤发电企业取消其发电业务许可证。2017 年 1 月 18 日，国家发改委、财政部和国家能源局联合发布《于试行可再生能源绿色电力证书核发及自愿认购交易制度的通知》(发改能源[2017]132 号)，在全国范围内试行可再生能源绿色电力证书核发和自愿认购。

预计未来配额制政策和绿证交易制度将逐步成熟并得到广泛应用，对可再生能源消纳是重大利好，也在一定程度上弥补现有补贴制度的不足，推动风电等可再生能源产业逐步实现市场化。

参 考 文 献

国家发展和改革委员会. 2017. 可再生能源发展"十三五"规划.

国家工业和信息化部. 2016. 绿色制造工程实施指南(2016—2020 年).

国家可再生能源中心. 2016. 国际可再生能源发展报告 2016.

国家可再生能源中心. 2016. 中国可再生能源产业发展报告 2016.

国家能源局. 2017. 风电发展"十三五"规划.

国家发展改革委，国家能源局. 2016. 能源技术革命创新行动计划(2016—2030 年).

全球风能理事会. 2017. 全球风电统计数据 2016.

水电水利规划设计总院. 2017. 2016 中国风电建设统计评价报告.

中国可再生能源学会风能专业委员会. 2017. 中国风电产业地图 2016.

FTI Consulting. 2016. Global Wind Market Update-demand & Supply 2015.

IRENA. 2016. The Power to Change: Solar and Wind Cost Reduction Potential to 2025.

The Renewable Energy Policy Network for the 21st Century. 2017. Renewables 2017 Global Status Report.

第3章　中国风能可持续发展规划与布局

3.1　中国风能可持续发展规划

3.1.1　中国经济社会发展目标

1. 近期经济社会发展目标

"十三五"时期是中国全面建成小康社会的最后五年，也是全面深化改革、全面推进依法治国取得决定性成果的五年，是为实现第二个"一百年"目标和中华民族伟大复兴的中国梦开启里程碑式的新起点。"十三五"时期，中国将实现经济社会发展全面转型升级，进入科学发展轨道。这一时期，中国将稳居世界第二大经济体，综合国力进一步增强。

全面建成小康社会的深刻含义，是经济建设、政治建设、文化建设、社会建设、生态文明建设"五位一体"以及国防和军队现代化建设的社会主义现代化总体布局的全面建成，这也反映中国将进入"全面现代化"的时代。综合考虑未来发展趋势和条件，根据党的"十八大"提出的要求，"十三五"时期经济社会发展的主要目标是（中国网，2016）：

（1）经济保持中高速增长。在提高发展平衡性、包容性、可持续性的基础上，到2020年国内生产总值和城乡居民人均收入比2010年翻一番。主要经济指标平衡协调，发展空间格局得到优化，投资效率和企业效率明显上升，工业化和信息化融合发展水平进一步提高，产业迈向中高端水平，先进制造业加快发展，新产业新业态不断成长，服务业比重进一步上升，消费对经济增长贡献明显加大。户籍人口城镇化率加快提高。农业现代化取得明显进展。迈进创新型国家和人才强国行列。

（2）人民生活水平和质量普遍提高。就业比较充分，就业、教育、文化、社保、医疗、住房等公共服务体系更加健全，基本公共服务均等化水平稳步提高。教育现代化取得重要进展，劳动年龄人口受教育年限明显增加。收入差距缩小，中等收入人口比重上升。中国现行标准下农村贫困人口实现脱贫，贫困县全部摘帽，解决区域性整体贫困问题。

（3）国民素质和社会文明程度显著提高。中国梦和社会主义核心价值观更加深入人心,爱国主义、集体主义、社会主义思想广泛弘扬,向上向善、诚信互助的社会风尚更加浓厚,人民思想道德素质、科学文化素质、健康素质明显提高,全社会法治意识不断增强。公共文化服务体系基本建成,文化产业成为国民经济支柱性产业。中华文化影响持续扩大。

(4)生态环境质量总体改善。生产方式和生活方式绿色、低碳水平上升。能源资源开发利用效率大幅提高,能源和水资源消耗、建设用地、碳排放总量得到有效控制,主要污染物排放总量大幅减少。主体功能区布局和生态安全屏障基本形成。

(5)各方面制度更加成熟更加定型。国家治理体系和治理能力现代化取得重大进展,各领域基础性制度体系基本形成。人民民主更加健全,法治政府基本建成,司法公信力明显提高。人权得到切实保障,产权得到有效保护。开放型经济新体制基本形成。中国特色现代军事体系更加完善。党的建设制度化水平显著提高。

2. 中期经济社会发展目标

从 2020 年至 2030 年,中国将从全面小康社会走向全民共同富裕社会,从中上等收入水平迈向高收入水平,从高人类发展水平迈向极高人类发展水平。这是实现现代化建设战略目标必经的承上启下的发展阶段,也是中国全面现代化建设、全面深化改革、全面依法治国、全面创新的关键阶段(胡鞍钢等,2015)。

实现全体人民的共同富裕是中国道路的本质。这也将成为中国社会现代化最重要的发展主题、最核心的发展目标和最艰巨的发展任务。

到 2030 年,中国将进入世界高收入水平以及高人类发展水平国家行列,城乡、地区发展差距明显缩小,公共服务和社会保障全体人口全覆盖,基尼系数不断下降,建成社会主义和谐社会,社会主义文化更加繁荣,生态文明与绿色现代化取得重大进展,社会主义基本制度更加完善,建成社会主义法治国家,国家治理体系和治理能力现代化取得重大进展,国防和军队现代化达到更高水平。中国在世界的地位及影响更加明显,对人类发展的贡献更加重要。这将为实现第二个"一百年"战略目标,即"建设富强、民主、文明、和谐的社会主义现代化国家"奠定坚实基础(胡鞍钢等,2015)。

3. 远期经济社会发展目标

2050 年经济社会发展的目标是基本实现现代化,主要有:

富强的中国——发展经济促进社会财富增长,使人均国内生产总值达到中等发达国家水平,超过 3 万美元,进入高收入国家行列;中国经济占全球经济的三分之一以上。

民主的中国——建设让人民当家做主的国家，尊重人民的主体地位，尊重人民的首创精神，推进社会主义协商民主制度，依靠人民治国理政和管理社会，把发展好最广大人民群众的根本利益作为一切工作的出发点和落脚点。

文明的中国——促进生产空间集约高效、生活空间宜居适度、生态空间山清水秀，给自然留下更多修复空间，给农业留下更多良田，给子孙后代留下天蓝、地绿、水净、气洁的美好家园，建成美丽中国，实现中华民族永续发展。

和谐的中国——建设民主法治，公平正义，诚信友爱，充满活力，安定有序，人与自然和谐相处的社会，以人为本，尊重多样性，形成各尽其能、尊重诉求、各得其所、和谐相处和共生共进的社会，一个可持续发展的社会，一个绝大多数人都能够分享改革发展成果的社会。

"两个一百年"奋斗目标，绘制了中国全面建成小康社会、加快推进社会主义现代化的宏伟蓝图，既体现了全国各族人民的百年期盼和坚强意志，又描绘了实现中华民族伟大复兴"中国梦"的光明前景。实现"两个一百年"奋斗目标意味着中国的经济社会发展水平将登上两个新台阶，为"中国梦"的实现铺平道路。中国经济社会发展情景预测见表 3-1-1。

表 3-1-1　中国经济社会发展情景预测

基准年和水平年	2015 年	2020 年	2030 年	2050 年
GDP 增速/%	6.9	6.5	5	3.5
GDP 总量/万亿元	67.7	92.7	151.0	297.7
人口/(亿人)	13.75	14.18	14.6	14.10
人均 GDP/元	49350	65370	103400	211130
折合人均 GDP/美元	7381	9800	15500	31650
社会城镇化率/%	56.1	61	69	77
CO_2 年排放量/(亿吨)	96	125	135	85
非化石能源占比/%	11.4	15	20	38.5
单位 GDP 能耗水平/(吨标准煤/万元)	0.63	0.52—0.54	0.35—0.38	0.19—0.22
能源消耗总量/(亿吨标准煤)	43	48—50	53—58	56—65

注：2015 年 7 月 1 美元兑换 6.67 元人民币，2015 年不变价格

3.1.2　能源需求与结构分析

1. 能源发展现状及趋势

（1）能源发展现状

图 3-1-1 列出了 2005—2015 年中国能源生产和消费总量。由此可见，一直以

来,中国能源消费总量大于能源生产总量,能源缺口需要依赖进口平衡;能源生产总量和能源消费总量均保持持续增长;近些年来,增速有所减少。分析可知,近15年来,中国一次能源消费的平均增长速率约为3.0%,而近5年的增速仅为1%,2015年甚至出现了自1998年以来的最低增速。

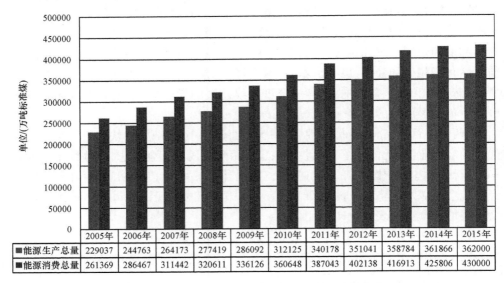

图 3-1-1　2005—2015 年中国能源生产及消费变化

来源:国家统计局

	2005年	2006年	2007年	2008年	2009年	2010年	2011年	2012年	2013年	2014年	2015年
■能源生产总量	229037	244763	264173	277419	286092	312125	340178	351041	358784	361866	362000
■能源消费总量	261369	286467	311442	320611	336126	360648	387043	402138	416913	425806	430000

2015年,全国能源生产总量36.2亿吨标准煤,比2012年增长3.1%,年均增长1%,保持了稳定增长的态势。2015年,全国一次能源生产构成中,原煤占72.1%,比2012年下降4.1个百分点;原油占8.5%,与2012年持平;天然气占4.9%,比2012年提高0.8个百分点;一次电力及其他能源占14.5%,比2012年提高3.3个百分点。全国发电装机容量15.3亿千瓦,同比增长10.5%。可再生能源发电总装机达到5.1亿千瓦,成为世界可再生能源第一大国。煤炭生产比重的持续降低和清洁能源比重的不断提高,表明中国能源生产结构正朝着多元化和清洁化的方向发展。

2015年,能源消费总量增速放缓。全国能源消费总量43.0亿吨标准煤,同比增长0.9%,是1998年以来最低增速。全社会用电量5.69万亿千瓦时,同比增长0.5%(国家能源局,2016)。

能源消费结构进一步优化。煤炭消费比重约为64.0%,比上年下降1.6个百分点。石油消费占18.1%。水电、风电、核电、天然气等清洁能源消费量占能源消费总量的17.9%,相比上年提高0.9个百分点。

2015年煤炭供大于求矛盾突出。全国煤炭消费量39.6亿吨,同比下降

3.7%。原煤产量 37.5 亿吨,同比下降 3.3%。煤炭进口量 2.0 亿吨,同比下降 29.9%。

全年原油表观消费量 5.5 亿吨,同比增长 5.6%。原油进口量 3.4 亿吨,同比增长 8.8%。原油对外依存度 61%。天然气表观消费量 1932 亿立方米,同比增长 3.3%,进口量 614.0 亿立方米,同比增长 6.3%,对外依存度 31%。

油气产量稳定增长。全年石油产量 2.15 亿吨,同比增长 1.9%。天然气产量 1332.5 亿立方米。其中,常规天然气产量 1243.57 亿立方米,同比下降 0.4%。煤层气产量 44.25 亿立方米,同比增长 24.75%。页岩气产量 44.71 亿立方米,同比增长 258.5%。

截至 2015 年年底,中国在役、在建的核电机组达到 54 台。其中,在役机组 28 台,装机容量 2643 万千瓦,年发电量 1689 亿千瓦时,位居世界第四;在建 26 台,装机容量 2913 万千瓦,占世界在建核电机组的三分之一,在建规模居世界第一。

可再生能源快速发展,水电保持增长势头。全国水电装机容量 3.2 亿千瓦(含抽水蓄能电站),同比增长 4.9%。全国规模以上电厂水力发电量 1.13 万亿千瓦时,同比增长 5.0%。

风力发电快速增长。全国并网风电装机容量 1.29 亿千瓦,同比增长 33.5% (国家发改委能源研究所,国际能源署,2014)。全年风电发电量 1863 亿千瓦时,同比增长 23%。弃风电量 339 亿千瓦时,同比增加 213 亿千瓦时,平均弃风率 15%,同比增加 7%。

（2）一次能源消费结构的变化

表 3-1-2 列出了 2000—2015 年中国一次能源消费总量构成及其占比情况。该表清晰地反映了中国一次能源消费结构的变迁:迄今为止,以煤炭为主的化石能源仍是一次能源消费的主体;水电、核电、风电等电力生产规模逐年提高,对中国能源结构的优化调整起到积极的作用。水电、风电和太阳能等清洁能源的替代作用逐步显现,非化石能源发电量占比由 2000 年的 7.5% 增加到 2015 年的 12.1%。

表 3-1-2　中国一次能源消费总量构成/(亿吨标准煤)

年份	总量	煤炭		石油		天然气		非化石能源发电	
		分量	占比	分量	占比	分量	占比	分量	占比
2015	43.0	27.5	64.0%	7.8	18.1%	2.5	5.8%	5.2	12.1%
2014	42.6	27.9	65.5%	7.4	17.3%	2.4	5.6%	4.8	11.3%
2013	41.7	28.1	67.4%	7.1	17.0%	2.2	5.3%	4.3	10.3%
2012	40.2	27.5	68.4%	6.8	16.9%	1.9	4.7%	3.9	9.7%
2011	38.7	27.2	70.3%	6.5	16.8%	1.8	4.7%	3.3	8.5%
2010	36.1	25.0	69.3%	6.3	17.5%	1.4	3.9%	3.4	9.4%

年份	总量	煤炭		石油		天然气		非化石能源发电	
		分量	占比	分量	占比	分量	占比	分量	占比
2009	33.6	24.1	71.7%	5.5	16.4%	1.2	3.6%	2.9	8.6%
2008	32.1	22.9	71.3%	5.4	16.8%	1.1	3.4%	2.7	8.4%
2007	31.1	22.6	72.7%	5.3	17.0%	0.9	2.9%	2.3	7.4%
2006	28.6	20.7	72.4%	5.0	17.5%	0.8	2.8%	2.1	7.3%
2005	26.1	18.9	72.4%	4.7	18.0%	0.6	2.3%	1.9	7.3%
2004	23.0	16.2	70.4%	4.6	20.0%	0.5	2.2%	1.8	7.8%
2003	19.7	13.8	70.1%	4.0	20.3%	0.5	2.5%	1.5	7.6%
2002	17.0	11.6	68.2%	3.6	21.2%	0.4	2.4%	1.4	8.2%
2001	15.6	10.6	67.9%	3.3	21.2%	0.4	2.6%	1.3	8.3%
2000	14.7	10.1	68.7%	3.2	21.8%	0.3	2.0%	1.1	7.5%

注：非化石能源发电系指水电、核电、风电、太阳能发电、生物质能发电及其他

来源：国家统计局

可以看出，丰富的煤炭资源以及煤炭价格优势使得中国能源发展始终维持着以煤为主的化石能源消费模式，煤炭无论是在能源生产结构还是能源消费结构中，都占据主体地位，且煤炭的绝对消费量逐年上升，但所占能源消费总量的比重在缓慢下降。化石能源的大量消耗以及以煤为主的能源消费结构，使颗粒物、氮氧化物、二氧化硫、重金属等大气污染物大量排放，导致了十分严重的空气污染和生态环境问题。二氧化碳等温室气体排放量居高不下，温室气体减排的国际压力日益增大。值得注意的是，中国石油消费总量不断攀升，而石油生产量基本稳定不变，石油供需缺口不断扩大，对外依存度节节攀升。天然气、风能和水电等清洁能源的消费量不足 20%，尚没有得到很好的开发和利用。

（3）能源发展面临的问题

中国能源发展面临的主要问题，一是人均资源相对不足；二是能源利用效率偏低；三是煤炭依然是主要能源；四是环境容量非常有限。

人均资源相对不足。 今后一段时期，中国人口将延续缓慢增长态势。据预测中国人口 2020 年将达到 14.06 亿—14.33 亿，2030 年左右达到人口峰值，为 14.15 亿—14.60 亿。2030 年之后，中国人口才出现缓慢下降，预测 2050 年仍然达到 12.95 亿—14.35 亿（秦中春，2013）。

从主要资源人均保有量看，煤炭剩余探明可采储量总量虽然居世界第三位，但人均水平只有全球平均水平的 63%；石油、天然气等优质化石能源储量较低，已探明可供采储量仅占世界的 1.1% 和 1.9%，人均水平分别只有全球平均水平的

7.7% 和 7.1%。

能源利用效率偏低。能源利用效率通常采用单位 GDP 能源消耗水平或单位能耗所产出的 GDP 表征。自 2001 年以来,中国能源利用效率一直持续提升,但仍然低于世界平均能源利用效率,见表 3-1-3。

表 3-1-3　中国能源利用效率的变化/(吨标准煤/万元 GDP)

年份	2001	2002	2003	2004	2005
单位 GDP 能源消耗	1.41	1.4	1.43	1.42	1.39
年份	2006	2007	2008	2009	2010
单位 GDP 能源消耗	1.3	1.15	1	0.963	0.874
年份	2011	2012	2013	2014	2015
单位 GDP 能源消耗	0.791	0.744	0.701	0.662	0.635

来源:中华人民共和国国家统计局网站,http://www.stats.gov.cn/

2015 年万元 GDP 的能耗仍然高达 0.635 吨标准煤,与发达国家甚至部分发展中国家的差距依然明显,仍是世界平均水平的 2.5 倍、美国的近 4 倍、日本的 6 倍以上,不仅高于美、日等发达国家,也高于巴西等新兴工业化国家。其中,中国主要高耗能工业产品的单耗普遍比世界先进水平高 15%—40%,仍需进一步加强管理、创新技术,提高产品能效水平。

煤炭依然是主要能源。中国的资源特点决定了以煤为主的能源结构。21 世纪前十年煤炭消费占比绝大部分时间都在 70% 以上,到 2015 年仍然高达 63.6%。2000—2013 年期间煤炭消费总量从 13.6 亿吨增加到 42.4 亿吨,年均增速高达 9.2%,年均增量达 2.2 亿吨。

造成这一情况的原因是经济过快增长拉动能源需求快速上升,而石油资源相对贫乏,大型水电建设周期长,天然气、非化石能源开发利用规模尽管增长迅速,但不能满足新增能源需求,使得煤炭成为短时间能够快速增加供给的唯一能源品种,在中国经济高速增长的形势之下,不得不多上快上煤炭项目和火电项目。煤炭供应因而占据了能源消费增量的较大份额,进一步强化了其主导地位,显著助长了能源乃至经济的粗放式发展,一定程度上致使能源结构调整变得愈加困难,经济发展方式转变也愈加艰巨。

正是因为煤炭的主体地位,使得低碳能源比重依然较低,2015 年中国非化石能源年利用量约 5.7 亿吨标准煤,在全国能源消费中的比重达到约 12.1%,其中,商品化可再生能源利用总量约 4.36 亿吨标准煤,占全部能源消费比重 10.1%。可再生能源的开发利用还受到煤炭、石油、煤电等传统能源规模持续扩张的制约,以及体制机制的限制,可再生能源为代表的绿色经济尚没有成为能源产业发展的主力。

环境容量非常有限。受长期粗放型增长方式驱动,中国主要污染物排放量迅速增长,远超环境容量限度,环境污染呈明显的结构型、压缩型、复合型特点,各类型污染事故频发,已经进入环境问题集中爆发阶段。

大气质量方面,空气污染呈现由局地向区域蔓延、细颗粒物和臭氧等新型污染物影响显现、酸雨污染加重蔓延、有毒有害废气治理滞后等特点,区域环境空气质量不断恶化。水环境方面,全国地表水整体为轻度污染,地下水处于较差、极差级别的过半。生态环境方面,全国水土流失面积占国土总面积的 37%,荒漠化土地面积占国土总面积的 27%,全国 90% 的草原出现退化。

在应对气候变化、大力治理雾霾、加快生态文明建设背景下,中国面临的生态环境约束更加严峻,实际可行的煤炭消费增长空间非常有限。

(4) 中国能源发展趋势判断

作为当今世界上最大的能源生产国和消费国,中国已经将优化调整产业结构、提高能源利用效率和大力发展可再生能源作为未来能源发展战略,以保障能源安全、保护生态环境、应对气候变化、履行国际承诺。尽管目前中国经济增速放缓、能源市场疲软,但随着人口和国民收入的增加,全社会电气化水平的提升,中国仍然需要更多的能源,也即未来二十年及以后能源需求仍将保持增长态势,但相比过去十年,增长速度有所降低。

《2050 年世界与中国能源展望》指出,未来 35 年,提升能源效率将在能源发展中发挥关键性作用,全球能源消费强度逐步下降。预计全球一次能源消费和化石能源消费将分别在 2045 年和 2030 年左右进入高位平台期,这意味着全球能源相关的二氧化碳排放将在 2035 年左右停止增长。中国能源消费峰值和化石能源消费峰值将分别在 2035 年和 2030 年出现。中国能源消费总量,尤其是化石能源消费总量达到峰值,将对全球碳排放和气候变化带来深刻影响(中国石油经济技术研究院,2014)。

分析中国经济政策的能源发展战略,未来中国能源发展的趋势将会呈现三个方面的转变:能源发展的硬约束从经济增长向生态环保转变,能源需求增长从以工业为主向民用为主转变以及能源终端消费从一次能源向二次能源(电力)转变。

能源发展的硬约束从经济增长向生态环保转变。在工业化的进程中,中国始终将解决能源瓶颈作为首要问题。目前,能源对经济发展的制约得到有效缓解,能源结构也将随经济结构的调整而优化。展望未来,能源发展的主要目标从支撑经济增长向生态环境友好转变。主要矛盾不再是能源总量的增长,而是能源的质量和可持续发展问题。

一方面,经济进入新常态,增长方式将告别依靠大量能源资源投入的时代,进而转向追求经济质量和效益。发展方式转变和经济结构调整必然降低能源弹性系数,能源将不再成为未来经济发展的硬约束。另一方面,经济和能源发展的环境影响开始显现,在某些领域和地区十分严峻。应对气候变化、治理雾霾等成为经济社会发展的重要问题。

按照中国政府承诺,2030 年碳排放将达到峰值并尽可能提前,单位 GDP 碳排放比 2005 年下降 60%—65%;对可吸入颗粒物(PM10)和细颗粒物(PM2.5)的治理目标也将在《大气污染防治行动计划》2017 年目标基础上加大力度,力争到 2030 年京津冀、长三角和珠三角等三大重点区域的大气环境质量达到优良水平,而实现这些目标的关键需要对经济发展方式和能源结构体系进行彻底地变革。

能源需求增长从以工业为主向民用为主转变。从工业化和城镇化进程的角度看,中国工业化已经进入中后期,而城镇化则进入中期阶段。虽然按城镇人口计算,城镇化率已达到 55%,但城镇基础设施和居民生活水平提升还有很大空间。这意味着,未来对能源的需求将从工业用能为主向居民用能为主转变。

一是家庭汽车用能。中国正进入汽车社会,截至 2015 年底,全国机动车保有量达 2.79 亿辆。其中,私家车保有量为 1.24 亿辆,尽管在经济新常态下增速将有所减缓,但未来 5 年新增车辆将超过 2 亿辆。二是城乡家庭电气化进程加快。中国工业和大城市家庭已经基本实现电气化,但中小城镇和广大农村家庭还有显著差距,未来发展空间很大。三是南方冬季供暖需求强劲。随着人民生活水平的提高,南方冬季供暖作为民心工程也将提上议事日程。供暖能耗占家庭居住能源消费的一半左右,势必大幅增加城乡居民用能。

当前,工业用能的增速势头减缓,而城乡居民用能和第三产业用能旺盛,虽然两者总量还不及工业用能总量,但未来将成为新增能源消费需求的主要贡献者。

能源终端消费从一次能源向二次能源(电力)转变。社会电气化程度越高,工业化、城镇化水平就越高,这是现代经济社会发展的一条规律。从世界能源发展趋势看,全球电力消费量的增长速度将明显高于能源消费总量的增长。根据国际能源署的预测,2020 年和 2030 年,全球电力消费量相对 2010 年将分别增长 30% 和 59%,远高于全球能源消费量 18% 和 30% 的增长率。

尽管未来能源总量增长将放缓,但电力增长还将保持较高速度。一是中国正处于工业化后期和城镇化中期,仍需大量电力支撑。二是新能源的发展,包括水能、风能、太阳能、生物质能以及核能等都要通过转化为电能利用。三是能源东西转移、南北转移的大格局不会变,需通过便捷高效的电力输运方式来实现。

与发达国家的横向比较表明,中国电力发展还有较大的空间。2015 年,中国人均电力装机 1.11 千瓦,比上年增加 0.11 千瓦,中国人均用电水平超过 4000 千瓦时,人均 GDP 和人均用电水平相关度很高,要跨越"中等收入陷阱",人均电力水平还需要进一步提升。因此,未来 5 年到 15 年,中国电力增长率将明显高于能源总量的增长率。

2. 能源需求总量分析

影响能源需求总量的因素很多,包括人口及城市化,经济社会发展方式、社会电气化程度、经济结构调整及产业升级、技术进步、单位产品(产值)能源消耗、能源供给及价格政策等。在进行能源总量预测时,需要区分地域、行业、产业以及家庭与个人等的各类能源的消耗情况进行分析,预测其可能的变化趋势和变化规律,找出能源需求增长与这些因素的关系,进而测算和评估能源需求总量。

能源需求预测是一个涉及未来能源结构和能源技术变革,涵盖能源、经济、环境等多方面因素的复杂系统工程,相关预测方法模型众多。按模型求解目标的不同,可分为单目标模型和多目标模型。单目标模型主要以能源需求为单一预测对象,大多采用统计学原理建模对能源需求进行分析预测,构建的模型大多具有原理简明、运行独立(不依赖其他模型)、数据要求低、建模计算易实现、输入输出逻辑清晰、模型结果可解释性强等优点;多目标模型则同时考虑能源需求、经济社会、环境等要素进行建模,包括多个计算模块,结构的复杂度和变量的数量远超过单目标模型,可实现多政策情景、多区域、多目标、多因素、差异化分析等不同功能,但模型结构复杂、计算量大、求解困难、对数据输入要求高等,不易实现。下面采用应用较为广泛的回归方程、趋势外推、弹性系数、投入产出等方法对中国中长期的能源需求预测进行论证(国网能源研究院,2014)。

(1) 基于单位产值能耗的预测

从万元 GDP 的单位能耗来看,中国 2010 年的水平为 0.874 吨标准煤,2015年 0.635 吨标准煤。按照目前规划,2020 年为 0.52 吨标准煤,预测 2030 年约为0.36 吨标准煤,2050 年约为 0.2 吨标准煤。随着科学技术进步,经济结构转型升级和能源利用效率的提高,如果中国的能源利用效率能够达到目前德国、英国、意大利等发达国家水平,低于 0.2 吨/万元 GDP,那么,至 2050 年,GDP 总量 300 万亿元,能源消耗总量将低于 60 亿吨。

据此测算,2020 年,2030 年和 2050 年的能耗总量分别是 48.2 亿吨,54.3 亿吨和 59.5 亿吨,单位 GDP 能源水平分别是 0.52 吨/万元 GDP,0.36 吨/万元GDP,0.20 吨/万元 GDP。如图 3-1-2 所示。

(2) 基于人均能耗水平的预测

世界人均能源消费量继续保持增长。2015 年,世界主要国家人均能源消耗水平,见图 3-1-3 所示。在世界能源消费大国中,加拿大人均能源消费量最高,为13.2 吨标准煤;美国、韩国和俄罗斯人均能源消费仅次于加拿大,分别为 10.1、7.8和 6.6 吨标准煤;德国、法国、日本、英国为 4—6 吨标准煤;经济合作与发展组织(OECD)国家人均能耗水平为 6.0 吨标准煤;印度人均水平较低,仅为 0.76 吨标准煤。

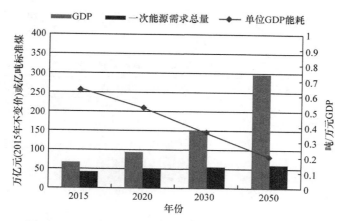

图 3-1-2　基于单位产值能耗预测各水平年能源消费情况

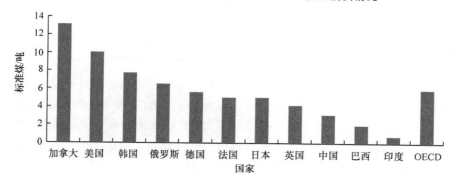

图 3-1-3　2015 年世界主要国家人均能源消费量

来源：BP 世界能源统计年鉴，2016

发达国家和发展中国家差距仍然明显。中国人均能源消耗 2010 年为 2.43 吨标准煤，2012 年为 2.67 吨标准煤，2015 年达到 3.12 吨标准煤，能耗水平逐年提升。虽然目前中国人均能源消耗达到世界平均水平，但远低于发达国家：中国人均能耗仅为加拿大的 24%，美国的 31%，甚至低于中等发达国家的人均能耗水平。

综合考虑经济、政策及未来发展趋势，预测到 2020 年、2030 年、2050 年，中国人均能耗分别为 3.4—3.5 吨、3.7—3.8 吨和 4.0—4.2 吨标准煤，与发达国家的差距将会缩小。综合人均能源消费量及人口数量预测值，计算得出 2020 年、2030 年及 2050 年中国能源需求总量分别为 48.2 亿—49.6 亿吨、54.0 亿—55.5 亿吨和 56.4 亿—59.2 亿吨标准煤。

（3）基于能源消费年均增长的预测

通过预测未来能源消费弹性系数以及经济增速，得出能源消费增速，并可求出能源需求总量。中国各时期能源消费弹性系数如表 3-1-4 所示，中国能源消费与经济发展历程关系密切,自改革开放以来,随着国民经济社会的快速发展,能源消费强度在各阶段变化显著。

表 3-1-4   中国各时期能源消费弹性系数

时期	GDP 年均增速/%	能源消费年均增速/%	能源消费弹性系数
1953—1977	3.70	9.90	2.68
1978—1995	10.00	5.00	0.50
1996—2000	8.60	2.10	0.24
2001—2005	9.80	8.36	0.85
2006—2010	11.20	6.60	0.59
2011—2015	7.80	3.60	0.46
2016—2020	6.5	2.3	0.35
2020—2030	5.0	1.1	0.22
2030—2050	3.5	0.35	0.10

来源:单葆国、韩新阳、谭显东等.2015.中国"十三五"及中长期电力需求研究

在当前情况下,一方面,经济发展、资源及生态环保之间的矛盾已经严重凸显,控制能源消费总量、降低能源消费强度已成为中国当前及未来较长时期内的重要任务。另一方面,中国仍处于工业化中后期,随着工业化与城镇化的推进,能源消费在现有可预期的技术、政策情境下很难出现突降现象。根据中国工业化、城市化不同阶段的特点,预测 2016—2020 年、2021—2030 年、2031—2050 年能源消费弹性系数分别为 0.35、0.22、0.10。

综上分析,2016—2020 年、2021—2030 年,2031—2050 年,中国能源需求年均增长速度分别为 2.0%—3.0%、1.0%—1.3%、0.3%—0.5%。以 2015 年一次能源消费量 43 亿吨标准煤为基数,2020 年、2030 年和 2050 年能源需求分别为 48亿—50 亿吨标准煤、53 亿—58 亿吨标准煤、56 亿—63 亿吨标准煤(李家春等,2015)。

(4)基于产业结构调整的预测

作为经济增长中不可或缺的要素产品,能源消费的变动不仅受经济增长的影响,而且受产业结构的影响。因此,研究中国产业结构调整对能源消费的影响,对于预测未来能源消费、制定能源战略、优化产业结构以及实施国家可持续发展战略,具有重要的意义。

从发达国家的发展历程来看,经济发展过程中,产业结构的调整可以划分成四个阶段:第一阶段是指产业结构从以农业、手工业为主发展到以轻纺工业为主的过程,此阶段能源消费弹性系数较低,能源约束对经济增长的制约作用尚未明显地表现出来;第二阶段是指从以轻纺工业为主发展到以重工业为主的过程,此阶段对能

源的需求急剧增长,对能源的依赖程度迅速增强,能源对经济发展的制约作用开始凸显;第三阶段是指以能源原材料工业为中心发展到以加工、组装等制造业为中心的过程,对能源的需求比较稳定;第四阶段是指"技术集约化"阶段,科学技术使得能源利用效率大幅度提高,经济发展对能源的需求有所下降,能源强度保持在一个合适的水平上。

图 3-1-4 为 2010—2015 年中国产业结构变化及耗能情况,可以看出,2010 年以来,在国内生产总值的构成中,第一、第二产业比重持续下降,第三产业快速发展,呈现出工业化中后期产业结构的一般特征,详细数据见表 3-1-5。由于产业结构调整转型,目前第三产业占比已达 50%,第二产业已相应下降至 41%。从耗能角度而言,国民经济各产业中,第一产业、第三产业增加值能耗较第二产业少很多;工业单位增加值能耗相比于其他行业较大,其中,重工业又比轻工业大。2010 年以前,第二产业一直是中国 GDP 构成的"主力军",在三大产业中占据着绝对的领先地位。直到"十二五"期间,第二产业"一枝独秀"的格局才有所转变。所以,一直以来,第二产业耗能对于中国能耗总量具有主导作用。

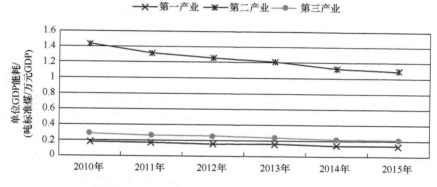

图 3-1-4　2010—2015 年中国各产业耗能变化情况

表 3-1-5　2010—2015 年中国产业结构变化（GDP 占比）情况

年份	2010	2011	2012	2013	2014	2015
第一产业	10.2	9.5	9.5	9.4	9.2	9
第二产业	46.8	46.2	45	43.7	42.7	40.5
第三产业	43	44.3	45.5	46.9	48.1	50.5

来源:国家统计局

基于产业结构调整,预测到 2020 年、2030 年及 2050 年中国能源需求总量分别为 49 亿吨标准煤、57 亿吨标准煤、62 亿吨标准煤,如表 3-1-6 所示:

表 3-1-6　基于产业调整预测全国 2015—2050 年各水平年能源消费量/(亿吨标准煤)

年份		2015	2020	2030	2050
GDP	亿万元	67.67	92.7	151	297.7
第一产业	GDP 比重/%	9	10-8	8-6	5-3
	能源消费	0.82	1	1.04	0.79
	单位 GDP 能耗/(吨/万元 GDP)	0.13	0.13	0.11	0.07
第二产业	GDP 比重/%	40.5	39-40	38-36	36-34
	能源消费	29.78	30.99	31.46	26.99
	单位 GDP 能耗/(吨/万元 GDP)	1.09	0.85	0.57	0.26
第三产业	GDP 比重/%	50.5	52-55	56-60	60-63
	能源消费	7.18	8.84	13.14	23.8
	单位 GDP 能耗/(吨/万元 GDP)	0.21	0.18	0.15	0.13
生活消费	能源消费	5.22	8.38	11.7	11.23
能源消费总量		43	49.21	57.34	62.81

（5）基于低碳和排放约束条件的预测

低碳经济发展是以低消耗、低排放、低污染为特征的可持续经济发展模式,其实质就是利用技术进步和制度创新转变能源利用方式,提高能源效率,优化能源结构。低碳经济发展是当今世界各国应对气候变化的共同选择。清洁替代和电能替代是本轮能源变革的基本方向,有助于从能源生产方式和能源消费方式上有效解决人类能源供应面临的资源约束和环境约束问题,加快实现能源结构从化石能源为主向清洁能源为主的根本转变。

关于碳减排目标,中国政府承诺:到 2020 年,实现单位国内生产总值二氧化碳排放比 2005 年下降 40%—45%,非化石能源占一次能源消费的比重达到 15%;到 2030 年,单位 GDP 二氧化碳排放比 2005 年下降 60%—65%,二氧化碳排放达到峰值并争取尽早实现,非化石能源占一次能源消费的 20%。这是未来低碳经济发展十分明确的碳排放刚性约束。

在社会经济发展中,碳排放量受能源需求总量、不同行业结构、不同能源消费结构等影响较大。在不影响社会经济发展目标的基本前提下,需要以碳排放总量为刚性约束条件,从产业结构优化减排、技术升级优化能源结构和能源消耗减排等方面,构建基于经济发展目标和碳排放总量约束的低碳经济发展模式下的能源需求预测模型,是低碳经济由概念向可操作性转变的关键工作(范英英,2012)。

综合考虑表 3-1-6 所示中国社会经济发展目标、产业结构优化预测及未来能源技术的发展趋势,预测到 2020 年、2030 年及 2050 年中国能源需求总量分别为 48 亿吨标准煤、53 亿吨标准煤、56 亿吨标准煤;对应的非化石能源消耗总量分别为 7.2 亿吨标准煤、10.6 亿吨标准煤、21.6 亿吨标准煤。

(6) 能源需求总量的综合预测

未来能源需求总量预测具有很大的不确定性。国内外很多权威机构都发表过对中国未来一次能源需求的预测报告,但也是在持续滚动的更新之中。现阶段结合国家宏观经济形势的预判和“十三五”能源发展规划报告进行综合分析,列出各水平年一次能源需求总量,见表 3-1-7,2020 年中国一次能源需求量为 48 亿—50 亿吨标准煤左右,2030 年为 53 亿—58 亿吨标准煤,2050 年为 56 亿—63 亿吨标准煤。

表 3-1-7　全国 2015—2050 年各水平年能源消费总量预测结果

年份	2015	2020	2030	2050
一次能源消耗总量/(亿吨标煤)*	43	48—50	53—58	56—65
总人口数/(亿人)	13.75	14.18	14.6	14.10
GDP/(万亿元 2015 年不变价格)	67.67	92.7	151.0	297.7
中方案情景/(亿吨标煤)	43	49	56	63
低方案情景/(亿吨标煤)		48	53	56
年人均能源消费量/(吨/人)	3.12	3.4	3.7	4.0
单位万元 GDP 能耗/(吨/万元 GDP)	0.64	0.52	0.36	0.19
能源消费弹性系数	0.46	0.35	0.22	0.10

*:根据有关权威机构预测成果整理数据,并推荐采用低情景方案

3. 能源结构分析

能源的分类方法有多种。按是否经过人类加工转换,可分为一次能源和二次能源两大种类:一次能源是指自然界中以原有形式存在的、未经加工转换的能量资源,主要包括直接来自太阳的辐射能和间接来自太阳的煤炭、石油、天然气以及风能、海洋能等;二次能源则是指依托一次能源的进一步加工和转化从而获取的能源,如通过风力发电获取的电能,加工石油制造的汽油等。按能源形成过程,可分为化石能源和非化石能源两种:化石能源是指需经长时间地质变化形成,只供一次性使用的能源类型,如煤炭、石油、天然气等,非化石能源则包含水能、核能、风能、太阳能、生物质能、地热能、海洋能等。相对于会穷尽的不可再生能源(化石能源和核裂变发电),水能、风能、太阳能、生物质能、地热能、海洋能等能源,资源丰富,可以再生,永续利用,又称为可再生能源;而新能源则是指除常规化石能源、大中型水

电之外的能源,包括风能、太阳能、生物质能、小水电、核电、地热能、海洋能等。

在全球气候变化挑战、资源和环境约束不断加强、国内经济进入新常态的大背景下,中国能源格局正经历深度调整。表 3-1-8 给出了中国未来 35 年一次能源消费结构预测数据。

表 3-1-8　中国未来一次能源消费结构预测/(亿吨标准煤)

年份		2020		2030		2050	
非化石能源	水电	3.65	50.7%	4.85	45.8%	5.4	25.0%
	核电	1.3	18.1%	2.0	18.9%	5.0	23.1%
	风电和太阳能	1.65	22.9%	3.15	29.7%	10.2	47.2%
	生物质及其他	0.6	8.3%	0.6	5.6%	1.0	4.6%
	总计	7.2	15%	10.6	20%	21.6	38.5%
化石能源	天然气	4.1	10%	6.5	12.3%	10.4	18.5%
	石油	6.9	17%	8.5	16.0%	8.4	15.0%
	煤炭	23.7	58%	27.4	51.7%	15.6	28.0%
	总计	40.8	85%	42.4	80%	34.4	61.5%
一次能源总量		48.0	100%	53	100%	56.0	100%

结合中国能源发展现状,可以看出,中国能源发展方式正在由粗放增长向集约增长转变:能源消费总量方面,随着社会经济的持续发展,能源消费总量不断攀升,但消费增速显著变缓;能源消费结构方面,能源结构步入战略性调整期,调整步伐加快,清洁化、低碳化趋势明显。

能源资源禀赋决定了中国"以煤为主"的能源消费结构,但煤炭在一次能源消费中的比重持续降低,清洁能源比重不断提高。天然气、核能和可再生能源快速发展,开发利用规模不断扩大,对煤炭等传统能源替代作用增强。预计煤炭消费比重将从 2015 年的 63%,逐步下降至 2020 年的 58%、2030 年的 51.7% 和 2050 年的 28%;对应的,非化石能源消费比重,将从 2015 年的 12% 逐步提升至 2020 年的 15%,2030 年的 20%,2050 年的 38.5%。

3.1.3　电力需求与结构分析

1. 电力增长的影响因素

"十二五"期间,电力供应由总体平衡、局部偏紧的状态逐步转向相对宽松、局部过剩。非化石电源快速发展的同时,与电网消纳的矛盾进一步加剧;电力设备利用效率不高,火电利用小时数持续下降,输电系统利用率偏低,区域电网结构有待优化,城镇配电网供电可靠性有待提高,农村电网供电能力不足。"十三五"是电力工业加快结构优化和转型发展的重要机遇期。

在世界能源格局深刻调整、中国电力供需总体宽松、环境资源约束不断加强的新时期,电力工业发展面临一系列新形势、新挑战。面对新形势,党中央、国务院明确提出了"推动消费、供给、技术、体制革命,全方位加强国际合作"的能源发展战略思想,以及"节约、清洁、安全"的能源发展方针,为电力工业持续健康发展提供了根本遵循。

为应对全球气候变化和温室气体减排限制,新一轮能源变革势在必行,基本方向是以实施清洁替代和电能替代为重点,加快能源结构从化石能源为主向清洁能源为主的根本转变。低碳经济是以低消耗、低排放、低污染为特征的可持续经济发展模式,实质就是利用技术进步和制度创新转变能源利用方式、提高能源效率、优化能源结构。研究表明,能源结构调整是降低碳排放的重要途径。能源品种中,以电力的碳排放强度较低,煤炭的污染较高,但煤炭发电又是主要的电源,因此发展低碳经济,提高能效,实施节能减排,无疑会对电力的需求产生直接的影响。

同时,中国正处于从重工业化阶段向技术集约化阶段转型时期,全社会的电气化水平总体较低,电力利用效率不高,尤其以工业为主的第二产业用电量比重较大,占主导地位。但随着工业结构的调整,技术装备水平的提高,工业用电从饱和逐步下降;第三产业,尤其是生产型服务业用电不断上升,城乡居民生活用电也因城市化率、城镇化率的提升、居民收入增加和生活水平的提高而将持续增加。

图 3-1-5、图 3-1-6 展示了中国近 15 年来全国发电量及装机容量的发展变化情况。"十二五"期间,中国电力建设步伐不断加快,多项指标居世界首位。截至2015 年底,中国电力工业发展规模迈上新台阶,全国发电量达到 5.74 万亿千瓦时,全国发电装机容量达 15.3 亿千瓦;人均装机约 1.11 千瓦,人均用电量约 4142千瓦时,均超世界平均水平;电力在终端能源消费中占比达 25.8%。随着电力产业建设加快,全国电力装机容量不断增长,在 2002—2006 年增速迅猛,之后逐渐放缓,全国发电量增长比例在 2007 年后波动较大,但仍保持平稳增长。从图 3-1-5和图 3-1-6 可以看出,整体上,从 2004 年后,全国装机容量增长态势要明显高于发电量的增长,导致近年来发电机组年发电利用小时数逐年下降,发电效率偏低(国家发改委,国家能源局,2016)。

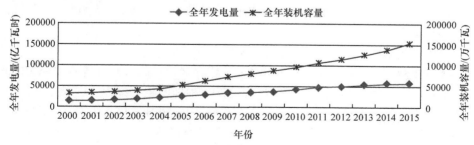

图 3-1-5　全国发电量及装机容量的变化

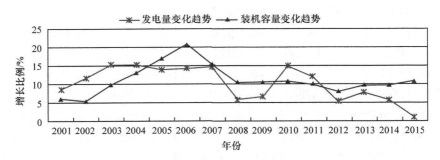

图 3-1-6　全国装机容量及发电量变化趋势

　　影响电力需求的因素很多,但主要是经济社会发展阶段、产业结构调整以及宏观经济形势等因素,其次还包括资源禀赋、生产和消费习惯、国民收入和电力市场价格等因素。不同发展阶段,具有不同的产业结构和电力消费结构。在未来能源格局发展中,电力发展有两个重要趋势:一是电能占终端能源消费的比重将显著提高,二是非化石能源发电占电能总量的比重将显著提高。从电能占终端能源消费的比重来看,预计到 2020 年,电能在终端能源的占比为 27%,到 2030 年,达到35%,到 2050 年,达到 45%以上。从电力系统结构来看,预计 2020 年,非化石能源电力比重 39%左右;2030 年,非化石能源电力占比 49%左右;至 2050 年,则进一步增长至 62%左右。

　　2. 电力需求量的预测

　　(1) 按照年均增长速度的趋势预测

　　考虑未来国民经济发展、产业结构调整、东西部协调发展、单位 GDP 用电和人均用电水平,低碳节能和生态环境要求、应对气候变化和对比发达国家电力发展情况,根据国家电力发展"十三五"规划研究成果,预测 2020 年以前,电力需求仍将保持较快增长,年均增长 4%—5%,到 2020 年,全国全社会用电量 6.8 万亿—7.2 万亿千瓦时;2021—2030 年,电力需求年均增速将放缓到 3.5%左右,到 2030 年,全国需电量将达到 10 万亿—11 万亿千瓦时;2031—2050 年,电力需求年均增速进一步放缓至 1.0%左右,到 2050 年,全国需电量将达到 12 万亿—15 万亿千瓦时(国家发改委,国家能源局,2016)。

　　(2) 按照电能在终端能源中的比重预测

　　电能占终端能源消费的比重代表电力替代煤炭、石油、天然气等其他能源的程度,是衡量一个国家终端能源消费结构和电气化程度的重要指标。电能是清洁、高效、便利的终端能源载体,在大力推进低碳发展,大规模开发可再生能源,积极应对气候变化的全球发展趋势下,提高电能占终端能源消费比例已成为世界各国的基本选择。

提高电气化水平需要在供给侧和消费侧进行彻底变革,在供应侧提高可再生能源比重,消费侧通过热泵等举措,实现以电代气,发展电动交通,实现以电代油等,提高电力在终端能源消费的比重。2010 年,电能占终端能源消费比重为21.3%,2015 年达到 25.8%,2020 年达到 27%,2030 年达到 35%,2050 年达到 45%。

（3）按照产业结构用电水平预测

未来产业结构转型升级将带动用电结构的变化,尤其在工业化完成后,由于服务业加快发展、部分工业产品逐步饱和以及居民生活水平大幅改善,第二产业用电比重将逐步下降,但基于产业耗能性质,第二产业用电量仍相对较高,2010 年第二产业用电量占比 74.9%,到 2050 年预测将下降至 50%,实际用电量则从 31457 亿千瓦时增至 62745 亿千瓦时,第三产业和居民生活用电成为拉动全社会用电增长的主要动力,2010 年、2015 年这一部分用电量占比分别为 22.8%、26%,预测到2050 年将增至 47.7%,但由于制造业基数较大,未来第二产业用电比重仍将保持较高水平。

表 3-1-9 列出了 2010—2015 年全社会分行业用电情况,并预测了未来各水平年各产业用电情况。图 3-1-7、图 3-1-8 反映了各产业结构用电量变化趋势及占比情况。

表 3-1-9　2010—2050 年全社会分行业用电结构/（亿千瓦时）

年份	2010	2015	2020	2030	2050
第一产业	967	1024.2	1400	1988.7	2886.3
第二产业	31457.3	41081.8	46200	53032	62745
第三产业	4493.9	7340.1	10500	19792.3	29113.7
城乡居民	5081.9	7453.9	11900	19887	30745.1
全社会用电量总计	41999	56900	70000	94700	125490

（4）按照人均用电水平的类比预测

人均用电量在一定程度上反映一个国家或地区经济发展水平和人民生活水平。从全球来看,人均用电量分为如下四个档次:第一档,年人均用电量在 1 万千瓦时以上的,主要是北美、北欧及澳大利亚等少数发达国家;第二档,年人均用电量5000—10000 千瓦时,大部分发达国家都在此列;第三档,年人均用电量 2000—5000 千瓦时,主要包括金砖四国等新兴市场国家;第四档,年人均用电量不足 2000千瓦时,主要是一些发展中国家或欠发达国家与地区。

中国人均用电量已接近世界平均水平,但仅为部分发达国家的 1/5—1/4,目前尚处于第三档次。过去十年,中国电力工业快速发展,人均用电量快速增长。需要注意的是,人均用电量包含了工业、商业等非生活用电量,人均用电量高并不能

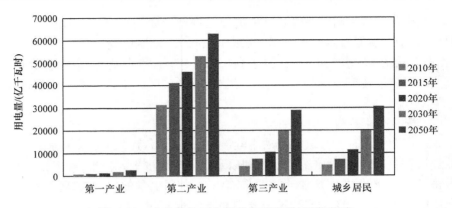

图 3-1-7 产业结构用电量现状及预测(后附彩图)

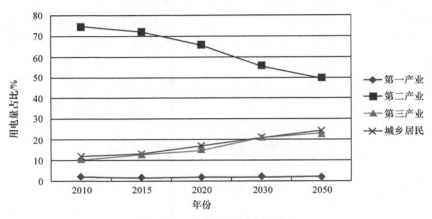

图 3-1-8 产业结构用电量占比

直接反映人们生活水平质量高,比如中国内蒙古由于重工业比重大,人均用电量接近 9000 千瓦时,超过很多欧美国家。所以,真正能够反映生活水平质量的,应该是人均生活用电量。

表 3-1-10 给出了中国中长期人均用电水平推测数据,中国人均用电量 2020 年为 5000 千瓦时左右,2030 年 7000 千瓦时左右,2050 年 9000 千瓦时左右。

表 3-1-10 基于人均用电水平的中国中长期人均用电水平推测

类别	单位	2015 年	2020 年	2030 年	2050 年
全国人口总量	亿人	13.75	14.18	14.37	14.10
全国人均用电量	千瓦时/每人	4142	4860—5140	6530	8900
全国人均生活用电	千瓦时/每人	529	970	1755	2180
全社会用电量	亿千瓦时	56900	68000—72000	94700	125490

（5）电力需求量的综合分析

综合上述研究成果，考虑未来国民经济发展、产业结构调整、东西部协调发展、单位 GDP 用电和人均用电水平，应对气候变化、低碳节能和生态环境保护要求，对比发达国家电力发展情况，表 3-1-11 给出了未来各水平年全社会用电量的预测数据。预计 2020 年以前，电力需求仍将保持较快增长，年均增速不低于 5%，到 2020 年，全社会用电量 6.8 万亿—7.2 万亿千瓦时，人均用电量 5000 千瓦时左右；2021—2030 年，电力需求年均增速放缓到 3.5% 左右，到 2030 年，全国电力消耗量将达到 9.47 万亿千瓦时，人均用电量 6530 千瓦时，缩小了和发达国家用电水平的差距，为实现第二个百年目标，达到发达国家水平迈出了重要一步；2031—2050 年，电力需求年均增速进一步放缓至 1.0% 左右，到 2050 年全国需电量将达到 12.5 万亿千瓦时，人均用电量 8900 千瓦时。

表 3-1-11　预测未来各水平年全社会用电量

年份	2010	2015	2020	2030	2050
GDP/（万亿元）	39.7	67.7	92.7	151.0	297.7
GDP 年均增长率/%	11.2	6.9	6.5	5.0	3.5
电力弹性系数	0.99	0.7	0.7	0.5	0.29
用电量年均增长率/%	11.1	4.9	4.9	2.25	1.0
年人均用电量/（千瓦时）	3132	4142	4860—5146	6530	8900
全社会用电量/（万亿千瓦时）	4.20	5.69	6.8—7.2	9.47	12.5

3. 电力装机结构分析

按照 2020 年非化石能源消费比重达 15%、2030 年达 20%、2050 年达 38.5% 的目标要求，必须优化电源结构，优先大力加快可再生能源电源和提高核电发展比重。在大力加快非化石能源发电发展方针指引下，风电、太阳能发电、水电、核电将是今后能源发展的重点，增大非化石能源发电比重。

"十二五"期间，电力供应由总体平衡、局部偏紧的状态逐步转向相对宽松、局部过剩。非化石能源快速发展的同时，部分地区弃风、弃光、弃水问题突出，火电利用小时数持续下降，核电利用小时数亦有一定程度下降，如表 3-1-12 所示。

表 3-1-12　"十二五"期间主要电源类型的年利用情况

电源类型	2011 年		2012 年		2013 年		2014 年		2015 年	
	小时数/h	同比增长/%	小时数/h	同比增长/%	小时数/h	同比增长/%	小时数/h	同比增长/%	小时数/h	同比增长/%
水电	3019	−11.31	3591	18.93	3359	−6.45	3669	9.23	3590	−2.15
火电	5305	5.45	4982	−6.08	5021	0.77	4778	−4.84	4364	−8.66
核电	7759	−1.04	7855	1.24	7874	0.24	7787	−1.10	7403	−4.93
风电	1875	−8.39	1929	2.88	2025	4.95	1900	−6.15	1724	−9.26
光伏发电			1423		1342	−5.67	1235	−7.96	1225	−0.85

　　"十三五"期间,随着经济发展进入新常态,增长速度换挡,结构调整加快,发展动力转换,节能意识增强,全社会用电量增速明显放缓,中国电力供应宽松呈现常态化。在基于电力需求预测结果来分析电力装机结构分析时,必须综合考虑各种发电装机类型技术发展趋势及电网电源建设的匹配性问题。一方面,应不断提高新能源本体发电技术和多能互补发电技术,提升新能源发电出力的电网友好性,另一方面,需通过加强电网建设、提高系统调峰能力、优化调度运行及分散式开发等措施,切实有效解决电源与电网建设间的不协调问题,提高发电设备利用效率。

　　综上分析,预测 2020 年中国电力装机容量将达到 20 亿千瓦左右,其中煤电、天然气等化石能源发电装机约占 62%,水电、核电、风电和太阳能发电等非化石能源装机约占 38%(国家发改委,国家能源局,2016);2030 年电力装机容量将达到 27 亿千瓦,化石能源装机和非化石能源装机大体各占一半。到 2050 年,中国发电装机容量规模约为 44 亿千瓦,其中化石能源装机规模约占 1/3,非化石能源装机规模占 2/3。

　　如表 3-1-13 所示,全国装机容量总量逐年递增,其中火电占主要地位。预测 2020 年火电装机容量为 12.1 亿千瓦,2030 年达 15.4 亿千瓦,到 2050 火电装机将有所下降,为 15.1 亿千瓦。清洁能源装机容量不断上升,其中水电装机容量增加趋于稳定,2015 年为 3.2 亿千瓦,到 2050 年达到 5.4 亿千瓦;核电装机容量基数较少,基本每年翻倍增长,到 2050 年达到 3 亿千瓦;风电及太阳能发电装机所占比重也不断上升,2015 年风电装机占比仅为 8.8%,到 2050 年风电装机容量达 10 亿千瓦,占比约 23%,太阳能发电 2015 年占比为 2.8%,2050 年装机增至 10 亿千瓦,所占比重约为 23%(王仲颖,2014;国家发改委,国家能源局,2016;国家发改委能源所、国际能源署,2014)。

表 3-1-13　中国未来电力装机构成/(亿千瓦)

年份		2010	2015	2020	2030	2050
清洁电力	风电	0.3	1.31	2.1	4	10
	太阳能	0.003	0.42	1.1	2	10
	水电	2.16	3.0	3.5	4.0	5.4
	核电	0.11	0.27	0.58	1.3	3.0
	生物质及其他	—	0.13	0.15	0.53	0.59
化石电力	火电	7.1	9.66	12.1	15.4	15.1
总计		9.67	14.79	19.53	27.23	44.09

3.1.4　风电可持续发展目标

1. 风电需求规模分析

中国在大规模发展风电方面有良好的风能资源条件、有广阔充沛的土地资源条件,有较为成熟的风电产业体系,有分布广泛和技术先进的输电网络以及未来坚强智能电网进一步完善的发展作为支撑。尤其是,中国未来可持续发展的经济、今后一段时期内仍将增长的能源需求以及日益严峻的大气污染和气候变化形势、进一步趋紧的生态与环保刚性约束等,使得大规模发展风电既是必须的,又是可行的。但同时,风电并网和消纳问题正日益凸显,"三北"地区风电消纳困难,尤其北方冬季采暖期调峰困难,进一步加剧了非化石能源电力消纳矛盾。

因此,不同排放约束、不同地区、不同时期、不同风电发展规模下,发展风电的经济代价将有所不同,对此,需要综合考虑多种因素,确定风电的经济可开发量。

前述表 3-1-6 中,已知中国未来各水平年的能源需求总量和非化石能源占能源消耗的比重,可推求得到 2020 年、2030 年、2050 年非化石能源消费总量分别为 7.2 亿标准煤、10.6 亿标准煤、21.6 亿吨标准煤,结合目前相对明确的水电、核电、生物质及其他可再生能源发电的发展战略目标,则 2020 年、2030 年、2050 年风电和太阳能发电发展规模的总和,折合标准煤分别为 1.65 亿吨、3.15 亿吨和 10.27 亿吨。这是基于排放约束和经济增长所确定的各时期中国风电和太阳能发电的发展战略目标。

2. 近期风电发展目标

为合理引导新能源投资,促进陆上风电、光伏发电等新能源产业健康有序发展,依据国家《可再生能源法》《能源发展战略行动计划(2014—2020)》,国家发改委

2016 年 12 月颁布了《关于调整光伏发电陆上风电标杆上网电价的通知》。通知表明,降低 2017 年 1 月 1 日之后,新建光伏发电和 2018 年 1 月 1 日之后新核准建设的陆上风电标杆上网电价,即陆上风电上网标杆电价调整为一类资源区 0.40 元/千瓦时,二类资源区 0.45 元/千瓦时,三类资源区 0.49 元/千瓦时,四类资源区 0.57 元/千瓦时。海上风电标杆上网电价维持不变,即近海风电项目标杆上网电价为每千瓦时 0.85 元,潮间带风电项目标杆上网电价为每千瓦时 0.75 元。标杆电价的下调必然会对风电产业的发展产生一定影响。

按照国家能源局发布的风电发展"十三五"规划,以每年新增装机容量 1800 万—2000 万千瓦,发展速度平稳,基本可以明确,到 2020 年,可确保风电装机容量规模为 2.1 亿千瓦,风电年发电量 4200 亿千瓦时,力争达到 4500 亿千瓦时,风电发电量占全国总发电量的比例达到 6%,力争达到 6.5%。考虑到电网基础条件和可能存在的约束,近期风电发展仍以发展规模化风电市场、建立具有领先技术标准和规范的风电产业体系为主要目标,以陆上风电为主、近海(含潮间带)风电示范为辅。"十三五"期间,"三北"地区陆上新增风电 7500 万千瓦(其中特高压输电通道外送风电容量 4000 万千瓦)、中东部和南方地区陆上新增风电 4200 万千瓦,海上风电新增 420 万千瓦,风电新增发电量占全国新增总发电量的 20%左右,成为中国新增电力的重要供应来源。

由此,基于 2020 年中国风电和太阳能发电总量折合为 1.65 亿吨标准煤的基础,则对应的风电和太阳能装机容量分别为 2.1 亿千瓦和 1.1 亿千瓦,如表 3-1-14 所示。

表 3-1-14　2020 年风电和太阳能发电的合理规模分析

序号	项目	单位	2020 年
1	风电和太阳能发电	消费量/(亿吨标准煤)	1.65
2	风电	装机规模/(亿千瓦)	2.1
		发电量/(亿千瓦时)	4200
		折合标准煤(亿吨标准煤)	1.25
3	太阳能发电	装机规模/(亿千瓦)	1.1
		发电量/(亿千瓦时)	1560
		折合标煤/(亿吨标准煤)	0.40

3. 中期风电发电目标

预计此阶段,不考虑跨省区输电成本的条件下,风电的成本低于煤电,风电在电力市场中的经济性优势开始显现。但如果考虑跨省区输电成本,风电的全成本仍高于煤电;若考虑煤电的资源环境成本,风电的全成本将低于煤电全成本。在基本情景下,风电市场规模进一步扩大,陆海并重发展,每年新增装机在 2000 万千瓦左右,全国新增装机中,30%来自风电。到 2030 年,风电的累计装机超过 4 亿千瓦,在全国发电量中的比例达到 8.4%,在发电装机容量中的比例扩大至 15%左右。

在风电和太阳能发电年利用量折合 3.15 亿吨标准煤的约束下,表 3-1-15 给出了太阳能发电装机规模高、低预测方案下对应的风电装机规模预测结果。取太阳能发电装机规模低方案,即 2030 年风电和太阳能发电装机容量分别约为 4.0 亿千瓦和 2.0 亿千瓦。

表 3-1-15　　2030 年风电和太阳能发电的合理规模分析

序号	情景假设	项目	单位	2030 年
1		风电和太阳能发电	消费量/(亿吨标准煤)	3.15
2	太阳能发电装机容量高方案	风电	装机规模/(亿千瓦)	3.4
			发电量/(亿千瓦时)	6780
			折合标煤/(亿吨标准煤)	2.1
		太阳能发电	装机规模/(亿千瓦)	2.5
			发电量/(亿千瓦时)	3250
			折合标煤/(亿吨标准煤)	1.05
3	太阳能发电装机容量低方案	风电	装机规模/(亿千瓦)	4
			发电量/(亿千瓦时)	8000
			折合标煤/(亿吨标准煤)	2.31
		太阳能发电	装机规模/(亿千瓦)	2
			发电量/(亿千瓦时)	2600
			折合标煤/(亿吨标准煤)	0.84

4. 远期风电发展目标

预计此阶段随着风电产业的发展,风电机组及相关产品的技术将得到进一步的提升,海上风电机组的研发工作也将进一步展开,风电机组的发电能力将会有所提高,风电场的建设成本以及运行维护成本都将有所降低。与此同时,风电和电力系统以及储能技术不断进步,风电与电力系统实现很好的融合,电网建设与运行模式也将趋于完善,电网的消纳能力和传输条件不断改善。基于上述分析,风电规模将进一步扩大,陆地、近海、远海风电均有不同程度的发展。在基本情景下,每年新增装机约 3000 万千瓦,占全国新增装机的一半左右,到 2050 年,风电可以为全国提供 17.8%的电量,风电装机达到 10 亿千瓦,在电源结构中约占 26%。

从风电和太阳能发电年利用量总量的角度来推算。结合目前的发展速度,并考虑太阳能发电技术发展、发电成本下降因素,2030—2050年太阳能发电的年均增长规模按4000万千瓦测算,则2050年太阳能发电的规模为10亿千瓦(太阳能发电装机规模高方案),为满足非化石能源发展需要,则风电的最低规模必须达到10.4亿千瓦以上,风电的年均增长规模约4000万千瓦。如果太阳能的年均规模维持在2000万千瓦(太阳能发电装机规模低方案),为满足非化石能源发展需要,则风电的最低规模必须达到13亿千瓦以上,风电的年均增长规模约6000万千瓦。相关推算结果如表3-1-16所示。

表3-1-16给出了太阳能发电装机规模高、低预测方案下对应的风电装机预测结果。考虑到分布式光伏的广泛普及,光伏和光热发电成本的巨大下降空间,推荐采用太阳能发电装机规模高方案,预计2050年风电和太阳能发电装机容量分别约为10亿千瓦。

表 3-1-16　2050 年风电和太阳能发电的合理规模分析

序号	情景假设	项目	单位	2050 年
1		风电和太阳能发电	消费量/(亿吨标准煤)	10.2
2	太阳能发电装机容量高方案	风电	装机规模/(亿千瓦)	10.2
			发电量/(亿千瓦时)	20000
			折合标煤/(亿吨标准煤)	6.3
		太阳能发电	装机规模/(亿千瓦)	10
			发电量/(亿千瓦时)	13000
			折合标煤/(亿吨标准煤)	3.9
3	太阳能发电装机容量低方案	风电	装机规模/(亿千瓦)	13
			发电量/(亿千瓦时)	26000
			折合标煤/(亿吨标准煤)	7.93
		太阳能发电	装机规模/(亿千瓦)	6
			发电量/(亿千瓦时)	7800
			折合标煤/(亿吨标准煤)	2.34

综合上述分析,表3-1-17汇总给出了中国2020年、2030年和2050年风电发展的规划目标及对应陆地风电、海上风电的具体开发布局。

表 3-1-17　2020 年、2030 年、2050 年风电发展指标

指标类别	主要指标	2010 年	2015 年	2020 年	2030 年	2050 年
装机容量	陆地风电/(万千瓦)	3118	12798	16000	33500	80000
	所占比例/%	99.6	99.2	97.6	83.75	80.0
	海上风电/(万千瓦)	13.2	101.5	500	6500	20000
	所占比例/%	0.4	0.8	2.4	16.25	20.0
	合计/(万千瓦)	3131	12900	21000	40000	100000
发电量	发电量/(亿千瓦时)	500	1863	4000	7600	21200
	风电发电量占全部发电量比重/%	1.2	3.3	6	8	17

3.2　中国风电可持续发展布局

依靠其丰富的资源条件、巨大的市场需求和国家政策的积极扶持,中国的风电产业在过去十多年间快速成长,目前已发展成为世界上最大的风电市场。中国"三北"地区得天独厚的风电资源条件使其成为整个中国风电开发的重要基地,通过对大型风电基地的集中开发建设,风电技术取得长足进步,风电产业迅速形成规模优势并取得良好的社会、经济和环境效益。

随着风能技术的进步,处于负荷中心的广大中东部和南部中低风速区域也日益凸现其开发价值和开发潜力。而风能资源条件好、又紧邻负荷中心的海上可开发区域也展现出了诱人的发展前景。纵观中国风电发展的过去、现在和未来,尤其是当前面临的"弃风"困境,要实现中国风电的可持续发展,必须继续创新风电工程及装备技术,在开发模式上取得突破,优化开发布局,促进不同区域和不同开发模式的有机结合,增进风电场与电网的融合,确保整个风电产业的健康协调发展。

中国地域辽阔,各地差异显著。风能资源丰富的"三北"地区适宜进行大规模的风电开发,但这里人口密度较低,本地消纳容量有限,需要远距离输电;中国的中东部以及南部地区经济发达、人口稠密,是能源消费中心,但这里的资源条件又不及"三北"地区,适宜采用分布式或分散式开发利用。本书所指的风电集中式开发是指对位于中国"三北"地区,风场规模相对较大,需要远距离电能输送的风电开发模式;风电分散式开发是指对位于中东部及南部地区,风场规模相对较小,不存在远距离电能外送,以就地消纳为主的风电开发模式。

伴随风电在全球范围内的快速发展,截至 2015 年年底,中国的风电并网装机总容量已达到 1.29 亿千瓦,其中"三北"地区的并网容量为 1.04 亿千瓦,中东部及南方地区达到了 2486 万千瓦,海上风电装机容量为 75 万千瓦,风电成为中国继煤电、水电之后的第三大电源。未来中国的风电市场还将保持较高的增长速度,根据国家能源局《风电发展"十三五"规划》及未来中国风能可持续发展目标,到 2020 年,中国风电累计并网装机容量将达到 2.1 亿千瓦,其中"三北"地区集中式风电并网总容量将达到 1.35 亿千瓦,占全国风电总容量的 64.3%,中东部及南部地区的并网容量将达到 7000 万千瓦,占全国风电总容量的 33.3%,海上风电累计并网总容量将达到 500 万千瓦,约占全国风电总容量的 2.4%。"十三五"期间,中国风电的并网总容量需要在 2015 年基础上新增 8100 万千瓦。预计到 2030 年,中国风电的累计并网容量将达到 4 亿千瓦,届时全国风电并网总装机容量将在 2020 年的基础上再新增 1.9 亿千瓦,风电在全国电源结构中的占比达到 15%。其中海上风电的累计并网容量将达到 6500 万千瓦,年均新增并网容量约 600 万千瓦。预计到 2050 年,我国风电总并网容量将达到 10 亿千瓦,其中海上风电累计并网容量将达到 2 亿千瓦,风电将成为中国能源体系中重要的组成部分,是保障能源安全、实现能源与环境协调发展和应对气候变化的重要途径,大力发展风电对促进中国能源结构的低碳化、多元化、可持续发展具有重要意义。

3.2.1 陆上风能集中式开发布局

1. 开发现状

中国规模化的陆上风电开发始于 2003 年,政府通过风电特许权招标的方式,有效地扩大了风电的开发规模,提高了风电设备国产化制造能力,约束了发电成本,降低了上网电价。2006 年国家《可再生能源法》正式生效,从法律上明确了电网企业全额收购可再生能源电力、上网电价优惠以及补贴分摊等基本原则,极大地促进了风电产业的发展。2008 年前后,在风能资源十分丰富的 6 个省(区),国家发展改革委员会相继组织完成了甘肃酒泉、新疆哈密、蒙东、蒙西、吉林、河北、江苏沿海 7 个千万千瓦级风电基地的规划工作,并计划于 2020 年全部建成。自此,中国风电进入了快速发展阶段。在此基础上,2010 年年底规划增设了山东沿海千万千瓦级风电基地,2011 年又完成了山西、黑龙江两大千万千瓦级风电基地的规划工作,中国千万千瓦级风电基地由过去的 8 个增至 10 个。

根据国家能源局数据,截至 2015 年底,中国风电的累计并网装机容量已经达到 1.29 亿千瓦,分布于全国所有的省、市、自治区(不含港、澳、台地区)。其中"三北"地区的累计并网容量达到了 10448 万千瓦,占全国风电累计装机总量的 80.78%。"三北"地区共有 4 个省(区)并网容量超过千万千瓦,其中内蒙古并网容量为 2425 万千瓦,居全国各省(区、市)之首,新疆、甘肃、河北分别以并网 1611 万千瓦、1252 万千瓦 1022 万千瓦位居第二、三、四位。内蒙古、新疆、甘肃、河北四省(区)总装机容量已经占到了全国总装机容量的 48.8%,如图 3-2-1 所示。2015 年全国风电总发电量 1863 亿千瓦时,"三北"地区总的发电量为 1331 亿千瓦时,占全国风电总发电量的 77.9%，其中内蒙古为 408 亿千瓦时，居全国首位。内蒙古、新疆、甘肃、河北四省（区）风电总发电量之和已经占到了全国风电总发电量的 45.7%。中国已经成为世界风电装机容量最大的国家，全国风电累计并网容量已接近全球风电累计装机规模的三分之一。

"三北"地区各省(区、市)风电装机容量分布

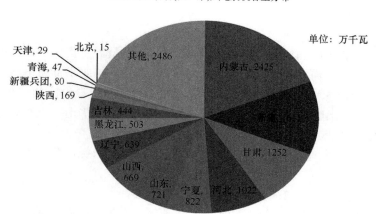

图 3-2-1 "三北"地区各省（区、市）风电装机容量分布（后附彩图）

2. 开发前景

(1) 陆上风电集中式开发的资源潜力

中国"三北"地区地域辽阔，人口密度较低，具有丰富的风能资源和土地资源，非常适宜进行大规模风电开发建设，是我国风电开发的核心区域。在"十二五"期间，通过大规模风电基地的建设，"三北"地区的风电已经形成规模，未来这些地区仍将是陆上风电集中式开发的重点区域。

1) 华北地区

华北地区属于中国风能资源丰富区域之一，风能资源丰富区主要有：内蒙古自治区以阿拉善高原、巴彦淖尔高原、鄂尔多斯高原、乌兰察布高原、锡林郭勒高原、呼伦贝尔高原为主体的高原区，以及在大兴安岭、阴山和贺兰山等山脉两侧的缓山丘陵区和西辽河平原；河北省的张家口、承德坝上地区和秦皇岛、唐山、沧州沿岸地区；山西省西部的管涔山、吕梁山及其周边区域，东部的恒山、五台山、太行山、太岳山、中条山及其周边区域；山东省的沿渤海、黄海的平原区域以及内陆地市的山地区域。

华北地区在距地面 80 米高度，大于 150 瓦/平方米标准的技术可开发量为 34.8 亿千瓦。

2）东北地区

东北地区属于中国风能资源丰富区域之一，风能资源丰富区主要有：吉林省的白城、松原、四平以及长春地区的一部分；黑龙江省的东南半山区、东部的三江平原、西部的松嫩平原以及连接三江平原和松嫩平原的松花江谷底。

东北地区在距地面 80 米高度，大于 150 瓦/平方米标准的技术可开发量为 15.9 亿千瓦。

3）西北地区

西北地区属于中国风能资源丰富区域之一，主要资源富集区域有：新疆维吾尔自治区几大著名的河谷地带以及河谷出口处、高山及其山脚下动量下传处；甘肃省的河西西部、河西中东部、陇中北部和陇东北部；宁夏回族自治区的三条风能资源较丰富带，贺兰山山脉、香山—罗山—麻黄山、西华山—南华山—六盘山区；陕西省的陕北长城沿线、关中北部地区以及秦岭的高山区。

西北地区在距地面 80 米高度，大于 150 瓦/平方米标准的技术可开发量为 32.2 亿千瓦。

（2）大规模外送通道的建设

目前风电资源富集的西北、东北和华北地区，消纳风电的空间趋于饱和，未来进一步发展的空间很大程度上取决于跨区特高压外送通道的建设。通过特高压输电系统将位于"三北"地区大型能源基地的风电以及光伏电力输送到东中部负荷中心是全面落实国家新能源发展规划的主要方式。

《全国"十三五"风电规划和消纳能力研究报告》中，基于全国各省（区、市）风能资源开发规划，结合全国各地可开发规模、消纳能力、大型风电基地规划和建设进度，并考虑"三北"地区特高压外送通道建设情况下，提出了跨区外送风电开发规模的建议意见。

"十三五"时期已核准开工建设的特高压输电通道，包括：

1）哈密～郑州±800 千伏直流

哈密～郑州特高压直流输电工程输电电压等级为±800 千伏，输电规模 800 万千瓦。起点位于新疆哈密南部能源基地，落点郑州。途经新疆、甘肃、宁夏、陕西、山西、河南六省（区），线路全长 2210 公里，于 2014 年 1 月建成投运，按"风电 800 万千瓦＋光伏 125 万千瓦＋火电 600 万千瓦"配置电源。

2）酒泉～湖南±800 千伏直流

酒泉-湖南特高压直流输电工程输电电压等级为±800 千伏，换流容量 1600 万千瓦，途经甘肃、陕西、重庆、湖北、湖南五省（市），线路全长 2383 公里，预计 2017 年建成投运，按"风电 700 万千瓦＋光伏 280 万千瓦＋火电 500 万千瓦"配置电源。

3) 准东～皖南±1100 千伏直流

准东～皖南特高压直流输电工程输电电压等级为±1100 千伏,起点位于新疆昌吉自治州,终点位于安徽宣城市,途经新疆、甘肃、宁夏、陕西、河南、安徽六省(区),输电规模 1200 万千瓦,线路全长 3324 公里,预计 2018 年建成投运,按"风电 520 万千瓦＋光伏 250 万千瓦＋火电 1320 万千瓦"配置电源。

4) 锡林郭勒盟～山东 1000 千伏交流、

锡林郭勒盟～山东特高压交流输电工程输电电压等级为 1000 千伏,交流线路起点为锡林郭勒盟多伦县,途经北京和天津,落点为山东济南,设计输电容量 900 万千瓦,已安排配套火电容量 862 万千瓦,并于 2014 年 11 月开工建设,预计 2017 年投产运行,按"风电 530 万千瓦＋光伏 100 万千瓦＋火电 862 万千瓦"配置电源。

5) 锡林郭勒盟～泰州±800 千伏直流

锡林郭勒盟～江苏±800 千伏直流起点位于锡林郭勒盟北部,落点江苏泰州,途经内蒙古、河北、天津、山东、江苏五省(区、市),输电容量 1000 万千瓦,线路全长 1620 公里,预计 2017 年建成投运,按"风电 700 万千瓦＋光伏 100 万千瓦＋火电 660 万千瓦"配置电源。

6) 宁东～浙江±800 千伏直流

宁东～浙江特高压直流输电工程是"十二五"国家规划的"西电东送"重点工程之一,工程输电电压等级为±800 千伏,输电规模 800 万千瓦。直流工程送电线路起点为宁夏宁东换流站,途经宁夏、陕西、山西、河南、安徽、浙江 6 省(区),落点浙江换流站,线路长度 1720 公里,按"风电 400 万千瓦＋光伏 200 万千瓦＋火电 928 万千瓦"配置电源。计划于 2016 年 8 月建成投运。

7) 晋北～江苏±800 千伏直流

山西晋北～江苏南京±800 千伏特高压直流输电工程途经山西、河北、河南、山东、安徽、江苏 6 省,换流容量 1600 万千瓦,线路全长 1119 千米,于 2015 年 6 月获得国家发改委核准,计划于 2017 年建成投运,规划按"风电 800 万千瓦＋光伏 100 万千瓦＋火电 600 万千瓦"配置电源。

8) 蒙西～天津南 1000 千伏交流

蒙西～天津南特高压交流输电工程输电电压等级为 1000 千伏,起点位于鄂尔多斯准格尔旗,落点天津南,设计输电容量 600 万千瓦,线路全长 2×608 公里。该工程于 2015 年 3 月开工建设,拟于 2017 年建成投运,规划按"风电 500 万千瓦＋光伏 50 万千瓦＋火电 530 万千瓦"配置电源。

9) 上海庙～山东±800 千伏直流

上海庙～山东特高压直流输电工程输电电压等级为±800 千伏,起点位于内蒙古上海庙,落点山东临沂,途经内蒙古、陕西、山西、河北、河南、山东六省(区),输电规模 1000 万千瓦,线路全长 1238 公里,预计 2017 年建成投运,规划按"风电

700万千瓦＋火电800万千瓦"配置电源。

10）扎鲁特旗～山东±800千伏直流

扎鲁特旗～山东特高压直流输电工程输电电压等级为±800千伏，起点位于内蒙古通辽市扎鲁特旗境内，终点位于山东省青州市境内，途经内蒙古、河北、天津、山东四省（区），输电规模1000万千瓦，线路全长1234公里，预计2017年建成投运，规划按"风电700万千瓦＋光伏100万千瓦＋火电660万千瓦"配置电源，风电容量主要为存量风电容量，缓解当前弃风限电现象。

同时考虑蒙西～京津唐500千伏交流、高岭背靠背±500千伏直流等跨区500千伏输电通道，外送风电规划容量接近7000万千瓦。统筹特高压投产、调试、电源建设进度，预计2020年外送风电并网容量约4000万千瓦（林卫斌等，2016）。

表3-2-1　"三北"地区风电外送规划容量/（万千瓦）

序号	省（区）	外送通道	投运年份	规划风电容量
1	蒙西	蒙西～京津唐500千伏交流	2008	200
2	蒙东	高岭背靠背±500千伏直流	2008	300
3	新疆（含兵团）	哈密～郑州±800千伏直流	2014	800
4	宁夏	宁东～浙江±800千伏直流	2016	400
5	蒙西	锡林郭勒盟～山东1000千伏交流	2017	530
6	蒙西	锡林郭勒盟～泰州±800千伏直流	2017	700
7	蒙西	蒙西～天津南1000千伏交流	2017	500
8	蒙西	上海庙～山东±800千伏直流	2017	700
9	蒙东	扎鲁特旗～山东±800千伏直流	2017	700
10	甘肃	酒泉～湖南±800千伏直流	2017	700
11	山西	晋北～江苏±800千伏直流	2017	800
12	新疆（含兵团）	准东～皖南±1100千伏直流	2018	520

根据《中国风电发展路线图2050》（2014版），未来中国电网将形成"三华"、东北、西北和南方四大同步电网结构，其中：华北—华中—华东"三华"为"团状"结构，以1000千伏受端网架作支撑，电气联系更加紧密，为大规模接受来自能源基地的电力创造条件。四大同步电网之间以直流互联，连接各煤电基地、水电基地、核电基地、可再生能源发电基地和主要负荷中心，以便更大程度、更大范围发挥市场在能源资源配置中的基础性作用，也将是形成全国电力市场平台的物质基础。在未来20年内，中国跨区输送电力将逐渐扩大。预计到2020年，跨区（或跨国）电力容量规模约3亿千瓦，2030年达4亿千瓦，以后基本保持4亿千瓦左右（李爽，2015）。

（3）风电并网消纳能力

考虑系统各个时刻风电消纳能力的差异，可以从年度平均水平的角度定义风电并网消纳能力。根据全年负荷特性、开机组合、跨省区联络线运行方式，考虑充分利用系统调节能力后，进行逐日逐时段系统生产模拟分析，结合风电出力特性分析，计算系统在全年一定限电比例下对应的风电装机容量，并将其定义为当年系统风电消纳能力。

在对全国各省（区、市）电网现状及发展规划、电力需求及系统负荷特性和电源结构分析的基础上，通过电力平衡和调峰平衡计算，到 2020 年，在根据各地区风能资源条件、弃风限电情况、合理确定弃风率（平均 5％，局部地区 10％—15％）的情况下，全国风电消纳能力为 3.58 亿千瓦。其中"三北"地区风电消纳能力 1.486 亿千瓦。

1）华北地区

北京市、天津市和山东省地区市场消纳空间较大，京津唐和山东省风电消纳能力最强，按照可接受弃风率 5％计，风电消纳能力均为 2000 万千瓦；河北省、山西省近年来风电建设规模持续扩大，可接受弃风率按照 10％考虑，河北电网消纳能力约为 800 万千瓦；蒙西地区风电规模较大，已存在较为严重的弃风现象，可接受弃风率按照 15％考虑，华北地区整体可消纳风电规模约为 7100 万千瓦。

2）西北地区

陕西省、青海省、宁夏回族自治区可接受弃风率按照 5％计，新疆维吾尔自治区（包括兵团）和甘肃省已出现较为严重的弃风限电现象，可接受弃风率按照 15％考虑，西北地区整体可消纳风电规模约 4560 万千瓦。

3）东北地区

东北地区普遍风电消纳能力较为薄弱，辽宁省具备一定工业基础，是东北地区风电运行最好地区，按照可接受弃风率 8％考虑，辽宁省风电消纳能力最强，约为 1200 万千瓦；蒙东地区、吉林省、黑龙江省近几年弃风限电严重，可接受弃风率按照 15％考虑，吉林省和黑龙江省风电消纳能力最弱，约为 650 万千瓦，东北地区整体可消纳风电规模约 3200 万千瓦。

4）风电可开发规模

2015 年年底，"三北"地区风电累计装机容量达到 10448 万千瓦。根据"三北"地区风能资源储量及分布特点，并综合考虑风电开发利用现状、风电消纳和前期工作进度、各地的具体情况，预计"十三五"期间"三北"地区新增陆上风电可开发规模 1.49 亿千瓦，预计"十三五"末，"三北"地区累计可开发规模达到 2.54 亿千瓦，具体如表 3-2-2 所示。

表 3-2-2　2020 年"三北"地区陆上风电可开发规模/(万千瓦)

"三北"地区（陆上）	2015 年	2016—2020 年新增	2020 年累计
华北地区	4881	5689	10570
东北地区	1586	3004	4590
西北地区	3981	6256	10237
合计	10448	14949	25397

3. 开发布局

风能资源的地理分布特征与区域差异造就了中国风电开发以"三北"资源丰富地区的集中规模化开发为主的格局，但这些地区的电力需求小，且大多处于电网结构的终端，风电并网困难已成为制约这些地区风电快速发展的主要因素。风电作为一种波动性较大的电力来源，集中大规模开发受电网消纳能力的制约明显。但从长远看，尤其是通过特高压电力外送通道的大规模建设，"三北"地区大型风电集中开发区依然是风电开发的主战场。

(1) 近期发展布局

"十三五"期间，结合低风速风电机组技术进步，通过政策激励和利用方式创新，充分挖掘"三北"地区风电的消纳能力，结合具体情况适度增加风电就地开发利用规模，发挥电网接入和消纳优势，在解决现有"弃风"问题的基础上，利用在建和规划的跨省区输电通道，最大限度保障新能源外送，有序推进"三北"风电基地建设。

预计到 2020 年年底，陆上风电累计并网规模达到 2.05 亿千瓦，其中集中开发的"三北"地区的风电累计并网总规模将达到 1.35 亿千瓦，相较于 2015 年，新增并网容量 3052 万千瓦。预计到 2020 年年底，内蒙古自治区将以 2700 万千瓦的累计并网容量居全国各省(区、市)之首，新疆和河北的并网容量均在 1800 万千瓦左右。河北省将是"三北"地区新增并网容量最多省(区、市)，主要集中在北部张家口、承德地区。具体各省(区、市)以及大区域的开发容量布局分布见表 3-2-3 和表 3-2-4。

表 3-2-3　2020 年集中开发"三北"地区风电发展布局/(万千瓦)

序号	省(市、区)	2015 年年底累计并网容量	2020 年年底预计并网容量	"十三五"新增容量
1	北京	15	50	35
2	天津	29	100	71
3	河北	1022	1800	778
4	山西	669	900	231
5	山东	721	1200	479

续表

序号	省(市、区)	2015 年年底累计并网容量	2020 年年底预计并网容量	"十三五"新增容量
6	内蒙古	2425	2700	275
7	辽宁	639	800	161
8	吉林	444	500	56
9	黑龙江	503	600	97
10	陕西	169	550	381
11	甘肃	1252	1400	148
12	青海	47	200	153
13	宁夏	822	900	78
14	新疆	1691	1800	109
	三北地区合计	10448	13500	3052

表 3-2-4　"十三五"期间"三北"地区陆上风电发展布局/(万千瓦)

"三北"地区(陆上)	2015 年	2016—2020 年新增	2020 年累计
华北地区	4881	869	5750
东北地区	1586	1314	2900
西北地区	3981	869	4580
合计	10448	3052	13500

（2）中期发展布局

到 2030 年,特高压电网进一步完善,送端和受端电网明显加强,形成更为坚强的华北-华中-华东受端电网和坚强的东北、西北送端电网。南方电网大规模接受缅甸等东南亚水电电力,西电东送规模进一步提升,形成坚强的"西电东送"网架与可靠的供电网络。特高压电网承载能力强,能够实现电力大容量、远距离输送和消纳,保证系统安全稳定,为新疆伊犁煤电和西藏水电通过特高压直流大规模外送创造条件,保证电力的安全、可靠、经济输送和消纳。在此背景下,2030 年前"三北"地区逐步解决弃风限电问题,风电持续规模化、基地化发展,仍为新增风电装机的重点区域。

预计 2020—2030 年期间,大部分风电装机仍集中于九大风电基地及其周边,初步形成风电基地群。考虑各地的土地资源条件、储能装置应用、智能化调度及电网输送条件改善等,预计到 2030 年,"三北"地区"十三五"规划的风电储备项目场址开发完成,全国陆上集中式开发的风电装机总规模将达到 2.69 亿千瓦,"三北"地区的开发布局具体为:华北地区 12875 万千瓦,东北地区 3200 万千瓦,西北地区 10800 万千瓦,如表 3-2-5 所示。

表 3-2-5　　2030 年"三北"地区陆上集中风电可开发规模/(万千瓦)

"三北"地区	2020 年	2020—2030 年新增	2030 年累计
华北合计	5750	7125	12875
东北合计	2900	300	3200
西北合计	4850	5950	10800
合计	13500	13375	26875

（3）远期发展布局

2030 年以后，扩大风电基地群的规模和范围，并将进一步向高山和特殊地区扩展，形成全面深度开发的格局。陆上风电单机容量进一步扩大，减少了对土地资源的占用；退役风电场开始进入技术改造时期，改建技术提高，成本降低，以最低成本和最优方式将运行寿命到期的风电场进行改造，使其得以继续运营且经济性进一步提高；陆地风电成本和价格已低于传统火电，具备较高的竞争力。随着风电产业的发展，风电并网的相关技术难题将被逐步解决，电网建设与运行模式也将趋于完善，电网的消纳能力和传输条件也将得到改善，风电的输送成本也将下降，风电将成为可再生能源中电量贡献最高的电源。

预计 2050 年"三北"地区集中开发风电装机容量达到 8 亿千瓦，较 2030 年新增 5.3 亿千瓦的容量，占陆上风电总并网容量的 80%，风电在区域电网装机中的份额预计将超过 50%，在发电量中的份额预计将超过 25%。

3.2.2　陆上风能分散式开发布局

1. 开发现状

中国的中东部、南方地区及西南地区多属人口密集、经济发达的地区，虽然是主要的电力负荷中心，但其风能资源较为贫乏。在大规模风电开发的初期，由于技术和成本因素限制，中东部、南方及西南地区的风电开发的规模并不大。近些年，随着风电机组制造成本的下降、低风速机组转换效率的提升以及机组对各种建设环境的适应性增强，中国中东部和南方一些传统意义上被认为是风能资源并不丰富的省份也具备了风电场建设的条件。而且，相比"三北"地区，这些地区还具有经济发展水平高、人口集中、用电需求量大、风电并网消纳条件好等诸多优势。因此，为促进全国风能资源充分有效的开发利用，加大中东部和南部地区的分散式风电开发，实现以集中开发为主向集中式与分散式开发并重已经成为中国风电发展客观和必然的要求。

在截止到 2015 年年底全国风电累计并网装机容量 1.29 亿千瓦中，中东部及南部地区的风电装机容量达到了 2486 万千瓦，占全国累计并网总容量的 19.22%，其中，华东地区累计并网容量达到了 885 万千瓦，占全国风电并网总装机容量的 6.84%；华中地区累计并网容量达到了 545 万千瓦，占全国风电并网总装机容量的 4.21%；南方及西藏地区累计并网容量达到了 1056 万千瓦，占全国风电并网总装机容量的 8.16%，成为中东部和南方地区容量增长最快的地区。中东部及南部地区风电的总发电量为 414 亿千瓦时，占全国风电总发电量的 22.2%。

2. 开发前景

(1) 陆上风电分散式开发的资源潜力

中国中东部和南方地区以中低风速资源为主，比例高达 70%，分布较为广泛，适合进行分散式开发利用。风能资源丰富或较丰富区主要有：河南省的中部山区向平原过渡区的低山丘陵；江苏省沿海的连云港、盐城和南通三市，内陆太湖、洪泽湖等大型水体周围区域；福建省的沿海地区；江西省的鄱阳湖湖口区域；广东省的沿海地区和粤北、粤西海拔较高的山区；湖北省的"三带一区"，即湖北省中部的荆门—荆州的南北向风带、鄂北的枣阳—英山的东西向风带、部分湖岛及沿湖地带、鄂西南和鄂东南的部分高山地区；云南省的滇东、滇中、滇西及滇西北。

中东部和南方地区在距地面 80 米高度，大于等于 150 瓦/平方米标准的技术可开发量为 19.84 亿千瓦。

(2) 陆上风电分散式开发的消纳潜力

中国中东部和南方地区经济发达，人口密集，分布有长江三角洲、珠江三角洲两大经济中心，还有长江经济带、成渝经济圈、沿海经济圈等经济发达地区，电力需求旺盛，消纳能力强，适宜发展就地消纳的分散式风电。《全国"十三五"风电规划和消纳能力研究报告》基于全国各省（区、市）风能资源开发规划，并考虑"三北"地区大型风电基地通过特高压通道向中东部和南部进行电力外送的条件下，提出了中东部地区和南方地区的风电消纳规模的分析意见。

1）华东地区

上海市、江苏省、浙江省、安徽省、福建省均按照弃风率 5% 计。江苏省风电消纳能力最强，为 3000 万千瓦，上海市风电消纳能力最弱，为 550 万千瓦，华东地区整体可消纳风电规模约 7750 万千瓦。

2）华中地区

江西省、河南省、湖北省、湖南省、重庆市、四川省可接受弃风率按照 5% 考虑，河南省风电消纳能力最强，为 2400 万千瓦，重庆市风电消纳能力最弱，为 590 万千瓦，华中地区整体可消纳风电规模 7200 万千瓦。

3）南方和西藏地区

贵州省、广东省、广西壮族自治区，可接受弃风率按照 5% 计；云南省已存在较为严重的弃水现象，可接受弃风率按照 15% 考虑，南方和西藏地区整体可消纳风电规模约 6010 万千瓦，其中广东省风电消纳能力最强，为 2000 万千瓦。

（3）风电可开发规模

截止到 2015 年年底，中东部和南方地区风电累计装机容量达到 2486 万千瓦。根据中东部和南方地区风能资源储量及分布特点，考虑风电开发利用现状、建设条件和生态环保等制约因素，预计"十三五"期间，中东部和南方地区新增陆上分散式风电可开发规模 6304 万千瓦，预计到 2020 年，中东部和南方地区累计风电开发规模达到 8790 万千瓦，如表 3-2-6 所示。

表 3-2-6　2020 年中东部和南方地区陆上风电可开发规模/（万千瓦）

中东部和南方地区	2015 年	2016—2020 年新增	2020 年累计
华东地区	885	903	1788
华中地区	545	2631	3176
南方地区	1056	2770	3826
合计	2486	6304	8790

3. 开发布局

随着风电开发技术的进一步提升和风电开发布局的进一步优化，中东部和南方地区应加快推进风电开发的质量和整体规模。充分发挥风能资源分布广泛和应用灵活的特点，加快推进中低速风能资源区风电高效开发。加强风能资源勘测，进一步查明中东部和南方地区风能资源。推动低风速风电技术进步，提高微观选址水平，做好环境保护、水土保持和植被恢复等工作，因地制宜推进常规风电、先进技术示范、低风速利用等形式的风电开发建设，加快中东部和南方地区陆上风能资源分散式开发。按照"就近接入、本地消纳"的原则，确保风电接入和充分消纳。可以预见，未来风电分散式开发总量将不断增加，遍布各地的风能资源都将能够得到有效利用，从而提升风电的发展空间。

（1）近期开发布局

到 2020 年，中东部和南方地区陆上风电并网装机容量达到 7000 万千瓦，其中新增风电并网装机容量 4514 万千瓦。其中华中地区新增并网容量为 2005 万千瓦，显示出华中地区未来在开发潜力及消纳能力方面均有较强的优势。在确保消纳的基础上，鼓励各省（区、市）进一步扩大风电分散式发展规模，见表 3-2-7。

表 3-2-7　2020 年中东部和南方地区风电开发布局/（万千瓦）

区域	可开发规模	消纳能力	发展目标	2015—2020 年新增容量
华东地区	1788	7750	1650	765
华中地区	3176	7200	2550	2005
南方地区	3826	6010	2800	1744
小计	8790	20960	7000	4514

（2）中期开发布局

预计到 2030 年，中国中东部和南部地区的风电装机容量将达到 13125 万千瓦，并将进一步向电网末端、高山和一些特殊地区扩展，形成全面深度开发的格局。随着风电机组技术的进步、复杂风电场开发技术的提升，一些条件复杂的风电资源也将被逐渐开发。中东部和南部地区开发布局具体为：华东地区 2485 万千瓦，华中地区 5520 万千瓦，南方地区 5120 万千瓦，如表 3-2-8 所示。

表 3-2-8　2030 年中东部和南方地区风电开发布局/（万千瓦）

区域	2020 年累计容量	2030 年累计容量	2020—2030 年新增容量
华东地区	1650	2485	835
华中地区	2550	5520	2970
南方地区	2800	5120	2320
小计	7000	13125	6125

（3）远期布局

预计中东部和南方地区风电装机容量在 2040 年前后即达到饱和状态，总装机规模约 2 亿千瓦。之后，中东部和南方地区的风电开发方向将以剩余的小型分散式风电场和退役风电场扩容改造工作为主。中东部和南方地区风电装机容量占全国风电总装机容量的比重约为 20%。

3.2.3　海上风能开发布局

1. 海上风能资源分布及特点

中国海域广阔，拥有近 1.8 万千米的大陆海岸线以及 6000 多个岛屿与 1.4 万千米的岛屿海岸线，领海面积达 300 万平方千米。受东亚季风气候影响，中国沿海地区风能资源非常丰富，而且沿海地区经济发展水平高、电力需求大、电网基础好，有利于风电并网，因此，相比陆地，海上风电的开发利用具有独特优势。中国沿海省（区、市）包括山东、江苏、浙江、福建、辽宁、河北、天津、上海、广东、广西、海南、台湾，风能资源等级一般都达到 3 级及以上。山东半岛沿海地区的年平均风速在 7 米/秒以上，江苏沿海区域海上年平均风速在 7—8 米/秒，离海岸线较远的区域风速更大，福建、浙江沿海区域的平均风速达到 9 米/秒以上。

考虑到近海风能资源的开发受水深条件的影响很大，目前水深 5—25 米范围内的海上风电开发技术（浅水固定式基座）较成熟，水深 25—50 米区域的风能开发技术（较深水固定式基座）还有待研究发展，而超过 50 米的水域，未来可能以安装浮动式基座为主，因此目前只对水深 5—50 米的海上风能资源技术开发量进行分析。在近海区域距海面 100 米高度内，水深在 5—25 米范围内的风电技术可开发量约 1.9 亿千瓦,水深 25—50 米范围内的风电技术可开发量约 3.2 亿千瓦。

2. 开发现状

中国的海上风电开发起步较晚,最早的海上风电是从 2007 年中海油渤海钻井平台 1.5 兆瓦实验机组开始起步。2010 年,上海东海大桥海上风电 100 兆瓦示范项目全部机组投入应用,是中国海上风电规模开发建设最具代表性的项目。截至 2015 年年底,全国海上风电项目累计核准建设规模 482 万千瓦,其中,江苏省核准海上风电项目 309 万千瓦,居全国第一,占到中国海上风电核准总规模的64%。2015 年,中国海上风电新增核准 201 万千瓦,分布在江苏、上海和福建三省。截至 2015 年年底,中国海上风电新增并网总装机容量仅为 30 万千瓦,主要位于江苏省、上海市及福建省。中国海上风电累计并网总装机容量仅为 75 万千瓦(含试验机组),主要分布于江苏省和上海市,另外还包括一些其他省份的试验机组等。

3. 开发前景

(1) 海上风电可开发量

水电水利规划设计总院根据中国风电资源储量及分布特点,结合各省(区、市)报送风电开发项目规模,考虑风电开发利用现状和前期工作进度,预计"十三五"期间全国海上风电新增可开发规模为 1785 万千瓦,均为分散式开发,预计到 2020年,海上风电累计可开发规模达到 1860 万千瓦(林卫斌等,2016),具体见表 3-2-9和表 3-2-10。

表 3-2-9　2020 年海上风电可开发规模/(万千瓦)

全国	2015 年	2016—2020 年新增	2020 年累计
海上	75	1785	1860

表 3-2-10　中国海上风电技术发展路线图

年份	技术战略目标
2020	完全掌握浅海海域风电场开发、建设和运行技术
2030	研究、示范和探索深海风电场工程建设
2050	近海及远海均规模化开发,海上资源可得以开发利用

1) 江苏省

江苏省海上风能资源丰富,根据江苏省气象局编制的《江苏省风能资源评价报告》,风能资源总储量为 3469 万千瓦,主要分布在沿海滩涂和近海海域。沿海滩涂70 米高度年平均风速在 6.5—7.0 米/秒,潮间带和近海海域 80 米高度平均风速在 7.5 米/秒左右,据估算,近海部分海域 80 米高度平均风速超过 7.5 米/秒,接近 8.0 米/秒,风能资源开发价值较好。

根据各规划项目前期工作开展情况、建设条件、经济性等因素分析,江苏省海上风电规划发展目标为:至 2020 年,江苏省海上风电总装机容量达到 350 万千瓦,且开发项目主要集中在气象、资源、用海、接入等各方面建设条件较好的盐城和南通海域。

2) 浙江省

浙江省沿海岸线以内的主体内陆区年平均风速多在 6.0 米/秒以下,风功率密度在 300 瓦/平方米以下;25 米等深线以内的浙江近海海域,年平均风速多在 6.5—7.5 米/秒范围,风功率密度多在 350—450 瓦/平方米范围(杭州湾的部分海域除外);25 米等深线以外的浙江海域,在北纬约 28°50′以北(即东矶列岛以北)区域,年平均风速多在 7.0—7.5 米/秒范围,风功率密度多在 350—450 瓦/平方米范围,北纬约 28°50′以南区域,年平均风速多在 7.5—8.0 米/秒范围,风功率密度多在 450—500 瓦/平方米范围。

根据各规划项目前期工作开展情况、建设条件、经济性等因素分析,浙江省 2020 年风电规划发展目标中,海上风电总装机容量将达到 300 万千瓦,且开发项目主要集中在气象、资源、用海、接入等各方面建设条件较好的杭州湾海域。

3) 福建省

福建沿海风能资源非常丰富,年平均风速较大,冬春季以东北风为主,风力强劲、风向稳定,夏季主要以西南风或东南风为主,夏秋季节还会有台风出现,是沿海地区风能资源比较丰富的地区。其中闽江口以南至厦门湾所处的台湾海峡中部地区,因受台湾海峡"狭管效应"的影响,其年平均风速大,风向稳定,是风能资源最丰富的地区,相较于全国其他地区也是风能资源非常丰富的地区之一。全省近海风能资源理论蕴藏量为:水深 0—5 米海域有 600 万千瓦,水深 5—20 米海域有 2140 万千瓦,水深 20—50 米海域有 9530 万千瓦,全省近海风能理论蕴藏量约 1.23 亿千瓦。

根据《福建省海上风电场工程规划报告》,到 2020 年,福建省海上风电发展目标为 200 万千瓦。综合风电场各项建设条件,该报告推荐莆田平海湾、莆田南日岛、海坛海峡、漳浦六鳌、石城渔港、平潭大练等风电场址优先开发,其次为平潭草屿、福清兴化湾、宁德霞浦、泉州湾、泉港山腰等场址区域。

4) 广东省

广东省沿海风能资源总体呈粤东大于粤西格局,垂直于岸线向外海递增。粤西、珠三角地区沿海风能资源达 3—5 级,粤东可达 3—6 级。根据近海风电场选址原则、风能资源分布,综合考虑风电场接入电力系统条件以及其他海洋水文条件,剔除与海洋功能区划、生态环境保护、军事、港航通信等相冲突的海域,近海风电场规划(5—30 米水深范围)可开发场址约 2630 平方千米,按 3—5 兆瓦/平方千米估算,可开发装机容量约 1000 万千瓦。经初步论证,广东省近海深水区(30—50 米水深)海上风电场场址面积可达 1.5 万平方千米,估算可开发容量约 7500 万千瓦,开发潜力较大。

广东省规划在 2020 年前建成海上风电 200 万千瓦,主要分布在汕头南澳勒门海区、汕尾海区的甲西、后湖和湖东海区组团、惠州海区平海镇西侧海区、珠海高栏岛东侧海区及阳江沙扒西侧海区。

(2)海上风电可行性分析

1)技术性分析

中国海上风电场,特别是远海风电场的开发建设技术目前尚不成熟,需要根据风电场建设规划和条件,尽快开展关键工程技术研究及示范工程建设,探索远海、深海风电场工程技术和装备技术,积累工程建设、运维管理经验。

2020 年以前,中国发展海上风电场的海水深度多为 25 米以内。2015 年前,中国将基本形成浅海海域风电场基础、施工和运维的技术,在 2020 年前完全掌握浅海海域风电场开发、建设和运行技术。随着海上风电开发的深入,2020 年之后,启动深海海域示范工程的风电场开发。中国目前该领域技术研发尚属空白,需要在 2020 年前启动相应的前期技术研究,包括前期的概念研究、仿真试验、模型测试以及真机试验,争取 2030 年之前开始建设深海风电场。

2030—2050 年,随着技术上的突破和电力市场的需要,远海风电可以进行必要的开发。未来海上风电设备技术的发展要解决风电设备的可靠性,经济性,环境适应性,运输、安装和运维的便利性等问题,重点需要研究海上风电机组抗台风策略及其相应的工程措施。

2)经济性分析

虽然中国海上风电具备了规模开发的基础,但成本较高,缺乏市场竞争力。海上风电项目的成本构成中,机组成本、塔基成本、建造成本、电网成本、运维成本以及其他成本,均远高于陆地风电成本,投资效益差。按照 2015 年价格水平,目前近海风电单位千瓦的投资约是陆上风电的 2 倍,介于 16000—18000 元/千瓦。

海上风电技术进步将使未来海上风电本体造价呈现逐步降低的趋势,同时未来风电机组有更长的叶片、更大的单机容量,更高发电效率,因此,在政策因素不变的情况下,对于建设条件与目前相差不大的近海风电场,其市场竞争力将逐渐增强。预计 2020 和 2030 年近海风电单位千瓦的投资可分别降至 14000 元/千瓦和12000 元/千瓦。

随着场址逐步向深海、远海发展,在海上风电机组基础工程和送出工程等方面的成本将逐步增大,另外对运维服务要求也更高,运维成本也会随之增大,故深海、远海的海上风电项目仍存在较大风险,缺乏市场竞争力。2030—2050 年,随着海上风电由近海到远海、由浅水到深水、由小规模示范到大规模集中开发,风电机组和关键部件设计制造技术,风电设备性能和可靠性达到国际先进水平。设备及装备对远海环境的适应性更高,柔性直流技术在远海得到广泛应用,集中的路由规划和送出以及远海丰富的风能资源使得海上风电更具经济性。在风机基础方面,漂浮式基础的技术问题得到解决,成本得到进一步控制。长远来看,风电价格可以和传统化石燃料发电价格竞争。预计2050年,近海风电场单位千瓦的投资水平降至10000元/千瓦(以2015年不变价格计算)。中国海上风电单位成本趋势预测如图3-2-2所示。

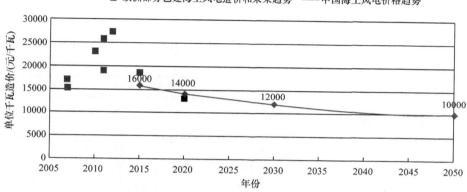

图 3-2-2　中国海上风电单位成本趋势预测(2015年价格水平)

4. 开发布局

(1) 海上风电近期开发布局

海上风能资源具有风速大、运行稳定,对电网"友好"等特点。通过调整全国海洋功能区划、完善海上风电发展规划,促进技术升级和完善相关政策机制,中国海上风电未来可望实现跨越式发展。东南沿海地区,包括福建、广东、江苏、山东、浙江和上海,近海风能资源丰富,经济发展程度高,也是中国电力需求市场最大的地区,可作为海上风电开发的重点地区。

"十三五"期间,重点布局江苏省、浙江省、福建省、广东省等沿海地区,到2020年海上风电开工建设规模均达到百万千瓦级以上;积极推动天津市、河北省、上海市、海南省等省(市)的海上风电建设;探索性推进辽宁省、山东省、广西壮族自治区等地区的海上风电项目。鼓励沿海各省和主要开发企业建设海上风电示范项目,带动海上风电产业化进程。到2020年,全国海上风电开工建设规模达到1000万千瓦,力争累计投产并网容量达到500万千瓦(见表3-2-11),同时形成较为完善和成熟的海上风电建设技术和标准体系,为海上风电的进一步规模化发展奠定良好的基础。

表 3-2-11　2020 年中国各省(市、区)海上风电开发布局

序号	地区	并网容量	开工规模
1	天津市	10	20
2	辽宁省	—	10
3	河北省	—	50
4	江苏省	300	450
5	浙江省	30	100
6	上海市	30	40
7	福建省	90	200
8	广东省	30	100
9	海南省	10	35
合计		500	1005

(2) 海上风电中期发展布局

2030 年,中国海上风电装机规模将达约 6500 万千瓦,由目前集中的江苏、上海海域逐步扩大到河北～广东海域,其中山东省装机规模约 1200 万千瓦,占比 23%;广东省装机规模约 1000 万千瓦,占比 18%;江苏省装机规模约 800 万千瓦,占比 15%;上海市装机规模约 600 万千瓦,占比 11%;河北省装机规模约 560 万千瓦,占比 10%;福建省装机规模约 500 万千瓦,占比 9%;海南省装机规模约 400 万千瓦,占比 7%;辽宁省装机规模约 220 万千瓦,占比 4%;广西省装机规模约 100 万千瓦,占比 2%;天津市装机规模约 35 万千瓦,占比 1%。具体见表 3-2-12。

表 3-2-12　2030 年中国各省(市、区)海上风电开发布局/(万千瓦)

序号	地区	2020 年累计并网容量	2020 年累计并网容量	2020—2030 年新增并网容量
1	天津	10	35	25
2	山东	—	1200	1200
3	辽宁	—	220	220
4	河北	—	560	560
5	江苏	300	800	500
6	浙江	30	1085	1055
7	上海	30	600	570
8	福建	90	500	410
9	广东	30	1000	970
10	海南	10	400	390
11	广西	—	100	100
合计		500	6500	6000

（3）海上风电远期发展布局

2030 年以后,中国海上风电开发技术将进一步发展成熟,并逐渐向远海拓展。随着海上风电的不断发展,柔性直流输电技术的广泛应用,可为中国远海风电的开发提供必要支撑。按照柔性直流的技术特点,远海风电具有集群化开发的优势,中期可先选择合适的场址进行小规模示范,掌握吸收技术及管理方面的经验后再进行大规模开发。2020 年以后,抗台风型风电机组将得以研发和推广应用,单机容量以 5 兆瓦及以上为主;海上升压站升级为综合性平台,兼顾生产、生活和办公等功能;风机基础有单桩、导管架、漂浮式等多种形式;风机安装将集自航、装载、运输、安装(打桩)功能为一体,且海况适应性增强;远海的运维通常以海上运维移动基地或直升机为主,以增加维修的有效时间,并在海岛建立运维基地。

2030—2050 年,中国海上风电产业完全发展成熟、装备运维体系健全、行业标准日趋完善、建设成本大幅下降,近海、远海风电全面发展。2050 年,中国海上风电装机容量达到 2 亿千瓦,其中近海风电装机规模达到 1.5 亿千瓦,远海风电装机规模约 5000 万千瓦。

3.2.4　多能互补风电开发布局

风电是新能源中技术成熟、最具大规模开发潜力的发电方式。随着风电技术的不断进步,风机机组容量不断增大,发电成本不断降低,在今后几十年里,风电在能源结构中所占比重将不断扩大,并将带来显著的经济效益和社会效益。

电力的生产、传输和使用具有高度的连续性和同步性的特点,整个电力系统依靠电网实现发电～输电～用电的同步运行。电源需要根据用电负荷变化对发电出力进行调节,并保持电网电压和频率稳定。风电受大气环境、风力大小、风向等因素影响显著,出力具有明显的波动性、间歇性和季节性特点。风能本身不能储存,风电机组自身调节能力有限,单独运行的风电场对于电力系统负荷变化的匹配能力很弱,要保障电力系统的稳定运行,必须要有其他具备较强调节能力的电源或储能装置(设备)配合运行。不同能源的发电方式之间的科学互补和有效配合对于整个电力系统显得至关重要。

目前中国电力系统是一个以煤电、水电占有绝对比重的电网。2015 年全国火电和水电的总装机容量占全国总装机容量的 86.9%。随着新能源产业的发展,风能、太阳能光伏发电的比例也在迅速提高。现有电源结构中,煤电、水电、风电、太阳能光伏发电以及核电各自拥有不同的出力特性,要保障整个电力系统的安全稳定运行,科学发展,在电网和电源建设过程中,必须根据多种能源形式电源的内在特点,发挥各自优势,积极推进多能互补,使整个电力系统达到效能和利益最大化。多能互补是对水能、风能、太阳能发电、核电、抽水蓄能、火电等多种电源进行优化组合配置,使其在电力系统内互补运行,取长补短,以更好地满足电力负荷需求,保障电网安全稳定运行。

1. 风能与水能的互补发电系统

风能与水能互补发电系统系指结合风电和水电各自的出力特性,通过联合调度使系统效能最大化的运作机制。与风电进行互补发电的水电站包括常规水电站和抽水蓄能电站。这两种水电站具有各自运行特点,在与风电进行互补的过程中可发挥不同的作用。

（1）风电与常规水电的互补发电系统

水电站是利用水库、大坝、发电系统集中天然水流的落差并形成水头、通过调节天然水流的流量,依靠水轮机与发电机的联合运转,将集中水的势能转换为电能的工程设施。除径流式水电站外,多数水电站水库具有一定的调节能力,如日调节、周调节和月调节,大型水库还可以做到季调节、年调节,利用水库的调节性能可实现对水电站出力的调节。水电机组具有反应速度快、启停迅速,调节灵活的优点,能在几秒钟到几分钟之类进行启停,并快速使出力达到平衡电网供需的功效。

风电与水电的互补体现在两个方面:一是季节性上的互补性,二是日内时段上的互补性。季节性互补上,中国"三北"地区受季风影响最为明显,一年中风速最大的季节出现在冬半年,而河流主要以雨水补给为主,径流最大出现在夏半年。风电和水电在季节分布上具有很强的互补性。夏季风速较小,风电出力较小,而水电站却处于丰水期,可增大出力;冬季风速增大,风电输出功率较大,这时水电处于枯水期,出力减小,这样风电和水电可形成良好的互补性。日内时段性的互补上,主要是指利用水电站水库的调节性能,调节水电机组出力,以适应风电的短期或短时段的波动性。在风电出力的低谷时段,通过增加水电的出力来满足负荷需求;在风电的出力高峰时段,水电可通过增加蓄水减小出力来保障电网供需的平衡。

中国的西北地区有黄河上游水电基地、甘肃酒泉千万千瓦风电基地等。西北地区有进行水电风电互补的优势条件。《电力发展"十三五"规划》提出:"十三五"期间,西北地区要重点加强电力外送能力和可再生能源消纳能力;继续加强 750 千伏主网架,增强电力互济能力。预计"十三五"期间,西北地区的水电和风电的互补能力将会随着骨干电网的强化而进一步增强。

西南地区是中国水电资源最为集中的地区,随着西南地区的风电快速增加,在四川、云南、贵州等地区开展风电与水电等可再生能源综合互补利用示范也具有积极意义。可借助水电站外送通道,积极推进四川省凉山州、四川雅砻江、金沙江、云南省澜沧江、贵州省乌江、贵州北盘江等流域风（光）水联合运行等基地规划建设,优化风电与水电打捆外送方式。结合电力市场化改革,完善丰枯电价、峰谷电价及分时电价机制,鼓励风电与水电共同打捆外送,参与电力市场化竞价。

2014 年,《贵州省风水互补风电项目开发方案》（贵州乌江水电开发有限责任公司,2014)中初步确定在乌江流域 14 个水电站附近建设 35 个风电场,装机规模为 650 兆瓦;在北盘江流域 4 个水电站附近建设 9 个风电场,装机规模为 200 兆瓦;总规模为 850 兆瓦。充分利用水电站原有送出通道和交通运输条件,实现风水互补的项目整体开发,具备可操作性,同时具有较好的经济效益、社会效益和环境效益。

　　(2) 风能与抽水蓄能发电互补发电系统

　　抽水蓄能电站不同于常规的水电站,它既抽水又发电,既是电源又是负荷。抽水蓄能电站是世界公认的可靠调峰电源,具有启动迅速、爬坡卸荷速度快、运行灵活可靠,能很好地适应电力系统负荷的变化。可改善火电、核电机组运行条件,其快速转变的灵活性可弥补风力发电的随机性和不均匀性,极大的提高电网接纳风电容量的比例。相关研究表明,风电场在配置抽水蓄能系统后,不但可以提高风电场的运行效益,还可以减小风电场有功功率输出的波动,实现风电场有功功率的平滑输出。而且随着电力市场改革的深入,峰谷电价的实行,更能促进风电场与抽水蓄能电站的互补运行,提高风电场运行效益。

　　中国"三北"地区风能资源非常丰富,在风电基地建设的同时,在送出端配套建设一定容量的抽水蓄能电站不仅可以有效解决风电、光伏发电的波动性、间歇性问题,而且也能显著缓解目前面临的"弃风"问题。

　　截至 2015 年年底,中国已建成投运的抽水蓄能电站总装机容量为 2303 万千瓦,占全国发电总装机容量的 1.5%。从区域分布来看,华东、华北、华中、南方电网投产的抽水蓄能电站规模基本相当,均在 500 万千瓦左右,东北电网的规模相对较小。根据国家能源局发布的《水电发展"十三五"规划》,"十三五"期间全国新开工抽水蓄能电站规模将达 6000 万千瓦(见表 3-2-13)。在区域分布上,抽水蓄能电站布局东北、华北、华东、华中和华南等经济中心及新能源大规模发展区域。重点项目列于表 3-2-14 中。到 2020 年,"三北"地区的抽水蓄能电站装机容量将达到 1197 万千瓦,开工规模将达到 2800 万千瓦。上述抽水蓄能电站的建设将有力缓解"三北"地区的"弃风"问题。"十三五"期间,抽水蓄能的规划布局将统筹优化能源、电力布局和电力系统保安、节能、经济运行水平,并为调节性能较差的风电、太阳能光伏发电、核电的发展提供有力的保障。

表 3-2-13　中国"十三五"抽水蓄能电站发展布局

区域	2020 年装机规模 /(万千瓦)	占全国抽水蓄能装机 容量的比重/%	"十三五"开工规模 /(万千瓦)	占全国抽水蓄能装机 容量的比重/%
华北	847	21.4	1200	20
华东	1276	32.3	1600	26.7
华中	679	17.2	1300	21.7

区域	2020 年装机规模/(万千瓦)	占全国抽水蓄能装机容量的比重/%	"十三五"开工规模/(万千瓦)	占全国抽水蓄能装机容量的比重/%
东北	350	8.9	1000	16.6
西北	—	—	600	10
南方	788	20	300	5
西藏	9	0.2	—	—
合计	3949	100	6000	100

表 3-2-14　"十三五"期间中国抽水蓄能电站重点开工项目

所在区域	省份	项目名称	装机容量/(万千瓦)
东北电网	辽宁	清原、庄河、兴城	380
	黑龙江	尚志、五常	220
	吉林	蛟河、桦甸	240
	内蒙古(东部)	芝瑞	120
华东电网	江苏	句容、连云港	255
	浙江	宁海、缙云、磐安、衢江	540
	福建	厦门、周宁、永泰、云霄	560
	安徽	桐城、宁国	240
华北电网	河北	抚宁、易县、尚义	360
	山东	莱芜、潍坊、泰安二期	380
	山西	垣曲、浑源	240
	内蒙古(西部)	美岱、乌海	240
华中电网	河南	大鱼沟、花园沟、宝泉二期、五岳	480
	江西	洪屏二期、奉新	240
	湖北	大幕山、上进山	240
	湖南	安化、平江	260
	重庆	栗子湾	120
西北电网	新疆	阜康、哈密天山	240
	陕西	镇安	140
	宁夏	牛首山	80
	甘肃	昌马	120
南方电网	广东	新会	120
	海南	三亚	60
总计			5875

2. 风能与太阳能的互补发电系统

太阳能发电也是目前增长最快的可再生能源发电方式。太阳能光伏发电的出力特性与家庭用户负荷特性较为吻合。白天光照最强的中午时分电站的出力最大,此时也是用户用电高峰;夜晚光伏发电的出力则变为零。风电和太阳能光伏发电都属于可再生能源发电,两者都具有出力调节性能差、不稳定、发电容量系数较低的特点。风电和太阳能光伏发电进行互补,可提高电力系统的综合效益。一方面太阳能发电出力在白天,最大值出现在中午,而风电场多数情况下晚上出力较高,两者出力特性在时间上有一定程度的互补性,两者联合运行可有效提高系统出力的可靠性,减少出力波动,提高送出线路的利用率等。如果风电和太阳能互补发电系统能与储能设备或抽水蓄能电站联合运行,则可进一步优化整个电力系统的出力特性,使其更好地满足电网及用户端的需求。另一方面,风电机组属点状分布,风电机组间存在较大的空间,光伏发电设备属片状分布,两者结合可有效提高土地和可再生能源资源的综合利用率。太阳能光热发电因其系统中配有储热装置,整个系统的调节性能力也较强,光热发电还可实现连续发电,发电容量系数较高。利用光热发电的可调节性能与风电联合运行可有效改善系统的出力特性,提高整体的综合效益。

太阳能与风能都具有资源分布广泛、清洁、能量密度低、具有波动性等特点。风电和太阳能互补发电既可以采用集中式大规模并网开发,也适合进行分散式开发甚至孤网运行。大力发展风电与太阳能的互补利用,对于促进电力系统的清洁、低碳发展具有重要意义。具体而言风电和太阳能发电的互补应用还可有以下几种场景:

(1) 应用于偏远农村地区。中国农村地区地域辽阔,尤其"三北"的许多地区,人口密度较低,电力基础设施相对薄弱。发展风光互补将是有效解决偏远地区电力供应的有效手段。

(2) 应用于城市公共照明系统。风光互补技术可应用于城市公共照明系统,包括道路路灯、交通指示灯、公园和广场的照明、广告宣传牌等,不仅具有节能减排的环保意义,而且具有亮化美化社区的教育意义。

(3) 应用于大型建筑群节能降耗。风力发电机和太阳能集热管已经应用于北京奥运村的设计和建设,而且风光互补发电系统还可应用于光伏、光热建筑一体化和风能建筑一体化、屋顶风力发电,以达到节能降耗及减少排放的目的。

(4) 应用于分布式并网发电。2004 年 12 月,华能南澳 100 千瓦风光互补发电项目成功实现并网发电,标志着中国第一个正式商业化运行的风光互补发电系统建成。随着国家对可再生能源开发和利用的重视及政策支持,并网发电规模持续不断扩大。2012 年,玉门昌马 9 兆瓦风光互补发电示范项目实现并网发电,是中国第一座大规模风光互补发电项目。2014 年,新疆哈密风电基地二期 8000 兆瓦风电开发建设方案中,配套建设 1250 兆瓦光伏发电项目,其中 450 兆瓦布置于风电机组之间,既可节约土地资源,又可与风电共用输电线路,提高输电线路利用率。

3. 风能与其他能源的互补发电系统

风电和其他能源发电的互补应用中,最重要的一部分是风电与火电的互补运行,其中火电机组既包括常规的燃煤发电机组,也包括燃气发电机组。利用火电机组的调峰能力,吸纳风电,可以减少燃煤燃气消耗,达到节能减排的效果。

中国在推动大型风电基地建设的同时,为保障风电基地和电网的安全稳定运行,提高电力系统的运行效率,增加外送风电的容量,采取了配置一定的火电容量,也就是大型风电基地的"风火打捆"外送模式。通过在大型风电基地实施"风＋光＋火"及"风＋光＋火＋蓄"等互补,增加了输电线路中新能源电力的送出规模。2013 年 9 月,水电水利规划设计总院联合有关机构就风电基地规划及风光火打捆外送的课题开展了相关研究工作,探索包括内蒙古锡林郭勒盟电源基地的数个能源基地"各种电源联合运行及打捆外送的技术可行性和经济性。根据水电水利规划设计总院《全国"十三五"风电规划和消纳能力研究报告》,"十三五"时期已核准开工建设诸多特高压输电通道的外送容量中都包含有来自蒙西、蒙东、酒泉、哈密等大型风电基地的风电容量和配套火电容量以及光伏发电容量。

燃气发电是一种重要的化石能源发电技术,它使用天然气等清洁气体燃料,与燃煤机组相比,燃气发电效率高、排放少,其中联合循环燃气发电机组的热效率超过 60%;二氧化硫和固体废弃物排放几乎为零;二氧化碳排放量减少 50% 以上。燃气发电机组具有输出功率范围广,启动和运行可靠性高、发电质量好、重量轻、体积小、维护简单、低频噪声小等优点。燃气轮机机组能很快启动,可作为电力系统的备用容量和调峰电源。由于中国属于多煤少油缺气的国家,燃气发电使用的燃料价格较为昂贵,一定程度上制约了燃气发电装机规模的增长。

对于风电这种波动性较强的发电形式,配合一定的燃气发电容量可有效提高系统的灵活性,增强系统消纳风电的能力。根据国家能源局《电力发展十三五规划》,全面提升系统的灵活性,提高电力系统的调峰能力将是电力"十三五"规划的一个显著特点。规划提出:在有条件的华北、华东、南方、西北等地区建设一批天然气调峰电站,新增规模达到 500 万千瓦以上。可以肯定上述燃气调峰电站的建设必将提高风电与燃气电站的互补调峰能力,有效提高风电消纳。

参 考 文 献

范英英. 2012. 基于碳排放总量控制的低碳经济发展优化模型研究. 华北电力大学.

贵州乌江水电开发有限责任公司. 2014. 贵州省风水互补风电项目开发方案.

国家发改委,国家能源局.2016.中国电力"十三五"发展规划.

国家发改委能源研究所,国际能源署(IEA).2014.中国可再生能源发展路线图 2050.

国家发展改革委.2016.可再生能源发展"十三五"规划.

国家能源局.2015.太阳能利用"十三五"发展规划(2015)(征求意见稿).

国家能源局.2016.2015 年风电产业发展情况.

国家能源局.2016.风电发展"十三五"规划.

国家能源局.2016.水电发展"十三五"规划.

国网能源研究院.2010.满足国家低碳发展目标的能源和电力需求预测研究.

国网能源研究院.2014.中长期能源需求预测模型体系研究.

胡鞍钢,鄢一龙,姜佳莹.2016."十三五"规划及 2030 年远景目标的前瞻性思考.

李家春.2015.大力推进我国风能可持续发展的对策建议.中国科学院,(171).

李爽,曹文敬,陆彬.2015.低碳目标约束下中国能源消费结构优化研究.山西大学学报(哲学社会科学版),38(4).

林伯强.2012.中国能源战略调整和能源政策优化研究.电网与清洁能源,28(1).

林卫斌,苏剑,周晔馨.2016.新常态下中国能源需求预测:2015—2030.学术研究.

马丁,陈文颖.2016.中国 2030 年碳排放峰值水平与达峰路径研究.中国人口、资源与环境,26(5).

秦中春.2013.中国未来人口变化的三大转折点预测——基于年龄移算人口预测模型的分析,区域经济评论,(5).

单葆国,韩新阳,谭显东等.2015.中国"十三五"及中长期电力需求研究.中国电力,48(1).

水电水利规划设计总院.2016.全国"十三五"风电规划和消纳能力研究总报告.

王仲颖,时璟丽等.2014.中国风电发展路线图 2050(2014 年版).

张峰玮.2015.未来中长期全国能源消费需求预测研究.中国煤炭,(6).

中国核能行业协会.2016."十三五"中国核能产业发展展望(2016).

中国气象局.2014.全国风能资源详查和评价报告.

中国石油经济技术研究院.2016.2050 年世界与中国能源展望(2016).

第 4 章　中国风能可持续发展路径

4.1　中国风能可持续发展技术路线

4.1.1　风能技术研究现状

我国风能技术是与风能市场和风能产业同步发展起来的。20 世纪 70 年代末,原国家科委将发展小型风力提水机组和千瓦级小型离网型风电机组列入了"六五"科技攻关项目;20 世纪 80 年代中期开始研发百千瓦级并网型风电机组,到 20 世纪 90 年代中期,成功地研制了 200 千瓦和 250 千瓦风电机组样机,到 20 世纪 90 年代末,通过"乘风计划"和国家"九五"科技攻关项目,经过技术引进和消化吸收,到 21 世纪初实现了 600 千瓦和 750 千瓦风电机组国产化生产,并在风电场中得到了批量应用,促进了我国风电技术和产业的发展。风电机组开始从离网型向并网型转变。

自 21 世纪初,在国家科技攻关项目和"863"高科技项目的支持下,我国开始研制兆瓦级风电机组。2005 年,通过引进德国 Vensys 公司的技术,金风科技公司制造出了 1.2 兆瓦直驱型风电机组;通过引进德国 Repower 公司的技术,东汽公司制造出了 1.5 兆瓦双馈型风电机组,实现了兆瓦级风电机组"零"的突破,也进一步提升了我国大型风电机组研发生产的能力。自 2006 年实施《可再生能源法》后,随着风电市场规模化发展,我国逐步完成了从技术引进、消化吸收、联合设计、技术咨询到自主研发的风电技术发展历程,掌握了大型风电机组设计和制造技术;风电场建设和运行技术;近海海上风电场技术。与此同时,在风能基础研究和应用研究以及风能标准、检测、认证技术等方面也取得了长足进步,具体表现在如下几个方面:

1. 国家科技计划

近年来,国家各类科技计划和基金项目对风电技术的基础研究和应用研究给予了较多资助,表 4-1-1 列出了国家重点基础研发计划("973 计划")、高技术研究发展计划("863 计划")和科技支撑计划资助的风电研发项目和课题。

表 4-1-1　国家科技计划资助的部分风电研究项目

国家科技计划	项目或课题	立项时间/年
"973 计划"	大型风力机的空气动力学基础研究	2007
	大规模非并网风电系统的基础研究	2007
	大规模风力发电并网基础科学问题研究	2012
	大型风力机的关键力学问题研究及设计实现	2014
"863 计划"	大型风力发电机组独立变桨技术	2009
	大型风力机专用轴承试验台	2010
	海上风电电力输送、施工和浮动式基础关键技术研究与示范	2011
	1.5 兆瓦低风速风力发电机组关键技术开发和整机研制	2011
	先进风力机翼型族设计与应用技术	2011
	电网友好型新能源发电关键技术及示范应用	2012
	海上风电场建设关键技术研究	2012
	风电直接制氢及燃料电池发电系统技术研究与示范项目	2014
科技支撑计划	大功率风电机组研制与示范	2006
	5.0 兆瓦近海风电机组研制及风能核心技术研究与推广	2009
	风光储示范工程关键技术研究	2010
	风电场接入电力系统关键技术研究	2011
	兆瓦级风电控制系统开发及产业化	2012
	7 兆瓦级风电机组及关键部件设计及产业化技术	2012

"973 计划""大型风力机的空气动力学基础研究",针对兆瓦级风电机组叶片,在空气动力、气动弹性、气动噪声等方面开展了基础研究,提升了我国兆瓦级风电机组叶片的自主设计能力。作为该项目的延伸,项目"大型风力机的关键力学问题研究及设计实现"针对多兆瓦级风电机组整机在气动载荷、非线性气动弹性、海上风电机组水动载荷与支撑结构等方面开展基础研究,研究成果将提升我国多兆瓦级海上大型风电机组整机的自主设计能力。项目"大规模非并网风电系统的基础研究"对非并网风电系统的电机、控制、结构振动和负载特性等方面开展了研究。项目"大规模风力发电并网基础科学问题研究"针对大规模风电的电力系统,开展远距离、大规模、高集中度风电并网问题的基础理论和核心技术研究。

"863 计划"在风电机组专用翼型设计、整机和关键部件开发、风电场电气控制、海上风电场建设、海上风电场输电与并网等方面对多个课题予以了资助。课题"风力机先进翼型族的设计与实验研究"和课题"先进风力机翼型族设计与应用技术"对风力机翼型的设计、实验和应用开展了研究,研发了我国自己的风力机翼型族;课题"1.5 兆瓦低风速风力发电机组关键技术开发和整机研制"针对适用于 IEC Ⅲ类以下风区的低风速风力发电机组开展了设计研究;课题"海上风电场送电系统与并网关键技术研究及应用"研究海上风电场汇集与并网系统优化设计及运行控制关键技术；还有对大型风电机组的独立变桨技术、轴承技术以及风电场的储能技术等开展了研究。上述研究成果对推动我国风能技术进步和产业化应用起到了重要作用。

除了"973 计划"和"863 计划"项目外，近年来国家自然科学基金会，对风能利用的各个领域也进行了资助，"十二五"期间资助项目超过 370 项。

开展政府间和国际机构间在风能领域方面的合作是我国开展风能基础研究和应用研究工作的一个重要方式。

1986 年至 1991 年期间，根据中国和瑞典两国政府签署的"工作和科学"协议书，中国空气动力研究与发展中心与瑞典航空研究院进行了"风电机组偏航特性和叶片三维流动"的基础研究。

2006 年至 2010 年期间，中国和丹麦政府开展了"中丹风能发展项目"研究。在项目执行过程中，丹麦专家与中国的政府部门、研究机构、技术单位、教育机构和电力企业进行合作，设立了风能资源评估、风电规划和风电场后评估、风电并网研究、风电技术交流 4 个子项目，取得了大量的研究成果。其中包括绘制了东北三省风资源数字图谱，开发出中尺度和微尺度风资源数据模拟模型，修改风电并网导则并升级为国家标准等。

国际能源署风能实施协议（IEA Wind）是当前我国参与风能国际研究合作研究的一个重要平台。2010 年 10 月，中国可再生能源学会风能专业委员会以中国风能协会的名义正式加入国际能源署风能实施协议，组织国内风能企业和科研院所参与了 11 项学术交流与合作研究课题，主要有大规模风电并网的电力系统设计及运行、海上风能动态计算程序和模型的比较、风电场流场基准模型、寒冷气候条件下的风能利用、MexNext 模型风洞测量与空气动力模型、风电机组可靠性和维护分析采集的标准化、风电机组及其零部件的全尺寸地面测试、强湍流场小型风力发电机组标准检测认证和标识等。

2. 大型风电机组设计和制造技术

进入 21 世纪以来，我国风电机组单机容量持续增大，在风电场中运行的主流风电机组单机容量为 1.5—3 兆瓦，2015 年风电场中安装的风电机组平均单机容量已达到 1.955 兆瓦。此外，3.6—4 兆瓦风电机组也已小批量生产，并在近海风电场上运行，5 兆瓦和 6 兆瓦风电机组已完成样机开发，实现并网运行，7 兆瓦风电机组也正在研制。为了适应中国不同地区气候条件和地理环境下风电机组的运行，近年来还研制了常温型、低温型、高原型和海洋型等系列产品，另外，针对台风、雷击、低风速和多风沙地区的气候条件，还采取了专门的措施，特别是在研发用于年平均风速在 5 米/秒以下的超低风速风电机组方面取得了很大进展。

大型风电机组是一个大尺寸、大柔度的复杂动力系统，其设计和制造是一项综合性很强的系统工程。目前我国已基本掌握了大型风电机组的总体设计技术,研发的机型除了双馈型和直驱型外,还有半直驱型等,自主创新能力得到了提升。基于我国巨大的风电市场和风电技术发展潜力,我国大型风电机组技术进步的速度将进一步加快。但是,我们仍然面临许多挑战,表现在:①我国超大型风电机组研制起步晚,一些核心关键技术,如风电机组的总体设计和仿真软件还需要从国外引进;②大型风电机组的可靠性设计和规模化制造质量的控制以及全寿命周期中的健康管理需要加强研究;③大型风电机组部分关键零部件,如主轴和齿轮箱用轴承,变流器和控制系统用电力电子元器件等还需要从国外采购。

3. 风电场建设和运维技术

我国从 1986 年在山东省建成了 165 千瓦装机容量的第一个示范性风电场,到 2015 年已在全国 30 个省区(不包括台湾和港澳地区)建成了总装机容量达 168732 兆瓦的集中式和分散式风电场,与此同时,还走出了国门,在 28 个国家和地区建设风电场。我国在陆上风电场已经积累了丰富的设计、施工和建设经验,同时也促进了风电场建设和运行技术的不断进步。从风能资源评估、风电场选址、风电场设计、风电场土建工程、风电机组运输和安装、风电场电气系统建设、风电机组调试、风电场并网和运行调试等环节已经实现了规范化。

随着风电场开发的深入,我国陆上风电场的开发环境更加多元化,在丘陵、山区等复杂地形和低温、低风速等特殊环境条件下建设分散式风电场的项目越来越多。另外,目前我国海上风电场建设还主要是在潮间带的浅海地区,要逐步向远海和深海领域发展。

4. 海上风电技术

我国海上风电起步于 2010 年,在上海东海大桥建设了第一个海上风电场,安装了由华锐风电设备制造商研制生产的 3.0 兆瓦风电机组共 34 台。该风电机组在吸收欧洲海上风电技术经验基础上,针对我国的国情采用了高桩承台基础,用 8 根直径 1.7 米,壁厚 25 毫米的钢管作为基桩,桩长约 78 米,入土深度为 65.5 米左右。风电机组采用专用运输船和安装起重船进行整体运输与吊装,该风电场运行 6 年来,发电量已达到 1 082 196.01 千瓦时。随后,很多风电设备制造商和风电场开发商也进入海上风电场开发,如龙源电力集团在江苏如东建设了由不同型号的风电机组组成的 30 兆瓦容量的潮间带试验风电场,对海上风电机组基础形式,潮间带海洋水文地质及气象条件,海上风电施工装备和工程建设等方面开展了研究。上述这些海上风电技术的研究和实践对促进我国海上风电技术发展产生了重要影响。

我国在海上风电场建设方面虽然取得了长足进步,但是与西欧国家相比,特别是在远海和深海风电场建设方面,仍有较大差距。主要表现在:自主设计能力缺乏,工程经验不足,运维手段和监控方法还主要借鉴陆上风电场的经验,尚未形成我国自己的海上风电技术体系。

5. 风能标准、检测和认证技术

(1) 标准

中国风电标准化始于 20 世纪 80 年代,由中国标准化管理委员会负责全国风电机组标准化工作。20 世纪重点编制离网型风电机组标准,从 21 世纪开始重点转向并网型风电机组标准制定,经过多年努力,我国已经初步建立了中国风电标准体系,到 2015 年止,我国已颁布风电相关标准 63 项,其中涉及风电机组设计、制造、检测和认证等 20 项重要的基本标准等效采用 IEC 国际标准,除国家标准外,电力行业、机械行业也发布了风电行业标准。2010 年 3 月,国家能源局全面启动中国风电标准体系建设,成立能源行业风电标准化技术委员会,制定了风电标准体系框架,至 2015 年止,已颁布了 45 项技术标准。

2010 年经国际电工技术委员会(IEC)批准立项,我国作为主持单位,组织七个国家制定风电叶片国际标准(IEC61400-5),还作为 IEC TC88 组织成员单位参与其他多项国际标准的制定工作。

(2) 检测

近年来,随着风能产业的快速发展,建设综合性的公共检测平台,提升中国风电检测水平,保证风电产品质量十分迫切。国家能源局和国家科技部先后在风电设备制造企业和研究机构中组建了一批国家重点实验室和国家工程技术中心,规划建设公共检测平台,其中属于第三方检测机构的有中国电力科学研究院负责建设的国家能源大型风电并网系统研究(实验)中心——张北风电试验基地,主要任务是在风场对风电机组性能进行检测,特别是低电压穿越能力和电网适应性的检测工作。另外,一些国家重点实验室和国家技术中心建设了风电叶片和风电传动系统检测中心。

(3) 认证

我国从 21 世纪开始对风电设备进行认证工作,北京鉴衡认证中心和中国船级社是最早批准进入认证的机构。早期我国风电设备主要依据 IEC61400 系列标准进行认证,目前,已按照中国国家标准《风力发电机组合格认证规则及程序》进行设计认证、型式认证、项目认证和部件认证。近年来,我国风电认证机构还积极开展对外技术交流与合作,加入了国际电工委员会可再生能源设备认证互认体系(IEC RE),与国际认证机构建立战略合作关系,实行互认。

完善的风能标准体系、先进的公共试验平台和合理的认证认可配套制度,将成为我国风能可持续发展的重要保障。多年来,我国标准、检测和认证技术的进步已为我国风能发展提供了重要的技术支撑。目前存在的问题主要是:

①我国风能国家标准中有很多是等效采用 IEC 国际标准,在执行标准时,需要根据我国国情进行适当的补充;②我国风电检测平台基本上是建在风电设备制造企业内部,缺乏公共服务性。另外,其性能与国际风电检测平台有较大差距,不能满足大型风电机组研发需求;③我国风电认证机构能力建设还有待进一步提升,需要逐步建立有自主知识产权的,包括硬件和软件在内的认证技术平台。

4.1.2　风能技术发展趋势

1. 风电机组大型化

近年来,风电市场中风电机组的单机容量持续增大,风电机组大型化是风电技术发展的重要趋势。2016 年,全球风电场中新安装风电机组的平均容量已达到了 2.16 兆瓦,正在运行的最大风电机组有西门子 8 兆瓦和维斯塔斯 9.5 兆瓦。另外,更大容量的风电机组也正在研发。

风电机组的发电功率与风轮直径的平方和风速的三次方成正比。风电机组大型化可以提高风资源利用效率。虽然,风电机组尺寸越大,其单机成本也越高,但度电成本并不一定越高。20 世纪 90 年代研究结果表明:风轮直径 35—60 米的风电机组发电成本最低。目前,风轮直径已超过 100 米量级,如 2016 年装机的 Vestas 9.5 兆瓦风电机组的风轮直径为 164 米,风轮扫掠面积超过 2.1 万平方米,相当于三个标准足球场的面积。未来 10 兆瓦级风电机组的风轮直径将达到 180 米左右,随着风能技术的进步,风电机组尺寸增大所造成的成本上升幅度将不断减少。

风电机组大型化,给风电技术提出了许多新的挑战。以风轮叶片为例,随着风轮直径的增加,需要采用新型结构和新型材料,以减缓叶片重量和所承受的载荷随风轮直径的增长幅度,在可接受的成本内实现足够的结构强度。同时需要发展先进的计算模型,提高气动性能和载荷计算的精确性,以减少过高的设计裕度。此外,还可以采用独立变桨、预先变桨变速等先进的控制策略。通过采取一系列措施,可以使大型风电机组叶片重量减轻,度电成本降低。

2. 风电机组定制化

风电机组运行环境差异很大,为适应各地运行环境条件,出现了对风电机组定制化的要求。例如在我国南方低风速地区需要研发出低风速风电机组产品,产品明显的特征是风轮叶片更长、塔架更高,捕获的风能资源更多。2016 年我国新投运的 1.5 兆瓦风电机组中,绝大多数风轮直径已达到或超过 93 米。这些低风速风电机组在我国南方地区的分散式风电场中发挥了很好作用。另外,为了适应低温、风沙、盐雾、台风、雷暴等恶劣环境,还要研发专门的风电机组。

3. 风电系统智能化

在"互联网＋"的国家技术发展战略下,如何运用互联网、大数据、云计算和物联网等技术提升风电系统的运行质量和发电效率、降低风电系统故障率和运维成本,已成为风电技术一个主要发展趋势。风电机组智能化控制和智慧风电场建设是风电系统智能化的两个重要方面。

在风电机组智能化控制方面,基于现代传感器和控制技术的风电机组健康监测、振动监测、智能润滑、智能偏航、智能变桨、智能解缆和智能测试等都是重要应用方向。在风电机组各部件内布置成百上千个传感器,实时监测风电机组运行状态,并经由通信网络传送到远端和云端服务器,服务器根据高效算法和大数据信息,实时给出最优的控制和维护策略,极大增强风电机组的高效控制、自诊断和自适应能力,显著降低人工干预和现场维护频率。据统计,大型风电机组的故障主要集中在齿轮箱、发电机、叶片、电气系统和偏航系统等关键部件。这些关键部件一旦出现故障,会造成风电机组停机损失发电量,且维修维护成本很高,严重影响风电的经济效益,对于海上大型风电机组这一问题更为突出。目前,大型风电机组已经普遍安装了在线监测系统,但在数据采集的全面性、数据处理的实时性、大数据的应用、故障诊断和控制策略优化等方面与高度的智能化还有很大距离,具有广阔的技术提升和市场应用空间。

在智慧风电场建设方面,风电场风电机组的协同智能控制和风电场全寿命周期智能管理是两个重要方向。风电机组协同智能控制,着眼于风电场整体的发电效率,根据风电场整体气候数据和风电场内局部测风数据,在风电机组智能控制的基础上,着眼于风电场整体的发电效率,实时综合运用最优发电量捕获算法、最优桨距角自适应学习算法、最优载荷控制、最优电力输出等多种智能技术,实现风电场发电效益的最大化和整体故障率的降低。风电场全寿命周期智能管理是风电场在规划、建设、运行、维护和电网协同等多个方面长周期效益最大化管理的智能集成。将测风管理、风电场建设、经济评估、安全管理、风功率预测、风电机组变电站监控、故障诊断与预防、风电场能量管理、电力调度与交易等各个环节整合起来,基于大数据和云计算形成智能管理平台。更进一步,还可以将风电机组、风电场、电网、设备制造商和运营商等通过传感器、数据传输设备与监控中心有机的连接起来,是风电场成为智能电网的有机组成部分。

4. 海上风电远海和深海化

海上风电开发,特别是深海、远海风电的开发,是风能重要的发展方向。尽管海上风电技术复杂,建设难度大,投资成本高,2016 年全球海上风电新增装机容量221.9 万千瓦,累计装机容量 1438.4 万千瓦。但仍在稳步的向前推进。欧盟规划海上风电装机容量 2020 年达到 4000 万千瓦,海上风电开发具有建设区域广阔、环境影响较小、平均风速高、年利用小时数高、风湍流度低、更接近电力负荷中心区域等优势。另外,海上风电开发也推动了风电机组的进步和产业的发展。

相对于陆上风电,海上风电建设面临的问题更为复杂。主要有:现行的陆上风电技术规范不能直接应用于海上,需要进行新的研究和修订;其次,海上风电机组所涉及的复杂运行环境复杂。对于固定式海上风电机组,其基础和支撑结构不仅受到波浪和海流的共同作用,还受到地基冲刷与海床液化等影响,涉及流-固-土动态耦合过程,计算和设计的难度显著增大。对于漂浮式海上风电机组,其运动是风、浪、流等相互耦合作用,动态响应过程十分复杂;海上风电场施工和运维装备技术要求高,建设和运维难度大、成本高、周期长。

5. 风能应用多元化

规模化利用风能的主要方式是并网风电。受电网建设滞后和市场消纳的制约,近些年并网风电存在日益严重的弃风问题,造成了资源的极大浪费,问题亟待研究解决。在此情形下,风能的多元化应用就成为化解风电发展困局和提升可再生消费比重的重要途径。

分布式风电以及风电结合其他能源形成的联合互补系统能够灵活利用风能,或就近消纳,避免风电的大容量远距离传输,或者平滑风电的波动性和间歇性,减小对大电网的冲击,从而弥补集中式风电开发的不足,实现风电的多元化利用。例如,风光互补供能系统与建筑一体化形成的绿色建筑可营造低碳、环保的城市生活,有效节约常规能源和保护环境。水电能源基地利用梯级水库群调节性能和相应的水电外送通道,能够优先吸纳风能,提高风电设备利用率。其他如风电供热、风电制氢、风电制碱、风电储能以及风电海水淡化等风电的多元化应用,同样也都可以消纳"弃风",达到降低化石能源消耗、增加可再生能源消费比重的目的。

4.1.3　风能可持续发展关键技术

1. 大型风电机组先进设计制造技术

大型风电机组通常是指多兆瓦级风电机组。与兆瓦级风电机组相比,需要采用先进的设计制造技术。

（1）结构部件设计制造技术

多兆瓦级大型风电机组的结构部件要采用新的结构形式、应用新材料和新的制造工艺,以降低载荷和单位千瓦结构重量。

以德国 Enercon 公司开发的额定功率从 6 兆瓦到最大 7.58 兆瓦机型 E-126 系列机型为例,为了便于运输,叶片采用两段式结构,靠近叶根的较短部分由金属制成,外延部分由玻璃钢增强纤维制成。塔筒采用预制混凝土结构,数十节塔筒预先在工厂浇注成形,然后运至现场进行装配。另外,机舱罩和导流罩由铝合金板制成,也在现场装配和散热,以减少火灾风险。

多兆瓦级风电机组是一个复杂的流固耦合系统。由于尺度的增大,塔架、风轮组合结构的整体刚度将减小,几何非线性和结构非线性加剧,叶片挥舞和扭转振动耦合。另一方面,多兆瓦级风电机组经受大气风剪切更为剧烈、随机阵风和脉动风更复杂,载荷的分布、变化幅度和时间特性相对兆瓦级风电机组产生变化,且这些动态载荷在柔性增大的风电机组上造成更复杂的气动弹性问题,使得多兆瓦级风电机组的载荷计算和结构动力学分析比兆瓦级风电机组更加困难。此外,各类新型复合材料在多兆瓦级风电机组中的应用将更广泛,其结构动力响应、稳定性、疲劳寿命分析也是亟待研究的重要课题。

（2）传动链设计制造技术

随着风电机组单机容量的增大,风轮转速降低,齿轮箱传动比要求更高,齿轮箱的高速传动部件故障问题日益突出,目前在海上大型风电机组得到应用的,占有市场主要份额的主要有二种。一种是传统的带高速齿轮箱与高速异步发电机相连的双馈型风电机组;另一种是没有齿轮箱,而将主轴与低速多极同步发电机直接相接的直驱型风电机组。近年来,又发展了半直驱型风电机组,采用1—2个齿轮级和一台中速发电机相连,需要通过集成化设计和规模化生产进一步降低成本。

目前,多兆瓦级大型风电机组的传动链型式主要采用两条技术路线,一是采用齿轮箱传动,匹配变速恒频双馈异步发电机;另一条是没有齿轮箱,采用直驱式发电机,避免了齿轮箱传动。齿轮箱传动的可靠性设计和分析,新型直驱发电机设计等是未来研究的重点方向。

（3）风电机组多学科优化设计技术

风电机组系统复杂,通常由叶片、轮毂、机舱、塔架、齿轮箱、发电机、控制器、变流器等组成,其设计是基于大气科学、流体力学、固体力学和电气工程等等多个学科的一项系统工程,所涉及的学科差异较大,各子系统各有自己的优化目标、优化变量和约束条件。因此,设计时应从典型风电机组实际结构、工作状态入手,考虑各子系统的特点,将各种目标函数、设计变量、约束条件及其之间的关系进行综合考虑,建立具有非线性强耦合特点的系统优化理论,形成一套切实可行的优化设计方法与优化方案。

大型风电机组的优化设计,存在众多的设计变量、优化目标和约束条件,这些目标和约束准则之间还经常包含复杂的内在耦合和冲突,因此必须作为一个整体加以考虑,是一个多目标优化问题。多目标优化与单目标优化存在本质差异,需要同时满足多个不同的优化准则,这些准则一般不会同时实现最优,因而通常并不存在唯一的最优解,而是存在一组各优化准则相互妥协的最优解的集合。通过什么样的方式协调各优化准则之间的关系,以及构建什么样的方法来获取期望的最优解集,是多目标优化领域的研究核心。对于设计者来说,最终需要的仅是唯一的理想设计方案,因此除了正常优化过程之外,还存在一个从最优解集中选择最终设计方案的决策过程。

(4) 风电机组载荷计算与降载设计技术

大型风电机组设计时,在提高风能利用效率的同时,还要降低风电机组的载荷,以降低度电成本。因此,给载荷计算和控制带来了新的技术挑战。首先,大型风电机组叶片在旋转过程中经历更严重的大气边界层风剪切和多尺度湍流,气动载荷的非定常性更为显著,海上风电机组还需重点考虑台风等极端载荷作用下的安全性问题,造成大型风电机组在空气动力学设计和载荷计算方面面临的困难显著增大;其次,大型风电机组叶片和塔架等部件结构更加细长,刚度相应降低,在载荷作用下产生大挠度非线性变形,气动力与结构变形的耦合作用显著,基于线性假设的气动弹性分析方法不再适用;第三,受尺寸增大和柔性增加的影响,大型风电机组的叶片和塔架等部件之间的非定常气动力干扰更为显著;分段式变桨叶片等新概念设计在分段处也存在三维气动干扰需要发展能够考虑部件气动力干扰的准确高效计算方法;此外,随着叶片的增长,叶片承受的总载荷增大,当前使用的叶片整体变桨方式难以兼顾从叶片根部到尖部的最优载荷调节,也无法实现对局部动态载荷的实时减缓,发展非定常载荷减缓技术成为风电机组大型化后的一种重要需求。

上述技术挑战的一大难点在于风电机组非定常气动载荷与非线性大挠度结构变形之间的气动弹性相互作用。随着风电机组朝着大尺寸、大挠度的方向发展,额定功率成倍增加,叶片所受载荷随之提高,受重量与体积制约,结构更加细长,刚度相应降低,容易产生较明显的弯曲和扭转变形。在气动载荷的作用下叶片的运转实际外形与设计外形产生偏差,这种偏差反过来又影响气动效率,并会改变叶片表面载荷分布,影响结构安全性。同时,风电机组在实际运行过程中所受载荷具有周期性和随机性,使叶片和塔架等部件产生振动,这种振动反过来又影响非定常气动载荷,导致气动与结构的耦合作用,使大型风电机组疲劳载荷的确定变得异常困难,忽略这种耦合作用可能导致风电机组设计寿命不足甚至在极端风况下发生失稳破坏。为了解决上述问题,需要耦合空气动力学和结构动力学计算,将大型风电机组整机作为研究对象,考虑部件间的非定常气动干扰,研究非线性大挠度弹性变形下的非定常载荷。在计算方法上从非耦合的准定常计算,向使用非定常载荷模型、考虑气动和非线性结构变形之间相互耦合作用的非定常计算发展,准确预测大型风电机组非定常载荷、叶片和塔架等部件的弹性变形与耦合动态响应。

通过创新设计降低风电机组载荷也是大型风电机组技术发展的重要方面。可以采用"弯扭耦合"的叶片,设计利用大尺寸叶片受到的弯矩来控制叶片的柔性扭转,在大载荷时通过叶片柔性扭转实时减小叶片剖面的迎角进而减缓叶片载荷。近年来"智能叶片"成为一个研究热点,通过在叶片局部增加襟翼或柔性翼,实现分布式载荷控制技术。这些翼面可以在叶片局部做出更快速的偏转响应,通过流动控制实现对局部载荷的实时调节,显著降低风电机组的疲劳载荷。

2. 信息化技术在风电系统中的应用

信息技术与风电技术的结合,将使风电机组在运行控制方面更加智能化,使风电场维护管理更加智慧化,增加风电的电网友好性,实现风电调度高度智能化,也更有利于风电的大规模并网以及与其他能源的互补应用。

风电系统智能化技术包括风电机组智能测量技术,智能发电性能提升技术、智能载荷管理技术、电网友好型控制技术和环境自适应控制技术等。其中风电机组智能测量技术包括整机振动模态测量、整机载荷测量以及齿轮箱和和主轴承载荷测量、激光雷达测风、叶片变形测量等。要研究软测量技术代替传统传感器测量,即利用人工神经网络、支持向量机等算法来实现对风速、载荷的预测;研究风电场高效数据传输技术,通过高速无线通信网络实时获取风电机组、风电场性能数据,为机组实时智能控制提供更多的决策支持。

研究风电机组和风电场综合智能化传感技术、风电场大数据收集及分析技术;研究复杂地形、特殊环境条件下风电场与大型并网风电场的设计优化方法及基于大数据的风电场运行优化技术;研究基于物联网、云计算和大数据综合应用的陆上不同类型风电场智能化运维关键技术,以及适合接入配电网的风电场优化协调控制、实时监测和电网适应性等关键技术。

3. 海上风电技术

（1）海上风电机组支撑基础与支撑结构

与陆上风电机组相比,海上风电机组首先在支撑形式方面有很大不同。海上风电机组主要采用重力混凝土式、桩式和漂浮式三大类支撑结构。

海上风电机组除了具有陆上风电机组的非定常气动特性和气动弹性等共性问题外,其海上运行环境还带来其特有的力学问题。与海上石油平台等不同,风电机组高耸的固定式支撑结构倾覆力矩巨大,再加上地基冲刷与海床液化等,使得这种流-固-土耦合机理的揭示和特性分析亟待解决。此外,我国海床地质条件特殊,大陆架淤沙厚度达几十到几百米。近海风电机组基础依靠沙土摩擦力承载和抗拔,为风电机组基础的安全性设计带来极大挑战,国内外对此还缺乏研究。

漂浮式海上风电机组将是深海风能利用的主要方式。相对固定式风电机组,漂浮式风电机组增加了浮式基础和锚泊系统,其载荷条件和动力学响应更为复杂。海上风电机组运动和风、浪、流等是相互作用相互耦合的,恶劣海况下海上风电机组将处于大幅度运动中,旋转风轮又对塔架和漂浮结构的运动产生极大影响。这是一种多自由度的运动(最多可以超过 10 个自由度)。因此,海上风电机组系统是一个极其复杂的气动-气动弹性-水动载荷与结构响应的多学科耦合问题。

目前,欧盟初步建立了海上风电机组在风、海浪、海流综合作用下的力学研究实验平台。海上风电机组的风载荷、水动力载荷、结构响应、海床承载特性的耦合机理研究在国际上仍处于起步阶段。

（2）海上风电机组设计技术

与陆上相比,海上平均风速较高,湍流水平低,风剪切较小,且风电机组的设计不受噪声限制。因此,海上风电机组有其设计时,风轮直径可以更大,额定风速更低,轮毂高度相对降低,转速则更高,有两叶片的风轮。由于海上较低的湍流水平,风电机组之间的尾流干扰与陆上也不同,其尾流模型的建立和风电机组排布优化变得更加重要。另外,防腐蚀设计是海上风电机组设计的重要方面。海上的高盐雾、高湿度环境使得含盐雾的水汽很容易通过机舱缝隙进入机舱内部,对风电机组的零部件造成腐蚀。海上风电机组的主要防腐蚀方法有防腐涂装、密封和使用耐腐蚀材料等。

由于海上风电机组的维修和维护远比陆上风电机组困难,因此,必须进行针对性的可靠性和可维护性设计。可靠性设计技术包括机械系统裕度设计、电气系统冗余设计、电气元件降额设计、发电机冷却方式设计、变流器可靠性增强设计、状态监测与故障诊断技术等;可维护性设计技术包括满足可维护性设计准则的结构设计和大部件维护专用设备研制等。

此外,台风对我国东南沿海的影响频繁和广泛,其对海上风电场的破坏力很大,可能造成叶片断裂、塔筒折断、机舱罩倾覆等重大损失。为了抵御台风的破坏,对台风路径海域的海上风电机组还必须进行增强设计,并且优化台风期间的控制策略。

海上风电技术方面,可着重开展以下研究:
① 海上风电机组固定式支撑结构与基础的设计与动力学分析;
② 海上漂浮式风电机组设计与动力学分析的预先研究;
③ 海上风电机组的防潮防腐蚀设计、高可靠性设计和抗台风设计;
④ 海上风电机组的运输、安装与维护装备研制等。

4. 风资源精细化评估与风电场优化布局技术

（1）风资源精细化评估技术

风力发电是风电机组在大气边界层内将风能转化为电能。大气边界层厚度在夜间厚度约为 500 米,在白天为 2000 米,风力发电所利用的风资源主要位于离地面 0-200 米的高度范围。大气边界内风特性受到地面粗糙度、地面地形、热力效应以及自由大气层压力梯度的共同作用。随着风轮直径的增大,风速特性和湍流特性随高度的变化对风电机组影响更加明显。对于多兆瓦级的风电机组,风轮直径超过 100 米,风轮范围内的风速差别可达 30%,对于风发电量预测、风电机组性能以及风电机组载荷计算而言,需要更加精确的风特性数据。

由于风能资源分布范围广、能量密度相对较低且具有一定的不稳定性,准确的风能资源评估是进行风能合理开发利用的前提和关键环节,而资源评估的基础是深刻了解和掌握风能资源的形成机理以及其分布特征与地形、气候等的依赖关系。为此,欧美等西方国家早在 20 世纪 70、80 年代就进行了大量针对风能资源观测及评估方法等的研究,并在相关的理论基础上,相继开发了诸如 WASP、MesoMap 和 SiteWind 等风能资源评估软件或系统。然而,由于近地层风场的形成是一个非线性、多因素耦合的过程,上述软件在复杂地形条件下应用该软件会产生比较大的误差。国内外有关风能资源的大部分研究计划、项目主要是进行风能资源评估技术(手段)的研发,很少有针对风能资源形成、分布、变化机理以及评估技术原理开展研究。

大规模风能利用急需开展针对我国大型(典型)风电场尺度的风资源形成机理及评估原理研究。重点研究以前很少涉及的小尺度、微尺度范围的风场结构,掌握典型地形条件、气候等对风能资源形成、变化影响的机理,为研制我国的风能资源评估系统奠定坚实的理论基础。同时研究极端气候条件下的大气边界层风场特征,并进行风电场风能资源预测理论研究,为风电机组设计、风电场高效安全运行提供强有力的理论支撑。

在风资源分析方面,不仅要关注风资源储量,还应关注风资源质量,即风速、湍流通量和大气稳定度的时间分布,这些参数的时间变化和频率分布影响了风电场的年发电量。在风能资源评估和短期风电功率预测工作中,要特别重视大气稳定度和湍流强度、湍流谱分布等风特性的分析与测量,并在计算风电机组出力时予以适当考虑,可提高对风电场发电量预测的准确率。

(2) 风电场优化布局技术

风资源优良且有利于风电开发的风场是有限的,在风能经历了数年的高速开发之后,必然导致优良风场资源的紧缺。目前,我国有利于开发的三类以上风资源区已基本被征用,余下的低风速风场开发逐渐升温。如何在有限面积的风场内尽可能多的提取风能成为越来越重要的课题,这将促进风电机组排布优化技术和风电场微观选址技术的发展和应用。

在风电机组排布优化技术方面,主要是研究风电机组尾流干扰的影响。研究表明,在典型风场布局下如果下游风电机组完全处于上游风电机组的尾流中,功率损失可以高达 40%,各风向平均的功率损失也在 10% 左右。因此,必须建立优良的尾流工程模型。

在风电场微观选址方面,主要研究复杂地形风电场的开发。目前,国际上现有的风电场微观选址软件大多适用于平坦地形,在复杂地形下的计算准确性不足。中国 70% 的陆地是山区,局部地形的抬升或下降均使气流改变方向,导致相邻两地的风特性也会有很大的差别。而且靠近地面形成十分复杂的风速廓线,不能再用指数律或对数律来表达。另外,地形对湍流特性的影响也十分复杂。目前,复杂地形对大气边界层的风特性影响尚没有可靠的工程模型,实际风电场的风模型需要通过现场测量、风洞实验或数值模拟结果来确定。

风电场优化布局技术方面,可着重开展以下研究:

① 适用于复杂地形的风电场微观选址自主软件开发;

② 风电场尾流干扰原理与尾流模型的建立;

③ 风电场布局的优化算法等。

5. 风电大规模并网、多能互补和消纳技术

风力发电的大规模并网问题是制约风电持续增长的一个重大因素。大规模集中建设的风电发展模式,风电资源与用电市场的逆向分布的特点,决定了我国风电发展不可避免要面对一系列并网技术难题。这些难题包括送电通道的送出能力不足、电力系统在风电大规模接入后的调峰调频能力不足、电力的局部消纳能力不足、大规模风电接入和远距离输电的电网稳定性问题、大规模风电运行控制管理问题等。我国近年来发生了风电不能足额并网导致弃风的问题。截至 2016 年末我国风电装机容量占全部发电装机容量约 9%,发电量占比接近 4%。尽管风电装机容量和发电量的占比总体上来看并不算高,但由于大规模风电开发的集中性,部分地区的占比已经远高于总体水平。这些地区事实上已经面临着严重的弃风限电问题。

风电大规模并网问题的解决途径主要有多能互补、储能、就地应用和电网建设等:利用与光伏发电互补,与火力发电互补、与水力发电互补等方式实现风电的平稳上网;利用储能技术实现风电的短期能量存储,削峰填谷;利用气象预报技术降低风电的不确定性;扩大风电就地转化或消纳规格,特别是高耗能产业就地利用风电,实现风电就地利用;各大电网联网和发展智能电网,增强电网的负载调节能力。

但以上技术途径都还存在各自的不足,主要体现在:火电厂从追求经济性的角度总是倾向于满发,而专门风电配建火电厂有违发展清洁能源的初衷;水力发电理论上可以通过调节蓄水量等方式与风电实现良好互补,但水电站还同时承担着防洪灌溉等任务,蓄水量的调节不能只考虑风电;目前容量较大的风电储能技术主要有抽水蓄能和压缩空气储能等,但并非所有的地方都具备建设条件且容量仍然有限;气象预报技术只能一定程度降低风电的不确定性,并不能消除风电的波动性;各大电网联网涉及建设投资和电网管理体制问题,而智能电网建设尚处于研究示范阶段。

因此,风电大规模并网问题的彻底解决,尚需开展大量研究和实践工作。

可着重开展以下研究:

(1) 风电与其他清洁能源互补上网的技术;

(2) 抽水蓄能、压缩空气储能等大规模低成本储能技术;

(3) 电网友好型风电相关技术,包括局地高准确度的风特性气象预报和风电场智能管理等,降低风电的不确定性和风电场的故障率,提高风电的电力品质;

(4) 特高压输电技术、全国电网联网调度技术、智能电网技术等电网相关技术。

6. 风电共性技术

1987 年,国际电工技术委员会(IEC)发布了风电机组系统安全标准。此后,IEC 陆续成立了多个工作小组,制定出国际风电机组标准并定期更新版本,形成了风电机组认证的标准体系。如今,依据风电技术标准对风电机组进行检测和认证已成为国际性的商业行为,以共同的国际标准为基础。

虽然基于相同的国际标准,各国的风电机组认证标准也存在一些差异,主要是考虑本国的具体情况、安全体系和测试方法的不同。我国参照国际标准,制定了大量的风电机组相关国家标准。但是,国内对技术标准的研究和制定能力仍然薄弱,特别是急需制订适合我国国情的涉及规划设计、制造、施工安装、检测、运行维护等领域的海上风电技术标准体系。另外,风电机组大型化和各种新技术的应用,需要及时对标准进行更新和完善。

4.2　中国风能可持续发展产业体系

4.2.1　风能产业的发展历程

我国风电产业是从 20 世纪 70 年代研发离网型小型风电机组开始的。风能进入商业化开发后,风能产业的发展大致可分为三个阶段:技术引进与示范阶段、自主开发与产业化阶段、规模开发与自主创新阶段。

1. 技术引进与示范阶段

这一阶段(1986 年至 2004 年)是我国风电技术产业发展的探索阶段。从 20 世纪 80 年代起,欧洲风力发电发展迅猛,为了迅速打开中国市场,欧洲共同体以赠款及贷款方式在我国若干省份建设小型示范风电场。1986 年,我国第一座由欧共体提供商用风力发电机组建成的示范风电场——马兰风力发电场在山东荣成并网发电。这期间,我国还利用丹麦、德国、西班牙政府贷款,建设了浙江大陈风电场、新疆达坂城风电一场与二场、内蒙古朱日和风电场的建设,风电场开发带动了并网型风电机组的研发,加快了风能产业的发展。

与此同时,国家科技部设立了一批国产风电机组攻关项目,通过引进、消化、吸收国外技术进行风电设备国产化研究。其中包括由新疆金风和浙江运达共同承担的"百千瓦级风力发电机组研制"和"750 千瓦风力发电机组开发和产业化"。国家经贸委、国家计委也分别通过双加工程、乘风计划等项目的实施,支持风电装备国产化项目的实施。还在全国主要示范风电场选派人员参加"EDO-RADO 计划"的培训。该计划由欧共体提供,旨在帮助中国培训专业技术人才,培训课程包括风力发电系统设计原理,风资源评估方法,风电场设计方法以及相关软件的应用。参加培训的人员中后来成为我国早期风电场建设和风电技术产业的重要骨干。

这个阶段政府还探索了建立强制性收购、还本付息电价和成本分摊制度,保障了投资者的利益,开创了贷款建设风电场的发展模式,为国家《可再生能源法》的实施奠定了基础。

2. 自主开发与产业化阶段

在这一阶段(2005 年至 2010 年),国家出台并实施一系列鼓励风电开发的政策及法律法规,特别是 2006 年实施《可再生能源法》后,确立了强制性收购、还本付息电价和成本分摊制度,解决了风电产业发展中的主要障碍,为了发展中国风电设备制造业,国家发展和改革委员会通过风电特许权经营,下放 5 万千瓦以下风电场建设项目审批权等优惠政策,并要求国内风电场建设项目采用的风电设备国产化比例不得小于 70%,扶持和鼓励国产风电机组的开发和产业化。

由于国家政策的扶持,国内众多大型装备制造企业加入风电装备制造行业,除了 250—750 千瓦风电设备迅速实现了国产化,各家企业以多种方式引进国外技术完成了先进的兆瓦级变速恒频风电机组开发。在整机企业的主导下,迅速形成了关键部件的配套产业链。风电开发进入产业化阶段后,相关的技术服务产业应运而生,包括风电机组的检测与认证机构,风电场的设计与评估机构,组织制定了一批行业与国家标准,初步建立起了我国自己的风能产业体系。

自 2006 年实施《可再生能源法》后,当年新增风电装机 134.7 万千瓦,比之前总和翻了一番还多,并连续五年以高于 100%的增长速度发展,2010 年我国的风电累计装机容量,跃居世界第一。

3. 规模开发与自主创新阶段

在这一阶段(2011年至今)中国风电相关政策及法律法规进一步完善,此阶段提出建设8个千万千瓦级风电基地,启动建设海上风电示范项目。与此同时,风电装备的开发制造能力也迅速提高,2兆瓦、3兆瓦各种技术类型的大型风电机组也实现了规模化生产,产业体系基本健全。与此同时,5兆瓦、6兆瓦级风电机组也已投入运行。除能满足我国陆地和海上风电场建设需要外,还出口到美国、欧洲等二十多个国家和地区。

在这一阶段我国风电技术的自主创新能力也得到提高,特别是在风电机组整机设计、关键零部件制造方面有了较大的提升,同时还建立起了风电场工程建设和运行维护产业、风电系统技术服务产业,产业链得到了延伸,风能产业体系进一步完善。

4.2.2　风能产业体系的基本组成

经过近三十年的发展,我国风电产业已经构建了包括风电机组整机及部件制造业、风电场建设和运行维护产业、风电系统技术服务等环节的完整产业链,涌现了一批技术能力强、资金实力雄厚的风能企业,基本形成了中国风能产业体系。

1. 风电设备制造产业

(1) 风电机组整机制造

从风电机组类型来分,目前主要有采用双馈异步电机的变速恒频机组和采用低速永磁电机的直驱型变速恒频机组。

我国风电整机制造经过十余年的高速发展,已经形成了一个规模巨大的新兴产业,并涌现出一批具有国际竞争力的高新企业。目前拥有双馈式变速恒频风电机组和直驱式变速恒频风电机组两种机型,我国2兆瓦及以下级别机组已经形成了较强的产品竞争力,3兆瓦级别机组技术趋于成熟,适用于高低温、高海拔、低风速和沿海台风地区等不同运行环境。3—6兆瓦级机组已有多种不同机型样机或小批量投产,风电产业已基本具备多兆瓦级风电机组的自主开发能力。基于我国风力发电的巨大市场和发展潜力,我国风电企业的自主创新能力迅速提高,产品的开发逐渐从学习创新转变为主动集成创新,我国风电技术与国际先进水平的差距越来越小,就产品的性价比而言已占有明显优势,再经过一段时间的发展,有望成为世界风电机组的主要生产国。

为了进一步提高我国风电机组整机制造业的研发能力,科技部在风电装备骨干企业中建立了"风力发电系统国家重点实验室""风电装备与控制国家重点实验室""海上风力发电技术与检测国家重点实验室""国家风力发电工程技术研究中心""国家海上风力发电工程技术研究中心"等研发基地。

(2) 风力发电机组配套产业

我国风电产业起步阶段,国内没有专业配套生产厂家,大部分部件需要定制,关键部件包括控制系统、变桨系统、变流器则全部从国外进口,成本居高不下。在风电整机制造商的主导下,经过数十年的发展,我国风电机组配套产业链已基本完善。机舱、轮毂、塔架、增速齿轮箱、发电机、叶片等完全满足国内市场需求,并且出口到欧美市场;在桨叶、控制系统、变桨系统、变流器以及风电场远程数据采集与分析系统方面也全部实现国产化,大大降低了风力发电的成本。

1) 叶片

叶片作为风电机组关键的部件之一,是获取较高风能利用系数和经济效益的基础。叶片设计、制造及运行状态的好坏直接影响整机的性能和发电效率,对风电场运营效益影响重大,叶片的性能、技术研发能力以及成本优化等对风电技术的进步也有着重要影响。

我国风电叶片行业经过近三十年的发展,通过"引进、消化、吸收和再创新"的技术路线,从无到有,从小到大,逐步形成了完整的产业链可以自主研发和制造大型风电机组叶片。

在叶片设计方面,通过消化吸收国外的设计技术,我国已具备自主设计 1.5 兆瓦、2 兆瓦、3 兆瓦、5 兆瓦及 7 兆瓦级叶片的能力。同时,结合我国的风资源特性,如内陆地区风速低、西北地区风沙大、东南沿海多台风等,开发了低风速叶片、防风沙技术叶片及大厚度钝尾缘抗台风叶片。

在叶片制造方面,通过国家支持和在市场驱动下,通过产学研结合,国内多家叶片企业已掌握大型风电叶片的制造技术。

在叶片检测方面,国内的多家叶片厂商以及第三方认证机构,建有自己的叶片静力和疲劳试验平台,可实现兆瓦级及多兆瓦级叶片全尺寸结构试验。

虽然,国内叶片制造厂商在大型叶片的设计和制造技术上取得了长足进步,尤其是在低风速叶片开发和应用方面与国外先进技术相比还有一定差距,需要进一步提升。

2) 轴承

轴承也是风力发电机组的重要核心的部件。早期中国风电机组主轴承几乎全部从国外进口。在国家"863"计划《兆瓦级风电主轴轴承研究》和《兆瓦级风电轴承试验台建设》等项目支持下,开发了 1.5 兆瓦、3.0 兆瓦、5.0 兆瓦风电机组系列轴承。基本可以满足国内市场需求。

3) 齿轮箱

风力发电机组中的齿轮箱是一个重要的机械部件,齿轮箱作为传递动力的部件,在自然环境运行下同时承受动、静载荷的作用,对其运行可靠性和使用寿命提出较高要求。

我国风电齿轮箱制造企业有长期从事齿轮传动装置开发制造的基础,近年来为了适应风电产品的需要,已建成完整的专业生产线与性能测试基地,具有规模生产的能力,产品不仅能满足国内整机厂家配套,而且还为欧美等国风电制造商配套。

4)发电机

风力发电用的发电机,主要有双馈异步发电机和永磁同步发电机。

我国发电机工业基础较好,配套企业较多。无论是双馈异步发电机还是永磁同步发电机都具有较高的技术水平,能够满足国内整机企业的配套需求。

5)变流器

变流器技术是风电机组实现变速恒频运行的关键技术。目前,变流器应用的主流技术方案主要有双馈型和全功率型两种类型。

我国早期风电变流器主要从国外进口,2008年以后实现国产化,并逐步形成了一个实力雄厚,具有规模生产能力的产业群体,主要配套企业还建造了可覆盖全电网、全风电场环境的电网适应性测试平台和环境试验平台,拥有并网检测标准的全面测试能力;产品覆盖国内全部主流风电机组机系列机型,适用于盐雾、高寒、高原、沿海、高湿等各种风场环境,满足国内整机厂家的配套需求。

6)变桨系统

变桨系统是风电机组控制输入功率的装置,按其执行机构可分为电动变桨距和液压变桨距两大类。随着我国风电产业的规模化发展,已完成变桨系统的自主开发和产业化,满足国内风电机组整机制造企业配套需要。

7)主控系统

主控系统是风电机组控制系统的主体,由包含PLC控制器的主控制柜及相应的嵌入式软件等组成。

在风电控制系统国产化进程中,国内风电控制系统市场已形成了整机制造商主导的控制系统生产企业、外资风电控制系统生产企业和国内独立供应商三大类供货商。由于风电机组需要很强的环境适应性,缺乏自主开发能力,很难满足市场需求,目前国内主要整机制造商已采用自主开发的控制系统,并开始在市场竞争中体现了明显的优势。但独立的国内外供货商不断地将最新的控制技术和智能化应用于风电机组,引领风电控制技术的发展,因此整机厂与控制系统供货商的紧密结合,开发适应性更强、更具个性化的控制系统是今后的发展方向。

8)其他部件(塔架、轮毂、机舱座等机械部件)

风电机组塔架、主轴、轮毂、机舱座等机械部件是最早实现国产化的部件。产品覆盖各种系列风电机组,不仅完全满足国内市场需求,并能为国际风电机组制造企业配套。

2. 风电场工程建设与运维产业

(1) 风电场建设

我国风电场建设主要由五大电力集团,即国电集团、华能集团、大唐集团、华电集团和中电投集团投资,占 50％以上的市场份额,其次是大型国有能源企业,包括中广核、中电建、中海油、神华集团、和华润集团等占 20％以上的市场份额。这些投资者在风电场建设中主要承担风电场的开发、建设、管理和运营。

风电场建设以风电场勘察设计为主导,设计单位根据已批准的设计任务书,为实现拟建风电场项目的技术、经济要求,拟定建筑、安装工程等所需的规划、图纸、数据等技术文件,指导风电场建设。风电场设计是风电场建设成败的关键。随着国内风电场建设的高速发展,风电场的工程设计能力已大大提高,拥有一批实力雄厚的工程设计单位,承担了我国陆上风电场工程勘测设计的全部任务。在各类复杂地形地质条件的风电场,包括草原和戈壁滩,丘陵和高山,沿海滩涂和海岛,近海和潮间带风电场的建设上均取得了成功的经验和业绩,支撑我国风电场建设持续高速发展。在海上风电方面,近年来通过开展江苏、浙江、福建等海上风电场工程的勘测设计工作,对我国东部沿海的海洋水文、潮流、地形、地质条件已充分掌握,具有丰富的岩基、软基及等桩基设计经验;掌握了海上风电场测风塔的基础勘察设计、施工、塔架测风仪器安装、大型风力发电机组海上运输、施工安装等关键技术。

风电场建设工程,主要由道路建设,设备运输与安装及输变电工程三部分组成。目前国内已有较强的配套实施能力,特别是设备的运输与安装,逐步形成专业化的风电设备运输与安装能力,成为一大产业。

(2) 风电场运维

随着风电场建设规模的不断扩大,风电装备的运维服务市场正在形成,风电场的运行与维护是一个集成化的管理。从国内目前的现状来看,是由研发、制造、投资、生产等多个主体通过技术服务相互交叉、协作,共同围绕提高风电场的发电量,设备的可靠性及降低人员和设备维护成本等开展工作,最终保证风电投资建设的回报。目前,风电机组运维主要由整机厂家主导,随着风能可持续发展新的风电场运维的方式有:

① 持续型运维方式。持续性运维方式是未来发展的主流,全方位的机组智能监测系统能够监测整个机组的传动链,从转子叶片开始,包括转子主轴轴承、主齿轮箱、联轴器、发电机以及塔筒等。通过传感器进行数据的测量和收集,通过数据的处理和交换及时和风电机组主控进行联系,根据机组传动链的不同状态采取主动性的停机和重启操作,并通过一个交互的可视化窗口,给运维人员直接的诊断结

果和维护建议。持续型的运维方式可以通过对风电机组进行全方位全天候的不间断监测,降低机组问题扩大的风险,并降低维修成本。特别是对海上风电机组来说,要求能够实现机组的运行状态故障诊断和监控系统的远程控制,持续型的运维方式要求更高。

② 精益化运维方式。随着运营经验的不断积累,风电场的运维管理要不断地向精益化生产方向转变。精益化管理的核心在于通过对运维现状的有效分析减少各种形式的浪费,确定有效的运维流程,使运维管理标准化。同时,要构建一个完整有效的风电场运维信息管理平台,对于风电场历年的运行数据要进行统计和分析,不断地修正和改进风电场的运维计划;特别是对于以往发生的故障,要及时进行分析和总结,并将其作为未来备品备件管理的重要参考。制定合理的库存水平,避免因备件不足而延长故障停机时间。

3. 风电系统技术服务产业

(1) 风电设备检测

我国风电快速发展时期,试验检测在风电装备性能确认和性能提升方面起了很大作用。"十一五"期间,我国启动了一批风能领域相关的国家重点实验室和国家工程技术研究中心的建设,初步建立了风电标准、检测和认证体系,为我国风电发展提供了技术支撑和保障。

在国家能源局和各有关部门统筹协调下,在中国可再生能源规模化发展项目(CRESP)和中德政府合作项目支持下,2013年,建成了国家能源大型风电并网系统研发(实验)中心,该中心是世界规模最大,具备全部风电机组并网和特性试验检测项目的风电综合试验研究机构。

我国风电近十年发展,不仅积累了丰富的生产和运行经验,在风电机组试验检测方面建立了包含故障穿越、电网适应性、电能质量、功率控制、孤岛、调频、调压以及功率特性、载荷、噪声、安全行为等项目试验检测能力,试验检测能力通过了国际风电检测机构组织比对,获得 MEASNET 资质,标志我国风电机组试验检测能力跻身世界先进行列。

(2) 风电设备认证

风电认证是保障风电设备质量的有效手段。在丹麦等多个国家,风电设备认证已成为强制性认证,即使在没有实施强制性认证的欧洲国家,风电场业主和开发商在购买设备时也都会提出认证要求。

2007年,北京鉴衡认证中心发出了国内第一张风电设备认证证书,标志着我国风电设备认证制度的初步建立。我国虽然没有法律法规规定在我国安装的风电机组必须经过认证,但是,在国家能源局和各类市场主体的大力推动下,认证正在成为我国风电设备的市场准入机制。2014年9月,国家能源局发布了《国家能源局关于规范风电设备市场秩序有关要求的通知》，要求从 2015 年 7 月 1 日起，所有新建风力发电项目采用的风电机组及其关键零部件，须按照 GB/Z25458-2010《风力发电机组合格认证规则及程序》进行型式认证，认证工作由国家认证认可主管部门批准的认证机构进行。

目前，国内主要风电机组整机制造商因国际认证体系成熟度及出口市场考虑，主要以获得 DNVGL、TUV、Intertek 等国际认证为主。国内经国家认证认可监督管理委员会批准成立，具有核准资质的认证机构有北京鉴衡认证中心有限公司（CGC）、中国船级社质量认证公司（CCS）和中国质量认证中心（CQC）三家。

（3）风电保险金融

在保险产业方面。与风电产业的快速发展相比，中国风电保险的发展稍显缓慢，尚处于探索阶段，风电保险难以全面有效地发挥其分散风险、弥补损失的作用。目前，风电保险在应用方面存在着如下几个方面的问题：国内保险产品的应用不普遍，风电企业对保险的作用和价值认识不够；中国风电行业处于快速发展阶段，风险和损失率较大，保险业尚未完全适应这一新兴业务，缺乏大规模介入的能力和条件；国内适用于风电行业的保险产品主要以传统型保险产品为主，针对新能源行业的特殊性，保险公司也会增加一些扩展条款来覆盖行业风险。相比国际而言，国内保险产品对风险的覆盖面有限，覆盖政策风险、风资源不稳定风险、风电 CDM 项目碳交易风险的保险产品尚未出现。未来随着风电装机规模的不断扩大，新技术的不断涌现，风电行业发展对保险的需求将越来越大，中国保险业也将面临更大的挑战。因此，应充分发挥保险在风电项目开发过程中的作用。通过制定风电设备、风电场风险评级标准规范，定期发布行业风险评估报告等手段，推动风电设备和保险产品的结合，通过政策引导，促进保险在风电开发各个环节发挥作用。

在风电项目融资方面。目前，中国风电场建设的资金来源还是以银行贷款为主，融资成本较高。为了降低风电开发、运维过程中的投资风险，应创新政策机制，鼓励风电企业积极利用公开发行上市、绿色债券、资产证券化、融资租赁、供应链金融等金融工具，并探索众筹、P2P 等基于互联网和大数据的新兴融资模式在风电行业的应用，通过多元化的金融手段，降低风电项目的融资成本。

4.2.3　风能产业体系发展模式

我国风能产业经过 30 余年的跌宕起伏，并在激烈的市场竞争中通过优胜劣汰，终于走上了有序发展的轨道。从发展的历程看，支撑产业体系发展模式主要有以下几个。

1. 风能产业体系多元化

在国家风能政策的引领下,一开始就吸引了众多不同背景的企业投入了风能产业,形成了多元化的产业体系,其中既有国有大型装备制造骨干企业,也有民营和混合所有制企业,这对风能产业的健康可持续发展是有利的。虽然在相当长的时期内,国有大型装备制造企业,特别是电力装备制造的骨干企业,凭借与市场的联系,占据主导地位。但民营企业和混合所有制企业给市场竞争带来了很多生气和活力。从机制上看,民营企业和混合所有制企业更加专注与高效,特别是在提高产品技术与服务质量方面,积极与国际研究机构合作,在全球范围内集聚人才,增强创新能力,思路更加超前,已逐渐占据主导地位。

2. 风能产业体系国际化

我国风能产业是在引进、消化、吸收的基础之上,发展起来的,走的国际化道路,国际风能产业的发展对我国风电技术进步和产业的发展的推动,起着重要作用,直到现在,在中国的国际风电企业仍然是我国风电产业体系中的一个组成部分。早期,我国风电企业通过收购国外一家风电机组设计公司,完成了直驱永磁风电机组系列产品的开发,从向国外购买技术许可证到技术合作,并在中国实现产业化,而且还打开了国际市场销售的空间,将产品出口到包括欧美在内的二十多个国家和地区。近年来,还与国际研究机构进行深度合作,以全球化的姿态进行技术与人才的集聚,在国际化的平台上创立企业品牌,有利于抢占国内外市场竞争的制高点,并且完全突破了产品进入国际市场的障碍,已成为风电行业全新的发展思路。

我国风电机组配套产业链也是在国际化的基础上逐步发展起来的。从桨叶、控制系统、变流器、变桨系统、轴承等关键部件从国外进口,到逐步实现国产化,并能自主开发。近年来一些关键零部件还出口国外,占据重要市场份额。

3. 风能产业体系科学化

在我国风能产业发展进程中,不同的阶段出现了不同的模式,有政府推动型、企业主体带动型,直到今天的关键技术推进型。各个阶段各种发展模式相互影响和转变,其中也出现两种模式齐头并进,共同发力的情况。

在风电产业发展的初期阶段,由于新技术需要市场上得到认可的合法性,需要鼓励具有不同背景的企业进入,显得十分重要;同时为产业的多元化发展提供所需的激励性资源;还有加强对需求方的激励,刺激新市场空间的增长。因此,这个阶段政府发挥了重要作用,通过政策环境改善、研发投入和培育市场需求等多种方式,刺激产业发展。

第二阶段的关键是促进市场发展、工艺创新和成本降低。因此,这个阶段利用规模经济发展是产业发展的核心。从产业供给方角度来说,需要促进具有一定规模效应的企业参与者发展,同时推动这些具有规模效应的企业及其产业链参与者同时进行工艺创新。这个过程需要对企业市场扩张和技术创新进行资源投入。从产业需求方角度来看,促进大规模市场的形成,健全和完善市场需求所需的基础设施,并对需求方进行激励是核心。因此,该阶段在政府的合理引导下,大量资金涌入风电产业,风电产业的竞争日益激烈,最终完成了优胜劣汰的筛选。

在该过程中,企业主体带动型发展模式起到较强的主导作用,主要是指依托部分技术创新能力强和规模效应突出的大型企业,通过发挥其创新引领效应、产业链延伸效应、产业技术创新能力提升、产业竞争力增强、产业结构优化升级等目标,从而形成以关键核心企业为中心节点、其他相关企业和产业为外围节点等组成的产业体系。

风电进入规模化发展以后,需要用创新驱动发展。这时对风电机组性能与智能化水平的要求不断提高。风电企业需要组织高水平的研发团体,来应对不断提高的挑战。若缺乏对产品的持续更新能力和技术创新能力,则很难满足环境不断变化的要求,优势就会很快失去,企业也将面临被淘汰的风险。只有国际化的高新技术企业,与国际研究机构进行深度合作,并在全球范围内进行技术与人才的集聚,持续地进行技术创新与新产品开发,为业主提供最佳解决方案,不断提高市场竞争力。从目前的发展趋势看,关键技术推进型正在成为风电产业发展的主导力量。

4. 风能产业体系智能化

智能制造是基于新一代信息通信技术与先进制造技术深度融合,贯穿于设计、生产、管理、服务等制造活动的各个环节,具有自感知、自学习、自决策、自执行、自适应等功能的新型生产方式。智能制造在全球范围内快速发展,已成为制造业重要发展趋势,将对产业发展和分工格局带来深刻影响,我国已于 2016 年发布了《智能制造发展规划(2016—2020 年)》,为装备制造业及其应用行业的智能化发展指明了方向。

未来风电机组及风电场的智能化将是重要发展趋势,而风电机组的智能化发展将充分融合互联网技术创新。运用大数据、云计算等新一代信息技术,最终实现风电机组的降载优化、智能诊断、故障自恢复技术,确保机组运行状态最优化。在此基础上,运用大数据、云计算等新一代信息技术实现风电场智能化运维技术,掌握风电场多机组、风电场群的协同控制技术是未来的重要发展方向。

4.3　中国风能可持续发展市场机制

4.3.1　风能市场形成和发展历程

毋庸质疑,风能作为一种能源形式,它的本身是可持续的。它可以向人类源源不断地提供社会、经济持续发展所需的能量来源,这并不以人的意志为转移。对于中国来说,地域广大,可供开发的风能资源十分丰富,在可预见的将来很长时间内,足够满足全社会持续发展的需求。

我们现在讨论的风能可持续发展的市场机制,主要是我们作为人类,能否通过合理的法规、政策,建立起风能持续开发和消费的市场化的机制,用市场化的办法更好地把持续的风能资源开发好,利用好,把自然资源变成服务社会的能源资源特别是电能资源,以保障我们的经济和社会可持续地健康地发展。这是可以以人的意志为转移,我们可以而又必须做的事情。

1. 早期的非商业化开发

20 世纪 50 年代后期,我国开始进行现代风力发电的科学探索、技术研究和开发利用试验,研制了装机容量在 10 千瓦左右的风力发电机组,在风力资源丰富区进行试验。这些试验机组有些可以独立运行,有些可以进行联网运行,也有些可以与柴油机或其他发电设施互补运行。在试验和研究过程中,我国对风电的探索积累了一定的技术和实践经验。

20 世纪 70 年代中后期,随着经济的快速发展,对电力需求也相应增大。在我国西藏、青海和内蒙古等地区,由于广大牧区和农村山区很难通过电网的延伸解决,于是在国家和当地政府的主导下,选择了将风力发电作为解决边远地区无电人口用电问题和实现农村电气化的重要内容加以大力推动。研制了大批 100 瓦左右的微型风力发电机组,并通过政府补贴 1/4 的方式进行推广应用。到 80 年代后期,小型风电机组应用每年增加 10 万台左右。内蒙古商都牧机厂、内蒙古动力机械厂、山西 884 厂和呼和浩特牧机研究所等三十多家机械厂都致力于微型风电机组的研发和推广。到目前为止,累计推广应用的微型风电机组总计约有 90 万台(包括部分出口),保有量约 30 万台,解决了许多游牧地区、偏远山区和其他电网不能到达地区农牧民和小型社区的无电问题。

之后由于我国经济的迅速发展,小风电技术不断进步,质量提高,小型风电机组推广应用规范迅速扩大,2011 年销售量达到 15 万台。小型机组的单机容量也根据市场需求不断增加,目前达到 500 瓦左右,足以满足一个家庭日常生活对电力的消费需求。小型风电机组的发展已经无须政府推动,因此政府补贴逐步停止,2000 年前后已基本取消。目前小型风电的发展已完全市场化,虽然近年生产与销售量有所下降,但是每年也有 6 万台左右,基本维持市场供需平衡,并根据市场供求波动而有所波动。

小型风电机组的开发和推广应用中,风电机组产生的电力不联电网,属于农牧民家庭或小型社团组织自发自用形式。虽然风电机组可以作为商品在市场上充分流通,但其生产的电能不能上网流通,并未成为电力商品,也未形成风电电能上网买卖的市场机制。

风力发出的电力作为一种产品,要输入电网才能成为商品,才能在电力市场上进行商业化交换。中国风电上网的研究开发起步很早。早在 1982 年 5 月,我国自主研发设计的一台单机容量为 55 千瓦的风电机组在福建平潭岛投入运行,开始了风力发电送入电网的科学试验。1991 年 12 月,能源部杭州机械研究所研制、福建电力修造厂制造的 200 千瓦风力发电机组在福建平潭岛并网发电,该机组为三叶片、变桨距,下风向。其风轮直径 32 米,在当时国际上也算很大的,但由于当时技术水平和我国基础工业的限制,没有继续发展。

中国最早建成的风电场是山东荣成马兰试验风电场。该风电场于 1986 年建成,其中安装三台从丹麦进口的 Vestas55 千瓦风电机组,发电送入电网,主要用于试验风电上网的技术可行性。1988 年,比利时政府赠送我国 4 台 200 千瓦 Windmaster 风电机组,安装于福建平潭莲花山,建成风电场投入运行。1989 年 10 月,新疆达坂城风电场通过国际合作项目在达坂城建成,安装的 13 台丹麦 150 千瓦风电机组投入运行,成为当时亚洲最大的风电场。这些试验风电场见证风力发电技术趋于成熟,证明了利用风能向电网送入电力在技术上是可行的。在此期间,风力发电技术日益发展,逐步为我国所认知。

至此,对风能进行商业化开发的技术条件已基本具备。

2. 风能商业化开发模式的建立与发展

1988 年中国国家能源部成立,强烈意识到要改变中国以煤炭为主的不合理能源结构,积极倡导开发风电。1990 年前后,在能源部推动下,我国风能资源丰富地区如内蒙古、新疆、辽宁、甘肃等地的地方政府和电力主管部门纷纷尝试投资风电项目建设,分别建成了内蒙古朱日和项目——5 台 100 千瓦 USwindpow 风电机组,总装机 500 千瓦和新疆达坂城项目——13 台 55—120 千瓦级机组,总装机约 6000 千瓦。还有规模不等的浙江鹤顶山项目、括苍山项目、海南东方项目等一批小型风电场试验示范项目,以验证当地风力资源的有效性,探讨其经济价值。这个时期,各风电场的投资、建设和运营大多隶属于地方电力部门,开发经验不足,处于试验阶段,技术水平、发电量水平都较低,项目规模较小,设备(包括塔架)依赖进口,建设成本较高且不同项目成本差别很大;为保证项目正常运行,多为电力部门内部结算,存在上网电价高,电价差别大,结算不规范的情况;有的地方风电工作人员的工资也由电力部门发放,许多成本在电力系统内部摊销。因此,这些项目开发时和建成早期都不具备商业化和市场化特征。

此时,能源部的大力扶持推动了中国风能商业化开发。1992 年能源部出资成立中国福霖风能开发公司,要求以公司投资的形式开发风电,建立商业风电开发的模式和风电开发市场化机制。经过两年努力,与广东汕头电力局、广东南澳风能公司成立广东福澳风力发电有限责任公司、内蒙古福霖风能开发有限责任公司并开发汕头南澳竹笠山 3000 千瓦风电场,内蒙古朱日和 4000 千瓦风电场和辽宁 1500 千瓦风电场三个项目。1994 年底,三个商业化项目相继投产,项目公司依据当地政府核准的电价与当地电力部门进行电费结算,项目公司独立经营,自负盈亏。三个项目的成功运作开创了我国商业化风电开发的先河,积累了经验。

在风能早期研究发展、应用试验和示范中,国家能源部门和后来的电力部门作出了巨大的努力,支持和推动了风电市场化发展模式的建立。大多风力发电项目都组建项目公司,由公司进行项目建设和运营管理。风电电价按项目还本付息加合理利润核定,风电公司市场化运作,自负盈亏。在此期间,各风电项目电价往往高出项目所在地的平均上网电价,有的风电场电价高达 1.2 元/千瓦时。风电电价高出上网电价部分的电费由当地电力部门承担,风电项目得以生存。这期间的风电项目规模度较小,一般几兆瓦或是几十兆瓦,发电量在电网甚至在局部电网中占比几乎可以不计,对电网的冲击很小。

4.3.2　现有风能市场机制及其实施效果分析

1. 现有机制的建立

(1) 电力体制改革,风电项目商业化改制

2002 年国家开始电力体制改革,当时的国家电力部(国家电力公司)主要改制为国家电网、南方电网两大电网公司和国电集团、大唐集团、华能集团、华电集团、中电投集团等五大发电集团公司。电网公司和各发电公司之间交易按市场规律进行。这是推动我国电力产业市场化极为关键的一步,为我国电力体制改革和风电的商业化发展指明了方向并奠定了基础。按照当时电力体制改革的指导思想,下一步将深化电力体制改革,建立全国性电力市场,完成全国电力市场化。但由于深化电力体制改革,建立全国统一电力市场的有关改革停滞不前,有关举措一直没有下文。时间一长,问题积累,之后的改革难度变大。

在这次电力体制改革中,原国家电力部(国家电力公司)系统所建成的所有风电项目(共有风电装机约 50 万千瓦)划归国电集团管理,由国电集团以商业化方式进行运营。按改革要求,风电项目进行了商业化改制。原来的电力部门内部结算方式变为国电集团与国网公司间的结算,项目电价按项目还本付息加合理利润核定,明确了风电项目公司的商业效益,使风电项目有利可图。至此,风电开发的商业化模式和市场化机制的大格局基本确定。这种模式和格局大大调动了国电集团、大唐集团、华能集团、华电集团、中电投集团等五大发电集团公司和许多国有或民营企业开发风电的积极性。风电开发受到高度关注。

电力体制经 2002 年改革后,风电电价高出当地平均上网电价部分的电费暂由国家相关电网公司消化。这是国家赋予国有相关电网公司的责任,具有社会公益的性质。当全国风电规模不大,风电电量较小时,作为企业的国家有关电网公司还可以承担,当风电电量发展到一定规模,高出部分的电费非常可观,可能超出电网公司的承受能力。

(2)《中华人民共和国可再生能源法》的制定与实施

进入 21 世纪后,随着我国经济高速发展,能源资源禀赋劣势日益凸显,经济社会发展同时,能源资源压力不断增大,同时粗放式经济发展模式带来了严峻的环境和生态问题。要解决这些问题,除提高能效之外,最为有效的办法就是发展可再生能源。因而,开发可再生能源,实现能源的可持续发展已成为世界各国的重要共识和能源发展战略的重大举措。风能作为最重要的可再生能源之一,蕴藏量巨大,可再生、分布广、无污染,开发技术最为成熟,从而得到重视。风能的商业化开发模式已被试验示范所证明是成功的,具备大规模发展的条件,因此成为可再生能源发展的重要技术领域。

在这种背景下,2003 年第十届全国人大常委会把《中华人民共和国可再生能源法》(以下简称《可再生能源法》)列入了立法规划,由全国人大环境与资源保护委员会牵头起草。2004 年 12 月,全国人大常委会第十三次会议第一次会议审议通过;2005 年 2 月 28 日,第十届全国人大常委会第十四次会议第二次会议审议通过;2006 年 1 月 1 日正式施行。2009 年对《可再生能源法》进行修订,构建了支持可再生能源发展的五项制度,即"总量目标制度、全额保障性收购制度、分类电价制度、费用补偿制度和可再生能源发展基金制度"。《可再生能源法》具有深远的历史和现实意义,使我国可再生能源的发展有了法律依据。

《可再生能源法》的实施,特别是其强制上网和全额收购规定,为扶持我国包括风能在内的可再生能源发展奠定了坚实的法律基础,极大地推动了可再生能源发电发展。由于当时在技术和成本上相对于其他可再生能源的优势,风力发电率先得到发展。2005 年起,中国风力发电装机量连年高速增长,每年新增风电装机超过 70%。2010 年,风电装机首超欧洲,位居世界第一,之后一直稳居世界第一,成为名副其实的风电大国。《可再生能源法》的制定和实施功不可没。

（3）风电开发特许权项目尝试

为了进一步推动我国风电的规模发展，为风电电价确定一个较为合理的定位和机制，促进风电设备国产化，降低风电项目建设成本和上网电价，2003 年起，国家发展和改革委员会连续几次采用风电特许权项目招标方式，即在一些特定的风能资源丰富，风电场项目建设条件优越地区，规划出一个或几个风电场项目，通过面向社会进行招投标的方式确定投资方。为保证规模开发，风电特许权招标规定项目规模至少 100 兆瓦；为推动风电设备的国产化，要求采用风电设备的国产化率至少为 70%；为降低造价和发电成本，采用上网电价竞标方式，一般是投标上网电价较低者获得项目。

风电特许权项目招投标方式推动了风电的规模化发展，摸清了在一定风力资源条件下的风电上网电价形成规律，同时极大地促进了风电设备的国产化，我国风电发展依赖进口设备的局面从此不复存在。由于风电特许权项目招投标所选择的项目大多位于典型的风力资源丰富并且适合风电场大规模建设的地区，这种方式推动了我国几个重要的风电资源地风电配套设施的建设，促进了后来形成的七个千万千瓦级风电大基地建设。

完成几个陆上风电特许权项目的开发之后，国家发改委与国家能源局又推动了海上风电特许权项目的开发和建设工作，但由于海上风电情况较之陆上风电要复杂得多，风险较大，准备工作不太充分，经济性难以确定等原因，项目进展不快，效果有待观察。

风电特许权项目招投标过程中也出现了一些不合理竞争和恶性竞争的现象，有些企业盲目报出了不理性的电价。例如某个风电特许权项目，就有企业报出 0.4 元/千瓦时的电价，比该项目平均投标电价低出 60%，在当时的技术条件下这是完全不可能的，导致最低价中标的项目无法在市场上按计划融资和贷款，项目不能按计划完成。恶性竞争掩盖了风电的真实成本，不符合市场化发展风电的经济规律，影响风电特许权项目的健康顺利开展。

（4）风电固定电价制度的建立

在我国现有价格机制下，风力发电无温室气体排放，不造成环境污染的特点带给社会的效益还难以取得回报，影响风力发电项目应有的经济性。为鼓励各地风电发展，保障风电项目的应有效益，我国除采用风电特许权项目外，还探讨实行风电固定电价制度。然而我国风力资源分布广泛，各地资源差别很大，风电的成本不一致且有波动，又不可能统一风电电价，必须根据各地不同的资源情况确定合理的风电电价，以保障合理效益，又不至于产生不合理利润过高的情况。

经过大量调查研究，2009 年 8 月，国家发改委发布《关于完善风力发电上网电价政策的通知》，开始实行风能资源分区域的风电标杆上网电价，将全国按风力资源优劣程度分成四个风能资源区域,规定每个区域风电项目上网电价,即风电标杆上网电价。每个区域标杆上网电价见表 4-3-1:

表 4-3-1　区域风电标杆上网电价

年份	一类资源区 /(元/千瓦时)	二类资源区 /(元/千瓦时)	三类资源区 /(元/千瓦时)	四类资源区 /(元/千瓦时)
2009	0.50	0.54	0.58	0.61
2016	0.47	0.50	0.54	0.60

原则上,风力资源较好地区,电价较低;风力资源较差地区,电价较高;鼓励风力资源不同地区都可以开发风电。不同地区采用不同的风电标杆电价的好处是在一定时期风电技术和成本差别不大的情况下,风资源不同的地区无论优劣,开发风电都能获得一定的经济效益。固定电价的实行激发了各地区的积极性,使风电开发不再局限于三北地区。之后几年,随着风电技术的不断进步,风电项目的经济效益普遍得到了提升。2016 年国家发改委适时将风电标杆上网电价进行了下调。2016 年一、二、三类地区风电标杆上网电价相对 2009 年度下调了 0.04 元/千瓦时,四类地区下调了 0.01 元/千瓦时。

固定电价制度是风力发电早期阶段推动发展的重要手段,为许多国家在风电发展初期所采用,有许多成熟经验可以借鉴。我国的风电固定电价政策的发布实施,恰逢其时,保障了在不同地区发展风电的合理效益,又不至于产生暴利,对于我国风电特别是广大南方距电力负荷较近的不限电、少限电地区的风电发展,以及低风速、智能化风电技术的发展,起到了很大的推进作用。

2014 年 6 月国家发改委发布海上风电标杆上网电价,规定近海风电项目的上网电价为 0.85 元/千瓦时,潮间带风电项目的上网电价为 0.75 元/千瓦时。

（5）风电政府补贴制度的建立

如前所述,在我国风电固定电价制度之前的风电项目的电价,是根据风电项目发电成本加合理利润确定的。风电项目的电价中高出当地平均上网电价的部分,由电网在全网进行消化,特许权项目也是如此。在风电规模较小,风电电量较少时,国家有关电网公司还可以承担,当风电电量发展到一定规模,高出部分的电费就很可观,将超出电网公司的承受能力。作为企业的电网公司,不可能长期背负不断增长的风电电量所带来的沉重负担,必须建立由国家或者全国承担的机制。

根据 2006 年 1 月施行的《可再生能源法》对可再生能源发电上网定价机制进行的原则性规定,国家发改委同年发布了《可再生能源发电价格和费用分摊管理试行办法》,2007 年又发布了《可再生能源电价附加收入调配暂行办法》等相关政策文件,规定可再生能源发电价格高于当地平均上网电价的差额部分,在全国省级及以上电网销售电量中分摊,通过向电力用户征收电价附加的方式加以解决。逐步明晰包括风能等可再生能源发电上网定价及补偿机制。可再生能源电价补贴管理流程见图 4-3-1。至此,我国现有的风力发电市场机制基本形成。现有风电市场机制特点是国家推动,政府补贴,强制上网,固定电价(或特许权项目招标电价)。

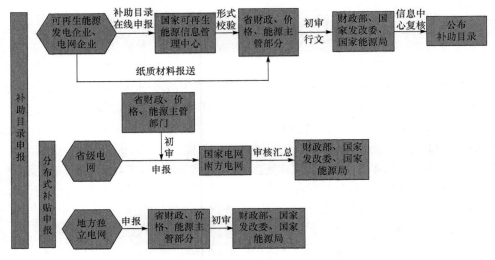

图 4-3-1　可再生能源电价补贴管理流程

　　政府补贴的资金来源,根据《可再生能源发展基金征收使用管理暂行办法》,资金来源包括国家财政公共预算安排的专项资金以及向普通用电企业和家庭用电征收的可再生能源电价附加收入两部分。其中,电价附加收入占到绝大份额,主要是用于风电、太阳能光伏发电、生物质能发电项目。电价附加从 2006 年开始征收,随可再生能源发展规模的增大,征收标准逐步提高,起初由每千瓦时 0.1 分提至 0.8 分,2013 年提至每千瓦时 1.5 分,如表 4-3-2。

表 4-3-2　可再生能源电价附加征收标准

实施时间	标准/(元/千瓦时)
2006 年 1 月 1 日	0.001
2009 年 11 月 1 日	0.004
2012 年 1 月 1 日	0.008
2013 年 9 月 1 日	0.015
2016 年 1 月 1 日	0.019

来源:国家发改委

　　国家财政部、国家发改委 2015 年发出通知,再次提高征收标准,规定自 2016 年 1 月 1 日起,将各省份(不含新疆维吾尔自治区、西藏自治区)居民生活和农业生产以外全部销售电量的可再生能源发展基金征收标准,由每千瓦时 1.5 分提高到每千瓦时 1.9 分。

至此,现有我国风电市场发展机制基本形成。

2. 现有机制的实施效果

我国现有风力发电的市场机制源于 2005 年颁布的《可再生能源法》,经过几十年的发展到目前已基本成形。其基本内容是以《可再生能源法》为法律保障,以电网强制收购风电电量为市场保障,由不同风资源地区有区别的固定电价和适当的政府补贴为效益保障的一套政策组成。对于风力发电早期发展来说,这是一个合理而有效的机制,运行流畅,效果显著,为风力发电产业的兴起提供了一个国家推动的、有竞争、有管控、有保障的风力发电市场(包括产业链和相关的科技进步)发展,促成我国风电连续多年的高速发展,节能减排和应对气候变化效果显著。

在 2005 到 2015 十年间这段,我国累计并网装机量从 2005 年的 72 万千瓦增大到 1.29 亿千瓦整整扩大了近 180 倍,占全国电力总装机量的比例达到 8.6%。同时,风电发电量达到 1863 千瓦时,在全国发电总量的比例达到 3.3%。我国累计风电装机规模连续多年居于世界首位,2015 年当年的装机量达到 3297 万千瓦,占全世界当年装机量的 40%。风电已成为我国除煤电和水电之外的第三大电力来源。

我国风电迅速发展的同时,带动风电设备制造业的同步快速崛起。十多年来,通过充分(有时有些过度)的市场竞争,制造成本下降近 50%,大大低于国际同类风电设备成本,同时设备质量大幅度提高,可利用率都在 95% 以上;风电设备国产化率达到 90% 以上,国产品牌的风力发电设备在国内市场占有率从百分之十几迅速增加到 90% 以上,并开始部分出口,造就了金风科技、联合动力、远景能源等优秀的风电设备制造企业和相应的风电设备产品;在国际十大风电设备品牌中,中国就占了其中三个品牌。风力发电技术研发也突飞猛进,技术不断取得新进步:风轮捕风能力提高一倍,气动效率提高 20% 以上,机组风能转换能力提高 30% 以上;完善变流和控制技术,电能质量大幅提升;低电压穿越能力是标准配置;智能化、信息化、大数据、云计算的理念迅速被引入到机组设计制造、风电开发建设和运营管理的各个环节。风电科技在许多方面已进入世界前列,风电发展还创造了众多的就业机会,形成一个约五十万人的产业队伍,成为一支不可忽视的新兴力量。

总之,得益于国内市场的支撑和政府的大力推动,我国风电在技术、产业、市场等诸多方面都开始走向全面成熟阶段,具备了向国外发展和扩张所需的实力,已确确实实成为世界风能大国。取得的成就为全世界所瞩目,在世界能源转型浪潮中已占据有利先机,目前正在朝着风电强国目标迈进。

3. 现有机制的挑战与问题

风电发展的现行机制无疑是成功的,建立了在市场条件下、由国家推动的、有竞争、有扶持和有监管的合理风电发展市场机制,有力推动了风力发电这一国家战略的新兴产业(包括产业链和相关的科技进步)的全面健康发展。

但是,中国风电的发展仍面临现有体制机制下难以解决的问题:我国地域广大,风资源分布不均衡,需强大送出能力,现阶段的送出能力远远不够;风电的环保效益难以量化,还没有较好的定价,在财政上没有经济价值体现;我国风能工程技术已相当先进,但风电项目运行效益不足,发电年利用小时数不到2000,经济效益难以发挥;没有建立全国统一电力市场,各地电能交换有障碍,造成风电消纳难的窘境;能源和电力管理体制僵化,业绩观落后,管理粗放,对环境和生态不够注重等。这些现状需要长期努力才能完全解决,目前,风电发展迫切需要解决如下问题。

(1) 风电弃风限电不容忽视。在风电快速实现规模化的过程中,由于我国以计划电量为基础的电网运行体制机制不适应可再生能源发展,我国风能资源丰富地区的电力负荷不足,造成部分项目和局部地区弃风限电现象经常出现。再加上个别地方政府通过行政干预强迫风电给火电让路的做法进一步使问题恶化。

进入"十二五"以来,弃风限电更加严重。如表4-3-3,根据公开数据,在2011年我国弃风电量首次超过100亿千瓦时,2012年翻了一倍,尽管在2013年和2014年弃风率有所下降,但弃风电量仍然保持在100亿千瓦时以上。到2016年,弃风电量创历史新高,达497亿千瓦时,比2015年的弃风量高158亿千瓦时。

表 4-3-3　"十二五"期间弃风电量数据

年份	弃风电量/(亿千瓦时)
2011	100
2012	200
2013	162
2014	126
2015	339
2016	497

"十二五"期间,总弃风限电量927亿千瓦时,占风力发电总量14.1%。按平均每千瓦时0.5元电费计算,造成直接损失达463亿元之巨。

值得一提的是,同时还有约1600万千瓦已安装好的风电机组由于种种原因,没有接入电网。按每千瓦装机发电量平均每年2000千瓦时计算,发电能力可达到32亿千瓦时。目前这些风电机组有的已老化磨损,风能资源也在白白流失。为此却要另外多消耗近100万吨煤炭,向大气排放二氧化碳和相应污染物。

(2) 可再生能源电价附加费入不敷出,风电电价补贴不能及时到位。虽然可再生能源电价附加费已经从2006年的0.001元/千瓦时提高到目前的0.019元/千瓦时,但由于附加资金不能足额征收,且资金需求逐年扩大,资金缺口仍日益增大。

据不完全统计,2009年全国可再生能源电价附加缺口为13亿元,2010年缺口20亿元。有数据显示,截至2011年底,可再生能源电价附加资金缺口已超百亿元,达107亿元。2012年更是增至200亿元左右,2014年应收补贴约为700亿元,实际征收490亿元左右,缺口210多亿。2015年缺口将进一步扩大到330亿元左右。由于管理不规范,导致可再生能源电价补贴延迟发放时间越来越长,有的甚至滞后一年以上。这使得企业资金紧张,财务成本增加,也造成行业企业之间形成长长的"债务链"。

可以预见,由于中国2016—2020年风电和太阳能发电的装机将继续稳定增长,发电量也将随之大幅增加,到2020年,中国风电和太阳能发电的补贴将出现更大缺口,根据有关估算,这个缺口将超过1000亿元。

(3) 民众参与度不高。一方面,可再生能源发电的消纳和大众消费渠道不畅;另一方面,民营资本和民间资本的投入不够。

关于可再生能源发电的消纳和大众消费渠道不畅问题,世界上历次重大变革,从来没有任何一次是在没有人民群众支持和参与的情况下能够完成的。人民群众是电力消费的主体,他们对可再生能源和风电发展及其可能带来的环保和大气污染的缓解非常关心,认识逐步提高,经济承耐力也在提高。问题在于没有一种安排可以让广大人民群众参与进来,他们也不知道如何参与其中并尽应尽的责任和义务。换而言之,现有风电市场机制只注重发电侧,没有解决消费侧风电电力的消费和消纳问题。目前征收的可再生能源附加费的办法就是一种,但范围有限,方法单一,宣传动员不够,很多积极性被挡在门外①。

关于民营资本和民间资本的投入问题。由于各种原因,我国统一电力市场实际上没能有效地建立起来,民营资本进入电力系统仍有障碍。在现有价格体系中,风电电价不能反映其实际价值,包括经济价值和社会环保价值,风电成本不能得到合理平衡;在弃风限电现象得不到解决的情况下,风电公司效益低下,许多项目艰于维持;风电项目不能靠自己的效益积累实现滚动发展;风电项目的效益受风力资源波动、弃风限电影响,电网服务意识不强,政府补贴滞后,法律保障不能有效落地

---

① 在本书起草过程中,国家发展改革委员会同财政部、国家能源局共同发布了《关于试行可再生能源电力证书核发及自愿认购交易制度的通知》(发改能源[2017]132号),为广大民众参与绿色电力提供了制度可能。

及有关政策时有变化的影响;风电市场没有科学的、公平的、竞争的市场机制,资本价值不能体现,项目经济性没有规律可循。这些都造成民营和民间资本望而却步,以前进入的也在逐步退出。造成国有资本占比重太大,不利于市场主体多元化发展。

4.3.3　促进风能可持续发展的市场机制探讨

1. 建立风能可持续发展市场机制的必要性

国家对于可再生能源的许多扶持政策始于扶持风能开发,也大多用于风能开发。然而国家补贴不能无休止地扩大,也不能无限期地延长,现有的补贴已经难以为继。风电固定电价能否保持不变甚至再提高呢? 答案是否定的,因为那意味着补贴要长期持续。要放弃完全依靠政府扶持、财政补贴的思维模式,从我国国民经济和社会可持续发展的长远目标出发,建立把包括风能在内的可再生能源作为将来最重要的能源资源,减少甚至完全替代煤炭等化石能源的观念,果断地建立由市场配置起决定作用的风能发展模式和相应的运行机制。建立这种模式和机制要靠改革。

新机制必须能够推进我国风能发展中长期目标的实现;要解决风电传输规划电网建设长期滞后、日益严重的弃风限电问题和消纳问题;要解决风电成本与上网电价的差距问题,使风电开发成本得以平衡,投资有利可图;要解决日益严峻的政府补贴问题和将来补贴逐步退出问题;要解决国有资本、民营资本和人民群众参与风电产业的问题;当然还有风电发展中的监督和管理问题等。要解决的这些问题中,很多是经济基础与上层建筑的矛盾,是先进生产力与落后生产关系的矛盾,因从某种程度上,这实质上是一场革命。我们必须解放思想,锐意创新,大力进行能源管理和电力管理体制改革,建立新的风能持续发展的市场机制。只有这样,才能注入强大的动力,拓宽风能市场空间,实现长远健康的可持续发展。

2. 风能可持续发展市场机制的思考

风能本身是可持续能源,能不能持续地开发利用要看能否建立起可持续开发的市场机制。在目前阶段,新机制有几个要点:一是确立战略地位,搞好配套规划;二是制定下达配额,强制执行;三是发行绿色证书,完善市场交易;四是推进能源体制改革,破除电网垄断,发展风能友好型电网。

(1)明确合理的风能等可再生能源持续开发的战略地位,从推动能源革命和完善能源结构的角度,切实搞好顶层设计和发展路线图。按照我国建设美丽中国,保护生态环境和应对全球气候变化的承诺和国际义务,制定我国风能和可再生能源的总目标、发展速度和发展各阶段具体目标。各阶段发展目标要按年度、按地区进行分解,落实到位。同时要制定合理政策配套措施,引导风能和可再生能源发展,控制好节奏,平顺发展,又好又快地完成国家战略目标。

(2) 根据规划目标和分解的各地区各阶段目标,国家每年可向消费者下达风能和可再生能源消费配额,作为每个消费者实行绿色消费的应尽责任和义务。可再生能源配额体现国家战略意志,具有一定强制性。国家下达的配额与分解的各地区和各阶段发展目标一致,建成一个可控、在控的增量市场,保证每年度有新的风能和可再生能源发电装机。政府不干涉市场,只对配额的执行情况进行考核。可再生能源消费配额可按行政区划进行配发,由地方政府分配;可以先向大中型发电企业配发,条件成熟后再向中小电力消费者配发。不能按规定完成配额的,可以在交易市场上购买绿色证书。地方政府可根据当地的资源情况组织可再生能源生产以取得绿色证书,寻求绿色证书与可再生能源配额的对冲平衡。虽然可再生能源配额的最终受体为电力消耗企业或电力消费者。但为了保证执行渠道畅通,必须保持电力生产、输送、调度、配给和消费渠道畅通。这意味着可再生能源配额必须同时配给发电、电网、调度、配电和消费等整个产业链的各个环节,保证配额制的顺利执行,体现全社会的责任和义务。

(3) 发行绿色证书,完善市场交易。国家向可再生能源电力生产商发行可再生能源绿色证书。绿色证书是一种有价证券,作为电力生产商生产有利于保护环境和生态的电力产品的成本补偿,体现风电和可再生能源发电在电力市场中的相对公平性。要完善绿色证书交易市场,使绿色证书作为有价证券在市场上顺利进行交易,交易价格由市场根据供需确定。政府只作监管,无需参与。可以先向大中型发电企业发行绿色证书,条件成熟后再向中小型发电企业发行。绿色证书原则上可以在市场上交易一次,与同时配发的消费配额完成对冲。

(4) 大力推进电力体制改革,破除电网垄断和电网技术垄断。适度放开风电送出工程的投资、建设和运营,吸引民资进入,引进更加充分的市场竞争。在竞争中破除电网技术垄断,加速电网技术的进步和科学创新,建立完善的、智能化、柔性的、适合可再生能源的,或者可再生能源友好型电网。电网的用户既可以是电力的消费者,将来也可以是电力的生产者。新型电网应既能满足变动的电力负荷的要求,也能适应含有可再生能源的变动的电源接入的要求,这样才能为可再生能源大比例进入电网创造可能性。

可再生能源配额是国家在一定时期构建和完善能源结构的战略举措,是推动可再生能源发展的推手,能够为其创造一定规模的可控市场,扶持其健康发展。当可再生能源发展到一定阶段,成为支柱或主力能源时,配额制也就可以取消了。届时可再生能源已通过市场化竞争发展壮大,成本降低到可以与其他能源形式相竞争,为广大消费者所接受,绿色证书的作用也随之消失。

绿色证书的发行与生产的可再生能源电量相对应。当市场上绿色证书超出配额或可再生能源发展过快时,绿色证书的交易价格就会下降,开发商投资就会减少,从而减缓发展速度,反之则加快。国家可以通过调整每年的可再生能源配额以满足可再生能源发展规划的年度计划需要,控制其发展速度和规模。除开始阶段的少量补贴外,不需要政府过多干预。

政府补贴逐步退出。新机制的建立和完善是一个动态过程,在这个过程中,只要配额制和可再生能源绿色证书制度开始实施,绿色证书的市场交易和流通流畅,政府补贴就可以逐步减少。当政府补贴完全退出时,可再生能源的固定电价政策也随之停止。固定电价消失,可再生能源发电至此可完全进入市场化运作方式,其电价由风电项目当地的各种能源的上网电价平均电价加上其绿色证书在市场上流通时的交易价组成,随市场供需变动。

对于我国是否采用可再生能源配额制,曾经有过讨论。《可再生能源法》正式实施之后,针对其如何落实,采用固定电价还是配额制,存在不同的意见。因为当时可再生能源产业还比较弱小,固定电价和政府补贴的办法对其早期发展更为有利,政府补贴负担也不大,最后达成共识,选择了固定电价制度。十年发展的实践证明,这是一个正确的选择,极大地推动了我国可再生能源的发展。固定电价制度发展到今天,已完成推动我国做大风电的历史使命,其局限性也凸显出来。各地风电发展不平衡,消费者缺乏参与意识,消纳问题解决困难,送出困难无法解决,大量弃风限电,巨额补贴资金使国家财政不堪重负的现状说明固定电价制度面临改变的时刻。与此同时,配额制、绿色证书制度作为一个有利于全民参与和市场配置资源的制度,将更加有益于可再生能源的持续和规范化的大规模发展,应该给予认真考虑。

3. 重要举措和重大改革建议

为了严肃我国法律的严肃性和强制性,完善有关可再生能源发展的法律体系,由全国人民代表大会和政府牵头,依据《可再生能源法》,制定和实施有关可再生能源发展的可操作、可核查、可监督的有关法规和政策的实施细则,特别是违法和触犯法律的处置方法。

推进我国能源管理体制改革,加大风能等可再生能源在能源消费中的比重,完善我国能源结构。要果断将电力调度与电网企业分开,建立和完善电力独立调度和科学调度;要下决心建立全国统一的电力市场,实现电能等值公平交换;电价要根据市场供求关系进行浮动;要发挥储能产业和设施的作用,减少和削弱峰谷差;要弱化和取消电网的管理职能,建立电网企业作为电力系统服务的平台的理念;电网建设的投资和管理要逐步开放,允许民营和民间资本的进入。

电力附加产品和服务的市场定位也必须解决。凡是为可再生能源提供无功功率,一定程度提供的向下调度(弃风不发),提供的低电压(高电压)穿越服务和配置的储能设施等性能,都应作为向电力系统作出的贡献和向电网提供的服务而进行计量,并根据供需波动确定价格而得到补偿。

国家有关监督部门应加强监督检查,特别是国家能源局派出机构要切实负起责任,制定有关法律执行细则,严格执法程序,加大执法力度。同时要发挥有关行业协会、学会的作用,在行业规范、行业标准,行业自律和行业道德上发挥作用,防止行业不规范炒作,过度竞争、恶性竞争的不健康现象。行业集中度的建立过去通过破产办法,将来可以通过溢价收购的办法进行。

加强宣传和教育。要加强发展我国可再生能源的意义和《可再生能源法》的宣传,提高全民认识,明确各自在可再生能源发展中开发和消费的权利、责任和义务。动员人民群众特别是领导干部依法自觉参与可再生能源的持续开发和消费。

长远来说,能源管理体制和电力管理体制改革的成败从基础上决定了可再生能源能否建立起持续发展的市场机制。只有通过能源管理体制的改革创新,才能打破传统的以煤炭等化石能源为主的能源观念,明确风能和可再生能源在国民经济和社会发展中的地位和作用,调动各方积极性,逐步改变我国极不合理的能源结构。只有通过改革创新,才能打破垄断,引入竞争,调动电力系统和电网企业的积极性,消除其消极的态度和阻碍作用。电网企业需要进一步树立服务思想,完善服务平台担当服务角色。这样,我国风能和可再生能源开发利用才能在市场机制下持续发展。

参 考 文 献

关于加强可再生能源商业化发展能力建设的建议——美国可再生能源技术研发、产业化应用的国家能力建设考察报告. 2006. 国家发展和改革委员会能源局.

任东明. 2013. 可再生能源配额制政策研究——系统框架与运行机制. 1983. 北京:经济出版社.

施鹏飞,杨校生,许洪华等. 2014. 中国电力百科全书新能源发电卷. 中国电力出版社.

王仲颖,时璟丽,赵勇强等. 2011. 中国风电发展路线图 2050. 北京:国家发展和改革委员会能源研究所.

肖子牛,朱蓉,宋丽莉等. 2010. 中国风能资源评估(2009). 北京:气象出版社.

中国风电产业地图 2013. 2014. 北京:中国可再生能源学会风能专业委员会.

中华人民共和国国务院. 2005. 国家中长期科学和技术发展规划纲要(2006—2020 年).

Chen M, Zhu Y. 2014. The state of the art of wind energy conversion systems and technologies: a review. Energy Conversion and Management, 88: 332-347.

Ender C, Wilhelmshaven D G. 2014. Wind energy use in Germany-status 31. 12. 2013. DEWI Magazin, No. 44, Feb, 2014.

Global Wind Report Annual Market Update 2013. 2014. Brussels Belgium: Global Wind Energy Council.

Half-year Report. 2014. Bonn Germany: World Wind Energy Association.

Herbert G M J, Iniyan S, Amutha D. 2014. A review of technical issues on the development of wind farms. Renewable and Sustainable Energy Reviews, 32:619-641.

Lo K. 2014. A critical review of China's rapidly developing renewable energy and energy efficiency policies. Renewable and Sustainable Energy Reviews, 29:508-516.

Pineda P, Azau S, Moccia J, Wilkes J. 2014. Wind in power:2013 European statistics. Brussels Belgium:The European Wind Energy Association.

Zhao H, Wu Q, Hu S, et al. 2015. Review of energy storage system for wind power integration support. Applied Energy, 137:545-553.

第 5 章　中国风能可持续发展的对策与措施

5.1　做好风能发展的统筹规划与顶层设计

5.1.1　现状分析

随着我国能源转型不断深化,风能等可再生能源发展呈现出良好发展前景,而统筹规划与顶层设计将为我国能源转型提供持续保障。

在立法方面,国家《可再生能源法》在 2006 年 1 月 1 日正式施行,它不仅成为推动我国可再生能源发展的重要法律保障,而且在国际上也产生了积极影响。《可再生能源法》建立了总量目标、强制上网、分类电价、费用分摊和专项资金 5 项基本法律制度,围绕这 5 项基本法律制度,形成了支持可再生能源发展,特别是支持可再生能源发电的比较完整的法律和政策体系。同时,重要法律制度和一些规定、规章的实施取得了一定进展,促进了可再生能源的开发利用,对缓解资源瓶颈性约束、应对气候变化作出了巨大贡献。

在规划方面,国家发展和改革委员会于 2007 年出台了《可再生能源中长期发展规划》,明确了可再生能源发展的指导思想、发展目标、重点领域和保障措施,并提出对非水电可再生能源发电规定强制性市场份额目标,国家电网企业和石油销售企业要按照《可再生能源法》的要求,承担收购可再生能源电力和生物液体燃料的义务。规划也提出国务院价格主管部门根据各类可再生能源发电的技术特点和不同地区的情况,按照有利于可再生能源发展和经济合理的原则,制定和完善可再生能源发电项目的上网电价,并根据可再生能源开发利用技术的发展适时调整。电网企业收购可再生能源发电量所发生的费用,高于按照常规能源发电平均上网电价计算所发生费用之间的差额,附加在销售电价中在全社会分摊。

此后,国家发改委又陆续出台《可再生能源发展"十一五"规划》《可再生能源发展"十二五"规划》,对不同阶段可再生能源发展目标、总体布局和重点领域进行了设计,明确了市场机制与政策扶持相结合、集中开发与分散利用相结合、规模开发与产业升级相结合、国内发展与国际合作相结合的可再生能源发展思路。规划文件提出风电发展重点是解决好接入电网和并网运行消纳问题,要通过开展电力需求响应管理,完善电力运行技术体系和运行方式,改进风电与火电协调运行,特别是要通过风电发展与当地供热、居民用电等民生工程、农田水利等农业工程相结合,扩大风电本地消纳量。同时,要加快发展没有电网制约的中部、东南部地区的风电,以及分散式接入风电,开辟风电发展更多途径。

党的十八大把生态文明建设纳入社会主义现代化建设"五位一体"总体布局,中共十八届三种全会通过了《关于全面深化改革若干重大问题的决定》,就我国经济体制、政治体制、文化体制、社会体制、生态文明体制和党的建设制度全面深化改革作出举世瞩目的重大部署,要求建立系统完整的生态文明制度体系,健全自然资源资产产权制度和用途管制制度,划定生态保护红线,从而为可再生能源发展提供了基础保障。

5.1.2　存在问题

在可再生能源立法及配套政策的推动下,我国可再生能源政策体系不断完善,通过开展资源评价、组织特许权招标、完善价格政策、推进重大工程示范项目建设,培育形成了可再生能源市场和产业体系,可再生能源技术快速进步,产业实力明显提升,市场规模不断扩大。

然而,目前对可再生能源在整体能源转型中的优先发展战略未得到有效落实。虽然国家层面制定了非化石能源发展目标,但缺乏统筹各类能源品种综合开发利用和可再生能源优先发展的顶层设计,部门之间政策制定的协调衔接不够,地方各级政府和相关发电企业在可再生能源发展方面的责任和义务不明确。同时法律条款的实施责任不落实,且监督力度不够,一定程度导致了有法不依的现象,并致使可再生能源发展的潜力未能充分挖掘,可再生能源占能源消费的比重与先进国家相比仍较低。因此,落实能源生产和消费革命、推动能源转型发展的具体措施有待进一步完善。

在立法方面,《可再生能源法》在实施过程中暴露出可再生能源开发利用规划同各类专项规划及能源总体规划脱节。《可再生能源法》单就可再生能源开发利用规划编制做出了规定,并没有把可再生能源开发利用的规划编制同其他能源的规划编制衔接起来。其次,电网企业和可再生能源发电企业之间利益关系的调控机制存在缺失。可再生能源全额收购实施中由于双方企业利益关系和责任关系不明确,缺乏对电网企业具有可操作性的保障性收购指标要求,所以难以落实有关全额收购的规定,限制了可再生能源并网发电和发电出力,在制度上无法保证合理的可再生能源项目建设速度。

在规划方面,出现了地方和国家规划衔接不够的问题。各地可再生能源开发利用中长期目标未严格依照全国总量目标确定,地方规划加总目标远超国家总体目标,发展布局和速度也与国家规划不一致。又如,我国可再生能源资源分布与化石能源分布重合度较高,与用电负荷区域分布不平衡。西北的内蒙古、甘肃等地可再生能源资源丰富,就地消纳困难,需要远距离、大容量输送通道与之相配套,但电网建设普遍滞后于可再生能源发展,大量可再生能源电力输出受阻。

5.1.3 对策建议

1. 将发展风能等可再生能源放在能源发展战略优先地位

如果说在 20 世纪谁控制了足够的油气资源,谁就能在地缘政治中占据主动并保证本国经济的独立发展,21 世纪谁占领了可再生能源技术制高点,谁就将在国际经济竞争中赢得先机。我国有必要从保护环境和实施可持续发展战略角度出发,把可再生能源利用放在优先发展的战略地位。发展可再生能源是世界的潮流,也是推动我国能源转型的重要途径。我国应从战略高度看待可再生能源历史性的发展机遇。近年来在政府的大力推动下,我国可再生能源产业得到了突飞猛进的发展,总装机容量已跃居世界第一,但目标仍与国外先进水平存在一定的差距。为尽早实现可再生能源强国,要借鉴先进国家经验,加大改革力度,坚持技术创新,从而实现从装机容量到发电量的转变,从产量到质量的转变,从重视可再生能源开发到综合规划的转变,从技术跟踪到真正自主研发的转变,从国内市场向国际市场的转变。

2. 完善能源绿色低碳转型法律法规体系

应按照资源消耗上限、环境质量底线、生态保护红线"三线"原则,全面厘清现行能源环境领域法规中与清洁能源发展、能源转型不相适应的内容,修订制定能源法规法律,严格标准规范和执法监督。可再生能源强国的经验表明,一个国家的可再生能源发展,在很大程度上取决于政府可再生能源政策法规。可再生能源强国都建立起较为完善的风电法律体系,为可再生能源快速、健康发展提供了保障。例如美国、丹麦等风电强国均制定了许多优惠政策,主要为强制性或指令性政策、经济激励政策来鼓励和扶持风电。美国风电配额制要求电力消费中必须有规定比例的风电,规定风电公司必须允许风电就近上网并包销电量。丹麦要求电力公司必须购买风电,为风电上网提供方便。强制性或指令性政策是国外大多风电强国促进风电发展的根本法律基础。我国也制定了一些可再生能源激励、扶持政策,但相比之下,不够完善,且落实不到位,应借鉴风电强国经验,进一步加强可再生能源的经济扶持、激励政策。

3. 加强能源转型的统筹规划

应加强可再生能源规划与国家能源发展战略的综合协调,强化国家规划与地方规划的指导调控作用,以促进可再生能源产业的快速有序发展。通过确立统筹规划,有利于用更加科学的态度切实做好发展规划,地方政府在规划可再生能源产业的发展方面也会更加理性,电网企业可以按照已确立的发展规划做好准备,提高电网安全稳定运行的管理能力和水平,从而对防止可再生能源产业的重复建设和生产能力过剩等问题起到引导作用。

4. 推进能源体制机制变革

当前我国能源体制机制尚不健全,市场化的竞争格局尚未形成。以电力市场为例,我国目前仍然实行发电项目和上网电价审批制度,电力价格从发电到输配,再到终端,全部执行政府定价。扭曲的能源定价机制失去了对市场供求关系变动的敏感性,导致能源价格非理性倒挂和能源粗放型发展。特别是对于可再生能源而言,由于交易机制缺失,导致节能高效环保的风电等可再生能源电力无法有效利用。因此,应建立起开放、竞争、有序的现代能源市场体系,大力破除能源市场垄断,打破不同部门、产业和地区相互分割的屏障,构建电力、热力和燃气供应共享平台和综合能源服务体系,加快推进电力价格体系改革,有序放开竞争性环节价格,明晰输电、配电、零售等价格标准,优化电力市场调度。

5.2　完善风能政策体系

5.2.1　现状分析

中国现有的风电政策包括相关立法和各类细则构成的政策体系,初步形成了支持风能发展的政策体系。

1. 固定上网电价政策

随着我国风电市场的逐步扩大和产业的逐步成熟,在历经无上网电价、审批电价、招标电价等多个发展阶段之后,我国对风电实行了分区域的固定电价政策。2009年7月,国家发改委发布了《关于完善风力发电上网电价政策的通知》,将国内风电上网价格由项目招标价,改为固定区域标杆价。固定区域标杆价是按风能资源状况和工程建设条件,将全国分为四类风能资源区,分别为Ⅰ类、Ⅱ类、Ⅲ类和Ⅳ类,并制定相应的风电标杆上网电价。四类资源区风电标杆电价水平分别为每千瓦时0.51元、0.54元、0.58元、0.61元。新建的陆上风电项目,统一执行所在风能资源区的标杆上网电价。2014年6月5日,国家发改委下发了《关于海上风电上网电价政策的通知》,规定对非招标的海上风电项目,区分潮间带风电和近海风电两种类型确定上网电价。2017年以前(不含2017年)投运的近海风电项目上网电价为每千瓦时0.85元(含税,下同),潮间带风电项目上网电价为每千瓦时0.75元。同时提出,鼓励通过特许权招标等市场竞争方式确定海上风电项目开发业主和上网电价。通过特许权招标确定业主的海上风电项目,其上网电价按照中标价格执行,但不得高于以上规定的同类项目上网电价水平。

随着我国风电等可再生能源发电装机规模的扩大,可再生能源补贴缺口不断扩大,中央政府面临巨大的舆论压力,有鉴于此,国家发改委多次对风电和太阳能发电的上网电价进行了下调。根据 2016 年 12 月 26 日发布的《国家发展改革委关于调整光伏发电陆上风电标杆上网电价的通知》,最新调整后的第Ⅰ类、Ⅱ类、Ⅲ类和Ⅳ类资源区的风电标杆上网电价别为每千瓦时 0.40 元、0.45 元、0.49 元、0.57 元。

2. 保障并网政策

2002 年,中国启动了电力体制改革,确定的总体目标是:打破垄断,引入竞争,提高效率,降低成本,健全电价机制,优化资源配置,促进电力发展,推进全国联网,构建政府监管下的政企分开、公平竞争、开放有序、健康发展的电力市场体系。按照上述总目标,首先将国家电力公司管理的电力资产按照发电和电网两类业务进行了划分。发电环节按照现代企业制度的要求,将国家电力公司管理的发电资产直接改组或重组为规模大致相当的五个全国性的独立发电公司,逐步实行"竞价上网",开展公平竞争。电网环节分别设立了国家电网公司和南方电网公司。在电力部门改制为公司以后,电力企业基本按照商业模式运作,不再承担政府职能,在此情况下,电力企业不愿意承担发展包括风电在内的可再生能源发电的公共义务。特别是在厂、网分开之后,实行竞价上网,在当时风电技术和经济核算体系下,风电发电成本很高,而且具有很大的间歇性,影响了开发企业投资风电的积极性。

2005 年 2 月 28 日,2006 年 1 月 1 日起,由中华人民共和国第十届全国人民代表大会常务委员会第十四次会议审议通过了《可再生能源法》,自为保证包含风能在内的可再生能源发电的利益,实施强制上网和全额收购政策。电网企业应当与依法取得行政许可或者报送备案的可再生能源发电企业签订并网协议,全额收购其电网覆盖范围内可再生能源并网发电项目的上网电量,并为可再生能源发电提供上网服务。随后国家发改委又出台了《可再生能源发电有关管理规定》,对可再生能源接网系统的建设责任和产权问题做出了明确规定:对大中型可再生能源发电项目,接入系统由电网企业投资,产权分界点为电站(场)升压站外第一杆(架);对于小型可再生能源发电项目,则只提出接入系统原则上由电网企业投资建设的原则性规定,从而明确了投资、建设责任和产权界定,为落实可再生能源法中提出的"强制上网制度"奠定了基础。

2009 年 6 月,全国人大启动了可再生能源法的修订工作,并于当年 12 月 26 日获得通过,2010 年 4 月 1 日正式实施,其中最显著的特征是将原先的"全额收购"改成"全额保障性收购制度"。为落实可再生能源并网消纳要求,2015 年 10

月,国家发改委发布了《关于开展可再生能源就近消纳试点的通知》,明确提出在可再生能源富集的甘肃省、内蒙古自治区率先开展可再生能源就近消纳试点,以可再生能源为主、传统能源调峰配合形成局域电网,降低用电成本,形成竞争优势,促使可再生能源和当地经济社会发展形成良性循环。试点内容包括可再生能源在局域电网就近消纳;可再生能源直接交易;可再生能源优先发电权;以及其他鼓励可再生能源消纳的运行机制等。2016 年 3 月,国家发改委印发了《可再生能源发电全额保障性收购管理办法》。明确给出了电网企业(含电力调度机构)根据国家确定的上网标杆电价和保障性收购利用小时数,结合市场竞争机制,通过落实优先发电制度,在确保供电安全的前提下,全额收购规划范围内的可再生能源发电项目的上网电量,从而为各级政府出台具体政策提供了依据。

3. 接网补贴政策

根据可再生能源法的规定:电网企业为收购可再生能源电量而支付的合理的接网费用以及其他合理的相关费用,可以计入电网企业输电成本,并从销售电价中回收。但是,在具体实施过程中,由于可再生能源资源分布的地域差别很大,接网费用仅仅从销售电价中回收,可能对某些区域电网造成负担过重,会影响到地方电网公司收购可再生能源电量的积极性,也不符合费用分摊的公平原则。因此在《可再生能源发电价格和费用分摊管理试行办法》中规定,费用分摊包括了可再生能源发电项目接网费用。这样可以进一步消除电网公司在接收可再生能源入网的经济利益上的障碍。2007 年初,国家发改委在《可再生能源电价附加收入调配暂行办法》中明确提出了接网费用的补贴标准,即:可再生能源发电项目接网费用是指专为可再生能源发电项目上网而发生的输变电投资和运行维护费用。接网费用标准按线路长度制定:50 千米以内为每千瓦时 1 分钱,50—100 千米为每千瓦时 2 分钱,100 千米及以上为每千瓦时 3 分钱。文件中的这一部分内容引起业界比较大的反响。原因是,电网延伸和建设是非常复杂的系统性问题,如果不是针对非常具体的可再生能源发电项目点和当地电网的实际情况,很难分清哪部分电网是专门为哪一个具体的可再生能源发电项目而建,并且电网建设和延伸需要统筹规划,一条主干电网的建设、延伸和改造,不仅仅要考虑当前已经或即将建成的可再生能源发电项目,还需要考虑当地未来可再生能源发电项目建设的潜力、当地常规能源电力未来建设的潜力和布局等,因此,电网为可再生能源发电项目支出的接网费用很难计算。但是,为了提高电网企业接收风电等可再生能源电力的积极性,尽快尽可能消除(即使是部分消除)在经济方面的障碍,文件中提出了一种简便的补贴操作模式:除了以电网线路长短作为确定单位补贴标准的依据,以可再生能源发电项目上网电量作为另一个乘数加以考虑,希望通过这样的措施,鼓励电网企业积极收购可再生能源电力。

4. 费用分摊政策

《可再生能源法》实施之前,风电开发费用高出传统能源的部分都在风电项目所在省份内进行分摊,最终全部或部分转移到电力用户身上。《可再生能源法》中提出了"费用分摊"制度,其核心是落实公民义务和国家责任,要求各个地区的电力用户相对公平地承担发展可再生能源电力的额外费用,即将原来的省内分摊扩大到全国分摊,尤其是对于风力资源丰富而电力负荷小的地区,以解决全国范围内负担不均衡的问题。

根据《可再生能源发电价格和费用分摊管理试行办法》,国家将征收可再生能源电力附加,用于支付可再生能源发电以及相关的接网补贴费用。2006 年 6 月 28日,国家发改委颁布了一系列的发给各区域电网的关于调整各地区上网电价的通知,明确提出征收可再生能源电价附加。按照《可再生能源法》和《可再生能源发电价格和费用分摊管理试行办法》的要求,向除农业生产(含贫困农排)用电外的全部销售电量、自备电厂用户和向发电厂直接购电的大用户收取每千瓦时 0.1 分钱的可再生能源附加电价。可再生能源附加电价计入电网企业销售电价,由省(区)电网企业收取,单独记账、专款专用。

2006 年后,我国可再生能源发电取得了前所未有的飞速发展,可再生能源发电总体增长速度超过了国家规划中的预期,0.1 分/千瓦时的可再生能源附加电价已经不够满足电价补贴所需的资金额度。经过几次调整,2015 年 12 月,国家发改委将可再生能源附加电价征收标准提高到每千瓦时 0.019 元。2016 年 1 月,财政部下发《关于提高可再生能源发展基金征收标准等有关问题的通知》,进一步明确了可再生能源基金的征收范围,将自备电厂以及大电力用户与发电企业直接交易的电量也全部纳入基金征收范围。

5. 税收优惠政策

税收优惠是我国激励风电发展的重要经济手段,主要包括以下三类:

(1) 增值税优惠。按照《财政部、国家税务总局关于资源综合利用及其他产品增值税政策的通知》(财税〔2008〕156 号)的规定,对于销售自产的利用风力生产的电力实现的增值税实行即征即退 50% 的政策;另一方面,为鼓励投资和促进企业技术进步等需要,我国于 2009 年 1 月 1 日起在全国范围内正式实施增值税转型改革,其核心内容是:在维持现行增值税税率不变的前提下,允许全国范围内(不分地区和行业)的所有增值税一般纳税人抵扣其新购进设备所含的进项税额,未抵扣完的进项税额结转下期继续抵扣。这也在一定程度上降低了风电开发项目的增值税税负。

（2）所得税优惠。2008 年以前，风电开发项目可享受"外商投资国家鼓励项目、西部大开发项目、高新技术企业"等相关所得税收优惠政策，一般为 15％的所得税率和"两免三减半"政策——自该风电项目取得第一笔生产经营收入所属纳税年度起，第一年至第二年免征企业所得税，第三年至第五年减半征收企业所得税。2008 年后，根据新的《企业所得税法》和实施条例，风电利用项目可作为公共基础设施项目、高新技术企业、资源综合利用项目等享受所得税优惠政策，主要是"三免三减半"、15％所得税税率、按 90％计算收入总额、收入总额抵免等。

（3）进口环节税收优惠。目前，我国对国内企业为开发、制造大功率风力发电机组而进口的关键零部件、原材料所缴纳的进口关税和进口环节增值税实行先征后退，所退税款作为国家投资处理，转为国家资本金。

5.2.2　存在问题

对照风电产业面临的问题和挑战，我国现行风电政策，尚存在以下问题：

1. 政策的可操作性不强

我国出台的与风电相关的法律法规表现为较强的原则性，主要以鼓励性的法律规范为主，约束性较差。如《可再生能源法》第十三条规定："国家鼓励和支持可再生能源并网发电"，然而，这样的规定仅表明了国家的一种鼓励支持的态度，需要配套法规制度支持。同时由于法律责任和监管缺位，相关部门并未同步出台配套文件。此外，中国曾计划出台《可再生能源资源调查和技术规范》等配套规定，但目前并未完成。修订后的《可再生能源法》提出："国家实行可再生能源发电全额保障性收购制度。电网企业应当全额收购其电网覆盖范围内符合并网技术标准的可再生能源并网发电项目的上网电量。发电企业有义务配合电网企业保障电网安全。"该条款明确"全额保障性收购"，推行强制上网，但与之密切相关的《可再生能源配额管理办法》却没有顺利颁布。加上目前国内电力市场化程度不高，政府部门每年为发电企业制定发电计划，计划式的生产模式不利于低效煤电机组减发和高效机组增发，可再生能源的调度空间也受到挤压。

2. 相关法律法规存在矛盾

现行相关法律体系中一些条款与能源行业发展现状、能源改革的方向矛盾。例如为鼓励分布式能源发展，国家能源局在 2013 年出台的《分布式光伏发电项目管理暂行办法》提出，"在经济开发区等相对独立的供电区同一组织建设的分布式光伏发电项目，余电上网部分可向该供电区内其他电力用户直接售电。"但是按照

《电力法》规定,"一个供电营业区内只设立一个供电营业机构。"这意味着,分布式光伏发电项目直接售电是违法的。这与鼓励分布式能源成为主体售电,放开售电侧的改革精神不符合。现有《电力法》并未营造鼓励分布式能源并网消纳的环境,不利于激发电力市场活力、建立竞争的市场体系。2013 年 5 月,国务院公布《关于取消和下放一批行政审批项目等事项的决定》,新建风电站核准权重新下放地方投资管理部门。尽管如此,国家能源管理部门为对风电行业发展实施宏观调控,仍然制定风电核准的年度计划。另外,《可再生能源法》中的费用补偿制度仅仅针对电网企业,没有充分考虑到中国电力市场不断开放,可再生能源发电企业会直接与大用户以及独立的售电企业进行交易的问题,用户自愿购买绿色电力的市场交易没有得到鼓励。

3. 个别政策不符合市场化改革方向

2008 年,财政部颁布了《风力发电设备产业化专项资金管理暂行办法》,对于满足条件企业的首批 50 台风电机组,按照 600 元/千瓦的标准予以补助,直接补贴产品,尽管对国内企业风机大型化和规划化提供了一定帮助,但由于仅对国内企业进行补贴,国外企业提出了不公平性和歧视性的质疑。2011 年年底,美国风塔联盟针对中国输美产品提出申诉,宣称中国企业获得政府补贴,以低于成本的价格在美国进行倾销,要求对进口自中国输美应用级风塔产品发起反倾销和反补贴合并调查,要求对中国进口的风电塔征收 64% 的关税。2012 年 1 月,美国商务部决定展开"双反调查",2 月 10 日,美国国际贸易委员会表决结果认定中国输美应用级风塔对美相关产品造成实质性损害。随后,美国商务部公布对中国输美应用级风电塔征收 13.74%—26% 的临时性反补贴税率裁决,对中国产品的价格竞争力造成巨大打击。

4. 法律法规执行力度不足

中国能源管理体系比较分散,能源立法配套衔接不够,导致中国能源法律法规执行效果差。按照《可再生能源法》规定,国务院能源主管部门对全国可再生能源的开发利用实施统一管理,但现状是价格由国家发改委管,规划由国家能源局管,财政补贴由财政部管,产业协调上工业和信息化部也参与,并网消纳由电网企业负责,多部门交叉管理问题突出。《电网企业全额收购可再生能源电量监管办法》明确规定,可再生能源发电企业将在并网时享受优先调度权和电量被全额收购的优惠,不需要参与上网竞价。但可再生能源的特权并未得到兑现,最终电网企业还减少了对可再生能源的调度。从能源管理政策实施上看,从 2011 年开始国家能源局着手制定风电项目核准计划,但是部分列入核准计划的项目业主却迟迟没有提出核准申请。其中原因包括,地方政府和能源企业"抢占项目资源"的心态突出,项目核准过程中土地、环境保护等部门衔接不够,地方发展规划不明确等。

5.2.3　对策建议

1. 以法律手段强化可再生能源的战略地位

在《能源法》制定和《电力法》的修订方面应明确可再生能源优先发展、多发满发的优先地位,改善电力运行调节,促进清洁能源持续健康发展。鼓励清洁能源发展,应该是能源立法遵守的原则之一,明确可再生能源发展在能源结构调整、大气污染防治、应对全球气候变化中的地位与作用,将促进风电、光伏并网消纳作为清洁能源发展的核心内容。

2. 建立可再生能源发展目标考核管理体系

根据《可再生能源法》的要求,按照可再生能源发展规划提出的目标,确定规划期内各地区一次能源消费总量中可再生能源消费比重指标,以及全社会电力消费量中可再生能源电力消费比重指标,建立以可再生能源发展目标为导向的考核管理体系。完善国家及省级间协调机制,按年度分解落实,并对各省(区、市)、电网公司和发电企业可再生能源开发利用情况进行监测,及时向全社会发布并进行考核,以此作为衡量能源转型的基本标准以及推动能源生产和消费革命的重要措施。各级地方政府要按照国家规划要求,制定本地区可再生能源发展规划,并将主要目标和任务纳入地方国民经济和社会发展规划。确各省(区、市)政府、国家及电网企业、发电企业、电力用户发展风能等可再生能源的责任。将可再生能源电力配额责任写入《能源法》《电力法》,并制定明晰的考核体系,将可再生能源发展纳入地方政绩考核、国有能源企业的年度考核,并在法律上予以明确。鼓励地方政府、电网企业、电力用户超额完成配额责任,并明确奖惩措施。尤其是,电网企业应认真落实可再生能源发电保障性接入制度,解决好无歧视、无障碍上网问题。有条件的电网,可以开展清洁能源优先调度试点,即以最大限度消纳清洁能源上网电量为目标,联合优化调度,灵活安排运行备用容量。在奖惩措施上,建议可再生能源发展与能源消费总量控制、碳排放、化石能源项目核准、财税补贴等挂钩。

3. 以市场机制促进风电并网消纳

中共中央、国务院《关于进一步深化电力体制改革的若干意见》已经出台。通过改革,建立健全电力行业"有法可依、政企分开、主体规范、交易公平、价格合理、监管有效"的市场体制,努力降低电力成本、理顺价格形成机制,逐步打破垄断、有序放开竞争性业务,实现供应多元化,促进公平竞争、促进节能环保。新电改方案涉及的电力价格市场化、交易机制市场化、电力交易机构相对独立等内容应在法律中有所体现。

根据非化石能源消费比重目标和可再生能源开发利用目标的要求,建立全国统一的可再生能源绿色证书交易机制,进一步完善新能源电力的补贴机制。通过设定燃煤发电机组及售电企业的非水电可再生能源配额指标,要求市场主体通过购买绿色证书完成可再生能源配额义务,通过绿色证书市场化交易补偿新能源发电的环境效益和社会效益,逐步将现行差价补贴模式转变为定额补贴与绿色证书收入相结合的新型机制,同时与碳交易市场相对接,降低可再生能源电力的财政资金补贴强度,为最终取消财政资金补贴创造条件。

4. 建立适应大规模风电消纳的电力调度运行机制

加强需求侧管理和响应体系建设,提高系统低谷负荷和适应风电随机波动的负荷。结合电力市场化改革,取消或缩减火电发电计划,通过技术改造和政策激励,深度挖掘供热机组和常规煤电的调峰能力,明确自备电厂的调峰义务。加强风电功率预测,在年度和月度发电计划中为风电预留充足的电量空间,合理安排常规电源开机规模和发电计划。优化跨省区输电通道和联络线运行计划,利用风电功率滚动预测结果和省区间调峰资源互济,充分发挥互联电网的资源配置优势,促进风电跨省跨区消纳。

5. 充分发挥金融对风电行业的支持作用

将风电项目纳入国家基础设施建设鼓励目录,给予优惠贷款利率,降低风电项目融资成本及融资门槛。积极利用绿色债券等金融工具,开拓风电融资渠道。充分发挥市场机制和保险专业优势,完善保险基础数据建设,增加风电保险产品供给,创新保险服务模式。鼓励开展风电项目资产证券化、融资租赁的融资模式,积极探索供应链金融、风电场众筹等基于互联网和大数据的新型融资模式。推动金融保险行业的风电产业风险控制体系建设,提高资金安全性和利用效率,利用金融手段实现产业的优胜劣汰。

6. 出台推进风能创新发展政策

针对风电发展,国家相继出台《中国制造 2025》等多项政策,鼓励企业技术创新,力求形成销售一代、储备一代、开发一代的产品开发结构,明确了 5 兆瓦及以上风力发电设备成为风电发展的重点方向,鼓励技术创新成果应用,推进技术创新普及。同时国家鼓励企业大胆技术革新,开展其他促进风电就地利用的技术示范工作。虽然风电在政策的支持下技术进步显著,但我国风电技术国际竞争力较弱,无论风电技术国际专利申请量,还是风电技术跨国专利占比均远远落后于美国、德国、丹麦这些国家;另外我国缺少风电核心技术,这已成为我国风电发展的瓶颈,特别是限制了我国风电设备产业向国际市场拓展的潜力。

　　我国风电技术刚刚走过了技术引进和消化吸收阶段,风电设备企业产能已经大大提高,但技术研发能力薄弱,国家需要进一步加大对重点企业和关键技术的扶持,促进产学研之间的合作,培育风电行业技术领先企业,带动我国风电产业整体技术水平的提升。这就需要在技术和产业发展方面,提高风电技术研发能力,将自主创新与技术引进和消化吸收再创新相结合,建立和形成以国内制造为主的风电装备能力;支持技术研发能力较强的风电设备制造企业逐步形成具有自主知识产权的风电技术和产品;依托国家重点研发计划等科技计划,重点解决满足国家重大需求的风电领域关键科学问题;依托国家自然科学基金体系,设置风电专项,有步骤、有目标地探索风电领域的新原理和新方法,为风电技术的发展提供科学支撑。

　　在基础研究和人才培养方面,通过在国家级科研机构和大学设立风电技术应用基础研究项目,开展相关的风能资源、流体动力学、机械强度、电力电子、电力并网等方面的理论和实验研究;将基础研究与人才培养相结合,根据风电发展需要培养一批研究生等高级人才,选择一些高等院校和职业学校,设立风电专业课程,逐步完善风电教育体系;同时,结合风电发展需要,定期举办风电技术培训班,解决目前风电人才紧缺的问题。在加强产业服务体系建设方面,扶持建立风能资源评价、风电场设计、产品标准、技术规范、设备检测与认证的专门机构;培育一批风电技术服务机构,建成较健全的风电产业服务体系;建设2—3座公共风电测试试验基地,为风电机组产品认证和国内自主研制风电设备提供试验检测条件。在组织实施和保障措施方面,在完成全国风能资源普查和评价工作基础上,开展重点地区风能资源详查和风电场规划工作,综合考虑风能资源、建设条件、并网条件和电力市场等因素,做好大型风电场、特别是百万千瓦风电基地的规划和项目建设前期工作。

5.3　加快完善风能人才培养体系建设

5.3.1　现状分析

　　风能技术涉及多个学科,风电行业对从业人员的专业理论知识、研发能力和现场作业能力都有非常高的要求,且对人才的需求仍然在不断增加。因此需要继续加强学历教育和职业能力教育,提高师资力量,充分发挥研究机构、学校、企业的互补优势,建设产学研相结合的风电人才培养体系,充分利用海外资源,从海外吸收优秀学者加盟,充实国内风电人才队伍;充分利用国家公共研发及示范基地,加强学科人才梯队建设,结合风力发电多学科交叉的特点,打破传统学科和学历界限,将人才队伍建设和创新体系建设紧密结合,形成完善的人才培养体系和选拔机制。

　　我国已初步建立风能人才培养体系。目前,我国风能人才培养包括院校学历教育和企业职业培训两种基本模式。

　　1986 年 9 月,经国家教委批准,由成都科技大学和中国空气动力研究与发展中心联合开办了一期三年制风能大专班,按照学历教育模式培养了来自 12 个省市 33 名的风电工程专业学生。从 21 世纪开始,我国风电的快速发展带动了风电人才需求量的增加,从学历教育到短期职业培训、从高层次研发人才到实用技能型人才的多层次、多渠道的风能人才培养机制正在中国逐步形成。

　　2006 年《可再生能源法》中明确规定:国务院教育行政部门应当将可再生能源知识和技术纳入普通教育、职业教育课程。同年,华北电力大学率先建立了国内高校首个"风能与动力工程"本科专业。2008 年后,河海大学、河北工业大学等 15 所高等院校也相继开办"风能与动力工程"本科专业,学制 4 年。2013 年起该专业与"新能源科学工程"专业合并。到 2016 年止,全国已有 74 所高校设置了"新能源科学与工程"专业。除了设置本科专业外,少数高等院校在电气学科中也设置了风能专业方向,培养风电工程本科人才。

　　中国风电工程研究生教育起步早于本科教育,20 世纪末,在一些高等院校和研究院所就开始设置风电专业的研究生教育。十多年来,研究生教育发展迅速。从中国博硕学位论文网数据统计表明:2002 年至 2016 年风电工程领域学位论文数量已超过了 6800 篇。

　　除了本科生与研究生教育外,风电工程职业教育与非学历教育也在我国得到重视和发展。风电职业教育主要在高职和大专院校中培养风能专业技能型人才。非学历教育主要是风电企业为员工进行的在职培训,如 2006 年在中德政府间风电合作项目的支持下,成立的苏州龙源白鹭风电技术培训中心,有来自企业、大专院校和科研院所各行业 170 余名专家型的师资队伍,在中心进行理论知识和实践项目相结合的课程培训。另外,2011 年成立的金风大学,其在职培训体系强调实践导向、内部培训和自主学习相结合,培养企业内的复合型人才。

　　除了企业内部组织的培训活动外,还利用各种资源对风电技术人员进行继续教育。在这方面,学会(协会)发挥了重要的作用,每年在学会(协会)举办的学术年会、技术论坛、专题讲座和设备展览等活动,都是技术人员学习交流、更新知识、开阔思路的一种资源。如中国可再生能源学会风能专业委员会和英国 Romax 公司合作,连续合作举办以风电机组齿轮箱与传动系统全寿命可靠性为主题的系列技术培训活动,收到了很好的效果。

　　在回顾我国风能人才培养的历程时,我们要感谢国际风能专家所做的贡献。20 世纪 80 年代,我国风电产业起步时,一方面从国外引进风电机组,另一方面也从国外学习风电技术。那时,来自丹麦、英国、美国、德国、比利时、荷兰、瑞典、日本等国的风能专家都到中国讲过课,我们的技术人员也到国外进修学习,共同研究。2002 年,中国西北工业大学、德国柏林工业大学和德国 InwEnt 共同实施了"中德风电人才联合培养合作项目"。十年来,中国风电行业的 200 余名技术干部和管理干部参加了在中国和德国两地分别进行的风电研发能力和国际领导能力的培训活动。培训项目采取各种形式,按需施教,联系实际,学以致用。参加培训的学员已有多人成为中国风能企业的高管和技术骨干,对助推我国风能行业的发展起到了积极的作用,而且对中国风能教育的发展也起到了促进作用。

5.3.2　存在问题

1. 风电从业人员短缺

我国风电从业人员 2015 年约为 50 万人。根据我国"十三五"风能发展规划,为了实现 2020 年我国非化石能源占一次能源消费比重达到 15% 的承诺,我国风电至少要达到 2.1 亿千瓦的并网装机容量,并力争达到 2.5 亿千瓦,即从 2016 年起到 2020 年,年均新增装机容量要保持 2500 万千瓦左右。根据德国风电从业人员需求的统计,每一万千瓦装机容量需要 37 个从业人员来测算,为完成"十三五"期间风电装机容量,每年需新增人员 6.5 万人。因此,按照目前我国每年培养 5000 从业人员计算,"十三五"时期将出现严重的短缺。

2. 具有创新能力的复合型高层次风电人才缺失

长期以来,为缓解我国风电行业用工短缺的局面,我国风电人才培养以应用型和技能型人才为主,忽视了具有创新能力复合型人才的培养。目前在科研院所和高等院校培养研究生时主要以市场为导向进行选题,缺乏培养有创新能力复合型人才的方向。另外,我国没有像美国 NREL、丹麦 RISOE、荷兰 ECN 这样的国家级风能研发机构,也不利于高层次研发人才的培养。

3. 风能教育质量有待提高

风能教育的质量直接影响风能人才的培养。教育质量与教育资源、教育理念、教育模式、课程设置、教学方式、教学环境、考核标准和教学管理等密切相关。三十年来,我国在探索风能人才培养的进程中也逐渐加深了对风能教育质量的认知。提高风能教育质量是一个系统工程,正确的风能教育理念和教师队伍的自身建设是关键。

5.3.3　政策建议

1. 加强风能教育师资队伍建设

风电行业对从业人员的专业理论知识、研发能力和现场作业能力都有非常高的要求,因此其教育背景非常重要。风能教育工作者作为传授知识和技能的人,不仅要具备完善的专业理论知识,还应拥有丰富的实践经验和操作技能。因此在相关院校中,需加强风能教育师资队伍建设。在师资力量引进和培养上,既要重视理论知识,也要重视实践经验,以促进风电人才教育水平的提升。

2. 加强产学研结合,建立理论与实践相结合的人才培养体系

充分发挥研究机构、学校、企业的互补优势,建设产学研相结合的风电人才培养体系。企业为学生提供实践的机会,在实际操作中深化知识内涵,提高实际工作能力;同时在参与科研机构相关课题的研究过程中,提高学生研究创新能力。这样,不仅能够提高风能人才的创新实践能力,还实现了风电毕业人才快速适应工作岗位的对接,缓解风能产业用工短缺的问题。

3. 加强风能人才国际交流合作

支持高等院校、研究机构、企业等参与国际人才交流合作,为风能人才提供更多的学习平台,开阔视野,增长见识。如定期开展国际学术交流会议,为国内风能专业毕业生寻找到国外实习的机会,为高素质复合型人才提供出国学习深造的机会等。同时,积极引进国外优质教育资源,学习国际先进的教育模式,提升我国风电产业人才培养水平。

5.4 推进风能公共技术服务平台建设

丹麦、美国等风电技术强国,在多年前即建立了国家层面的能源实验室,并随着风电产业的发展逐渐将风电研究作为重要内容。丹麦的 Risø 国家实验室起源于 1956 年,最初以核能研究为主,逐渐发展为主要开展风能和电池等方面的研究,其研究成果长期处于世界风能研究的前沿,不仅在基础研究方面取得了大量世界领先的成果,还开发了 WAsP、Hawc2 等风电产业广泛应用的软件系统。成为丹麦风电技术领先世界的重要技术支撑力量。美国国家可再生能源实验室 NREL 起源于 1977 年,1991 年正式成为国家实验室,主要开展风能和太阳能等可再生能源相关研究,取得了不亚于丹麦的 Risø 国家实验室的前沿研究成果,开发了 FAST、Harp_Opt、AeroDyn 等等风电产业广泛应用的软件系统,同样成为美国风电技术领先世界的重要技术支撑力量。

Risø 和 NREL 等国家实验室的共同点在于:在政府的持续资助下,致力于可再生能源技术研发和产业化应用,起到了政府、大学和研究机构,以及企业之间沟通、合作的桥梁作用,在可再生能源技术研发和市场化应用方面,最大限度地发挥了本国的人力和物力资源潜力。

因此,有必要借鉴国外 Risø 和 NREL 等国家实验室的经验,在国家层面整合国内的风能研究资源,建立国家可再生能源实验室,从事关系我国未来风能可持续发展的关键技术研究,建立关系我国未来风能发展的战略性软件平台和公共测试平台。

我国风电产业和技术经过近年的快速发展,取得了一系列成果,建成了多个(企业)国家重点实验室和国家工程中心。但是,我国风电产业是在引进国外技术的基础上发展起来的,这就造成了我国风电技术体系分散,技术开发各自为政,产品和技术型号繁杂;所使用的设计和计算软件购自国外;所建设的试验测试平台也主要服务于自家的产品,缺乏统一规划和布局,功能满足不了高端产品研发的需要,也难以支撑前瞻性的技术开发。为了形成技术自主创新体系,应当由政府和行业协会通力合作,整合资源和开发资源,采取科研院所与企业、企业与企业之间的密切合作,在重点解决制约我国风电产业可持续发展的关键技术问题的过程中,获得一批产业发展亟需的先进技术服务平台,充分利用社会资源提高风能自主创新能力、培养风能技术人才、带动行业技术进步。

风能公共技术服务平台包括风能知识产权创造、运用、保护和管理能力,建立风能标准、检测和认证体系,建设国家级风能重点实验室和工程技术中心。

5.4.1 现状分析

1. 知识产权

风电作为技术密集型产业,核心技术的专利保护是企业获得更强的议价能力和更广的市场空间的利器,更是企业深入参与全球市场的有力保障。我国风电领域的专利涵盖了发明专利、实用新型专利和外观设计专利。随着中国风电的快速发展,在中国申请与风电相关的专利数也逐年增长。2004 年前我国的风电专利申请量还不足欧洲的 15% 和美国的 5%,到 2013 年 7 月底我国风电专利申请量共计 9979 件,已仅次于欧洲,平均增长率达到 24%。其中,美国 GE 的申请量达到 902 件,德国西门子申请量为 750 件,中国联合动力申请量为 484 件。国外企业在中国的申请量与我国本土企业的申请总量基本持平。但是,我国风电企业的全球化专利布局发展滞后,在 2003—2014 年以专利合作协定(PCT)方式申请的专利中,我国的申请量只占到全球申请总量的 2%,只有少数风电制造企业在欧美市场有专利布局。

2. 标准制定

风能标准是风能产业健康可持续发展的保障,也是开展风能检测认证工作的基础。风能标准包括国际标准、国家标准、行业标准和企业标准四类。我国风能标准化工作始于 20 世纪 80 年代。1985 年,经原国家质量技术监督局批准,成立了全国风力机械标准化技术委员会(简称风标委),在中国国家标准化管理委员会统一管理下,负责全国风电机组标准化工作。1999 年以前,风标委工作重点是编制离网型风电机组标准。除风标委外,还有中国气象局、中国电力企业联合会等机构也负责风能资源、风电并网等专业领域的标准化工作。自 2005 年以来,中国风能产业的快速发展对标准提出更高的需求,中国国家风能标准工作进程加快。2010年,国家能源局和国家标准化管理委员会领导成立了能源行业风电标准委员会,启动风电行业标准建设工作,以建立和完善风电设备标准、产品检测和认证体系,规范市场秩序。2011 年,在原有风电标准体系基础上,结合产业发展需求,形成了《能源行业风电标准体系框架项目表》,包括风电场规划设计、风电场施工与安装、风电场运行维护管理、风电并网管理技术、风力机械设备、风电电器设备共六大类183 项。2015 年底国务院印发了《国家标准化体系建设发展规划(2016—2020年)》,到 2020 年基本建成支撑国家治理体系和治理能力现代化的具有中国特色的标准化体系。规划要求,标准平均制定周期缩短至 24 个月以内,不断提高科技成果标准转化率,主要工业产品的标准达到国际化水平;在风电领域,完善标准体系,布局国际化的知识产权格局,提高检测认证水平;其中工业化标准重点领域包括了研制风能资源测量和评估标准、风电并网和储能技术标准、风电发电用装备和产品标准制修订等涉及风电产业链的各个环节。2016 年国家能源局批准了 24 项风电行业标准,并开始实施。同年又下达了 46 项风电行业标准的制修订工作,并要求在 2017—2018 年完成。

近年来我国积极参与国际标准的研究和制定工作,2016 年,首次由我国发起并作为项目主持单位组织七个国家历时六年完成的 IEC61400-5 风轮叶片国际标准在 IEC/TC88 国际电工委员会风力发电系统工作会议上讨论通过。该标准的通过,为我国风电行业参与国际竞争起到了积极促进作用,为我国争取到了话语权,为今后进一步参与国际标准的制定奠定了基础。

3. 检测认证

风电设备的检测认证是根据风电国家标准和行业标准在平台上开展检测和认证工作,风电机组认证包括整机认证和关键零部件认证两大部分。其中整机认证包括设计认证、型式认证和项目认证,关键零部件认证包括叶片认证、齿轮箱认证、发电机认证和变流器认证等。根据风电机组认证规则及程序的要求,在认证时要对风电机组整机及关键零部件进行检测。

近年来,随着风电产业的快速发展,风电设备检测认证规则在政府和行业的推动下取得了较快的进展,2009 年到 2010 年国家能源局和国家科技部先后在风电设备制造企业和研究机构中组建了一批国家重点实验室和工程技术研发中心,规划建设了一批公共检测平台,为我国风电企业的检测认证工作提供了良好的服务。

中国国家气象局的风能太阳能资源评估中心根据我国地理、气候特点进行改进和优化,采用先进的地理信息系统分析技术,开发了适于中国气候和地点的风能资源评估系统,数值模拟的水平分辨率达到 1 千米以下。

以北京鉴衡认证中心为依托的"国家能源风能太阳能仿真与检测认证技术重点实验室"是集仿真技术、标准研究、检测认证技术研究和实践于一体的公共技术服务平台,为风电制造企业、风电开发商、风电运维商、银行、保险业等利益相关方提供服务。

2010 年由国家电网公司所属中国电力科学研究院在河北省张家口市张北县建设了国家能源大型风电并网张北风电试验基地,针对解决大规模风电并网中如何保证电网安全稳定运行的实际问题,开展了风电系统仿真、风电入网检测和风电机组理性能检测等研究工作,特别是低电压穿越能力和电网适应性的检测工作,帮助风电机组制造企业完成新产品的型式认证和入网检测。

5.4.2　存在问题

1. 风电知识产权全球化布局亟须加强

当前,我国风电行业普遍缺乏战略性的全球专利布局意识,对知识产权重视不够,在海外知识产权劣势凸显。近年来,面临全球贸易"围堵"的局面仍未得到有效改善。光伏和风电装备已经成为贸易保护措施中被调查的主要对象。例如,2011年美国超导对我国华锐风电发起的知识产权诉讼,三一旗下子公司拉尔斯公司被禁止在美国兴建风电场等。风电知识产权保护已经成为国际上风电制造企业角逐国际市场的隐形武器。虽然目前我国的风电专利申请量已经跃居全球第三,但是随着我国"一带一路"战略下风电企业"走出去"步伐的加快,仍面临着海外贸易的相关风险,而且专利保护越来越成为各国技术较量的手段,知识产权作为企业转型升级的重要引擎。我国风电企业在叶片、发电机、控制系统和传动系统等重要部件的技术创新方面,应该积极进取,占据技术主导权。另外,我国风电企业应该全面审视现有专利情况,并规划形成自己核心的、前瞻性的专利布局网,逐步加大知识产权对于企业的附加值,在进入海外市场时,提前在目标市场国家注册自己的专利,以"专利先行"的理念赢得国际市场的核心竞争力。

2. 风电标准体制建设尚待完善

目前,我国风电标准体制建设尚不完善,风电国家标准基本上是采用 IEC 国际标准,在 IEC 国际标准制定时主要针对欧美国家的国情,不能完全适用于中国特殊的地理环境、风况和气候条件等对风电系统的要求,影响我国风电设备的可靠性和进入国际市场。另外,国家标准和行业标准还缺乏统一筹划,标准修订也不够及时。

3. 国家级风电试验平台建设滞后

风电机组公共测试平台,通常包括风电叶片测试平台、风电传动系统测试平台和风电变桨偏航系统测试平台等。国外风电技术领先的国家均在政府支持下建设了国家级的公共测试平台,为风电企业研发新型发电机组提供技术手段,为风电机组第三方实施认证提供技术保障。做到了资源整合,形成技术集群优势,加快了自主创新和研发能力的提升。

我国目前还没有国家级的公共测试平台,风电机组测试平台都由风电机组制造企业自行建设,仅能满足自己研发的风电机组局部需求。由于建设资金的限制和技术力量的不足,已建设的平台功能都不能完全模拟风电机组实际运行下的工况,严重影响了我国风电机组,特别是大型风电机组的可靠性、创新性和性价比的提升,也是对我国从"风电大国"向"风电强国"转型的一个重大的挑战。

5.4.3　对策建议

1. 推进风能行业自主知识产权战略

随着我国风电技术自主研发能力的不断提高和风电走出去的步伐不断加快,加快推进风电行业自主知识产权战略十分重要。要增强捕捉和搜集最新专利信息的能力,建立健全知识产权管理制度,在研究现有知识产权的基础上,结合我国的国情,不断提高自主研发和创新能力,增加发明专利数量。

2. 完善我国风能标准体系,积极参与国际风能标准制定

针对现行的标准不能完全适用于我国风电设备的现状,一方面要充分利用我国作为 IEC/TC88 国际电工委员会和国际电工委员会可再生能源认证体系(IEC-RE)的成员国,借助国际标准组织的平台作用,鼓励国内相关机构积极参与国际风电标准的制定,增强我国对标准制定的话语权。另一方面,要根据我国的国情,组织力量,充分研究,尽快建立我国自有的风电标准和规范,包括风资源评估标准、静动载荷试验标准、整机性能测试标准、陆上和海上风电装备设计和制造标准、风电并网标准和规范等,对现行国家标准进行修订。

3. 建设国家级风电机组公共测试平台

多兆瓦级风电机组整机、叶片、传动链、控制系统及其它关键系统的公共测试平台。我国风电设备制造下一步的发展方向将基于中国风电开发的需求和特点,不断提升大型先进风电机组的研制能力,确保风电机组的质量和可靠性,逐步解决

我国风电机组同体化问题,减少同质化竞争。为此,风电设备制造企业要成为技术创新领域的主体,以科技推动产业进步、以科技带动风电产业化发展。为了引导和鼓励风电企业提高技术研发能力,减轻企业技术研发和产品升级的压力,由政府和企业联盟共同出资建设国家级风电机组公共测试平台,加快新技术和新设备从设计、开发、验证、成果转化和推广的进程。

针对6—10兆瓦级风电机组,建设统一的适合于我国风载谱的高水平的整机和关键零部件试验测试平台,以及传动系统、控制系统和电力系统等的试验测试平台。建设的这些公共服务平台必须具有前瞻性,充分考虑风电设备的发展趋势,不仅满足现有产品的开发,更要满足新产品和更大产品的技术开发。

5.5　健全风能发展监管与服务体系

5.5.1　现状分析

近年来,为了健全风能可持续发展,我国已初步构建了风能发展监管与服务体系表现如下:

1. 风电核准管理

"十二五"期间,为规范风电开发建设管理,协调风电项目与配套电网建设,促进可再生能源补助资金有效利用,国家能源局分五批次下发了风电项目年度核准计划,累计规模超过1.4亿千瓦。大规模的核准计划容量,不仅为后续风电建设提供了充足的项目储备,也充分体现了国家大力支持风电发展的决心,为规范风电开发秩序、优化风电产业布局起到了关键性的作用。

随着"十三五"规划的深入开展和风电管理简政放权的纵深推进,国家能源局负责规模编制以及年度建设监管,地方能源主管部门负责具体项目的资源配置、核准、建设和运行的管理模式逐步成形。2016年,国家能源局印发《关于下达2016年全国风电开发建设方案的通知》(国能新能〔2016〕84号),表明今后国家将不再统一印发带有具体项目的风电核准计划,仅对全国的总建设规模和布局进行规定,进一步简化了风电项目的审批流程,调动了地方政府和企业发展风电的积极性,国家能源管理部门将工作重心逐步转移到加强和完善事中事后监管上。

2. 市场准入管理

风电作为技术密集型战略新兴产业,是我国建设高端制造业的有力支点。为引导风电设备制造行业健康发展,防止风电设备产能盲目扩张,鼓励优势企业做大做强,规范市场秩序,2011年,工业和信息化部会同国家发改委、国家能源局共同印发了《风电设备制造行业准入标准》,规定风电机组生产企业必须具备生产单机容量 2.5 兆瓦及以上、年产量 100 万千瓦以上所需的生产条件和全部生产配套设施,并且新建风电机组生产企业应具备 5 年以上大型机电行业的从业经历、风电机组生产企业进行改扩建应具备累计不少于 50 万千瓦的装机业绩。这些规定提高了风电设备制造行业的准入门槛,提升了我国风电装备制造业的市场竞争力。

3. 并网运行监管

"十二五"期间,随着我国风电装机规模的快速增长,我国部分地区的弃风限电问题日趋严重,平均利用小时数大幅降低,严重影响了风电场运行的经济性,风电并网运行和消纳问题已成为制约我国风电持续健康发展的重要因素。自 2012 年起到 2016 年,国家能源局每年均会发布《关于做好风电并网消纳有关工作的通知》,《通知》要求各省(区、市)、有关部门和企业高度重视风电并网消纳工作,采取多项措施提高本地消纳风电的能力,并要求电网企业做好风电并网服务。国家能源局按照"加强事中和事后监管"的要求,监测各省(区、市)风电并网运行和市场消纳情况,及时向社会公布,并以此作为风电行业宏观管理的依据。

针对 2015 年风电新增装机容量保持强劲增长而消纳情况仍然不容乐观的状况,国家能源局 2016 年印发的《通知》中,首次提出"严格控制弃风严重地区各类电源建设节奏,在电力供应严重过剩且弃风严重的地区,应研究暂停或暂缓包括新能源在内的各类电源核准建设的措施,避免弃风情况进一步恶化",将控制电源建设规模从风电扩大到全部电源品种,更加有利于缓解弃风限电问题。对于 2015 年弃风较严重或弃风率增长较快的地区,2016 年度暂不安排新增常规风电项目的建设规模。

4. 电价监管

根据国家发改委颁布并于 2006 年 1 月 1 日生效的《可再生能源发电价格和费用分摊管理试行办法》(发改价格〔2006〕7 号),2005 年 12 月 31 日后获得国家发改委或者省级发改委核准的风电项目的上网电价实行政府指导价,电价标准由国务院价格主管部门按照招标形成的价格确定;可再生能源发电价格高于当地脱硫燃煤机组标杆上网电价的差额部分,在全国省级及以上电网销售电量中分摊。

2009 年 7 月,国家发改委发布了《关于完善风力发电上网电价政策的通知》(发改价格〔2009〕1906 号),规定全国按风能资源状况和工程建设条件分为四类风能资源区,相应设定风电标杆上网电价,2009 年 8 月 1 日起新核准的陆上风电项目,统一执行所在风能资源区的标杆上网电价,并于 2015 年、2016 年和 2018 年分别调整四类资源区的标杆上网电价水平。在企业执行标杆上网电价过程中,要求各级价格主管部门加强对风电上网电价执行和电价附加补贴结算的监管,督促风电上网电价政策执行到位。目前,电价监管工作开展良好。

5. 投资风险预警

风电项目核准权限全部下放到地方后,国家对全国风电产业实际建设运行状况将难以及时、全面掌握和做出科学的判断,监管形势严峻。为有序推进风电项目规划建设、提高风电企业投资效益、引导风电产业持续健康发展,国家能源局于2016年发布了《关于建立监测预警机制促进风电产业持续健康发展的通知》(国能新能〔2016〕196号),明确了风电开发投资风险预警指标及计算方法,并公布了2016年全国风电投资监测预警结果。风电开发投资风险预警的指标体系分为政策类指标、资源和运行类指标、经济类指标三大类共7项参数:政策类指标包括年度开发方案完成率、风电开发政策环境指标两项;资源和运行类指标包括系统调节能力较差电源比例、弃风率及年利用小时数三项;经济类指标包括交易价格同比降幅、抽样亏损率两项。最终风险预警结果由三类指标加权平均确定。预警程度由高到低分为红色、橙色、绿色三个等级,预警目标年为发布年的1年后。

通过建立风电开发投资风险预警机制,国家可有效引导风电企业投资,监管地方政府风电开发建设违规情况,促进风电项目合理规划布局和建设。

6. 电价附加目录管理

2012年,为规范可再生能源电价附加资金管理,发挥财政资金使用效益,财政部、国家发展改革委和国家能源局联合下发了《可再生能源电价附加资金补助资金管理办法》(财建〔2012〕102号),明确了由财政部负责可再生能源电价附加资金的发放,将资金列入国库基金管理,并对项目审核确认、资金拨付和清算工作做了明确规定。国家能源局配套制定了《可再生能源电价附加资金补助项目审核确认管理暂行办法》(国能新能〔2012〕78号),并委托水电水利规划设计总院开展申请补助项目的审核确认工作。

在国家能源局的领导下,水电水利规划设计总院国家可再生能源信息管理中心依托国家可再生能源发电项目信息管理平台共计完成了2012年至2016年六批次的可再生能源电价附加资金补助项目审核确认工作,并协助财政部开展了可再生能源电价附加资金2012年第四季度拨付资金审核工作以及2012年资金清算数据核对工作。

7. 信息管理

2009年,为加强信息化建设,促进风电产业健康发展,国家能源局批准水电水利规划设计总院成立国家风电信息管理中心,其职责是全面、及时、真实地反映全国风电建设前期、建设、运行和设备制造的实际情况,为政府加强风电建设管理和制定有关政策提供基础数据和技术支持,为风电投资企业、电网、设备制造企业、气象、设计和科研单位等提供权威信息。自此,国家风电信息管理中心开始进行全国风电信息的统计、分析评价和发布工作。

2013 年 5 月,国家能源局下发了《关于加强风电产业监测和评价体系建设的通知》(国能新能〔2013〕201 号),明确要求水电水利规划设计总院(国家可再生能源信息管理中心)负责全国的风电建设、并网运行、发展规划和年度实施方案完成情况的统计和分析,并按期向国家能源局报送风电产业相关数据。

2013 年 6 月,为进一步做好全国风电信息化服务工作,国家能源局印发了《关于成立国家可再生能源信息管理中心的复函》(国能综新能〔2013〕170 号),批准水电水利规划设计总院在国家风电信息管理中心的基础上,建设国家可再生能源信息管理中心,负责监测和评价全国可再生能源开发建设、并网运行和设备制造的实际情况及发展规划、年度实施方案的完成情况,为政府加强可再生能源管理提供基础数据和技术支持。为提升新能源行业的管理水平,建立健全事中事后管理机制,规范可再生能源电价附加补助资金管理,国家能源局于 2015 年 9 月印发了《国家能源局关于实行可再生能源发电项目信息化管理的通知》(国能新能〔2015〕358 号),进一步强调了可再生能源发电项目信息化管理工作的重要性。该通知规定享受国家可再生能源电价附加资金补贴政策的新能源发电项目及其配套送出工程均纳入国家能源局可再生能源发电项目信息管理平台管理,并委托国家可再生能源信息管理中心负责日常运行维护。

省级能源主管部门负责组织本省(区、市)内相关项目单位通过信息平台上报项目信息,并通过信息平台对风电、太阳能发电实行年度规模管理工作,确定列入年度开发(实施)方案的项目名单,作为申报电价附加补助信息的重要依据。国家能源局各派出机构可通过信息平台监管可再生能源发电项目全生命周期内各阶段的建设运行情况。

国家能源局定期组织国家可再生能源信息管理中心对可再生能源发电项目各阶段信息进行统计汇总,按时将行业发展情况对社会公开,引导产业持续健康发展。

5.5.2　存在问题

当前,我国风能发展监管与服务方面还存在下面一些突出的问题:

1. 规划的指导性和约束性不强

风电产业市场存在无序竞争和盲目发展的状况,表现在:产业布局、技术创新以及设备制造还缺乏统一的规划安排;电源建设和电网建设不协调,电网建设滞后,电源建设超前;项目规划与价格补贴存在不配合的问题,出现电价附加补助资金发放周期长,价格补贴收入不足,加剧了发电企业资金周转的困难。

2. 地方政府和市场主体在新能源发展方面的责任和义务不明晰

目前,非化石能源消费比重目标和可再生能源规划目标只停留在中央规划层面,各级地方政府和市场主体在新能源发展方面的责任和义务不明确。为了获得更多地方税收(新能源发电享受增值税 50％即征即退和所得税"三免三减半"的税收优惠政策)和带动煤炭消费解决煤炭行业脱困,部分地方政府仍存在优先发展煤炭等化石能源,在用电量增速放缓的情况下,出现产能过剩,压缩了新能源消纳空间。

个别地方政府还出台了一些与中央文件鼓励新能源产业、保障风电等可再生能源优先发电权相违背的政策。

5.5.3　对策建议

针对上述问题提出如下建议:

1. 加强消纳监管

逐步建立和完善以可再生能源利用指标为导向的能源发展指标考核体系,对全额保障性收购小时数政策的落实情况进行监测,及时向全社会发布并进行考核;充分挖掘"三北"地区电力系统辅助服务潜力,制定促进电储能产业发展的政策,例如税费优惠、国家财政补贴等。

2. 加强质量监督

作为风电产业监管体系的重要组成部分,风电场工程质量监督管理尽管明确了管理方式,但还没有形成完整的风电场工程质量管理制度体系。明确质量管理要求和内容,发挥工程质量管理在工程建设各环节的作用,确保风电场工程质量,促进行业健康发展,是今后风电监管工作的一项重点任务。

3. 加强市场秩序监管

风电场建设涉及的专业较多,如地形测量测风评估、风能资源、地质勘察、土建、金属结构、机电设备、消防、环境影响评估、水土保持、设计概算和经济评价等,参与的单位较多,涉及政府主管部门和有关职能部门、项目建设单位、设计单位、监理单位、施工承包企业、设备供货商金融机构和电网企业。而风电场工程可行性研究报告是后续项目核准、招标设计和施工承包的重要前期工作是影响工程质量和经济评价指标的重要基础,需要在前期工作中严格把关,因此开展项目可行性研究报告的评审工作是非常必要的。

4. 加强信息化管理

信息化建设是风电产业体系的重要组成部分。进一步加强风电产业信息化建设，一方面可以为政府提供及时、真实的信息，以利于国家及时掌握和了解全行业发展的最新状况，为今后制定可再生能源产业政策、加强可再生能源项目建设管理打好基础；另一方面可以为可再生能源建设单位、电网、设计咨询、科研院所、设备制造厂商提供权威的信息，为各方面决策制定提供借鉴、参考和依据，促进产业健康发展。

5. 加强装备研发

针对风电制造企业自主创新能力和国际竞争力不足的问题。建议进一步完善政策和管理措施，支持并引导制造企业提升自主研发能力和装备质量。加大对风电装备，特别是海上风电、低风速等设备研发的支持力度，提高制造企业的核心竞争力；取消影响风电装备制造市场公平竞争和准入的限制性政策和规定，形成淘汰机制，促进风电制造产业健康持续发展。

6. 加强服务体系建设

建立公共服务体系，包括国家级研发中心、信息管理中心、检测认证中心等机构的服务体系。建立完善的监管体系，包括监管上网电价、电网接入和电网消纳，同时需要国土、环保、海洋等部门的协助和密切配合。加快更新技术标准、加强信息服务、明确政府和社会机构的服务范围、各自职责和义务。

7. 加强信用体系建设

推动风电行业协会和企业开展信用体系建设工作，重点加强企业开发过程中的信用管理，坚决打击违规建设、违规倒卖路条等行为。

8. 完善电价附加补助资金赋税政策

基层税务机关认可风力发电企业收取电网公司的电价补贴收入为不征税收入，不用缴纳增值税；而电网公司认为财政拨付给电网企业的资金为中央补助资金，而电网公司转付给风力发电企业的补助资金为企业之间的正常经济往来，应开具增值税发票以结算。这就导致了风力发电企业享受不到补贴电价收入不征收增值税的税收优惠。针对风电运行企业享受不到税收优惠的问题，建议出台相关规定，允许发电企业与电网公司结算补贴电价收入时开具收据作为结算凭证，以确保风力发电企业能享受到国家的税收优惠。

5.6　促进风能领域国际交流与合作

　　风电等可再生能源产业的发展,需要政策、资金的支持,更需要参与方具备全球化的视野,创新性的思维,充分利用全球风能技术资源,积极引进国外先进技术和经验,加强与国外技术研究发展计划的合作,及时把握世界风能技术发展的新动向、新趋势,必须在全球范围内整合资源、技术和人才,而国际交流合作是实现我国风能技术发展与世界接轨,促进我国风能技术可持续发展重要途径。

　　可再生能源领域的国际交流合作,从合作主体来说包括不同国家(地区)政府、国际组织和各国的企业。从合作目的来说,是通过合作达到生产要素在国际范围内实现优化组合与配置。在国际合作过程中,各参与方之间是平等互利的协作关系。经过多年的实践,我国在可再生能源国际交流合作领域已取得了明显进展,合作对象既包括美国、欧洲等发达国家和地区,也包括亚洲、拉美、非洲等发展中国家和地区。在开展广泛的国际交流合作中,已建立了相对成熟的合作机制,形成了职能部门提供政策支持,地方政府、科研机构和企业具体落实的全方位合作态势。本章在讨论风能等可再生能源领域的国际交流合作问题时,是从整体国际能源交流合作角度进行探讨。

5.6.1　现状分析

　　目前,风能等可再生能源领域的国际交流与合作主要有以下方面:

　　首先是政府间或机构间的国际交流与合作。我国已经与 60 多个政府和国际组织建立了能源领域的双边或多边的合作机制。其中,风能等可再生能源领域相关的国际组织机构主要包括:联合国可持续发展委员会(UN CSD)、联合国经社理事会(UN DESA)、联合国环境规划署(NEP)、联合国开发计划署(UNDP)、联合国工业发展组织(UNIDO),国际能源署(IEA),可再生能源国际科学工作组(ISPRE)、21 世纪可再生能源政策网(REN21)、欧盟可再生能源委员会(EREC)、国际可再生能源署(IRENA)、全球风能理事会(GWEC)和世界风能协会(WWEA)等。通过开展政府间和与国际组织机构间的交流合作,为中国与其他不同国家在互惠互利的基础上,就可再生能源问题开展了广泛的技术、信息和政策交流,为最大限度地提高能源利用率提供了平台,实现了全球利益的最大化。与此同时,中国与欧美等发达国家建立的双边合作也已广泛存在于彼此建立的成熟的合作机制当中,而且近年在合作议题中的地位明显上升,形成了首脑会谈确立战略框架,职能部门提供政策支持,地方政府、科研机构和企业具体落实的全方位良性合作态势。

　　二是企业或科研单位间的合作。在目前的可再生能源市场框架内,有越来越多的由企业、高校科研院所以及其他非政府组织或协会主体根据自身发展目标和市场需求来自主开展的可再生能源国际合作。大量国内外公司通过共同开发能源、技术研发合作、基础设施建设、可再生能源项目联合投资、共享市场信息和渠道，获得了最大利润的同时，也促进了可再生能源市场的发展。在风电能领域的合作项目中，包括：与世界银行、全球环境基金和联合国基金会合作的国家级项目；与跨国公司的合作项目等。与此同时，在创新资源利用日益国际化的条件下，我国的研发机构与国外企业、高校、科研机构建立了长期战略伙伴关系，包括委托研发、合作研发、共建合作研究开发中心或联合实验室、设立基地、召开国际研讨会议、开展实质性的项目合作等。在合作中，双方根据优势互补原则，共同参与项目的开发，从应用性基础研究、科技成果产业化到技术产品推广等进行多方位的合作。

　　通过这些年在风能领域的国际交流合作，有力推动了包括风能产业的发展和技术的进步。例如，在政府层面上的国际合作项目中，规模化发展项目（CRESP）和全球环境基金（GEF）提供了大量资金支持，进行了政策制定、人员培训、技术合作等，这些项目有力促进了我国风能等可再生能源的发展。

　　20 世纪 70 年代末，我国政府开始将风能列入政府间的国际科技合作项目。1986 年中国在山东荣成建成第一个风电场时，3 台 55 千瓦风电机组由丹麦维斯塔斯公司提供。从 1986 年到 1992 年，中国空气动力研究与发展中心与瑞典航空研究院根据两国政府于 1978 年签署的"工业与科学合作"协议书，共同对风力机偏航特性和叶片三维流动进行了基础研究。20 世纪 90 年代，中国开始规模化发展风电产业，首先从欧洲引进了 600 千瓦风电机组的制造技术，并在此基础上开始与Arodyn 等国际风电机组设计公司合作进行兆瓦级风电机组的研发。美国通用电气公司（GE）为龙源集团提供了具有全球领先水平的 1.5 兆瓦风机设备技术，丹麦维斯塔斯公司（Vestas）通过合作协议为中国连续提供了 5 年的风电塔架备件供应。在与美国、丹麦、德国等国通过技术引进和联合研制等方式使我国风电技术水平得到改善。目前，我国风电机组主流机型的单机功率已达到 1.5—2.0 兆瓦，逐渐建立起相对完整的风电产业链，风电机组制造能力快速形成。5—6 兆瓦风电机组也已投入运行。可以说，中国风能取得的成就，是与开展国际交流合作分不开的。

5.6.2　存在问题

1. 在政府间或机构间国际交流合作中存在的问题

（1）合作正经历从发展援助向建立伙伴关系的转移。在过去的很长一段时间，一些发达国家和地区与中国展开能源合作的主要目的是，通过援助使中国市场熟悉他们的能源设备、技术、服务，从而为他们的企业在中国开拓市场打下基础。

这是他们所能欲获得的最直接的利益。就中方而言,跟踪处于国际前沿地位的能源及相关科技成果、"市场换技术"、围绕全球性发展领域的课题展开对话,一直是我们与外方开展能源合作时更为重视的方面。例如,通过加强对话和合作来推动一个更有利于提升包括中国在内的发展中国家在能源领域的话语权等,但是并没有完全获得外方响应。在落实政府间合作目标的项目资金安排上,实施中外能源合作项目所需的资金,来源较为单一。从政策对话、中方人员赴外国考察学习,到外方来华推广其技术、设备,基本运营模式等活动,都是以外方提供无偿援助为主,而以中方配套资金为辅。而今,越来越多的外方成员国政府在其议会获得延续拨款的难度在加大。以中欧政府间双边合作特别活跃的德国为例,对华无偿援助已经在历经数年的争议后,在 2014 年被宣布结束。丹麦与中国在可再生能源领域的合作,虽然其成果在众多的欧中合作项目中堪称典范,丹麦政府也于 2014 年决定不再延续既往的资金支持模式。

　　(2) 中外双方都面临如何协调合作主体的多元化问题。经过多年发展,在整个能源交流合作方面,中外双方都面临如何协调合作主题的多元化问题。以中欧能源合作为例,中欧政府间能源合作项目的基本运行模式是:欧共体/欧盟提供框架性政策支持,从其行政经费中资助能源、环境、贸易等部门与中方政府部门沟通,进而逐步细化项目方案,最终落实实施。欧共体/欧盟成员国,在选择性地利用欧方多边机制与中方业已达成的合作框架的同时,从各自的需求出发,与中方展开双边合作。欧方企业则将中国市场作为其全球投资合作伙伴的选项之一,但由于欧方的政企关系完全市场化,因此它们并没有完全落实所在国政府对中方的承诺。在这个过程中,中方也没有提出一个统筹合作机制,在知识产权问题不突出、中方产品在欧洲市场缺乏竞争力的情形下,科技、教育部门在中欧合作中曾发挥过重要的渠道作用。然而,随着合作项目的终极目标从技术示范走向拓展欧方企业在华的商业机会,随着中国自身在政企关系改革过程的变化,包括发改委、商务部在内的部门,在具体合作项目的实施过程中所发挥的作用越来越明显。与此同时,中方有能力、有意愿对接中欧政府间合作项目的企业主体也在发生变化,包括欧盟商会在内的欧洲在华机构,从国企和私企中甄别欧方认为适切的中方项目实施主体,而这些中方企业与政府部门间的对接程度又参差不齐。在数个欧盟成员国,不少机构和专家认为与中国合作的具体成效并不明显。甚至有人质疑政府间签署合作框架协议、探索合作过程中签署谅解备忘录的必要性。这种情况说明,中欧合作面临如何协调合作主体多元化问题。

　　(3) 相关国际组织及相关行动、计划无法律约束力。能源问题关系各国社会的根本利益,加上经济、地理、政治等诸多因素差异,普遍性国际条约或协议确实难以达成。因此,不管是可再生能源国际合作的国际组织,还是作为成果体现的行动、计划,均大多以自愿承诺和执行为基石。以 2004 年波恩可再生能源会议为例,会议参与国被邀请自愿提交承诺的具体方案和行动,这些承诺将在会后被各国履行。在约翰内斯堡会议上,一些自愿的保障能源可支持性发展的保证已经作出。这种自愿作出承诺的方式在 2004 年波恩会议上被普遍化和系统化,最终形成了后来的可再生能源国际行动计划。

(4) 缺乏代表全球利益的常设组织机构。部分区域性国际组织不能代表全球利益。例如,工业化八国集团、欧盟等区域组织,尽管它们的能源政策法律及机构运行的基本框架已经健全,但是,它们主要是积极谋求成员国的共同能源国际利益;甚至,在国际能源署、经济与合作发展组织(OECD)中,也存在这样的局部利益现象。

2. 在企业与科研单位间国际交流合作中存在的问题

一是在一些项目中,双方企业的合作理念还存在较大差异,造成了在合作目标和合作方式上的明显分歧。如在关注的重点上,中方企业更关注技术的引进,而外方企业则更关注中长期的商业利益和商业发展前景;在技术种类上,中方希望引进性价比高、适合中国国情和产业发展阶段的技术,而一些外方企业则希望中国引进最新的技术,而这些技术往往成本很高,超出了中方企业的预期;在技术引进方式上,中方一些企业希望开展一些技术试点项目,以此带动中方技术的进步和发展;欧方企业则希望中方直接购买专利和技术,或是希望试点项目最终能转换为商业机会。正是由于在合作目标的重点、合作目标实现的时限、技术合作的种类、技术引进的方式等问题上的不一致,导致尽管双方都承认合作的重要性,也有着合作的强烈意愿,但是却无法实现顺畅的合作。

二是合作的深度和广度还有待拓展。目前中外能源合作主要集中在化石能源开发、核能开发与管理、设备制造与贸易等领域,在可再生能源开发领域的合作相对较少。

三是在知识产权保护方面存在认识差距。外方企业在与中方合作的过程中,十分注重知识产权的保护,特别是他们多以发达国家知识产权保护力度来看待中国,希望中国提供同等强度的保护。但由于中国从计划经济体制向市场经济转轨的时间还不长,社会主义法制体系还在健全之中,民众的知识产权意识还比较淡薄,因此,往往无法提供外方所期待的知识产权保护强度,加之一些信息不透明,容易使外方产生一些误解甚至不安,对双方的合作产生了消极的影响。

四是在中外企业和科研单位合作过程中,发达国家往往以高昂的价格出售技术,并通过我国巨大的市场规模效应来赚取高额利润,但我国却无法获得其核心技术,使得中国的可再生能源产业虽然已有世界第一的规模,却仍旧处于较低层次的水平上。由此可见,中外交流合作中,可再生能源发展所面临的障碍并不是缺乏技术,而是缺乏实现现有技术传播和转让的有效机制。同时,我国往往更注重与发达国家企业与科研单位合作,而忽略与发展中国家建立合作关系的重要性。

5.6.3　对策建议

针对上述提到的问题,提出以下建议:

1. 加强顶层设计,制定指导中外能源交流合作的统一行动纲领

中外能源合作是实现互利双赢的重大战略合作,需要双方重视、密切配合、共同推动。因此,必须加强顶层设计,从战略高度将中外合作纳入双方战略合作的框架之中,制定中外能源合作的行动纲领,对合作的重大战略意义、战略目标、战略举措和行动计划进行明确,制定明确的时间表和路线图,明确合作双方的具体责任和应采取措施。特别是对外方而言,应明确外方在能源合作中角色和地位,建立能源合作的战略架构,全面推动中外多层次的合作。

2. 建立机制保障,共同推动能源领域的合作

首先应建立资金保障机制。中外双方共同出资建立能源发展基金,为参与能源合作的相关企业提供资金支持。基金按照共同出资、共同使用、共同监管的原则,为双方企业进行能源基础设施建设、能源开发等提供资金保障。其次是建立能源合作的常设性平台,具体负责双方能源合作共同纲领的落实。中外双方要各自指定一个能源合作的牵头部门,整合目前分散于各部门的合作,由牵头部门负责组织落实能源合作的具体事宜。再次,继续发挥现有平台和机制的作用,例如继续开展能源高层对话和高层互访等。

3. 开展合作研究,不断加深中国与其他国家对开展能源合作理解与沟通

按照中外能源合作行动纲领的要求,开展相关合作研究,对行动纲领提出的各项原则、目标、要求、措施进行细化,探讨能源合作的新领域和新方式,不断加深双方对能源合作的理解;制订能源人才培养计划,有计划地开展能源专业人才培训,培养能源合作需要的各种专业人才。促进多层次的交流沟通,定期开展能源合作研讨会,积极推动双方高校、研究机构之间的项目合作和人员交流,鼓励企业间合作研究新技术和推动新技术的应用。

参 考 文 献

邓英,葛铭纬,田德. 2015. 风电人才培养的实习基地建设模式探讨. 教育教学论坛.

国家发改委. 2007. 可再生能源中长期发展规划.

国家发改委. 2008. 可再生能源发展"十一五"规划.

国家发改委. 2012. 可再生能源发展"十二五"规划.

国家能源局新能源和可再生能源司. 2016. 2015 年文件汇编. 北京.

国家能源局新能源司. 2011. 新能源和可再生能源行业管理文件汇编(2011 年版).

何建军, 陈荐. 2010. 风电人才需求与人才培养模式的研究. 中国电力教育.

姜玉立, 何伟军. 2012. 我国风电人才培养现状、问题及对策. 中国电力教育.

刘鹏. 2013. 风电项目全生命周期管理分析. 中国科技纵横, 1(2): 188.

能源研究所可再生能源发展中心. 2001. 中国可再生能源配额制(RPS)可行性研究报告. 美国能源基金会可持续能源项目.

能源研究所可再生能源发展中心. 2005. 建立中国可再生能源发展总量目标制度报告. 美国能源基金会可持续能源项目.

任东明, 王仲颖, 高虎, 等编著. 2009. 2009 可再生能源政策法规知识读本. 北京: 化学工业出版社.

任东明, 王仲颖, 高虎, 等著. 2012. 中国非化石能源之路-2020 年非化石能源满足 15% 能源需求目标的途径和措施研究. 北京: 中国经济出版社.

任东明著. 2013. 可再生能源配额制政策研究-系统框架与运行机制. 北京: 中国经济出版社.

陶建光, 秦志伟. 2013. 各国风力发电机组标准及认证发展现状和启示. 科技创新与生产力.

王廷丽. 2014. 甘肃省酒泉市风电发展中的人才问题研究. 发展.

吴光军, 杨学军, 李齐勇. 2009. 浅谈风电场建设的相关常识. 新能源与可再生能源发电学术研讨会论文集: 115-117.

西北工业大学. 2014. 国际化培养风电卓越工程师的探索与实践. 中国电力教育.

于贵勇. 2011. 公共平台: 给创新一个支点. 风能.

中华人民共和国中央人民政府. 2011. 中华人民共和国可再生能源法(修订).

第6章 开拓风能可持续发展新空间

6.1 规模化风电并网运行技术

6.1.1 概述

风能资源具有天然的随机性、波动性和不确定性,风电装备具有低抗扰性和弱支撑性,因此,风能资源特性和风电装备性能与传统常规电源相比具有鲜明的反差。规模化风电并网运行会存在预测难、控制难和调度难的问题,带来的挑战也将贯穿电能从生产、输送到消费的全部环节(王伟胜等,2014)。并网影响突出体现在风电安全稳定运行和消纳利用等方面(张丽英等,2010)。

第一,由于受大气运动、地理条件等众多因素的影响,风能资源呈现出强随机波动性,很难进行准确模拟。另外,我国地形地貌复杂、气候类型多样,加之气象观测点较少以及历史数据积累不足等原因,要对风电功率进行准确预测还存在着很大的困难(范高锋等,2008)。目前,风电功率预测误差要远大于电力负荷预测误差,随着风电并网接入容量的快速增长,进一步增大了电力系统电力电量的平衡难度。

第二,风电机组通过电力电子设备并网接入电网,电力电子元件的过电压和过电流等抗扰动能力相对较差。而且,风电设备多以电流源模式工作运行,按照风能资源最大能力进行发电,对电网的支撑能力较弱,风电设备与常规发电机组相比在电气性能上存在着较大差距。当电网发生短路等常见故障时,风电容易发生大面积脱网事故。另外,我国大规模风电通常集中接入末端地区电网,需要远距离送出,风电单元之间耦合性强,对电网支撑性较弱,大规模风电场站/集群协调稳定控制十分复杂。加之风电功率随机波动大,使得电网电压、频率等控制指标较传统电网运行难度增大,大规模风电并网使得电力系统安全稳定运行问题十分突出(郝元判等,2012)。

第三,我国丰富的风能资源主要分布在"三北"地区,开发利用呈现出"大规模集中开发、远距离大容量送出"和"点多面广分散接入、高穿透率集群式开发"的特点,与国外风电分散接入低压电网、就地消纳的模式形成鲜明对比。另外,我国风能资源富集的东北、华北地区,电源结构以燃煤火电为主,缺少灵活调节电源,电网调度运行调节不灵活,电源结构的不合理和系统调峰能力的不足,使得常规电源难以跟踪风电功率的强随机波动。国外电力系统中灵活调节电源比例较高,如西班牙达到47%,而我国抽水蓄能、燃气发电等灵活调节电源比重不到5%;"三北"地区风电并网容量已占到全国的近90%,而用电量仅为全国的23%。另外,由于单座风电场站容量小,这使得风电场站个数远多于常规电源,并且地理毗邻的众多风电场站发电功率也呈现出一定的强相关性,这些都增加了风电与常规电源以及电网协调调度运行的难度(刘纯等,2014)。

总体来看,我国电力系统在电网条件、电源结构、负荷特性以及市场机制等方面与国外存在着很大差异,使得我国大规模风电并网接入后的安全运行与消纳利用问题也更加突出,解决的难度也更大。因此,针对大规模风电并网运行存在的问题,迫切需要提升风电"精确预测""灵活控制""智能调度"的并网运行技术性能,增强大规模风电与常规电源和电网的协调运行能力,促进大规模风电并网安全稳定运行与高效消纳利用。

6.1.2　风电功率预测

风电功率预测是指根据风电场的地理基础信息、并网运行数据、天气气象参数以及数值天气预报等来建立数学模型,对风电场未来输出有功功率进行预测的技术。与常规电源相比,风电出力几乎完全由自然风况来决定,随机变化的风速、风向导致风电场输出功率具有波动性和随机性特点。因此,开展风电功率预测将有助于安排电力系统中常规电源发电计划和电网运行方式,保障电力系统安全稳定运行,减少系统中应对风电不确定性的旋转备用容量,有效对风电场站进行科学调度管理,提高电力系统接纳风电的能力,提升整个电力系统运行的安全性、经济性和可靠性。

风电功率随机波动在三种时间尺度上会对电力系统运行带来影响:一是超短时风电功率波动(几分钟以内),这一时间尺度内的波动将对常规电源和风电场站运行控制带来影响;二是短期的风电功率波动(几小时到几天),该时间尺度内的波动会对电力系统发电调度计划和短期电力电量平衡带来影响;三是中长期波动(数周或数月),该时间尺度内的波动将对风电场或电网检修维护、中长期电量计划和交易等带来影响。

根据预测的时间尺度,风电功率预测可分为超短期、短期和中长期预测。一般情况下,不超过4小时的预测可认为是超短期风电功率预测;而对于时间更短的数分钟内的风电功率预测,主要用于风电控制、电能质量评估及风电机组机械部件的设计等应用场景。短期风电功率预测是指0—72小时的预测,中长期风电预测则主要是指周、月度、季度以及更长时间尺度的风电电量预测。

为反映大气系统在预测时间内的变化过程,风电功率预测通常需要采用数值天气预报(Numerical Weather Prediction—NWP)的风速、风向数据作为输入量,再通过预测算法将 NWP 的气象要素预报转换为风电场输出功率预测。风能资源数值模拟是一种对资源分布状态、发展演变趋势进行分析的计算机仿真技术,是掌握风能资源波动机理、提供高精度数值天气预报的关键;而风电功率预测作为提前预知风电场站输出功率波动情况、降低风电不确定性的技术,也需要进一步提升各种风电开发场景的适应性。因此,对风能资源进行精细模拟,得到准确的 NWP 数据,研发适合不同场景应用的风电功率预测算法和模型,是风电功率预测技术领域的研究重点。

1. 技术现状和需求

国外从 20 世纪 90 年代开始风电功率预测的研究与应用工作,提出了风电功率物理预测方法、统计预测方法和混合预测方法,并得到了广泛的推广应用(Hodge M B 等,2011)。近年来,随着风电大规模集中开发和并网接入电力系统,其对电网运行带来的影响愈加显现,国外风电功率预测技术研究逐步转向复杂地形地貌、极端天气事件以及海上风电功率预测,提出了基于中小尺度数值模式耦合的预测方法、多数值天气预报源的陆上风电集合预测方法以及大气模式与海洋模式耦合的海上风电功率预测方法。

近年来我国风电发展速度非常迅猛,历史数据积累相对较少,加之弃风限电频发,地形地貌复杂,气候类型多样等客观因素,国外的已有研究成果在国内难以进行直接应用。为此,国内高校和科研机构在风电功率预测领域开展了大量研究工作,针对我国风电发展模式和特点,提出了基于多实测数据的统计预测方法、基于风电场站线性升尺度的区域预测方法等技术(陈颖等,2013)。在风电功率预测方面,国内已提出基于微尺度计算流体力学(CFD)模型的物理预测方法和自适应组态耦合统计预测方法,如图 6-1-1 所示。该方法显著提高了风电功率预测方法的普适性,推动了风电功率预测技术在我国的快速普及应用(冯双磊等,2010)。数值天气预报作为风电功率预测的主要输入数据,是影响风电功率预测精度的最重要因素,准确模拟边界层气象要素变化过程是提高数值预报精度的主要途径。目前,数值天气预报的研究工作主要集中在中小尺度数值模式耦合动力降尺度技术、基于风电场站气象观测数据的快速同化技术等方面。

目前,国内已自主研发出电网侧和电站侧风电功率预测系统,并在主要风电并网运行省区实现了应用覆盖,总体预测精度能够达到 80% 以上,但各地区预测精度差别还较大,与国外先进水平相比仍存在一些差距,还需进一步提升预测精度(徐曼等,2011);另一方面,复杂多变的风能资源条件、大规模风电集群发电、极端天气事件等因素,对我国风电功率高精度预测也提出了很大挑战。国内在复杂地型、极端天气以及海上风电功率预测等方面,预测技术和方法尚不成熟或刚起步,还需要进一步的提升和完善。

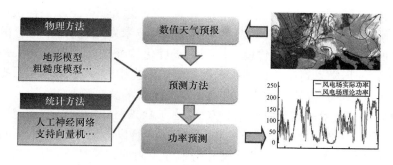

图 6-1-1　风电功率预测系统框图（后附彩图）

2. 技术发展趋势和方向

随着未来风电并网比例的进一步增大，风电功率预测的绝对偏差将远大于负荷预测不确定性带来的电力需求偏差，风电功率预测不确定性将成为电网运行风险的主要因素，电网安全稳定运行的需求将对风电功率预测技术提出更高要求，需根据应用需求进一步提升风能资源数值模拟的精度和分辨率，提高风电功率预测建模的灵活性和适应性以及预测结果的准确性。

风能资源数值模拟与风电功率预测作为热点研究领域，目前欧盟通过了"适用于大规模风电的下一代功率预测系统研发（ANEMOS）项目"和后续 ANEMOS. plus 项目来持续支持风电功率预测技术研究工作，研究重点主要集中在概率预测、事件预测以及高精度数值天气预报技术等方面。美国 Xcel 公司与美国国家大气研究中心（NCAR）合作开发了风电电站监测与数值天气预报在线互动的一体化监测—预测系统。根据应用需求和研究进展，风能资源数值模拟与风电功率预测技术将向着资源详细模拟与定制化预报、多时空尺度功率预测、多预测对象、气象预报定制化、资源模拟高分辨率、功率预测高精度以及风电功率概率预测与极端气象事件预测的方向发展。

在风能资源数值模拟与预报方面，风电功率预测与定制化气象应用对气象预报的精度提出了更高要求，基于多维风能资源观测数据，精确模拟边界层气象要素分布与发展演变的风能资源数值模拟与预报技术将是提高气象预报精度的关键；其中边界层风能资源分布模拟方法、突发天气事件形成机理与预报方法、详细模拟风电开发区域局地效应的数值天气预报动力降尺度方法、多维观测数据快速同化方法、边界层参数化方案优化等将是主要研究方向。另外，随着计算机硬件成本的降低，以耗费计算资源换取预报可靠性的集合预报技术也是研究趋势。

在风电功率多时空尺度预测方面，随着大型风电基地的建设，以单一风电场为预测对象的功率预测方法将不能满足预测范围快速全覆盖的要求，且预测建模的时效性及预测精度也无法满足应用的需求。考虑风能资源时空相关性机理和面向大型风电场群的集群预测方法将成为一种重要的技术发展趋势;针对分散式风电功率预测的需求,具有智能化建模与模型在线优化特征的功率预测方法是重要的发展趋势。此外,随着运行数据的积累及预测技术应用的深入,基于大数据挖掘的多时间尺度动态优化方法将成为风电功率预测的技术发展新方向。

在风电功率概率预测与事件预测方面,由于缺乏对预测功率不确定性的评估手段,目前传统的确定性调度方法在经济调度与运行风险评估方面存在不足,可用于调度决策评估的概率预测技术将成为确定性预测的重要补充,为制定更为科学的发电计划提供依据。大型风电基地输出功率的快速波动将对电网安全运行带来很大风险,针对这类高风险事件的准确预测也是未来的重点发展方向。

3. 关键技术

(1) 风能资源数值模拟与预报

针对常规数值天气预报在边界层风能资源数值模拟精度不高、对风电功率预测需求适应性差、同化周期长等方面的不足,需要研究建立面向风电功率预测、定制化的风能资源数值模拟与预报的技术体系,未来应主要开展的技术研究内容包括:①边界层风能资源分布机理与数值模拟方法,适用于风电功率概率预测的集合预报技术;②引起风电爬坡事件的突发天气事件形成机理与预报方法;③反映风电场站局地效应的数值天气预报动力降尺度技术;④与风电场站在线互动、实时同化的数值预报技术;⑤气象—海洋模式动态耦合技术。

(2) 风电功率多时空尺度预测

针对风电大规模快速发展对风电功率预测的技术需求,需要研究满足多场景应用的风电功率预测方法体系,未来应主要开展的技术研究内容包括:①基于大数据分析的风电功率统计预测理论与方法;②基于微观气象学的风电功率物理预测方法;③多种方法综合应用的风电功率耦合预测方法;④弃风限电等特殊条件下的风电功率预测方法;⑤风电功率预测智能化建模与模型在线优化方法;⑥适用于分散式风电的功率预测方法;⑦基于多维监测数据的风电超短期预测方法;⑧风能资源时空相关机理与面向大型风电集群的风电功率预测方法;⑨不依赖于实时观测数据的风电超短期预测方法;⑩电力市场环境下的风电功率预测方法体系;⑪考虑风电与储能协调配合环境下的风电功率预测方法;⑫基于数值天气预报的海上风电功率预测方法。

(3) 风电概率预测与事件预测

为满足大规模风电接入后的电网不确定性优化调度和运行风险评估对风电功率预测技术的要求,需要开展风电概率预测与事件预测的技术研究,未来应主要开展的技术研究内容包括:①基于数值天气预报集合预报结果的风电概率预测方法;

②考虑数值天气预报不确定性的风电概率预测理论与方法；③具有强相关性的风电场站/风电集群概率预测方法；④风电输出功率快速大范围波动机理与爬坡事件预测方法；⑤阵风影响下的风电场大风切出事件预测方法。

6.1.3　风电并网运行控制

风电并网运行控制是指对风电机组、风电场站、风电集群采取有功/无功功率控制、频率/电压控制、故障穿越控制、惯量控制等技术措施，实现大规模风电对电网调度控制指令的灵活响应和主动支撑。由于风能资源具有低能量密度特性，使得风电单元的容量只有几百至几千千瓦，相对于传统火电或水电机组几十万千瓦容量要小很多。因此，大型千万千瓦级风电基地将包含几千台甚至上万台风电机组，接入电网时需要经过复杂的汇集系统和多级升压，才能实现大规模风电的并网汇集接入和远距离送出。风能资源的随机波动性以及大量电力电子接口设备的接入应用，使得风电呈现与传统电源不同的特性，受电力电子设备无惯性、过载能力弱等限制，风电设备的抗电网扰动能力较差，对电网支撑能力也较弱。另外，风电机组单机容量小，运行控制需考虑众多发电设备的协调，难度非常大。随着电力系统中风电并网容量比例的日益增大，加之当前风电场站控制多为被动式且控制性能水平参差不齐，大规模风电接入弱电网将改变原有的电网运行方式，并带来电压稳定、频率稳定、次同步振荡和谐波谐振等多种问题。而且，目前我国大规模风电开发主要集中于"三北"地区，特别是甘肃河西走廊、新疆哈密、蒙西、冀北等大型风电基地均位于电网末端，网架结构脆弱，短路容量小，容易形成大规模风电集中接入末端弱电网的局面，风电运行控制的难度也更大。

1. 技术现状和需求

德国、丹麦等国家的风电一般都就近接入比较强的电网，并且风能资源与电力负荷分布均匀，没有装机容量为千万千瓦级的大型风电基地集中接入末端电网的情况。因此，国外主要以单个风电单元特性和控制策略研究为主（Faried S O, et al, 2013），未开展大规模风电单元之间的相互影响、电网适应性主动控制等方面的研究。

在风电机组机电和电磁暂态建模技术方面，国外已经取得了突破，并且准确度较高，主要用来研究单个发电单元输出特性和控制方法。在储能改善风电输出特性、提高风电故障穿越能力、风电与储能联合功率控制和优化管理等方面，国外也有多项示范工程，但大多基于特定场景而不具备推广条件。对于电网扰动引起的连锁故障演变机理、谐波发生与传播机理的研究，以及模拟在不同电网强度下大规模风电单元的控制策略方面，国内外均尚未开展相关研究。

我国风电以大规模集群接入高电压等级输电网、远距离外送的发展模式为主，近年来国内科研机构和高校在该技术领域开展了大量研究（孙蔚等，2015；许晓菲等,2014),并取得了一系列创新性成果。国内已开展的研究主要包括风电机组建模与并网运行特性仿真(如图 6-1-2 所示);大规模风电与电力系统的交互影响等(杨硕等,2013);针对发生的大规模风电脱网事故,基于实际故障数据分析和事故仿真复现,开展了大规模风电连锁故障脱网原因分析和抑制措施研究(田新首等,2015);以及利用储能技术改善风电的电网适应性研究,为指导我国大规模风电并网安全稳定运行提供了重要技术支撑。此外,国内也开展了风电与储能联合运行的示范工程技术研究,推动了储能技术在可再生能源发电领域的应用。

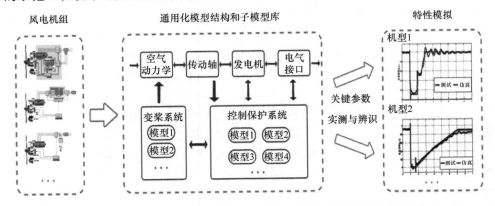

图 6-1-2　风电机组通用化建模与运行特性仿真系统框图(后附彩图)

2. 技术发展趋势和方向

目前,风电等可再生能源发电单元的机电暂态和电磁暂态建模、发电单元的暂态响应和故障穿越控制策略、虚拟同步机技术等是国外在风电控制领域的研究热点。但是,我国已规划建设九个千万千瓦级大型风电基地,呈现大规模开发模式,大规模风电基地内的上万个发电单元需要经过多级变压器升压 1000 倍以上并通过几千公里的汇集线路接入电网;风电单元之间的电气距离仅几百米,呈强耦合特性,而风电场站与系统之间的电气距离可达上百公里,呈弱支撑特性。这些特性导致风电运行状态易受电网扰动与故障而破坏,无法对电网提供强有力的支撑,而目前国内外尚无法通过建模仿真的手段对大规模风电单元的相互作用和连锁故障演变机理开展深入研究,给大规模风电并网安全稳定运行带来巨大挑战。因此,需要在风电并网安全稳定与运行状态破坏机理、风电单元电网适应性主动控制、风电实证方法以及风电储能的主动协同控制方面开展技术研究工作,提升风电对电网安全稳定运行的有效支撑。

在大规模风电耦合特性与运行状态破坏机理方面,对于包含高比例风电的电网,在传统电力系统安全稳定机理分析的基础上,还需要研究大规模风电集群接入地区发电单元与电力电子接口设备之间的耦合特性以及风电在受扰后的连锁脱网传播与演变机理。

在风电的电网适应性主动控制方面,提升风电单元和风电场站对电网电压/频率/惯量/阻尼的主动支撑是未来的重要技术发展趋势。同时,随着我国海上风电的发展和陆上风电大规模集群开发,传统的交流汇集方式难以满足安全稳定送出的要求,大规模风电发电汇集形态也将逐步发展为多电压等级交直流混联方式,其运行控制也将是下一步的技术发展方向。

在风电与储能协调控制技术方面,需要在大规模储能提升风电故障穿越能力、利用储能系统对风电场站谐波和闪变等电能质量进行防治、储能支撑多形态分散式风电并网接入等方面开展研究。随着储能技术进步与应用,利用储能提升风电的主动控制性能将逐步成为新的技术发展方向。

在风电控制实证技术方面,需要在风电并网安全稳定机理和智能控制的实证性方法,电压/频率/阻抗可控的电网运行特征模拟,风电/储能装置及交直流汇集系统并网运行实证性等方面开展工作,发现大规模风电交互影响机理与运行特性,验证风电的电网适应性主动控制、风电与储能协调运行控制策略,这也是风电控制实证的主要技术发展方向。

总体来看,风电并网控制将向电网友好、主动支撑、自适应控制、集群化控制的方向发展,风电直流汇集/组网/传输成为新的发展趋势。未来风电将逐步具备主动支撑电网电压和频率调节、实现宽频带振荡抑制、支撑系统故障恢复以及黑启动,达到并在部分指标上超越常规同步发电机组并网控制性能。

3. 关键技术

(1) 风电运行状态破坏机理

通过研究弱支撑电网条件下的风电耦合特性和相互作用规律,从而揭示风电单元之间扰动的传播、放大以及连锁脱网演变机理,未来应主要开展的技术研究内容包括:①复杂电网条件下风电功率输出特性及控制系统稳定域;②弱电网下大规模风电的暂态响应特性;③大规模风电单元、风电场站/集群之间的相互作用与影响研究,揭示大规模风电系统运行状态破坏机理;④电网扰动/故障引发的风电连锁脱网的反应与演化机理;⑤风电谐波、闪变等电能质量发生、传播与放大机理以及电能质量的耦合特性和影响因素。

(2) 风电并网主动支撑控制

通过研究风电单元在复杂电网条件下的控制策略和主动支撑弱电网的控制方法,来提升发电单元的抗干扰能力以及风电场站对电网运行的主动支撑能力。未来应主要开展的技术研究内容包括:①风电单元关键参数与电网特性在线辨识技术;②规模化风电对电网电压/频率/惯量/阻尼的主动支撑技术;③基于风电机组动态和静态无功能力的风电场站无功优化控制技术;④大规模风电故障穿越技术;⑤规模化风电并网电压和频率适应性技术;⑥大型风电基地实时态势感知和协调保护控制技术;⑦弱电网情况下大规模风电的电压源同步并网技术;⑧风电并网自适应电能质量控制技术;⑨大规模风电场站多电压等级交直流混联汇集及运行控制技术;⑩用户侧风电并网系统电能质量智能调节技术;⑪风电并网运行智能控制的实证技术。

（3）风电与储能协调运行控制

通过研究风电场站与储能系统的联合运行控制技术,提升基于储能应用的风电场站暂态特性,保障规模化风电安全运行。未来应主要开展的技术研究内容包括:①规模化储能系统与风电并网联合运行控制技术;②储能提升大规模风电故障穿越能力控制技术;③基于储能系统的风电谐波、闪变及无功和频率偏差调节等电能质量主动治理技术;④规模化风电协同储能主动参与电网调节技术;⑤风电与储能联合自启动运行控制技术;⑥基于储能应用的分散式风电并网运行控制技术。

6.1.4 风电优化调度及风险防御

风电出力具有强随机波动性和不确定性,这大大增加了电力系统调度控制的难度和运行中面临的风险,主要包括:风电功率的随机波动性和反调峰特性对电网调峰带来影响,风电功率难以精确预测导致电网调度运行方式安排困难,大规模风电集中分布在电网末端带来送出时输电电压的稳定控制难题,以及电网调度结构如何对风电进行科学调度和有效控制等问题。为了适应大规模风电功率的随机不确定性,电力系统调度运行中必须考虑留有足够的备用电源和调节容量,以保障风电出力不足时能够正常向用户供电,在风电出力大而系统负荷不足时,压低常规电源出力来保证系统的功率平衡和频率稳定。因此,风电优化调度主要是指根据风电功率的预测结果,协调优化安排常规电源的开停机方式、发电计划出力安排、联络线运行方式等,提前为风电优先消纳预留空间,并分析预判风电运行的潜在安全隐患和由此带来的电网安全运行风险,在满足电力系统安全稳定约束的条件下建立主动防御措施,实现风电最大化消纳利用与安全稳定运行。总体来讲,对风电实施优化调度和风险防御,是保障风电并网安全运行和高效消纳利用的关键环节。

1. 技术现状和需求

国外风电并网比例高的丹麦、德国、西班牙等国风电调度主要基于电力市场来实施。风电与常规电源均需遵守电力市场的相关规则,参与市场运行。通过日前、日内、备用、辅助服务等多时间尺度逐级市场滚动交易及相应的价格机制,将风电的不确定性风险控制在安全的范围内。欧美国家风电弃风现象较少,主要是得益于系统中丰富的燃气机组、水电等灵活调节发电资源。目前丹麦、德国、西班牙的灵活调节电源容量远大于风电并网容量,并且还可以协调相邻国家或地区的灵活调节资源,通过有效的电力市场机制实现风电的最大化消纳。此外,国外也非常关注电池储能、电动汽车等技术,通过储能与风电联合调度运行实现风电波动的平抑以及最大化消纳。

　　我国燃煤火电比重大、灵活调节电源缺乏、电力市场机制不健全,风电消纳的客观条件和调度运行机制与国外差别很大,无法直接借鉴国外经验。在风电优化调度方面,国内科研机构和高校开展了大量的研究工作(刘秋华等,2015)。根据我国电力系统运行机制和电源结构特点,提出了时序递进的风电运行不确定区间调度方法(如图 6-1-3 所示),将风电功率预测有效纳入调度运行。国内自主研发的基于功率预测的多时间尺度风电优化调度模型和技术支持系统,在"三北"地区已实现推广应用,有效提高了风电消纳能力。为减少风电波动性和不确定性对电网安全运行的影响,国内还开展了风光储发电单元有功和无功控制以及风光储电站与电网协调运行控制技术研究,支撑建成了国家风光储输示范工程,对风电与储能运行特性及联合调度控制进行了积极探索。但是,由于我国电源和电网结构特点,短期内弃风仍然会较多,高比例风电优化调度运行技术仍有待进一步优化(沈伟等,2011),考虑风电不确定性的随机规划和风险防御技术有待进一步突破。

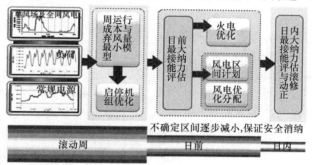

图 6-1-3　风电优化调度系统框图

2. 技术发展趋势和方向

　　预计未来我国"三北"地区部分省份可再生能源并网比例将超过 50%,大规模风电随机波动性和预测不确定性将直接影响电力系统运行可靠性,高比例风电接入后的电力系统面临着巨大的运行风险。而我国煤电机组的调节能力已无法满足大规模风电波动性和不确定性的调节需求。此外,成百上千个风电场站并网接入,各电站之间具有强相关性,相关性随机变量的优化调度问题维数达到百万级,求解变得极其复杂,目前国际上尚未实现高维变量的复杂系统全局最优稳定、可靠求解。因此,风电优化调度方法将向不确定性调度、与储能联合调度以及在线风险预警与主动防御的方向发展。

　　在具有相关性的风电随机优化调度技术方面,风电场站发电相关性具有随天气状态变化的时变特性,需要在风电多时空相关性的科学描述方法方面开展研究,以及开展考虑风电相关性和不确定性的电力系统分析方法研究。另外,由于具有相关性随机变量优化问题的复杂性,迫切需要突破具有相关性的风电随机优化调度理论与算法,实现电力系统的全局最优调度以及风电的最大化消纳。

在风电与储能联合调度运行方面,未来智能电网中将包含储能电站、抽水蓄能、电动汽车等大量储能单元,需研究促进风电消纳的多种储能系统容量优化配置方法,研究风电与储能的分散自治与集中协调优化决策方法,研究风电与储能多时间尺度联合调度运行方法,最大化发挥储能的作用,提高电力系统运行可靠性和经济性。

在大规模风电运行风险评估与主动防御方面,面对高比例风电不确定性带来的高运行风险,迫切需要开展应对大规模新风电运行风险的储能优化配置方法、多级备用容量体系研究,并通过建立风电运行风险预警模型,在线快速辨识风电运行风险,采用储能紧急控制等多种手段对运行风险进行主动防御。

总体来看,未来大规模风电优化调度将向市场化运营、随机优化调度、跨省跨区交易、风险在线评估和主动防御的技术方向发展。

3. 关键技术

规模化风电并网运行有以下关键技术:

（1）大规模风电随机优化调度

为解决不确定性风电难以优化调度决策的问题,在具有相关性的随机规划问题模型和快速求解算法方面开展研究。未来主要技术研究内容包括:①考虑风电功率预测不确定性的最优调度决策理论;②具有风能资源相关性的风电场群随机优化调度技术;③大规模风电不确定性与相关性耦合的随机规划方法及快速求解技术;④考虑风电功率预测不确定性的随机优化调度建模方法和基于场景缩减的求解方法;⑤大规模风电随机机组组合及并行化求解技术;⑥考虑风能资源相关性和不确定性的电力系统分析方法。

（2）多时空尺度风电优化调度

为解决大规模风电并网调度运行与消纳利用问题,需要从不同时间和空间尺度开展风电优化调度技术研究。未来主要技术研究内容包括:①考虑风电不确定性的短期优化调度方法研究,提出考虑风电不确定性的短期区间优化调度及滚动修正方法;②考虑随机性及电网安全稳定约束的风电中长期电量计划方法;③开展基于模型校验的大规模风电集中接入地区动态无功电压稳定控制技术,保证大规模风电集中接入地区的电网运行安全;④开展基于特高压跨省跨区消纳风电的优化调度技术研究,支撑大规模风电跨省跨区多时间尺度协调调度、交易与优化消纳,促进风电利用率提升;⑤开展支撑全网运行的大规模分散式风电网格化优化调度与智能控制技术研究,为高渗透率分散式风电的大量接入提供调度技术手段。

（3）含风电的多能源联合调度

为解决大规模风电与常规电源以及热能等不同能源类型的联合运行,促进风电高效利用,需从风电与各类能源多能互补的角度开展联合优化调度技术研究。

未来主要技术研究内容包括：①大规模风电与供热系统联合运行技术，实现风电与热力系统联合优化调度运行；②包含风电、太阳能发电、水电、火电等多种电源互补运行的电网联合优化调度技术；③大规模风电、太阳能发电以及储能系统多时间尺度滚动协调调度及控制方法；④含分散式风电的多类型能源互补运行的智能微电网优化设计与控制技术；⑤电力市场机制下大规模风电与抽水蓄能等多能源系统联合优化调度运行技术。

（4）风电运行风险与主动防御

对于高比例风电并网接入后带来的电网运行风险增大问题，需要在风电运行风险耦合机理及采用储能等多种主动防御措施方面开展研究，未来主要技术研究内容如下：①极端天气、风电预测不确定性、电网连锁故障等多种运行风险耦合机理；②应对大规模风电多重风险的电网多级备用容量优化配置方法及紧急控制技术；③应对大规模风电运行风险的储能优化配置与运行控制技术；④不同类型储能抵御风电运行风险的作用与紧急控制技术；⑤大规模风电运行风险评估及预警技术；⑥风电多重不确定性的安全稳定运行风险在线快速辨识方法；⑦协调多种资源的风电基地连锁故障风险主动防御方法；⑧风电运行风险评估技术及预警系统。

6.1.5　结语

大规模风电的强随机波动性以及电力电子技术在风电并网接入和电能传输中的广泛应用，使得电力系统将向高比例可再生能源接入和高度电力电子化的形态演变，电网运行特性将会发生根本性变化，这对网源协调发展提出了巨大的技术挑战。因此，只有不断开展风电并网技术研发与突破，提升风能资源数值模拟分辨率和风电功率预测精度，攻克大规模风电随机优化调度和在线风险防御技术，提高风电的主动支撑并网控制技术性能，才能从根本上保障和促进大规模风电并网接入后的电网安全稳定运行与高效消纳利用。

参 考 文 献

陈颖,孙荣富,等. 2013. 基于统计升尺度方法的区域风电场群功率预测方法[J]. 电力系统自动化,37(7):1-5.

范高锋,王伟胜,刘纯等. 2008. 基于人工神经网络的风电功率预测[J]. 中国电机工程学报,28(34):118-123.

冯双磊,王伟胜,刘纯等. 2010. 风电场功率预测物理方法研究[J]. 中国电机工程学报,30(2):1-6.

郝元判,李培强,李欣然等. 2012. 风电机组对电力系统暂态稳定性影响分析[J]. 电力系统及其自动化学报,24(2):41-46.

贺益康,胡家兵. 2012. 双馈异步风力发电机并网运行中的几个热点问题[J],中国电机工程学报,32(27):1-15.

刘纯,曹阳,黄越辉等. 2014. 基于时序仿真的风电年度计划制定方法[J]. 电力系统自动化,11:13-19.

刘秋华,郑亚先,杨胜春. 2015. 长周期大范围风电消纳的电力电量联合优化模型与应用[J]. 电力系统自动化,39(18):145-149.

沈伟,吴文传,张伯明等. 2011. 消纳大规模风电的在线滚动调度策略与模型[J]. 电力系统自动化,35(22):136-140.

孙蔚,姚良忠,李琰等. 2015. 考虑大规模海上风电接入的多电压等级直流电网运行控制策略研究[J]. 中国电机工程学报, 35(4): 776-785.

田新首,王伟胜,迟永宁等. 2015. 双馈风电机组故障行为及对电力系统暂态稳定性的影响[J], 电力系统自动化, 39(10):16-21.

王伟胜,迟永宁等. 2014. 中国电力百科全书(第三版)-新能源发电卷-新能源发电接入电网分支. 中国电力出版社.

徐曼,乔颖,鲁宗相. 2011. 短期风电功率预测误差综合评价方法[J]. 电力系统自动化,35(12):20-26.

许晓菲,牟涛,贾琳等. 2014. 大规模风电汇集系统静态电压稳定实用判据与控制[J]. 电力系统自动化,38(9):15-19.

杨硕,王伟胜,刘纯等. 2013. 双馈风电场无功电压协调控制策略[J]. 电力系统自动化,37(12):1-6.

张丽英,叶廷路,辛耀中等. 2010. 大规模风电接入电网的相关问题及措施[J]. 中国电机工程学报,30(25):1-9.

Faried S O, Unal I, Rai D, et al. 2013. Utilizing DFIG-Based Wind Farms for Damping Subsynchronous Resonance in Nearby Turbine Generators[J]. IEEE Transactionson Power Systems, 28(1):452-459.

Hodge M B, Milligan M. 2011. Wind Power Forecasting Error Distributions over Multiple Timescales [C]. Power & Energy Society General Meeting. Detroit, Michigan, United States: USDOE: 1-11.

Xiao S, Yang G, Zhou H. 2012. A LVRT Control Strategy based on Flux Linkage racking for DFIG-based WECS[J]. IEEE Transactions on Industrial Electronics,99(1):1-5.

6.2　分布式风电与微电网

6.2.1　概述

近年来,风电产业快速发展,市场竞争力逐渐提高,逐步由"补充能源"向"替代能源"转变。但目前存在着一些问题制约了风能产业健康、快速、可持续发展,如大规模远距离输送导致的挤占耕地问题,输运耗费严重问题,弃风限电问题等。2016年风电累计并网装机容量达到 1.49 亿千瓦,占全部发电装机容量的 9%,风电发电量 2410 亿千瓦时,全年弃风电量 497 亿千瓦时(国家能源局,2016)。全国弃风较为严重的地区是甘肃、新疆、吉林和内蒙古,弃风率均在 20％以上,其中甘肃弃风率达到了 43％,新疆弃风率达到了 38％,高比例弃风形势非常严峻。我国陆上风能资源多分布在"三北"地区,当集中式开发不能有效解决电力外送及就地消纳问题时,弃风限电就是必然,因此未来风电的发展必须有效解决弃风限电问题。"十二五"期间,国家能源局发布"374 号"文件指出要"探索分散式风电开发的新模式",标志着风电开发从"规模化集中开发",转向"集中规模化开发"与"分散式开发"的"两条腿走路"新模式。《可再生能源发展十二五规划》中也明确提出鼓励分散式并网风电开发建设,探索与其他分布式能源相结合的发展方式,实现分散的风能资源就近利用。微电网是近年来在分布式发电基础上提出的一种更加先进、灵活的新型供电方式,它既可以与外部大电网并列运行,也可以孤岛运行单独为本地负荷供电,具有更高的供电安全性和可靠性。

1. 分布式风电

分布式发电是指利用各种可用的分散存在的能源,包括可再生能源(太阳能、生物质能、风能、小型水能、波浪能等)和本地可方便获取的化石类燃料(主要是天然气)进行发电供能的技术(王成山等,2016)。分布式发电系统便于实现冷、热、电等多种能源的互补利用,满足用户的多种能源需求,提高能源利用效率。分布式发电可减少电能远距离传输造成的网络损耗及稳定性问题,同时避免了大规模集中式风电场开发受电网调峰能力影响的问题,可提高电能质量和供电可靠性。我国对分布式风电目前尚无明确的定义,国家电网公司在《关于做好分布式电源并网服务工作的意见》中对分布式电源的适用范围为:位于用户附近,所发电能就地利用,以 10 千伏及以下电压等级接入电网,且单个并网点总装机容量不超过 6 兆瓦的发电项目,包括太阳能、天然气、生物质能、风能、地热能、海洋能、资源综合利用发电等类型。分布式风电是一种新型的、具有广阔发展前景的发电和能源综合利用方式。分散式风电是结合我国国情提出的风能分布式开发模式,以单点或多点接入、集中监控的分布式风电项目。分散式风电项目是指位于用电负荷中心附近,不以大规模远距离输送电力为目的,所产生的电力就近接入电网,并在当地消纳的风电项目。与集中式风电相比,分散式风电开发的特点主要体现在小规模、分散开发以及就近接入,且输送电压一般在 110 千伏、35 千伏和 10 千伏三个电压等级。另外,由于分散式风电项目一般无须新建升压站,投资小,建设周期短,因此无论从规划选址还是从经济方面考虑都是可行的。

分布式风力发电环境适应性强,无论是高原、山地,还是海岛(礁)、极地、边远地区,只要风能达到一定的条件,都可以正常运行,为用户终端供电,采用分布式风力发电技术实行离网发电可以有效解决边远地区的用电难题,其为偏远山区、极端气候区提供了一种供电新模式。分布式风力发电系统安全可靠性高,系统中各电站相互独立,用户由于可以自行控制,不会发生大规模停电事故,可弥补大电网安全稳定性不足,在意外灾害发生时继续供电,已成为集中供电方式不可缺少的重要补充,同时输配电损耗很低,甚至没有,无须建配电站,可降低或避免附加的输配电成本,同时土建和安装成本低。分布式风力发电和太阳能光伏发电可以互相补充,风力发电机组和太阳能光伏、储能装置通过技术改造可以共同组合成一套联合供电系统,解决小范围的居民生活用电。还可对区域电力的质量和性能进行实时监控,非常适合向农村、牧区、山区,中、小城市或商业区的居民供电。分布式风电所发电力可以自发自用,就地消纳,还能唤起社会民众闲散资金用于新能源的投入开发,符合我国调结构、扩内需、稳增长的经济运行策略。

发展以风电为代表的可再生能源是全球大势,是我国推进能源革命的大政方针。而分布式应用模式是解决自发自用、就地消纳、弃风限电,刺激社会投资,调结构、扩内需、稳定经济增长的一种有效方案,也是转变电力供应方式和电力市场改革的重要手段,在风电集中与分布式开发并重的形势下,推动风能的分布式利用,支撑我国风能产业战略发展目标的实现,支撑风能利用在未来的能源体系中发挥更加重要的作用。

尽管分布式发电有诸多优点,但其对大电网的影响也是不容忽略的。IEEE P1547规定分布式能源单独并网,当电力系统发生故障时,分布式能源必须马上退出运行,这大大限制了分布式能源的发展。为了最大限度地利用分布式能源及其所带来的经济效益,以及对可靠性的改善,尽可能地减少其对大电网的冲击,微电网的概念被提了出来。

2. 微电网

微电网(micro-grid 或 microgrid),也译为微网,是指由分布式电源、储能装置、能量转换装置、相关负荷和监控、保护装置汇集而成的小型发电/配电/用电系统,是一个能够实现自我控制、保护和管理的自治系统(王成山等,2014、2016)。微电网是相对传统大电网的一个概念,大电网规模不断扩大,其弊端也日益凸显,微电网技术的出现正好有效地克服了大电网的诸多缺点。通过运行控制和能量管理等关键技术的实现,降低间歇性分布式电源给配电网带来的不利影响,随着分布式能源的发展,微电网技术越来越受到关注。微电网有效地连接了发电侧和用户侧,使得用户侧不必直接面对种类多样、归属不同、分散接入的分布式电源(杨新法等,2014)。现有研究和实践结果表明,将分布式能源以微网形式接入到电网中并网运行,与电网互为支撑,是发挥分布式电源效能的有效方式,可实现对负荷多种能源形式的高可靠供给,提高供电可靠性和电能质量,是实现主动式配电网的一种有效方式,可实现传统电网向智能电网过渡。

微电网的概念最早是由美国电力可靠性技术解决方案协会（CERTS）提出的。欧盟、美国、日本及我国均开展了微电网示范工程研究，综合各示范项目，微电网的特点主要如下：

（1）微电网内分布式能源以清洁能源为主，如风力发电、太阳能发电等，或是以能源综合利用为主，因此微电网是"清洁"的。这些清洁能源受气候条件影响较大，甚至是间歇性能源，所以系统最好与储能装置相配合，从而满足用户侧对电能质量和供电可靠性稳定性要求。

（2）微电网通过本地分布式能源的优化配置，因地制宜，就近利用，向附近的负荷提供电能或热能，减少了输配电线路的投资和损耗，降低了成本。相比于传统大型的电厂和大电网远距离输电，投资成本低，风险小，建设周期短，有利于短时间内解决电力短缺问题。

（3）微电网通过一个公共联接点与主网相连，相对于外部大电网表现为一个整体受控单元。这种连接方式仅需公共联接点的各项技术指标必须满足 IEEE P1547 标准，不需要微电网内的所有分布式能源均满足此标准。

（4）微电网包括若干条馈线，按负荷重要程度及负荷对电能质量的不同要求，分别接入不同馈线，从而实现对负荷分级分层控制，整个网络呈放射状。

储能系统是微电网中的一种特殊的微电源，储能系统由储能单元和双向变流器构成。在联网运行时，储能系统能够存储能量，在孤岛运行时，储能系统起着加快切换时间，改善电能质量和平衡多种电源间响应时间不一致的弊端的重要作用。储能技术可分为机械储能、电磁储能、化学储能等（王成山等，2014）。机械储能主要包括抽水储能、飞轮储能、压缩空气储能等；电磁储能主要包括超导储能、超级电容器储能等；化学储能主要是各类蓄电池，包括铅酸电池、镍系电池、锂系电池、液流电池、钠硫电池等。若按照能量存储和释放的外部特征划分，微网电能存储又可分为功率型和能量型两种，其中功率型储能适用于短时间内对功率需求较高的场合，如改善电能质量、提供快速功率支撑等；能量型储能适用于对能量需求较高的场合，需要储能设备提供较长时间的电能支撑。功率型储能响应迅速、功率密度大，包括超级电容、飞轮储能、超导储能等；能量型储能具有较高的能量存储密度，充放电时间较长，包括压缩空气储能、钠硫电池、液流电池、铅酸电池、锂离子电池等。

6.2.2 国内外现状

1. 国外现状

分布式风电在国外应用较多，尤其是欧美国家，由于其陆地面积较小，人口密度较大，不适宜发展大规模风电场，主要采用"小规模、分布式、低电压、就地分布接入系统"的路线。美国和欧洲国家,基本上不再建设大型的电源设施,正是这些依附于用户终端市场的能源综合利用系统和分布式电源,在保证电力供应的同时使得能源效率不断提高,能源结构不断优化,碳排放不断降低。同时美国、德国、丹麦等国家制定了分布式风力发电相关规定、标准和政策,以鼓励和规范分布式风电的发展。

（1）美国分布式风电及微电网发展现状

按照美国分布式风能协会定义,分布式风力发电是指就近安装在居民社区、农场、商业办公楼、工业区及公共设施等地,直接接入配电网用于满足全部或部分用户自身或附近用户需求的风力发电设备。美国研究分布式风力发电较早,其在技术水平、设备制造及市场份额等方面均处于世界领先水平。美国分布式风力发电取得快速发展的原因主要有以下几方面:一是分布式风力发电项目获得美国社会各界的大力支持,地方政府降低门槛允许居民个人投资建设小型分布式风力发电项目;二是分布式风力发电项目规模多样,从几十千瓦的小型风电机组到兆瓦级的大型并网型风电机组,以固定电价来满足政府、商业、工业、居民等不同种类用户的电力需求;三是分布式风电场的开发流程简单,从风电场评估到商业运行的周期较短;四是分布式风电场可直接通过当地配电网实现电网接入（何国庆,2013）;五是美国的风电激励政策适用于分布式风电场,并且联邦政府还专门针对小型分布式风力发电项目量身制定了详细的政策,各州还有自己各自不同的相关政策来鼓励分布式新能源项目的建设。

自 2010 年以来,美国有 34 个州以社区模式发展风电,采用兆瓦级风电机组建设分布式发电站。社区风电的发展已有数年历史,有相对成熟的运行经验,社区风电可享受至少 5 年 30%投资税抵免。《美国农村能源法案》为农村风电分布式发电项目提供贷款担保或项目拨款,拨款上限为 50 万美元或者项目总成本的 1/4。同时美国能源部提出,到 2020 年,通过最大程度的使用具有良好成本效益的分布式能源系统,使美国的电能生产和输送系统变为世界上最洁净、最有效,最可靠,这为分布式风电的发展提供了更大的机遇。

在微网方面,美国起步较早研究较深入,微电网的概念最早由美国 CERTS 提出来,同时 CERTS 资助威斯康星大学麦迪逊分校建立了实验性微网,并随后在俄亥俄州建立了示范性微网系统。美国在世界微电网的研究和实践中居于领先地位,拥有全球最多的微电网示范工程,数量超过 200 个,占全球微电网数量的 50%左右（Navigant Research,2013）。美国微电网示范工程地域分布广泛、投资主体多元、结构组成多样、应用场景丰富,主要用于消纳可再生分布式能源、提高供电可靠性及作为一个可控单元为电网提供支撑服务。从美国电网现代化角度来看,提高重要负荷的供电可靠性、满足用户定制的多种电能质量需求、降低成本、实现智能化将是美国微电网的发展重点。

在分布式风电政策法律法规方面,美国的风电激励政策适用于分布式风电场,同时联邦政府还专门针对小型分布式风力发电项目量身制定了详细的政策。美国相应的政策法律法规较多,除国家政策之外,各州都有自己不同的相应政策,以鼓励分布式风电项目的发展。主要的政策包括可再生能源配额制、税收抵免政策、可再生能源补贴政策、净电量交换政策等。可再生能源配额制以法律的形式对美国各州可再生能源发电在总发电量中所占的份额进行了强制性规定,按照可再生能源配额制要求,截至 2025 年年底,全美国范围内的供电公司必须将可再生能源供电比例提升至总用电量的 25％。税收抵免政策规定并网型的分布式风电项目既可享受单位发电量的生产税抵免优惠政策,也可按照项目投资额的 30％一次性享受现金补贴,离网型或分布式风电场“自发自用”部分无法享受生产税抵免优惠政策,但可以享受现金补贴。可再生能源补贴方面,美国可再生能源计划规定偏远地区私有及非居民分布式风电场能够获得政府提供的项目可行性研究补贴、项目投资补贴及贷款担保。净电量交换政策允许用户把冬天过剩的电量记到账上,到夏天再用,不够部分再从电网购买,如果有剩余则归市政府所有,这项政策以一年为一个周期。除了这些激励政策之外,美国各州政府还专门设立分布式风电场项目可行性研究专项基金用于风电场评估及项目前期开发。

(2) 欧洲分布式风电及微电网发展现状

欧洲风电的发展侧重于分散接入,在正常情况下风电基本在本地或者区域电网范围内就可以消纳。在欧洲,欧盟委员会正在进行一个 SAVEⅡ 的能效行动计划,包含许多不同的能效措施,来推动分布式风电的发展。英国通过能源效率最佳方案计划来促进分布式风电的发展,已在超过 1000 个农场、机场、港口和海岛等场所来建立分布式能源系统,尤其在农场,农场主只需要提供一块地皮,就可以无偿使用清洁电能,而投资商则通过电价补贴来获得自身利益。

社区风电是近些年兴起的分布式风力发电的一种应用形式,发电主要目的为自用,多余电量并入电网,打包出售。欧洲民用电价较高,利用社会投资解决居民用电问题,自发自用,增强民众对新能源利用及节能减排的思想意识。丹麦是社区风电的先行者,创造了许多可供参考的社区风电模式,丹麦国内 80％ 的分布式风电场都具有社区风电性质。丹麦市政能源机构不但购买社区风电,而且参与投资,为社区风电在丹麦的普及发挥了非常重要的作用。如丹麦白沙社区风电示范项目,其由一群当地人发起,在海港沿岸沙滩安装了 3 台 3 兆瓦风电机组,如图 6-2-1 所示,白沙镇每 2 至 3 户家庭经济收入来源依靠该项目(普雷本·麦加德等,2016)。大规模的海上风电也影响了社区风电的发展,并成功实现了海上的社区风电项目,比如某社区联合Copenhagen Energy 公司投资了 40 兆瓦的 Middelgrunden 海上风电项目。

图 6-2-1　丹麦白沙社区风电示范项目全景图

德国与丹麦在社区风电发展方面并驾齐驱。德国所有分布式风电项目 75％都可以归为社区风电。在过去十年里，德国社区风电日益发展壮大。在德国，社区风电的拥有者可以为当地农场主，也可以为独立公司和合作社等。独立公司一般会购入社区风电公开发行的股权，能源公司的参股也越来越广泛。德国社区风电的一大特征是"大"，有些社区风电项目装机容量已逐渐扩容到超过 50 兆瓦。瑞典社区风电建立了各种各样的社区风电所有机制构架。社区风电成员的股息分红与其购买并使用的本社区的风电电量相关，再加上一些环保奖金。通过向其成员直接出售低价风电，社区风电还为成员们省了税金。

欧洲社区风电发展的经验是要把社区风电做成功，必须让当地居民尽早并且持续的参与到社区风电项目中，在初期就把社区特有的需求和条件融入到项目中。社区风电场规划一般由社区外的专业公司做，项目建成后，推动当地经济的发展，为当地政府带来税收，为居民带来廉价电力和提供长期的工作岗位，带来积极的效应。

欧洲微电网的研究和发展主要考虑有利于满足用户对电能质量的多种要求以及整个电网的稳定和环保要求，微电网被认为是未来电网的有效支撑，非常重视对微电网的研究。在欧洲提出的"Smart Power Network"计划中，指出要充分利用分布式能源、智能技术、先进电力电子技术等实现集中供电与分布式发电的高效紧密结合，并积极鼓励社会各界广泛参与电力市场，共同推进电网发展。微电网以其智能型、能量利用多元化等特点成为欧洲未来电网的重要组成部分。欧洲互联电网中的电源比较靠近负荷区，更容易形成多个微电网，因此欧洲微电网的研究更侧重于多个微电网的互联问题。

欧洲各国对分布式风电主要实行强制回购、净电量结算和投资补贴相结合的激励政策。强制回购政策实行范围较广，欧洲大部分风电大国都采用该政策。净电量结算政策也卓有成效,丹麦使用的就是该政策。除此之外,欧洲各国还相应制定了与政策相关的认证标准,在满足认证标准的情况下实施机组的市场准入和政策补贴。

2. 国内现状

我国分布式风电技术主要借鉴欧美国家成熟的发展经验,研究起步较晚。近年来,国家电网公司、中国科学院、中国电科院、浙江电力科学研究院及金风科技股份有限公司等单位,根据我国当前可再生能源电力供应结构发展需求,在分布式风电方面开展了研究,并形成了一些示范项目。但是到目前为止,分布式风电的开发仍相对有限,主要有如下原因:一是我国风能利用主要集中于大规模集中并网开发模式,对风能分布式利用还缺乏政策支持和运行机制;二是我国风资源较好的"三北"地区,如果发展分布式风电,仍然面临送出和消纳问题,东南部地区发展分布式风电,虽然能够解决送出和消纳问题,但风资源的分布情况需要重点考虑;三是分布式风电项目的前期投资成本高;四是分布式风电项目还需要征地和严格的环评程序等。

分散式风电是结合我国国情提出的分布式风电项目,至 2014 年年底,国家能源局已核准的分散式接入风电项目有 15 个,核准容量达 76.2 万千瓦,目前国内已建成并网的项目有 11 个,并网容量为 52.35 万千瓦,如装机容量 9 兆瓦的华能定边狼尔沟分散式示范风电场、装机容量 6 兆瓦的内蒙古达茂高腰海风电场等。分散式利用可做到电力就地消纳和减少弃风,将成为大型风电设备分布式利用的一种很好模式。

除了风电分散式利用之外,为探索分布式微电网技术开发,积累分布式微电网建设经验,"十二五"期间,我国对风能在分布式利用方面开展了初步的技术研究,建起数座以风电为主,多能源互补的分布式微电网示范项目,风电设备制造企业也积极配合开展分布式微网应用技术研究,以备战分布式微网规模应用时机的到来。通过示范项目实施,我国在大型微网系统架构设计、不同类型蓄电池的使用和管理、远程监测、故障诊断及远程升级、能量管理、微网核心设备等方面都积累了一定经验。总体来看,已经设计建设的微电网系统的可靠性是主要矛盾,经济性和环保性等指标尚难以充分估计,在微网的规划设计技术及系统运行管理技术方面和国外有一定差距。

我国针对分布式风电的政策主要在"十二五"初期提出。2011 年以来,国家能源局先后出台了《关于分散式接入风电开发的通知》和《分散式接入风电项目开发建设指导意见》。对分散式接入风电项目的定义、接入电压等级、项目规模、核准审批、工程建设和验收等都作了严格的界定,清晰表明了国家鼓励风电分散式开发的态度。作为行业风向标的《做好 2014 年风电并网和消纳工作》通知中,提出大力推动分散风能资源的开发建设。2013 年国家电网公司发布《关于做好分布式电源并网服务工作的意见》,对所允许并网的新能源分布式能源提出了界定标准,并承诺为分布式能源项目接入电网提供诸多便利。国家发展改革委发布的《分布式发电管理暂行办法》,对在用户所在场地或附近建设安装、运行方式以用户端自发自用为主、多余电量上网,且在配电网系统平衡调节为特征的发电设施或有电力输出的能量综合梯级利用多联供设施的管理进行了规定,对符合条件的分布式发电给予建设资金补贴或单位发电量补贴。尽管我国政府和相关机构出台了一些有关分布式发电政策,但分布式风力发电项目在国内发展总体有所滞后,可借鉴的技术和经验也较少。国家电网公司制定了《分散式风电接入电网技术规定》,对并网技术做出了规定,但是相关标准体系还亟待健全。因此需要结合我国发展的实际需求,建立完善相应的政策、标准及制度,以加速风能分布式应用的发展。

6.2.3　需求分析

在众多的可再生能源中,风力发电是应用最广泛、技术条件最成熟的一种,随着分布式发电和微电网技术的发展,风能等可再生能源作为分布式电源发电是必然趋势。我国风能资源分布广泛,山地、岛屿、边远牧区等很多地区具备建设分布式风电场的优良条件,分布式风力发电技术在我国有着广阔的应用前景和商业潜力。

目前我国用于分布式风力发电的主要是中小型风电机组,先后建设了若干中小风电机组为主的微网发电示范项目,如为边远山区的农牧民供电的小型风电机组。在提倡节能减排发展低碳经济的今天,一些城市、工业园区等也在逐步开发利用新能源,安全环保、技术成熟、环境友好的风力发电技术不断被应用到城市建设中,例如金风科技股份有限公司以大型风电机组为主的分布式智能微网示范项目——江苏大丰商业园区分布式微电网示范项目(祁和生等,2016),如图 6-2-2 所示。随着传统常规能源的枯竭,风电的优势将更加凸显,科技的进步和社会经济水平的进一步提高会使电力需求不断增加,未来分布式风电的应用会越来越多。发展分布式风电及微电网有如下的收益:

(1) 发展分布式风电及微电网技术是缓解风电供需矛盾、解决弃风问题的一种重要途径。近年来,我国风电装机容量增长迅速,特别是“三北”风资源丰富的地区,但弃风问题较为严峻。大型风电设备及其并网关键技术已取得重大进步,但由于电网输送能力限制,当地消纳不了的电力无法及时输送到中东部及南部负荷中心,造成了巨大的资源浪费。发展分布式风电及微电网技术,能够结合当地资源、负荷条件因地制宜、灵活开发并实现就地消纳,是缓解当前风电供需矛盾、解决弃风问题的一种重要途径。

图 6-2-2　江苏大丰商业区分布式微电网示范项目全景图

（2）发展分布式风电及微电网技术是提高风能利用效率、降低成本的一种有效手段。大规模集中式风电场对资源和选址的要求较高，近年来陆上风资源优良地区已经获得了较为充分的开发，而风资源相对较差的地区则不适合大规模集中式的风电开发模式，在这些地区利用分布式风电开发模式，能够在解决当地用电需求的同时，避免大规模风电远距离送出。相对于大型风电场基本建设在偏远地区、长距离运输时电量损耗大，分布式风电系统以小规模、分散式方式布置在用户附近，具有就地消纳、就地利用、就近入网和不需要远距离输送等优势，降低了风电开发的成本。

（3）发展分布式风电及微电网技术将有力推动我国中东部地区的可再生能源利用水平。《可再生能源发展"十三五"规划》已提出优化风电开发布局，把风电开发布局从以"三北"为主转到以中东部为主。《风电发展"十三五"规划》中明确提出"提升中东部和南方地区风电开发利用水平"，将中东部和南方地区作为我国"十三五"期间风电持续开发的重要增量市场，提出到 2020 年，中东部和南方地区陆上风电新增并网装机容量 4200 万千瓦以上的目标。考虑到中东部一些地区风资源条件、地形、土地等建设条件，适宜按照"因地制宜、就近接入"的原则，配合发展分布式风电建设，从而确保目标的实现。

（4）发展分布式风电及微电网技术将有效解决边远/海岛地区的用电难题。我国有将近 500 个有居民海岛，但尚有约 50 个没有电力供应，在有电力供应的海岛中，通过大陆引电的比例占 65%，火力发电占 13%。针对远离大陆的无电海岛供电，采用传统模式供电具有一定的污染性，而由陆地电网供电又存在成本高、施工难度大等问题。发展分布式风电及微电网技术可有效解决边远/海岛地区用电难问题，并且我国已有一些示范应用，如：浙江电力科学院负责承建的舟山东福山岛风光储柴微网发电系统，该微电网属于孤岛发电系统，采用可再生清洁能源为主电源，柴油发电为辅的供电模式，为岛上居民负荷和一套日处理 50 吨的海水淡化系统供电。

（5）发展分布式风电及微电网技术将充分调动社会各方参与可再生能源开发利用的积极性。大型集中式风力发电项目参与方多为大发电集团，中央能源企业等，分布式风电相对于集中式风电投资规模小、建设周期短，发展分布式风电及微电网技术在鼓励中央能源企业参与的同时，将充分调动地方国有、民营、外资企业甚至用电居民个人参与可再生能源开发利用的积极性，打破电网企业对分布式能源入网的一票否决权，形成各方参与发展分布式能源的格局。

（6）发展分布式风电及微电网技术将为我国探索区域性以可再生能源为主的能源系统架构提供有力支持。可再生能源已成为全球能源转型及实现应对气候变化目标的重大战略举措，全球能源转型的基本趋势是实现化石能源体系向低碳能源体系的转变，最终进入以可再生能源为主的可持续能源时代。未来能源的发展路径，将从现在的化石能源为主加可再生能源大规模利用，到化石能源要适应可再生能源的高比例应用，最终发展为可再生能源为主体的再生能源时代的到来。大力发展分布式风电及微电网技术，可以建立一种分布式供电与集中供电、微电网与大电网互相补充、互相支持的新型电力工业体系，可以提高电力系统的效率，供电可靠性和安全性，为我国探索区域性以可再生能源为主的能源系统架构体系提供有力支持。

6.2.4　技术路线和发展方向

1. 技术路线

"十三五"期间，可再生能源新增装机容量和增长速度将远远超过传统化石能源，分布式风电将得到长足的发展。主要技术路线如下：

（1）分布式风电开发风资源评估技术研究

开展基于虚拟测风塔的分散式风电资源评估、风电机组优化选址与和接入点选择的研究。研究分布式风电机组在高海拔、高温、沙尘暴、台风、雷暴、雪霜等风特性与模型、复杂地形中尺度数值模式基本数据的观测理论方法，为我国风力发电机组设计提供理论数据。研究基于中尺度气象模式、利用远距离测风塔的高精度高分辨率风场数值模拟技术，研究基于实测资料的模式修正方法，提高数值模拟结果的准确性，为分散式风电评估提供可靠的虚拟测风塔参数。研究复杂下垫面环境对风能资源、风机安全和运行的关键参数的影响，并以此研究分散式风电优化选址方法。

（2）分布式风电的环境影响研究

目前,我国风电机组运行时的噪音大约在 70—90 分贝区间,分布式风电机组的安装地点不同于集中式风电机组,若分布式风电机组安装在居民区附近,噪音问题将难以回避。尤其是风电存在明显的反调峰特性,半夜时风电机组运行将会直接影响到机组安装地点附近人们的休息。欧洲明确规定,风电机组安装位置应该距离居民区一公里以外。虽然我国分布式风电的发展刚刚起步,但如何解决噪音扰民等环境问题,不管从技术方面还是政策方面,应当予以考虑。

（3）适用于分布式风能的风电机组及其关键零部件技术研究

针对我国大多数地区处于低风速区的实际情况以及分布式风电应用的需要,国内企业通过技术创新,研发出针对性的风电机组产品及解决方案,最为明显的特征为风轮叶片更长、塔架更高,捕获的风能资源更多。以 1.5 兆瓦风电机组为例,我国 2014 年和 2015 年安装和投运的机组中,风轮直径在 93 米及以上的 1.5 兆瓦机组占绝大多数。近三年,风轮直径为 100—121 米的 2 兆瓦机组陆续问世,并相继成为主流机型。这些低速风电机组将在我国南部省份的分散式风电场中发挥较好的作用,但低风速下风能捕获和控制稳定性还有待于进一步提高。低速风电机组研发需重点解决精细化、高效化等问题,从而支撑分布式风电技术水平的全面提升。

（4）分布式能源及需求侧响应精确预测技术研究

分布式电源点多面广,项目规模小,项目上马时间、地点和容量随意性大,分布式电源大规模接入,使得对应配电网规划布局的电力需求及其分布变得难以预测,随机性大增,尤其是风电具有很大的间歇性和随机性。分布式风电场不同于集中并网风电场,需根据风电场规模、所在场址以及所在电网运行需要等具体特性因地制宜配置风电功率预测系统。既可在单个分布式风电场侧配置功率预测系统,也可对多个分布式风电场集中配置功率预测系统。目前的功率预测系统预测精度较低,所以需开展分布式风电及需求侧响应精确预测技术,从而优化电网调度、电网规划,提高电网的安全性和可靠性,提升风力发电的竞争力。

（5）分布式风电与微电网及微电网之间互联技术研究

在技术上,根据海岛、偏远地区、城市分布式发电等需求,发展完善大规模分布式发电技术,构建主动配电网,实时监测主网、配电网和用户侧的负荷和分布式电源的运行情况,提出优化协调控制策略。在此基础上,进一步开展微电网之间的互联技术。微网互联不仅能够实现各网之间的能量共享,提高可再生能源利用率,还能提高网内负载的供电安全和供电可靠性。微网互联对系统规划设计、能量管理及设备功能提出了更高的要求,各部分不仅要能独立成网,同时也要能够互联互通,形成一个各部分具备即插即用功能的大微网系统。通过开展微电网互联设计集成技术、微电网互联的运行控制及能量管理技术等,实现分布式能源的大量接入。

(6) 分布式风电和其他可再生能源多能互补技术研究

在分布式利用方面,风能与太阳能的互补性强,风光互补发电系统在资源上弥补了风电和光电独立系统各自在资源上的缺陷,风光电源具有更高的可靠性和更合理的造价,是理想的独立电源。我国在风电和光电互补利用方面上的研究不足,知识缺乏,风光资源互补利用未发挥应有的作用。因此,需要对风光互补系统及协调规律进行研究,以发挥风光互补在分布式利用的优势。

2. 重点发展方向

在分布式风能利用方面,未来将在基础理论研究、高技术研发与创新、示范应用及产业化推广方面进行整体布局,分布式风电产业化发展路线如图 6-2-3 所示。重点发展方向如下:

(1) 2016—2020 年,将在分布式风电机组及叶片、电气控制系统等关键部件,分布式风电场风能资源评估、微观选址、设计以及分布式风能利用与其他可再生能源互补综合利用等方面开展基础理论、共性技术问题研究与公关;在分布式风电机组整机设计、发电机、变流器等关键部件,分布式风能利用与其他可再生能源互补综合利用系统集成及关键设备等方面开展研发及研制。在发展大型风电机组的同时兼顾考虑中小型风电机组在分布式利用中的作用。

(2) 2020—2030 年,将进一步推动高效、低成本、可靠和安全的分布式风能利用系统及关键设备的示范应用及产业化,在分布式风电机组及其关键部件、分布式风电场开发方面进一步提升自主创新和研发能力;在分布式风能利用与其他可再生能源互补综合利用方面,加快可再生能源多能互补及微电网示范应用项目建设,将分布式风能利用与以物联网、云计算、大数据等为基础的信息化和互联网技术充分结合,总结先进经验和模式,推动分布式风能利用的规模化发展。

6.2.5　结语

发展分布式风电及微电网技术是缓解风电供需矛盾、解决弃风问题的一种重要途径,是提高风电利用效率、降低成本的一种有效手段,将有力推动我国中东部地区的可再生能源利用水平及有效解决边远/海岛地区的用电难题,同时还可充分调动社会各方参与可再生能源开发利用的积极性,为我国探索区域性以可再生能源为主的能源系统架构体系提供有力支撑。分布式风电与微电网的主要技术路线是:分布式风电开发风资源评估技术研究,分布式风电的环境影响技术研究,适用

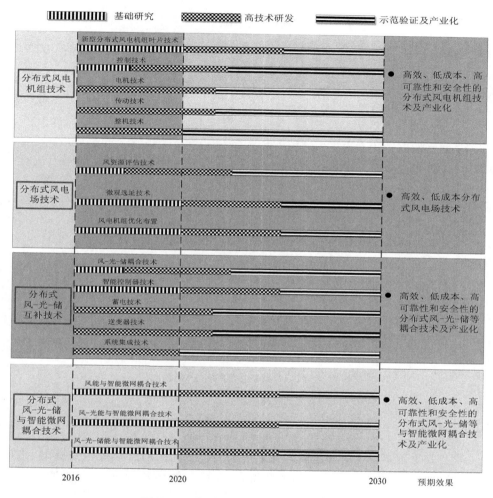

图 6-2-3　分布式风电产业化发展路线图

于分布式风能的风电机组及其关键零部件技术研究,分布式风电并网及需求侧响应精确预测技术研究,分布式风电与微电网及微电网之间互联技术研究及分布式风电和其他可再生能源多能互补技术研究。分布式风电与微电网的重点发展方向是:高效、低成本、高可靠性和安全性的分布式风电机组技术的产业化,高效、低成本分布式风电场技术,高效、低成本、高可靠性和安全性分布式风—光—储等互补技术的产业化和高效、低成本、高可靠性和安全性的分布式风—光—储等智能微电网耦合技术的产业化。

参 考 文 献

国家能源局. 2016. 2016 年风电并网运行情况. http://www. nea. gov. cn/2017-01/26/c_
　136014615. htm [2017-06-26].
何国庆. 2013. 分散式风电并网关键技术问题分析. 风能产业，5：12-14.
普雷本·麦加德，莱乐·戈罗尼奥，赖雅文. 2016. 丹麦社区惠民风电项目发展模式. 风能，7：
　40-44.
祁和生，胡书举. 2016. 分布式利用是风能发展的重要方向. 中国科学院院刊，2：173-181.
王成山，李鹏. 2010. 分布式发电、微网与智能配电网的发展与挑战. 电力系统自动化，34(2)：
　10-14.
王成山，武震，李鹏. 2014. 分布式电能存储技术的应用前景与挑战. 电力系统自动化，38(16)：
　1-8.
王成山，武震，李鹏. 2014. 微电网关键技术研究. 电工技术学报，29(2)：1-12.
王成山，许洪华等. 2016. 微电网技术及应用. 北京：科学出版社：2.
杨新法，苏剑，吕志鹏等. 2014. 微电网技术综述. 中国电机工程学报，34(1)：57-69.
Navigant Research. 2013. More than 400 Microgrid Projects are underdevelopment Worldwide.
　http://www. navigantresearch. com/newsroom/more-than-400-microgrid-projects-are-under-
　development-worldwide [2013-4-2].

6.3　互联网与智能风电场

6.3.1　概述

　　李克强总理在第十二届全国人大第三次会议上的政府工作报告中提出了"互联网＋"。"互联网＋"本质上是资源的融合，是推进社会各行业、各部门通过融合走向成功的一种"力量"，是探究建立在融合化基础上走向成功的一种"道路"，是寻找借融合化牵引经济社会发展的"火车头"（周鸿铎，2015）。而风能由于其清洁可再生的特点越来越多地受到人们的关注与青睐，与风能行业紧密相连的能源互联网也正被行业者津津乐道。

　　在"互联网＋"和"云平台"盛行的年代，对风能来说，基于云平台的风电场微观选址、基于数据平台的风电机组选型以及运行维护也越来越多地进入了我们的视野。传统风电系统中的一些不可能解决的难题，在互联网时代变得可能。

　　基于互联网技术打造的智能化风电场，构建起风电场运行的信息化、智能化平台，打通风电机组运行、后台监控、运营维护单元节点，让风电场自己"思考"、自我"管理"。智能化风电场包括两个方面的含义：智能风电场和智能风电机组。智能风电场体现在智慧微观选址、智慧风电场资源管理与运维以及智慧能源网集成。

主要表现为基于中尺度和大数据的风资源网络,采用卫星和遥感的物理建模技术,实施精细化的微观选址;基于大数据的风电场和风电机组资源管理,采用智能监控系统对风电机组全生命周期数据进行管理;基于多资源整合和自优化的风电场功率预测以及智慧能源管理平台。智能风电机组体现在智慧发电控制、智慧适应控制和智慧运行控制。风电机组可以根据风向预测、风功率预测信息智能偏航控制;对复杂地形区域提供差异化记性配置,根据空气密度、环境温度等实现不同环境下风电机组的最优能量捕获和低风速工况能量获取;在运维方面,实现状态评估、智能故障预警与诊断,实时智能巡检方案。

6.3.2　互联网在风功率预测系统中的应用

据国家能源局近日公布 2016 年风电并网运行情况报告,2016 年全国全年风电发电量为 2410 亿千瓦时,而全年弃风电量达到 497 亿千瓦时。

风电的波动性和反调峰特性是影响电网对风电消纳能力的重要原因,但更直接的主要原因是风电的随机性。风电的随机性须依靠传统能源的调节能力来平抑。由于各地能源结构特点和成本等原因,调节能力达到上限后,为确保电网系统稳定,必须对风电进行限电控制。如果能从根本上主动降低风电随机波动,则对提高电网对风电消纳能力有重要意义。高精度风电场功率预测系统能通过较小代价,对未来 4 小时和 96 小时的风电出力进行预测,直接降低风电随机性,降低对电网系统的调峰能力要求,从而一定程度上解决弃风限电问题。

国内在风功率预测系统研究开发规模应用中,已部分使用了互联网技术,但是早期风电场端预测系统,获取互联网上云端 NWP 数据后,直接在风电场端进行短期和超短期预测。实际运行中发现,由于预测精度受 NMP 数据来源、预测模型算法的选择、参数的设置等影响,并不存在适合各种风电场条件的通用最优算法模型,因此短期预测精度普遍不理想。要进一步利用互联网技术,增加云端中心预测服务器,与风电场端预测系统交互、配合,共同完成功率预测目标。图 6-3-1 给出了新能源发电功率预测系统示意图。

风电功率预测系统是基于互联网的分布式系统,包含数值天气预报数据(NWP)、风功率预测厂家中心预测服务器、风电场端预测服务器、调度预测主站、WEB 发布服务器、测风塔等。在实现功能的全过程中,互联网技术都是必不可少的。NWP 作为短期和超短期预测的关键输入源,由专业气象部门、公司通过互联网在网络云端发布。中心预测服务器,通过互联网获取 NWP 数据,同时下发到风场端预测系统。

在风电场端,预测系统可经过反向隔离装置请求网络云端 NWP 数据;在风电场端局域网内,系统与风电场 SCADA 系统、测风塔设备、升压综合自动化系统之间,通常使用基于 TCP 的网络协议进行数据交互。对于风电场端预测的超短期预

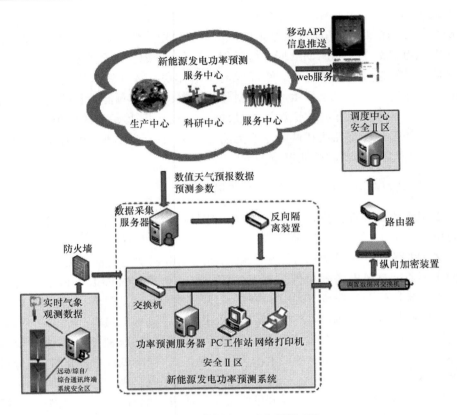

图 6-3-1　新能源发电功率预测系统

测结果,以及外网中心服务器下发的短期预测结果,都需要通过网络上传至调度风功率预测主站。在部分风电场,还配置了外网 WEB 服务器,将结果发布到网络,用户可使用浏览器访问互联网上的 WEB 预测结果。在预测系统厂家的中心服务器端,相关专业技术人员可同时运行多套预测算法,对具体模型、算法、NWP 数据源、输入参数等进行在线调整,选出最优短期预测结果,再通过网络传到风电场端。同时,会根据风电场定期上传的风场运行数据,对短期预测模型进行反馈修正。由于整个系统大量应用网络技术,数据交互关系比较复杂,包括网络云端至云端、云端至风电场、以及风电场内不同安全分区之间的数据传递,所以在网络结构安全方面需要,根据实际数据流向,合理地增加相应的正向隔离、反向隔离、专网 VPN 等设备,以确保系统网络安全。

6.3.3　互联网与风电场维护系统

　　风电场运维是保证风电机组可靠性,提高风电场运行效率,降低风电成本,提升风电场投资效益的重要保障,传统的运维模式是组建一支专业化的运维团队进

行区域性的运维,其主要弊端是:

(1) 风电场一般处于偏远地区,位置分散,难以对运维人员和备件库房进行统一管理;

(2) 以应急性运维和定期巡检为主,不能及时排查和处理故障,不能制定最佳巡检方案,造成机组可利用率下降,导致运维成本增加;

(3) 缺乏设备状态监测的手段(如振动监测系统等),风电机组实时运行数据不能及时分析,易导致设备长久运行在"亚健康"状态;

(4) 风电机组历史运行数据掌握不足,不能通过数据挖掘技术得到利用;

(5) 不能有效地在风电行业合理共享,协作解决共性的设备故障问题。

为了改变以上现状,在目前的运行维护水平基础上进一步提升风电场的运维效益,需要利用互联网技术将风电场运行维护制度化、标准化和智能化。

采取互联网模式,大数据分析的方法,将云计算应用于风电场运维中,建立风电场专属的智能云维护平台,再结合互联网技术,把风电机组运行的全生命周期过程串联起来,可实现风电场智能运维,减少风电场值班人数或无人值守。

结合风电场云运维平台,可以实现多层次、多终端、全方位的智能风电机组监控及预警功能,以及全生命周期风电机组信息管理和智能风电机组在线监测系统等功能。在风电场数字化、集中化、远程化的基础上,风电场管理工作的各个环节将被打通,集中监测、故障预警、工单派发、备件调配可在数据化平台下一一实现,如此可使运维管理更加有效,提高风电场资源管理和运维效率。同时,基于风电机组运行的海量数据及风场人员的运维经验,可不断对运维中各个环节的数据进行挖掘和探索、整合,使运维响应时间、平均故障排除时间大大缩短,显著降低整体运维成本。基于大数据融合的"智慧运维",风电场可由"故障运维"向"计划运维"转变,向风电机组无故障运行的目标迈进。

1. 风电场智能运维云平台的组成

图 6-3-2 给出了风电场智能运维云平台结构框图。风电场智能运维云平台除了对常规的电力参数、风力参数和机组运行状态进行监控外,还对风电机组主轴、齿轮箱、发电机、叶片等重要部件的运行状态进行振动故障预警和故障诊断,同时平台内的各系统间可进行自主的信息交流,根据不同的运行状态、风功率状况做出适当的调整。风电场智能运维云平台包括智能监控、状态评估、故障诊断、故障预测、智能巡检、库存管理、工单管理、网络发布和用户管理 9 个子系统(茅大钧等,2016)。

风电场智能运维云平台帮助用户解决风力发电场发电设备和系统的远程访问、数据安全共享以及运行维护问题,用户使用普通的 PC 机、手机等移动设备就可通过互联网共享系统数据,掌握运行状态,通过远程访问操作现场系统。同时风

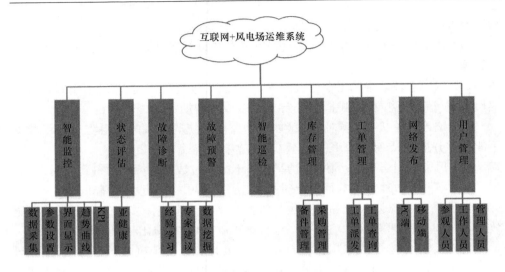

图 6-3-2 风电场智能运维云平台结构框图

电场智能运维云平台通过采用数据挖掘技术及智能化算法进行故障预警与诊断，自动生成设备检修或维修计划。智能运维云平台主要以分布在风场的各风电机组为主要监测对象实现数据采集、设备控制、参数调整、故障预警及诊断、检修维护计划制订以及风场状态评估等功能。智能运维云平台主要分为三个部分，其结构见图 6-3-3(王志鹏,2016)。

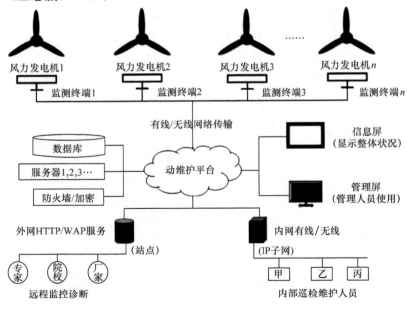

图 6-3-3 智能运维云平台的硬件架构图

（1）现场监测部分：主要由分布在风电机组各部位的传感器、风电机组机控制柜内的通信子系统及现场监控服务器等组成。通信子系统由数据采集模块和实时控制器组成，完成对传感器采集信号的抗干扰滤波和 A/D 转换。现场监控服务器接收上传的数据并存入数据库，数据分析模块对数据进行分析和整理后通过有线或无线网络传输到智能运维云平台。

（2）云平台核心部分：硬件主要包括服务器、交换机、存储设备、防火墙及加密设备等，其中的服务器主要有 Web 服务器、通信服务器、应用服务器、数据库服务器及管理服务器等。云平台对数据进行相应的算法处理、数据挖掘、网络发布并进行隔离、多重备份、加密存储，以保证数据的安全性。同时对网络进行隔离、入侵检测、全网监控。管理人员可登陆到云平台服务器，对云平台进行管理操作。

（3）云数据共享部分：一方面，内部巡检人员可通过内部网络合理参考智能运维云平台的监测数据、维护建议及巡检计划安排，有利于对风场进行最高效的维护检修；另一方面，国内外专家、院校科研人员和风机制造厂家可合理运用监测数据提出建议，供巡检人员参考。风机制造厂家可根据风机运行状况合理改进风电机组，以增强风电机组的性能和可靠性。

2. 风电场智能运维的功能

（1）智能监控

基于大型风电机组物联网系统，利用现场各类型传感器，包括风速、风向、传动链振动、转速、角度、位移、温度等传感器，实时采集各种监控信号数据。

基于各类型传感器实时感应各种物理量的变化，通过 PLC 系统进行数据标准采集、协议转换，到数据预处理、数据入库，建立 SCADA 或 CMS 数据库，通过互联网回传至大数据中心，最终进行数据展示、曲线分析、数据统计、故障诊断、故障预警、数据分享等功能。目前国内外各风电厂商均研发了自己的数据采集与监视控制系统（SCADA）或状态监控系统（CMS）。

根据现场 SCADA 或 CMS 监控数据，对监控数据进行过滤和多维分析，基于现代控制技术理论开发风电场群场级控制决策算法，例如风场集群尾流控制策略、全场最佳 Kopt 跟踪、风电场群功率优化控制等。这些先进的场级控制算法，可以用于风电场集群运行控制决策，从而实现风场集群发电量的大幅提高。

基于智能运维云平台，设计一套基于四个方面的评价指标体系：机组的发电性能，可利用率，可靠性以及运维经济性。该指标体系集成了国内外业界最新的四大类 KPI 指标，并通过能量将四大类指标与机组运行质量系统的结合起来，通过该指标的层层钻取，找到风机运行质量或风场运营的不足点。通过技术改进或管理改进，提高风场发电量。

通过对 KPI 指标的层层钻取分析，分解细化的电量损失不断展现。设计有专门定量分析发电性能的机组性能电量损失；设计有定量分析可利用率的故障电量损失,并再细化为按部件/机组/时间分类的电量损失,最终可细化到每次故障停机引起的电量损失等;设计有专门指标定量分析人为原因造成的发电量损失,如无故障维护电量损失;设计有专门指标定量分析电网原因造成的发电量损失,如电网故障电量损失,操作员停机电量损失,非停机限电电量损失等。设计有专门定量分析环境原因造成的发电量损失,如温度低电量损失、温度高电量损失、小风待机电量损失、大风待机电量损失、偏航停机解缆电量损失等。找到电量损失原因之后,就可采取相应措施进行改进和防范,提高发电量。

(2)状态评估

风电机组存在三种状态:正常运行、故障停机和"亚健康"运行。风电机组正常运行表现为:机组处于正常发电状态,各个部件运转良好;故障停机表现为:机组报出故障停机或其他损坏;"亚健康"运行表现为机组处于发电状态,但个别部件处于故障边缘或有损坏趋势,或者机组无故障报出但是由于部件导致停机。当风电机组处于亚健康状态中,虽然风电机组没有发生故障,没有产生维护需求,但是其整体发电性能、寿命和可靠性随着时间的累积呈逐渐下降的趋势。故障状态的发生并不是瞬时完成的,从正常状态到故障状态的转化是一个积累的过程(如齿轮箱轴承磨损),而如果能提前预测故障状态的发生并进行及时的调控,对于保证风电机组的持久运行和运维经济性的最大化尤为重要。因此,评估风电机组当前的状态,特别是亚健康状态,实施预防性维护,对于稳定风电机组发电量和保证其寿命具有重大的意义。图 6-3-4 给出了西北某风场 2012—2015 年发电量损失分布图。由图可知,风电机组发电性能下降导致发电量损失占到发电量的 2%—3%。为了减少发电量损失,评估当前风电机组各部件所处的状态,基于风电机组状态评估结果实施预防性维护方案,并结合天气,限定等情况,合理安排维护活动,可以最大化减少风电机组的发电量损失并降低运维成本。

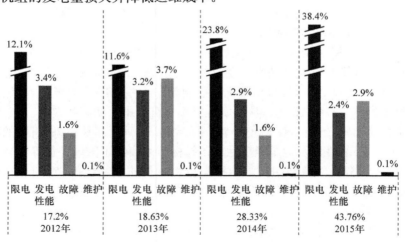

图 6-3-4　西北某风电场 2012—2015 年发电量损失分布图

风电机组的亚健康状态是机组在疲劳载荷的作用下,逐步改变正常的风电机组反应机理,造成累积损伤,加速风电机组失效进程的状态。风电机组运行环境复杂,其所承受的载荷力既有周期性又有随机性。周期性是源于风轮转动效应,而随机性主要源于风荷载以及其他偶然载荷,比如台风、地震、机组启动和停机载荷等。风电机组是典型的承受高周疲劳载荷作用的系统,在 20 年的设计寿命期内,其等效疲劳载荷循环高达 10^7 次。

"亚健康"状态评估方法主要分为基于经验法和基于数据法两类。

1) 根据监控现场人员和技术专家通过经验判断得出。运维人员和技术专家运用风电场智能运维云平台监控功能,通过监控数据,分析部件参数值变化情况,判断得出风电机组部件状态情况。

2) 根据运维人员定检工作积累的经验判断得出。

3) 基于风电机组 KPI 指标阈值计算得出。对于电气类的机组部件,采用阈值法、比较法、梯度法和相关性分析法对风电机组运行数据进行分析。

4) 基于风电机组机器学习、特征提取和数据挖掘得出。

对于机械类,基于 SCADA 或 CMS 系统采集到的风电机组运行数据且保证数据质量以及积累大量机械损坏案例和案例数据,利用机器学习等方法对机组数据进行分析、挖掘和建模并对机组建立长效"体检"机制,循环分析数据,实时发现隐患。

风电机组部件状态评估结果实时显示在智能运维云平台,当机组部件处于亚健康状态,通过网络发布,运维现场人员根据当前情况制定机组巡检方案,选择小风停机或限电时期巡检,避免发电量损失。同时,当机组部件亚健康模型建立,分析人员可运用该模型,找出风电机组历史亚健康时间周期和次数,统计机组部件运行以来处于亚健康状态时间,可评估机组部件可靠性水平,运用时间序列方法,对风电机组的寿命进行预测。

（3）故障诊断与预警

采用人工智能方法,实现对风电机组故障诊断,并通过智能运维云平台发布预警提示,实现风电机组故障预报和预防性维修。建立在人工智能研究基础上的故障诊断方法,包括故障树、故障类型与影响分析、人工神经网络、专家系统等。应用故障树对机械部件进行定性和定量分析,在故障发生后给维修人员的工作提供参考,在发出维修工单时给出参考维修计划,帮助他们准确发现故障位置。该方法不仅能够对系统故障进行定性分析,同时也可以对故障进行定量分析,将系统故障发生原因,故障模式通过树形逻辑图表示,层次分明,且故障关系清晰可见。结合故障概率,通过故障定量重要度分析能够确定故障原因的影响程度,因此可以优化系统设计(郭东杰,2012)。

图 6-3-5 给出了为一般机械部件故障远程诊断系统技术路线,依托智能运维平台,对机械部件可采用智能诊断和人工诊断的方法。采用智能诊断方法需要建

立专家知识库,采用推理机(如故障树方法)识别故障点,对故障进行定位,然后采取维护措施并生成发布维护工单。而在人工判断中,主要依托数据分析软件和故障判别方法进行故障点定位。

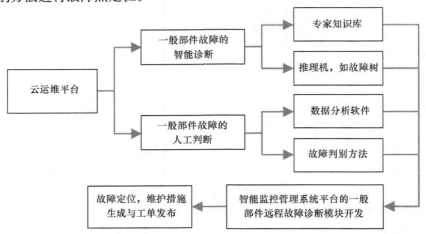

图 6-3-5　一般部件故障远程诊断系统技术路线

风电场智能运维云平台目的是建立基于专家知识库和推理机的远程智能诊断专家系统。专家系统是知识基或规则产生式系统,它由知识库、推理机、综合数据库、人机接口、解释程序和知识获取程序六个部分组成。其中知识库和推理机是专家系统的两大核心部分。

知识库是专家系统的重要组成部分,是相对可以独立的部分,其中包括事实和规则。我们可以通过程序来实现知识库内部知识的管理。

推理机作为专家系统的另一个重要组成部分,通过运用存储在专家系统知识库里的既定事实及规则来对对象的故障进行诊断和推理。可以依据用户提出的有关故障的信息,进而决定推理顺序以及推理的过程。

综合数据库是用来存放运行过程所需要的相关故障信息,以及生成的故障信息。这些信息有对问题的描述、对中间故障的推理,以及有关解释过程的记录等。

知识获取程序可以从领域专家那里获取所需的知识,当然也可从书籍里获取知识,知识获取程序的好坏决定了专家系统程序的好坏。目前,大方向上,知识获取程序难以实现自主化,这也突出了开发一套成型专家系统的难点,是进行专家系统研究的"知识瓶颈"问题。要想拥有完整成体系的知识库,需要知识工程师和领域专家的长期合作,在规定、概念、形式上对问题进行详尽地不断地商讨,最终借助专家系统程序实现知识的统一、准确。

人机接口软件,可以实现故障信息的交互式转换。非计算机专业或者非人工智能领域专业的普通用户仍然习惯用自然语言,以及表格等相对简单的形式向系统提供相关故障信息。但在系统内部确使用另外一种转换方式(智能语言程序化）。因此，需要一个连接方式将两者之间进行形式转换，这就是人机接口，领域专家和用户通过它进行交流和沟通。专家系统是智能化的计算机程序，因此解释程序是专家系统与传统系统区别的重要组成部分。其目的在于能够使用户更加轻松地接受推理过程以及获得的结论，这不仅对于用户，而且对于系统本身也具有好处，能够对系统维护及知识的传授带来便捷。

　　风电机组故障诊断专家系统主要由知识库、推理机、综合数据库、人机接口、解释程序和知识获取程序六部分组成，见图 6-3-6。在线监测系统对工作区域的对象进行实时监测，当某个对象的某个特征量超过标准时，在线监测系统就会监测到该变化。此时就会进入到故障诊断系统，对故障进行分析，然后启动风电机组故障诊断专家系统，分析该故障征兆，并对该征兆进行诊断。针对该故障提出防治建议，最后生成诊断报告。

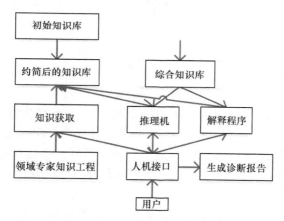

图 6-3-6　机械部件故障诊断专家系统框架

（4）智能巡检

　　基于状态评估结果和故障诊断结果，生成风电机组维护方案，采取预防性维护措施，从被动巡检、定期巡检转变为预防性巡检、智能巡检。智能运维云平台实时在线运行，总部运行人员每周 168 小时不间断监控风电机组运行状态。风电机组出现预警信息或故障信息后，系统立即触发报警，发出维护确认请求，运行人员快速响应风电机组故障。对于预定义的一般故障，系统给现场运维人员发出维护工单。依托于互联网＋的技术，运维人员手机客户端上将接收到实时的提示信息，运维人员通过提前维护，避免风电机组出现故障停机或故障升级。

　　图 6-3-7 给出了风电叶片从状态监测、气象窗口、维修策略，技术支持平台（标准手册）实现预防性维护的智能巡检流程。

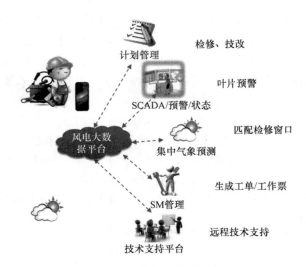

图 6-3-7　叶片智能巡检流程

（5）运维管理

1）库存管理

风电场智能运维云平台根据设计的公司级库存、片区级库存、风电场级库存的出入库情况和风电场运维数据和规律，自动设定并优化合理的安全库存，减少不必要的库存费用，当故障维护减少时，会进一步减少备件的消耗和所需库存水平。当备件库存超限时给出告警，并可实现自动申购备件入库。现场运维人员不用操心库存备件不足问题。

同时，可根据历史库存情况，风电场消耗备件情况以及结合风电机组状态数据，采用机器学习的方法预测未来一段时间各种备件的使用量，提前采购完备，避免风电机组故障面临无备件可用的情况，导致风电机组故障停机时间过长，发电量损失增加。

2）工单管理

风电场智能运维云平台给运维人员明确的故障点诊断信息，智慧风场管理系统给出明确的作业所需备件和运维工具信息，并推送运维作业指导或其他相关运维工单作为参考，以及历史工单查询。从而减少因不熟悉维修方法导致的维修作业时间浪费，同时增加工作有效性，降低维护维修返工次数。并且尽可能把维修与故障排查工作安排在限电或无风期间，尽量减少电量损失。

通过系统平台发送预警工单，可以提前让运维人员准备必要的运维工具，流程文件以及所需的备件，在影响发电量最小的情况下实施巡检，并且，可以第一时间通过移动端填写故障处理详细记录，以供其他人员决策使用。

通过系统平台发送故障工单，实时跟踪查看故障处理情况，包括处理进度、处理结果以及处理人员，便于故障的综合管理。

3）用户管理

风电场智能运维云平台将面向参观人员、工作人员和管理人员。面向参观人员，系统将展示风电机组详细信息、发电量统计情况、故障情况等基本信息。参观人员可根据风电场或地区选择查看不同风场风电机组的信息，调节参数了解风电场以及风电机组发电量等统计信息。工作人员在获得基本信息之外，可以获取风电机组运行数据、运维数据、气象数据、库存数据等，并对数据进行知识建模，构建专家系统进行数据挖掘等工作。管理人员可以登录系统服务器进行管理操作，可以通过风电场智能运维云平台对运维工作科学调度，并分配相关资源，实现远程管理。

（6）网络发布

通过互联网＋方案，可以将风电场状态监控信息、故障诊断预警信息以及故障处理信息等在 PC 端和移动端实时显示。分析人员、专家可通过 PC 端查看系统记录的大量的机组运行数据、运维数据、气象数据、库存数据等，对风电场运行总体情况、发电量损失、风电机组部件的全生命周期数据和运维记录等多方面的数据进行快速、准确、全面的分析，快速准确做出决策。运维人员通过移动端可实时、快速获取风机预警故障信息，迅速采取故障维护方案，减少风电机组停机时间。

3. 风电场智能运维云平台的关键技术

从风电场智能运维云平台的功能及结构特点可知，风电场智能运维云平台的构建还面临着巨大挑战，迫切需要众多先进技术的支撑。

（1）先进的数据采集技术。系统以风电场的风电机组作为主要监测对象，分布在风电机组上的传感器及其他数据采集设备能否准确、及时地获取各项运行的数据关系到整个智能运维云平台对风电场运行状态的把握。因此必须依赖于先进的数据采集技术对风电机组的各项指标进行实时准确地获取，使风场智能运维云平台的后续进程拥有可靠的数据来源。

（2）先进的远程数据通信技术。目前，在工业数据传输领域大多采用有线通信方式，虽然经济实用，但在很大程度上限制了应用场合的拓展。随着通信技术的发展，无线通信网络在工业数据传输中的应用日益增多。如果能够将有线数据通信网络与无线数据通信网络相结合，发挥各自的优势，恰当合理地应用，那么一定能提高数据通信的效率，拓宽应用范围。先进的远程数据通信技术能够保证智能运维云平台正常运行的时效性、准确性与安全性。

（3）先进的故障预警与诊断技术。及时准确的故障预警与故障诊断，能够让维护人员在故障发生初期做出适当调整，进行相应检修，避免故障对整个风电场造成巨大损失。要想实现准确的故障预警与故障诊断，制定及时合理的检修方案，需要应用先进智能化算法的故障预警与故障诊断技术对监测数据进行处理。

（4）先进的数据库技术。目前，数据库技术的发展主要有三种代表性的成果：一是将人工智能与数据库技术有机结合到一起形成知识库系统，对数据的管理和搜索更加人性化,扩充了数据库系统的推理能力,引入语义知识,提高了数据库的查询效率;二是分布式数据库系统,每台服务器都可对数据进行独立处理,节约了服务器存储空间,突破了存储空间对数据库的桎梏,让数据库可以延伸,最大限度满足使用者的需求;三是主动数据库,能自动对运行状态进行调整,以保证数据库稳定运行。随着数据库技术的发展,数据库如果能够支持各种互联网应用,那么一定会为智能运维云平台提供很好的技术支撑。

（5）完善的互联网技术。智能运维云平台的构建可促进对风场各项数据的共享,数据网络共享必然需要完善的互联网技术支持。同时,数据的传输及信息的网络传播过程中,信息安全值得重视,建立强大的网络防火墙,对传输信息进行加密是有必要的。总之,智能运维云平台的构建需要完善的互联网技术支撑。

6.3.4　互联网在能源管理系统中的应用

1. 新型能源管理系统的组成

传统的能源网中,以电力/热能为主,各种能源独立运行;运营模式比较单一,信息交互量小。而结合了大数据等互联网技术之后的新型能源管理系统,构建以智能电网为配送平台,以电子商务网为交易平台,融合储能设施、电动汽车、智能用电设施等硬件及互联网金融、碳交易、能效服务、能源监管等衍生服务于一体,可以实现分布式可再生能源电力的端对端交易、配送及实时补贴结算。能量管理系统是保证新型能源网安全可靠运行的重要组成部分,相对于传统电网,能源互联网是一个有大量新能源接入的、双向互动的能源互联系统,必然要求实现一个能源信息实时采集、处理、分析与决策的,协同式的新一代智能能量管理系统(张涛等,2016)。

2. 新型能源管理系统的功能

新型能源网与传统能源网有显著的不同特征,如表 6-3-1 所示:

表 6-3-1　传统能源网与能源互联网功能比较

	传统能源网	能源网
多能源	电力/热能等能源独立运行	多能源协同控制
需求侧	刚性负荷,用户是能源接受者	可响应的弹性负荷,大规模分布式能源接入,用户也可以是能源生产者
电网	交流电网为主	交直流柔性电网,广泛采用能量路由器
负荷平衡	实时平衡	通过多种储能技术实现能量的时空转移
运营模式	供电公司售电 供热公司收取暖费	区域能源供应商售电冷热
信息	信息量较少,决策简单	采用大数据及云计算技术

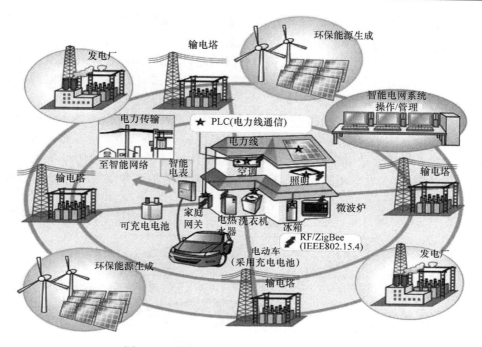

图 6-3-8　基于互联网技术的新型能源网系统

如前所述,基于互联网技术的新型能源网对电/气/热多种能源系统进行规划设计和运行优化,由分布式终端综合能源单元和与之相耦合的集中式能源供应网络共同构成。可以因地制宜考虑区域内的能源、资源、环境条件等,通过能源、资源的供需动态匹配和平衡,将全局性的能源、资源和信息耦合在一起,实现区域内的节能减排和可持续发展。

在这种新的组合型供能结构模式中,融合各种新型能源技术,对各种资源与能源进行合理配置,从能源的生产、储运、应用与再生四个环节的能源使用全生命周期入手。提高能源综合利用效率,降低污染物的排放,提升能源系统的运行保障水平和区域能源供应系统的智能化水平,为区域内的经济发展及未来人们生活提供安全、稳定和高品质的系统能源。

3. 新型能源管理系统的关键技术

基于互联网技术的新型能源网中主要涉及多种能源协同控制技术、复合储能应用技术、主动配电技术、综合能源管理技术。

(1) 多种能源协同控制

光伏、风电等清洁能源受外部环境变化影响,其输出功率具有间歇性、波动性,当光伏或者风电占系统总电源容量比例较大时(10%—20%),其出力波动对系统的稳定性将会产生较大影响。而电源侧的多种能源协调互补是平抑新能源电力随机波动性、提高电网接纳能力的有效手段(王社亮等,2014)。多能互补电站是将电源、可控负荷和储能系统有机结合,参与电网的运行和调度,通过统一调度协调机端潮流、受端负荷以及储能系统,以达到提高能源输出和利用效率、降低电网峰值负荷和提高供电可靠性的目的。

如图 6-3-9 所示,多种能源协同发电,基于互联网及数据挖掘等技术对发电侧风、光中短期功率进行预测,同时结合用电侧及电网的实时、历史运行数据分析结果,以及储能系统充放电模型、寿命模型、运行条件等,制定风光储荷协同运行控制策略,通过对负荷、发电侧的有效管控,优化储能系统充放电控制策略,提升系统运行质量。

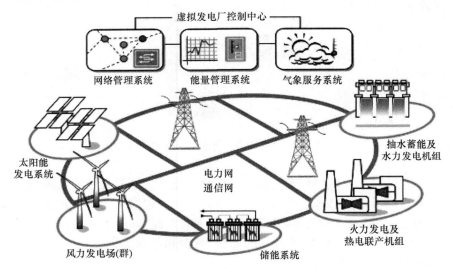

图 6-3-9　多种能源协调控制运行示意图

(2) 复合储能应用技术

在能源互联网发展背景下,储能的作用和地位将发生显著变化。基于储能在电力系统中的应用基础,储能的功能将进一步得到拓展(李建林等,2015)。

在电力系统中,储能系统主要用于新能源功率平滑、削峰填谷/调峰移峰、配网电能质量调节等。

储能技术按照其能量呈现形式可以分为多种类型。根据当地环境条件以及系统的不同需求可以选择不同的储能类型,或者多种储能形式的综合利用。互联网技术在储能系统的利用中起着至关重要的作用。

以电池储能为例,对于电池储能系统,主要分为能量型、功率型。能量型主要用于削峰填谷等蓄电时间长、充放电倍率低、充放电功率稳定等场景,功率型主要用于功率平滑、调频等快速响应、充放电倍率较高、功率变化过快等场景。根据不同应用场景下对电池性能的要求,配置复合式储能系统在满足系统要求情况下,通过能量管理系统根据应用场景的要求制定复合储能系统的充放电控制策略,可以有效降低系统发电成本,提升系统整体运行品质。

由于当前电池价格较高,运行过程存在容量的损耗、寿命的缩短以及对于充放电电流等诸多限制,因此安装电池前对于电池容量的估算以及使用过程中电池协同风机的优化调度都非常重要,这些都需要依赖互联网技术、数学规划等技术手段。以电池储能与风力发电相结合为例,互联网技术在其中的应用包括:

1) 最优化容量估算

电池在风电场中的最优容量配比与电池的选型、价格、风电场运行数据以及风储协调运行策略都有直接的关系。要获得最优容量配比,必须事先获取这些信息,结合所设计的风电场协调控制策略和大量的风电场历史运行数据,求解使得电池寿命内系统经济效益最优的最优化模型,进而获得最优电池容量配置。

2) 最优调度算法

在选定电池后,电池与风电机组协同使用的过程中,需要对电池和风力发电进行调度决策。调度决策首先需要基于天气预测信息及风机发电历史数据进行数据挖掘,对全场风电机组发电进行预测,根据风功率预测信息、电池状态信息、电池寿命模型、充放电模型及约束条件求解最优化模型,从而获得在维持电池使用寿命情况下全场经济最优的调度决策。

图 6-3-10 给出了磷酸铁锂电池与铅炭电池系统组成的复合式储能系统,根据风电系统功率波动幅值、频率以及弃风限电损失电量等综合因素,确定储能系统总容量以及不同储能电池容量占比。

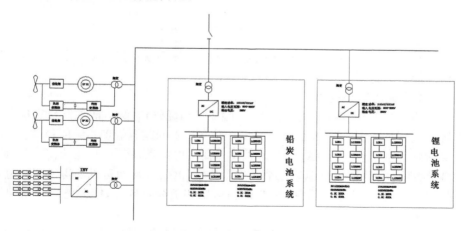

图 6-3-10　复合储能系统

（3）主动配电技术

传统配电系统中能量潮流方向自上而下,方向单一,随着大量分布式能源的接入,不仅在低压侧会产生双向潮流,甚至中压测也会产生双向潮流,如图 6-3-11 所示,并且大多数分布式电源多以电力电子变流器实现功率的交互,因此势必会对整个系统的稳定性、电能质量造成严重影响。主动配电网借助于互联网技术,在确保电网运行可靠性和电能质量的前提下,增加对现有配电网对可再生能源发电的容纳能力。

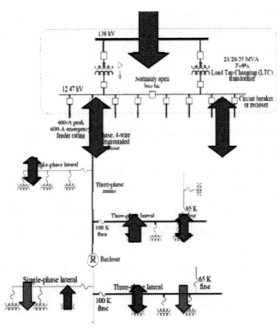

图 6-3-11　配电系统双向潮流

　　图 6-3-12 给出了主动配电系统的基本架构。该系统借助于互联网技术,实现对配电网的主动管理与规划。

　　(4) 综合能源管理技术

　　综合能源管理技术包括负荷管理、终端能量消耗管理、综合能源能量管理和运营系统优化管理。图 6-3-13 给出了基于互联网技术的能源管理系统的基本构架。

　　负荷管理基于传感器及通信技术采集负荷用电信息,将有功、无功、功率因数、频率、能耗统计等数据传输至集控平台进行分析和保存,从而可以获得负荷用电规律,对负荷用电进行中短期预测,结合预测信息和负荷重要性,能源管理系统可对其进行分类管理和调度决策。

　　终端能源消耗管理主要针对电、冷、热、气等四种不同终端能源利用比例的合理配置实现能源系统能效最大化和经济效益的最大化。

　　在实现风光储荷协同控制、配电系统运行数据分析、用电数据分析及负荷管理、复合储能系统的充放电控制策略,以及电、冷、热、气的综合能源需求侧与供应

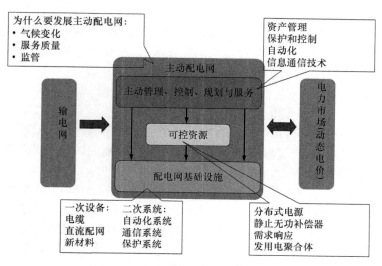

图 6-3-12　主动配电系统的基本架构

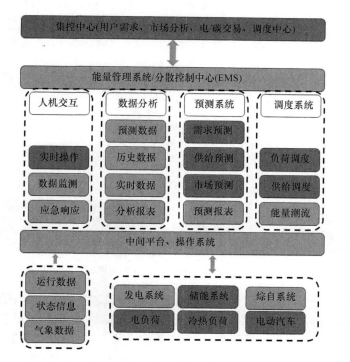

图 6-3-13　基于互联网技术的能源管理系统的基本架构

侧的协同控制等核心技术内容基础上,可建立区域能源交易平台。通过互联网技术、数据挖掘等技术对系统能源供给侧、需求侧及平衡单元的海量数据进行深入挖掘分析,对历史数据、实时数据及预测数据的研究、解析、验证,建立完整的系统能效分析模型,资源配置模型及系统经济性评价模型。同时,通过对数据的分析,建立系统设计方案、容量配置及控制策略的优化依据,形成设计开发、数据分析、运行优化再到设计开发优化的闭环系统。

4. 示范项目

明阳集团在中丹瑞好风电场项目中开发了一套基于风电与储能系统协同控制的联网型微电网系统,通过对储能系统的充放电控制,实现风电机组出力的调峰移峰,保障消纳比例,提高项目收益。

图 6-3-14 给出了该系统的基本架构。该项目选取一台 MY1.5 兆瓦风力发电机组并配套铅炭电池储能系统进行项目示范,主要实现风电技术与储能技术协同控制,依靠储能系统充电/放电控制实现风电机组出力的调峰移峰,实现风电平滑上网,减少弃风限电损失。在项目中基于集控平台开发出一套能量管理系统软件(EMS),实现与上级接口指令对接,利用互联网及数据挖掘、数学规划等技术手段实现对风电储能系统及中丹风场的整体调度,优化运行指标,提升项目投资收益。

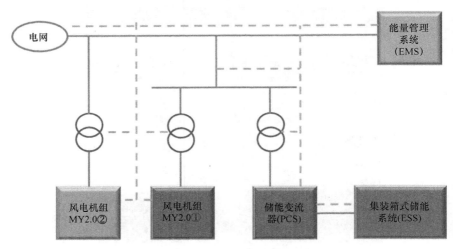

图 6-3-14　基于互联网技术的风电机组智能储能发电系统

在该项目中,风电机组作为发电单元将捕获的风能转变为电能,储能系统作为风电机组出力与上网功率指令的能量协调单元,当风电机组出力大于允许上网功率(限电情况)时,储能系统进行充电,以吸收多余能量,当限电情况取消时,储能系统放电将储存能量上传电网,从而实现风电出力的移峰调峰功能。电池管理系统(BMS)主要对电池单体、电池堆进行管理,根据各层级的特性对电池(单体、堆)的参数及运行状态进行计算分析,实现均衡、报警、保护等有效的管理,使各组电池达到均等出力,优化工况。能量管理系统(EMS)结合天气预测信息和风功率发电历史数据,对未来一段时间内风力发电功率进行预测,结合电网调度指令规律、电池状态信息、电池使用寿命模型,对电池充放电功率、全场风力发电功率进行统筹调度、管理,从而在维护电池使用寿命的前提下尽可能减少弃风限电损失。

6.3.5　结语

互联网与风电的融合,有效地实现了传统风电向智能风场的转变。借助于互联网技术,可实现更加精准的风功率预测,从而为风电场调度及能量管理提供决策依据。互联网＋风电场运维,将转变风电场的运维模式,从故障后维护、定时巡检转变为预防性维护,打通风电场运维的每个单元,实现风电场智能运维,提高风电场寿命,降低运维成本和度电成本。互联网与能量管理系统的融合,可使得传统风电运行模式升级为新型能量互联网运行模式,实现风电场更加智能、经济、高效的能量管理。

参 考 文 献

郭东杰. 2012. 风电机组状态监测与故障诊断系统研究. 硕士学位论文. 山西:山西大学.

李建林,田立亭,来小康. 2015. 能源互联网背景下的电力储能技术展望. 电力系统自动化,39(23):15-25.

茅大钧,朱传强,刘国建. 2016. 新的风场运行维护模式-智能云维护平台. 电工技术,10(A):105-108.

王社亮,冯黎,张聘等. 2014. 多能互补促进新能源发展,西北水电,6:78-82.

王志鹏. 2016. 智慧风场绩效分析系统的设计与实现. 硕士学位论文. 南京:东南大学.

张涛,张福兴,张彦. 2016. 面向能源互联网的能量管理系统研究. 电网技术,40(1):146-155.

周鸿铎,2015. 我理解的"互联网＋"——"互联网＋"是一种融合. 现代传播,8:114-121.

6.4　风电机组可靠性设计

6.4.1　概述

2016 年国务院办公厅发布《关于印发贯彻实施质量发展纲要 2016 年行动计划的通知》(国办发﹛2016﹜18 号),提出"在重点工业领域,推广可靠性设计等先进质量工程技术。"可靠性设计成为我国积极开展质量技术创新的技术方向,是增强我国产品质量和品牌提升的重要动力。2016 年,李克强总理在首届中国质量(北京)大会上发表重要讲话,提出"健全质量管理体系,提高产品的稳定性、可靠性"。我国风电产业经过十余年的发展已经成为我国重要的高端创造业之一,提升风电设备可靠性不仅关系到我国风电产业的持续健康发展,也是提高产品质量,降低风电成本,增强市场竞争力,参与国际竞争,积极"走出去"的重要因素。

1. 可靠性定义

可靠性是指产品在规定条件下和规定时间内,完成规定功能的能力[GB3187—94,GJB 451A—2005]。在实际工作中,根据可靠性要求的不同,可靠性定义又可按考核周期不同,分为基本可靠性和任务可靠性,按运行条件不同分为,固有可靠性和使用可靠性等。

基本可靠性是产品在规定的条件下,在规定的时间内,无故障工作的能力,基本可靠性反映了产品对维修资源的要求,确定基本可靠性值时,应统计产品的所有寿命单位和所有的关联故障;任务可靠性是产品在规定任务剖面内未能成规定性能的能力,任务可靠性指标为平均任务故障时间,是判断能否完成某项任务的重要参数。

固有可靠性是在理想的使用和保障条件下呈现的可靠性,是由设计和制造实现的可靠性即为固有可靠性;运行可靠性是在实际使用条件下所表现出的可靠性。

产品可靠性是产品最重要的质量指标之一,是产品技术性能和经济性的基本保证,并决定着产品在市场中的竞争能力。正如钱学森所指出的:"产品的可靠性是设计出来的、生产出来的、管理出来的。"要提高可靠性,可靠性设计是关键环节。

风电机组可靠性设计是通过对机组的性能、可靠性、维修保障性、经济性等各方面因素进行综合平衡,将可靠性设计的一些专门技术和方法,用到风电机组产品中去,使风电机组的设计实现最优化,满足风电机组可靠性要求。

2. 可靠性指标

可靠性指标是表征风电机组可靠程度的指标。风电机组的可靠性指标是多维度的,如表 6-4-1 所示:

表 6-4-1　可靠性参数

参数	定义
平均检修间隔时间(MTBI)	平均检修间隔时间,指风机两次定期或非定期维护之间的间隔时间
失效率	可靠性的一项基本参数,是指在规定条件下和规定时间内,产品的故障总数与寿命周期时间之比,又称为故障率
风险率	瞬时失效率,产品生命周期内某一时间点,随时间增长的故障增量变化
平均故障间隔时间/平均无故障运行时间(MTBF)	可修复产品的一项基本可靠性参数,是在规定的条件和规定的期间内,产品寿命单位总数与故障总数之比
平均维护时间(MTBM)	考虑维修策略的一种可靠性参数,在规定的条件和规定的期间内,产品寿命单位总数与该产品计划维修和非计划维修时间总数

续表

参数	定义
平均故障修复时间(MTBR)	可修复产品的基本可靠性指标,是维修活动间的平均时间间隔,维修活动包括,零部件或子系统的更换或现场维修
平均严重故障 时间间隔(MTBCF)	与任务有关的一种可靠性参数,是在规定的一系列任务剖面中,产品任务总时间与严重故障总数之比
平均运行任务故障 时间间隔(MTBOMF)	任务可靠性指标,是指导致任务失败的运行任务失效之间的平均时间间隔
平均首次故障时间(MTTF)	不可修复产品可靠性基本指标,是规定的条件和规定的期间内,平均无故障运行时间,即不可修复产品平均正常运行时间

来源:Blischke. W. R

3. 可靠性设计内容

风电机组可靠性设计是应用可靠性理论、技术和方法,通过对机组的性能、可靠性、维修保障性、经济性等各方面因素进行综合平衡,确定风电机组零部件及整机结构和性能参数的过程,可靠性设计师分电机组的设计实现最优化,满足风电机组可靠性要求。除了满足产品技术性能外,还要考虑产品安全的概率特性、预防故障的特性和维护的方便性,是传统设计方法的延伸和完善。就可靠性设计技术而言,主要包括系统可靠性设计、电路可靠性设计、结构可靠性设计、机械可靠性设计及软件可靠性设计。

（1）可靠性设计流程

可靠性设计关键流程包括识别、设计、分析、验证、确认和监控等六个阶段,其中包含确定可靠性目标、建立可靠性模型、可靠性预测、可靠性指标分配、详细设计、可靠性分析与评估、可靠性定量分析及设计优化、可靠性试验及可靠性提升等内容。

1）确定可靠性目标

可靠性目标主要取决于用户或市场的要求、制造水平和经济性等因素。需要收集和掌握国内外同类产品可靠性数据,根据产品最终运行条件,对可靠性需求和目标进行定量化分析。这种分析可以是系统层面、组装层面、零部件层面甚至是失效模式层面的。

首先需要确定产品使用工况和环境条件,而这些条件的确认则是通过用户调研、环境测试及抽样。需求的确定是基于合同、行业基准值、竞争分析、用户期望值、成本、安全性、最佳案例等。

2）建立可靠性模型

可靠性模型包括可靠性框图和可靠性数值的计算公式,二者共同构成串联系统的可靠性模型。可靠性框图是用来描述系统与其组成单元之间的可靠性逻辑关系;而计算公式则是用来描述系统与单元之间的可靠性定量关系。

3) 可靠性指标分配

可靠性目标确定后,需要根据产品的结构原理或系统类型和特点,将系统可靠性指标分配到各个零部件或子系统。在分配可靠性指标之前,要先根据已定方案中零部件的可靠性数据,计算系统可靠指标,即对系统可靠性进行预测。如果计算的可靠性指标符合系统可靠性指标要求,则无需对可靠性进行分配;如不满足可靠性要求时,需采取采用贮备系统或提高零部件可靠性等措施以提高系统可靠性。可靠性可以分配至组装层次、零部件层次,甚至失效模式层次。可靠性指标分配方法包括:

① 等分配法,是对全部的单元分配以相同的可靠度的方法。按照系统结构和复杂程度,可分为串联系统可靠度分配、并联系统可靠度分配、串并联系统。

② 比例分配法,是相对失效率法和相对失效概率法。相对失效率法是使系统中各单元容许失效率正比于该单元的预计失效率值,并根据这一原则来分配系统中各单元的可靠度。此法适用于失效率为常数的串联系统。

③ AGREE 分配法,AGREE 分配法是一种比较完善的综合方法。考虑了系统的各单元或各子系统的复杂度、重要度,工作时间以及它们与系统之间的失效关系。适用于各单元工作期间的失效率为常数的失效系统。

④ 拉格朗日乘子法,拉格朗日乘子法是通过引进了一个待定系数-拉格朗日乘子,利用这个乘子将原约束最优化问题的目标函数和约束条件组合成一个称为拉格朗日函数的新目标函数,使新目标函数的无约束最优解就是原目标函数的约束最优解。

⑤ 动态规划法,动态规划法求最优解的思路完全不同其他函数极值的微分法和求泛函数的极值变分法,它是将多个变量的决策问题通过一些子问题得到变量的最优解。这样,n 个变量的问题就被构造成一个顺序求解各个单独变量 n 级序列的决策问题。由于动态规划法利用一种递推关系依次做出最优决策,构成一种最优策略,达到整个过程中的最优,因此计算逻辑比较简单,适用于计算机计算,在工程中得到广泛应用。

4) 详细设计

详细设计师根据系统的可靠性要求和使用条件,选择合理的结构和材料,精确计算零部件的设计参数。它的主要任务是选择合理的贮备系统、正确的失效模式和响应的计算公式和相应的计算方法。在详细设计中要考虑产品耐环境应力的措施,如温度、湿度、振动及各种场 的影响。此外,还要进行维修性设计,保证产品故障容易检测和排除。对外构件、外协件的可靠性指标应提出严格要求。

5) 可靠性分析与评估

这一阶段主要基于工程评价和专家意见,利用失效物理分析、仿真模型、类似产品及零部件测试数据或基于标准的可靠性预测方法,利用已有数据库对可靠性指标进行粗略估算。

6) 可靠性定量分析及设计优化

这一阶段主要基于测试结果对前期工作进行评估,对样机进行测试和全面分析。其中包括对不同试验结果的迭代,通过分析试验结果,对设计进行优化,并重复进行试验。通过评估发现产品缺陷,预测产品寿命,进一步提升可靠性。

通过可靠性试验、研究和初步评价,考核设计方案的合理性,将存在的问题和改进建议及时反馈给设计部门,以便完善原设计方案。这一阶段可能需要反复,以使原设计更加合理。通过技术评审后,即可进入正式的工艺设计和试制阶段。

7) 可靠性验证

这个阶段将借助定量加速寿命试验(QALT)和寿命数据分析(LDA)技术,验证产品可以在最低成本投入下实现既定的可靠性目标,并可以进行大批量生产。这一阶段还将针对生产过程(材料、工艺制造过程等)带来的不确定性进行评估,确保产品设计可以在现有技术水平和工艺水平下是能够实现的。

(2) 可靠性设计方法

可靠性设计有如下基本的方法:

1) 简单化与标准化。即在设计过程中采用已经成熟的技术和结构,尽可能减少零部件数量,采用标准化零部件,以保证征集系统可靠性目标的实现。

2) 冗余设计。在设计中采用贮备单元或系统,可采用工作贮备或非工作贮备,有效保证系统可靠性。

3) 降额设计。使设备、零部件在低于额定值的应力下工作,提高安全程度,减少故障率。

4) 耐环境设计。对产品所要求的工作环境类型、严酷程度及其对产品可能产生的影响进行预测,在设计中采用有效的技术措施即强化产品本身对环境的承受能力及适应能力。采取保护措施并通过环境试验或耐久性试验等手段加以验证和修订。

5) 热设计。无论电子、电器及机械产品,都可能由于工作中温升过高导致失效或故障过高,热设计就是设法减少热量或加强散热而保证温升在规定范围内。

6) 维修性设计。不仅要定性考虑传统设计中的易修性(易装拆、易更换、易见性等),而且要使设计的可维修系统满足一定维修性指标,确立维修策略及维修管理。

7) 人机工程设计。一是保证系统向操作人员传达信息的可靠性;二是保证人向系统发出指令、信息或操作的可靠性;三是工作环境设计,使工作环境适合人的生理特点,以减少操作人员的操作疲劳,降低操作失效概率。

8) 安全性设计。是使产品具有较高的安全性指标,通过设计把指标赋予产品的过程。

9) 防误设计。是在设计上采取必要的措施使操作者即使在误操作情况下也不会引起故障。

10）失效安全设计。当设计的系统中一旦发生某种故障，也能确保系统本身及人员或环境的安全性。

11）概率设计。针对零部件或结构发生的某种失效模式，按干涉模型而设计，赋予所设计产品一定的可靠性。

（3）可靠性设计基本原则

可靠性设计作为一项具体设计，是受到当前技术水平、研制周期、经费等条件限制，既要满足性能指标又要满足可靠性指标，是对各项设计要求活技术指标的综合和平衡，可靠性设计应遵循以下原则：

1）可靠性设计不是孤立的活动，应充分利用产品运输、维护、运行相关信息。

2）可靠性设计应充分考虑现有技术水平，应尽量采用成熟、定型、标准的技术。

3）应全面掌握产品运输、储存及使用过程中面临的环境和所处状态。

4）可靠性设计应充分考虑制造、装配等工艺要求，进行工艺验证。

5）可靠性定量活动，产品可靠性目标确立。可靠性指标分配等，需贯穿产品研发、设计始终。

6）重视和加强可靠性设计阶段的规范化管理，确保设计阶段的可靠性。

7）可靠性设计技术与管理同等重要。

6.4.2　风电机组可靠性设计现状

可靠性作为一门学科的研究起源于第二次世界大战中军事部门的需求。第二次世界大战期间，德国在改进其武器性能时提出了可靠性的概念；美国军事部门由于其技术装备经常发生故障，于 1945 年至 1950 年间开展了大量的可靠性研究，1957 年发表了"军用电子设备的可靠性"报告，提出了在生产、试制过程中产品可靠性指标的试验、验证和鉴定的方法，以及包装、储存、运输过程中的可靠性问题及要求。这份报告被公认是电子产品可靠性工作的奠基性文件，可靠性理论的研究开始起步，并逐渐在世界范围内展开，可靠性开始形成一门独立的工程学科。

20 世纪 60 年代，由于产品趋向复杂化，工作环境条件的严酷，对可靠性的要求越来越高。可靠性技术从电子业迅速推广到其他工业部门，从阿波罗飞船到洗衣机、汽车、电视、都应用了可靠性设计和可靠性管理技术。

20 世纪 60—70 年代，航空、航天事业有利可图，各国纷纷开展了航天、航空技术与设备的研究与产品开发，其可靠性引起全社会的普遍关注，因而也得到了长足的进步。许多国家成立了可靠性研究机构。60—70 年代还将可靠性技术引入汽车、发电设备、拖拉机、发动机等机械产品。

20 世纪 80 年代以后，可靠性设计成为各行各业不可或缺的环节，从军事装备的可靠性发展到民用产品的可靠性；从电子产品可靠性发展到非电子产品的可靠性；从硬件的可靠性发展到软件的可靠性；从可靠性工程发展为包括维修工程、测试工程、保障性工程在内的可信性工程；从重视可靠性统计试验发展到强调可靠性工程试验，通过环境应力筛选及可靠性强化试验来暴露产品故障，进而提高产品可靠性。

风电机组可靠性设计相关研究大约始于 20 世纪 90 年代（AJ Seebregts 等，1995），随着风电机组装机容量的增加，风电机组单机容量和复杂程度不断增加，风电机组可靠性对于降低运行维护费用、提高发电性能、降低度电成本至关重要，故障模式、影响和危害性分析（FMECA）开始从航天、核电等领域的应用转入到风电领域。

早在 20 世纪 90 年代初，美国、德国等国家就开始主要对中小型风电机组可靠性进行研究。2004 年美国 Sandia 试验室开始研究风电机组可靠性与度电成本的关系，2009 年在美国能源部（DOE）的支持下，开始对并网型风电机组可靠性进行研究。

德国风能研究所开展了对风电机组运行监测的研究项目（WMEP），1989 年至 2006 年期间，项目共采集了不同容量，不同型式，不同安装地点的约 1500 台风电机组在 193000 台月期间的运行报告和 64000 份维护与修理报告。

另外，为了使海上风电机组通过比目前更高的可利用率和更低的发电成本以获得和陆上风电机组类似的性能和运行维护成本，欧盟在第 7 框架计划下提供资助的 ReliaWind 合作研究项目，项目执行了三年时间，为高可靠性海上风电机组设计、运行和维护提供实践。

我国从 1986 年起，机械部已经发布了六批限期考核机电产品可靠性指标的清单，前后共有 879 种产品已经进行可靠性指标的考核。20 世纪 90 年代，我国机械电子工业部印发的“加强机电产品设计工作的规定”中明确指出“可靠性、经济性、适应性”三性统筹作为机电产品设计和鉴定的依据。在新产品鉴定时，必须提供可靠性设计资料和试验报告，否则不能通过鉴定。现今可靠性的观点和方法已经成为质量保证、安全性保证、产品责任预防等不可缺少的依据和手段，也是我国工程技术人员掌握现代设计方法必须掌握的重要内容之一。1990 年 11 月和 1995 年 10 月，机械工业部举行了两次新闻发布会，先后介绍了 236 种和 159 种带有可靠性指标的机电产品。1992 年 3 月国防部科工委委托军用标准化中心在北京召开了“非电产品可靠性工作交流研讨会”。2005 年 GJB450 改版，增加机械可靠性内容。90 年代电子工业部第五研究所将可靠性综合应力试验引入国内，并研发了国内第一套温度、湿度、振动综合环境试验设备；1997 年建立西沙天然环境试验站；2000 年建成国内第一个投资最大的软件可靠性评测和分析实验室。

随着国内大型风电开发趋于成熟，风电开发企业风险管控意识不断增强，对于风电机组质量和可靠性要求不断提高，风电设备制造企业开始重视风电设备可靠性。2012 年中国可再生能源学会风能专业委员会组织国内企业参与了国际能源署风能协议组（IEA Wind）的 Wind Task 33 项目，“可靠性数据：风电机组可靠性和维护分析数据收集的标准化”。在项目带动下，金风、远景等国内主要风电机组整机制造企业开始了风电机组可靠性设计及可靠性评价技术的研究。为可靠性设计相关研究的开展打下了基础。

6.4.3　风电机组可靠性设计基本情况

目前国内外风电可靠性设计相关技术研究及应用，主要包括风电机组可靠性建模及评价方法、风电机组可靠性数据采集和分析技术和风电机组可靠性测试技术等。

1. 风电机组可靠性建模及评价方法

充足的可靠性数据和有效的分析方法是进行可靠性定量分析的前提。目前在风电领域常用的可靠性数据分析方法包括可靠性框图分析、故障树分析和故障模式以及影响及危害性分析等。

（1）可靠性框图分析（RBD）

可靠性框图是系统与部件之间的逻辑图，是系统单元及其可靠性意义下连接关系的图形表达，表示单元的正常或失效状态对系统状态的影响。可靠性框图分析可以用于为系统可用性和可靠性建模的工作。

RBD 依靠方框和连线的布置，绘制出系统的各个部分发生故障时对系统功能特性的影响。它只反映各个部件之间的串并联关系，与部件之间的顺序无关。可靠性框图以功能框图为基础，但是不反映顺序，仅仅从可靠性角度考虑各个部件之间的关系。在一些情况下，它不同于结构连接图。可靠性框图是利用互相连接的方框来显示系统的失效逻辑，分析系统中每一个成分的失效率对系统的影响，以帮助评估系统的整体可靠性。

Reliawind 项目对可靠性设计进行了深入研究，并提出了应用 RBD 方法（Reliawind，2007），是分析风电机组各系统的可靠性，完成了 Gamesa R80（1.5—2 兆瓦）和 R100（3—5 兆瓦）2 种机型风电机组可靠性框图，见图 6-4-1。

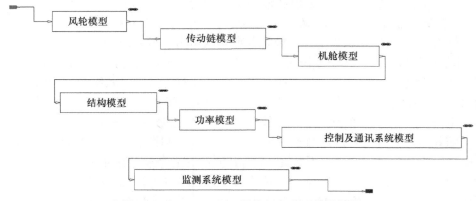

图 6-4-1　Gamesa R80 风电机组的可靠性框图

　　根据《GJB 813-1990 可靠性模型的建立和可靠性预计》和 IEC 61078:2006,利用可靠性框图进行可靠性建模分为三步:

　　第一步是定义产品。用文字描述产品的重要特征,描述内容包括产品名称、产品型号、产品的组成、简要的工作原理,确定产品的寿命剖面(产品的寿命剖面是指产品从验收出厂直至寿命终结或者退出使用这段时间内所经历的全部事件和环境的时序描述)和任务剖面(产品执行任务时,所经历的事件和环境的时间排序,以及持续时间的长短)、任务失败判据及重要参数的容许界限和定量和定性的可靠性要求。

　　第二步是绘制产品的可靠性框图。可靠性框图是从可靠性角度出发研究系统与部件之间的逻辑图,是系统单元及其可靠性意义下连接关系的图形表达,表示单元的正常或失效状态对系统状态的影响。图 6-4-2 是 Relia Wind 提供的风电机组可靠性框图示例。

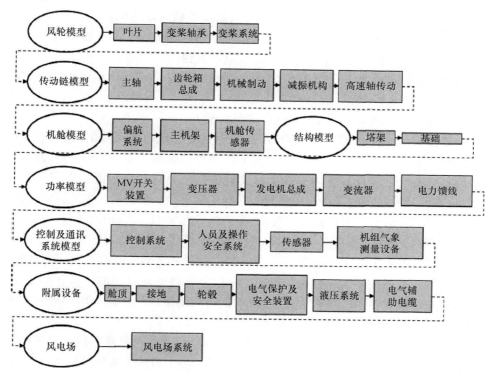

图 6-4-2　风电机组可靠性框图
来源:Relia Wind

　　第三步是确定计算可靠性值的计算公式,即系统可靠性数学模型。可靠性数学模型描述的是各单元的可靠性变量与系统可靠性值之间的定量关系,利用已知的单元可靠性值(如失效率等)就能计算出整个系统的可靠性指标。

（2）故障树分析（FTA）

故障树分析（Fault Tree Analysis，FTA）是一种常用的故障分析图形演绎方法，是故障事件在一定条件下的逻辑方法，用于大型复杂系统可靠性、安全性分析和风险评价方法。FTA 是用一种特殊的倒立树状逻辑因果关系图，说明系统是怎样失效的。故障树图利用事件符号、逻辑门符号和转移符号描述系统中各种事件之间的因果关系。逻辑门的输入事件是输出事件的"因"，逻辑门的输出事件是输入事件的"果"，逻辑门将各种事件联系起来，表示事件之间的逻辑关系。国内外在故障树分析方法深入研究基础上，建立了故障树分析标准，包括《GJB/Z 768A－98》《IEC 61025－2006》等。FTA 方法广泛地应用于各领域定性和定量可靠性分析。而风力发电机组作为一种复杂的发电设备，FTA 也可应用于风力发电机组及零部件可靠性分析和评价。

另外，RBD 和 FTA 最基本的区别在于 RBD 工作在"成功的空间"，系统看似是成功的集合。而 FTA 工作在"故障空间"，系统看似是故障的集合。传统上，故障树已经习惯使用固定概率（即组成树的每一个事件都有一个发生的固定概率）；而 RBD 对于可靠度来说可以是时间的函数以及其他特征。除了一些特例，通常一个故障树可以被转化为一个 RBD。然而，一般很难把一个 RBD 转化为一个故障树，尤其是对于包含非常复杂结构的系统。

（3）故障模式、影响及危害性分析（FMECA）

故障模式、影响及危害性分析（FMECA）是针对系统所有可能的故障，并根据对故障模式的分析，确定每种故障模式对系统工作的影响。通过找出单点故障，并按故障模式的严酷度及其发生概率确定其危害性。单点故障指的是引起系统故障，且没有冗余或替代的工作程序作为补救的局部故障。FMECA 相关标准包括：《IEC 60812:2006》系统可靠性分析技术、失效模式和影响分析（FMEA）程序、故障模式、影响及危害性分析指南、《MIL-STD-1629A》等。

FMECA 包括故障模式及影响分析（FMEA）和危害性分析（CA）。故障模式是指元部件或产品故障的一种表现形式。一般是可以被观察到的一种故障现象。故障影响是指该故障模式对安全性、系统功能造成的影响。故障影响一般可分为对局部、高一层次及最终影响三个等级。

故障模式和影响分析最初是在产品设计过程中，通过对产品各组成单元潜在的各种故障模式及其对产品功能的影响进行分析，提出可能采取的预防改进措施，以提高产品可靠性的一种设计分析方法，是一种预防性技术。现在已经被推广到对产品性能分析应用上，用于检验系统设计的正确性，确定故障模式的原因，及对系统可靠性和安全性进行评价。

危害性分析是把 FMEA 中确定的每一种故障模式按其影响的严重程度类别及发生概率的综合影响加以分析，以便全面地评价各种可能出现的故障模式的影响。CA 是 FMEA 的继续,CA 可以是定性分析也可以是定量分析。

　　FMECA 可能是目前使用最广泛和最有效的设计可靠性分析方法。FMECA 也广泛应用于风力发电设备可靠性分析及可靠性设计[SAE APR5580(2001)]。

　　对比 FMECA 和 FTA,FMECA 由系统的最低分析层次(如元件、部件级)开始,从下向上直至约定分析层次(如系统级),即由因到果。FTA 则是从系统的某一"不希望发生的事件(顶事件)"开始,从上而下,逐步追查导致顶事件发生的原因,直到基本事件(底事件),即由果到因。在实际工作中 FMECA 和 FTA 经常综合使用,以提高对复杂系统可靠性分析的效率。

　　(4) 马尔科夫模型分析

　　基于马尔科夫过程的模型广泛应用于电力系统的可靠性评估(P J Tavner, 2010),已经成为最常用的风电机组可靠性评估建模工具之一。上述的几种方法都没有涉及系统从可用状态到失效状态,经维修后又返回到可用状态。对于可修复系统在可靠性和可用性分析中,失效概率和返回到可用状态的概率、失效率和修复率、系统有效度等都是被关注的问题。马尔科夫模型分析被广泛用于研究这些现象。Sayas 和 Allan 应用马尔科夫模型对风速与风力发电机组故障率关系进行了研究(TM Welte,2009),McMillan 和 Ault 利用马尔科夫过程对风电机组齿轮箱、发电机、叶片及电子设备的状态变化进行了模拟(F Castro Sayas,1996)。

　　马尔科夫过程有一些主要约束条件:

　　1) 除了最接近的前一个状态(当前状态)外,系统未来的状态独立于所有过去的状态。这就是说只有当前的状态用来预测将来,过去(即当前以前的历史状态)对于预测将来(即当前以后的未来状态)无关。

　　2) 从一个状态变到另一个状态的概率是恒定的。随机漫步就是马尔科夫链的例子。随机漫步中每一步的状态是在图形中的点,每一步可以移动到任何一个相邻的点,在这里移动到每一个点的概率都是相同的,无论之前是如何的漫步路径。

　　当然,这些约束在工程应用中不是那么严格。这使得马尔科夫模型分析可以有效地用于系统的可靠性、安全性和可用性分析。但是,在实际使用中还是应该评估条件偏差对分析结果的影响程度。

　　马尔科夫过程分析需要通过矩阵求解,即使是一个很简单的系统的概率矩阵也会变得非常复杂。尽管使用计算机可以快速求解,但是这些复杂性对于研究可靠性问题专家以外的人理解起来就很困难。

　　2. 风电机组可靠性数据采集和分析技术

　　风电机组数据采集及分析技术是开展可靠性评价和可靠性设计的基础,通过对风电机组运行数据的统计分析,可以掌握风电机组系统、子系统、部件的可靠性特征，了解基于运行条件与设计的失效概率的概率函数，从而确定风电设备可靠性需求和目标。

国外对风电机组和风电场数据采集和分析研究的工作开展较早。在欧洲，规范化、系统化和透明化的风电数据采集已经成为推动整个欧洲风电行业发展的一个重要因素。目前，风电机组数据采集更多关注于风电机组的质量和可靠性。

国外对风电数据采集和分析研究工作的机构主要包括国际能源署风能协议组（IEA Wind）的 Wind Task 33 项目、美国 Sandia 实验室的 CREW 项目，德国 Fraunhofer IWES WMEP 项目和欧盟的 Reliawind 项目等。IEA Wind Task 33 项目（可靠性数据：风电机组可靠性和维护分析数据收集的标准化）的主要目标是确定数据收集（备品备件、维护、故障和可能的状态数据）的通用术语、准备格式和准则，以及建立分析和报告程序。项目预期成果为整体风电机组故障统计的数据收集、数据结构以及数据分析的导则。

CREW 项目对 10 个风电场数据进行了采集和统计，每个风电场的风电机组不少于 10 台，共 800—900 台风电机组，总容量 130 万—140 万千瓦。风电机组包括 3 个主机供应商的 6 种机型，风电机组额定容量均在 1 兆瓦以上。风电场 SCA-DA 系统的数据通过 OPC 接口传输到 SPS 公司的数据库，经过 ORAPWind 软件处理后传输到 Sandia 实验室的 CREW 数据库，最后生成分析报告。SPS 数据采集频率的时间间隔为 2—10 秒，经处理后成为 10 分钟值（包括平均、最大、最小和标准差）以及风电机组状态和事件数据。数据采集达到机组零部件层次。数据采集的完整性不是很理想，未采集到数据的时间大约占 30%。利用获得的数据，Sandia 实验室统计分析了 5 个主要关键指标、风速与机组不同出力时间之间关系、风电机组功率曲线以及不同系统、零件和事件对风电机组可用率影响比例（D Mc-millan，2008；Sandia Report，2011；Sandia Report2012）。

WMEP 项目共采集了大约 1500 台风电机组的 193000 台月的运行报告和 64000 份维护与修理报告。这些机组具有不同容量，不同的型式，不同的安装地点，使得采集的数据有比较全面的覆盖。数据被分为基本数据、事件数据和结果数据。

基本数据包括风电场和风电机组的基本数据，包括单机容量、叶轮直径、轮毂高度、运行条件、环境条件、地形地貌和机组类型等。在基本数据中，风电机组和机组的零部件根据欧洲电气与发电协会（VGB）标准《VGB-B 116 D2》进行编码。

事件数据应用 VGB 标准《Guideline B-109》进行事件属性分组。事件一共分为 12 组，包括事件类型、事件前的运行状态、事件后的运行状态、对机组的影响、停机的影响、失效的原因、损害的机理、损害的现象、错误的识别、维修的类型、防止事件再次发生的措施、这些措施的紧迫性。

结果数据包括了不同风电机组可靠性的特征数据，例如 MTBF 和 MTTR 等。ISET 根据数据对运行年限对风电机组故障率的影响、各部件的可靠性、不同功率等级机组的可靠性、不同外部环境对机组可靠性的影响、不同技术型式机组的可靠性、机组各部件的薄弱部分以及不同维护目标与成本的关系进行了分析(Sandia Report,2010)。

ReliaWind 项目建立了风电机组可靠性数据库,数据库中记录了包括 450 个风电场月,350 台机组的 31500 次停机事件。风电场根据下列条件选择:风电场至少有 15 台机组;风电机组应该是变速变桨机组;额定容量不小于 850 千瓦。数据来自 SCADA 系统的 10 分钟平均值;故障或报警记录;工作单和维护记录;运行和维修报告。风电机组和零部件编码根据 RDS-PP 系统进行编码;风电机组按照系统、子系统、部件、子部件和零件 5 层编码。可靠性数据按照全部事件、以子部件为计量基础的年机组失效率、以子部件为计量基础的停机时间、风电场配置描述以及风电机组的其他信息(包括风电场发电量,和风电机组寿命相关的量)分类,事件选择的依据是人工再启动的事件并且导致停机时间在 1 小时以上的。

3. 风电机组可靠性测试技术

在风电设备可靠性设计过程中,一方面要通过可靠性预测、分配和优化设计确定产品的固有可靠性;另一方面,在设计研制和生产过程中,还需要通过可靠性试验来保证可靠性。目前按标准开展的风电机组整机和零部件开展的测试项目均可列入可靠性测试的范畴。

(1) 风电机组整机测试

风电机组整机测试包括地面测试和风电场现场测试,风电场现场测试主要开展风电机组性能、载荷、安全等方面内容的测试,为风电机组整机型式认证和风电机组设计优化提供测试数据、测试内容及标准见表 6-4-2。

表 6-4-2　风电场现场测试项目列表

序号	测试项目	依据标准
1	功率特性测试	GB/T 18451.2-2003《风力发电机组功率特性试验》/IEC 61400-12-1:2005 *Power performance measurements of electricity producing wind turbines*
2	机械载荷测试	IEC/TS 61400-13:2001 *Wind turbines-Part 13:Measurement of mechanical loads*
3	电能质量测试	GB/T 20320-2006《风力发电机组 电能质量测量和评估方法》/ IEC 61400-21:2008 *Wind turbines - Part 21: Measurement and assessment of power quality characteristics of grid connected wind turbines*
4	噪声测试	GBT 22516-2008《风力发电机组 噪声测量方法》、IEC 61400-11:2006 *Wind turbines-Part 11:Acoustic noise measurement techniques*
5	安全及功能测试	IEC 61400-1:2014 *Wind turbines-Part 1:Design requirements*
6	并网测试	GBT 19963-2011《风电场接入电力系统技术规定》
7	低电压穿越测试	NB/T 31051-2014《风电机组低电压穿越能力测试规程》

　　风电机组地面测试主要通过地面测试平台,利用仿真技术,对风电机组时间运行载荷进行模拟,并通过加载装置,实现风电机组全工况下的性能测试,主要包括传动链输出功率曲线测试、电能质量测试、电网故障模拟试验(低电压穿越故障模拟、高电压穿越故障模拟、电网不平衡故障模拟试验等)、稳态与暂态载荷测试、振动模拟及性能测试、噪声测试、疲劳寿命测试等。通过以上测试,能够为风电机组设计优化、性能、安全性、可靠性验证提供数据。

　　近年来,随着大型风电机组的发展,国外风电机组传动链测试技术得到了快速发展,世界上主要的风能研究机构,例如英国国家可再生能源中心(Narec),丹麦Risø DTU 国家可再生能源试验室、美国国家可再生能源试验室(NREL)、德国风能研究所(DEWI)、西班牙国家可再生能源中心(CENER)等机构都建立了先进的传动链和关键零部件测试平台。

　　测试平台容量的不断增大和测试项目与测试功能的逐步完善,使得测试结果更接近实际运行工况下的情况。平台不仅对风电机组制造企业在新机组研发方面给予了极大支持,同时也对风电机组检测认证、提高风电机组可靠性、规范风电行业发展起到了重要作用。其中,美国 Clemson 大学与德国 Rank 合作、英国国家新能源与可再生能源中心与 Romax 合作已经分别完成了 15 兆瓦级 6 自由度动态加载风电机组传动链测试测试平台的建设。可以模拟大型风电机组在海上环境下施加在传动链上的动态载荷,已经投入商业运行。

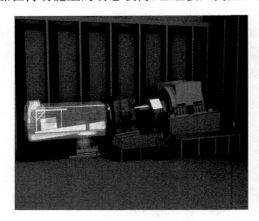

图 6-4-3　英国国家新能源与再生能源中心 15 兆瓦传动链测试系统

　　国内风电机组传动链试验平台主要在风电整机企业内建设,其功能主要是为了满足产品出厂检验的需要,测试能力特别是加载方式还有较大局限性,难以完全满足对大型风电机组整个传动链进行检测、试验和验证的要求。

　　(2)风电机组零部件测试技术

　　风电机组关键零部件(叶片、齿轮箱、轴承、发电机、变浆系统等)的测试主要在地面全尺寸测试平台,根据相关标准开展零部件性能及加速寿命等测试。如美国国家风电技术中心(NWTC)在过去二十年内已完成 100 多次的叶片疲劳破坏试验,对各种叶片设计概念和制造工艺的特点进行了详尽的基础性研究,为风电叶片企业提供了重要的技术支撑。另外,德国叶片试验中心(BLAEST)的试验平台可进行 100 米长度风电叶片的静力实验、疲劳试验和刚度试验,还可以采用热成像、声发射和超声等无损检测技术对叶片制造质量进行控制。

图 6-4-4　美国国家风电技术中心(NWTC)叶片试验装置

随着风电行业的发展,我国零部件生产企业普遍建立了自己的零部件测试平台,平台测试能力接近国外先进水平,但是在加载方式及数据分析方法等方面还有较大提升空间。

6.4.4　风电机组可靠性设计关键技术

1. 风电机组可靠性设计评价技术

随着风电机组单机容量的不断增加和风电机组技术的不断更新,风电机组设计呈现大型化、智能化、定制化等发展趋势,风电机组的可靠性设计变得越来越重要。需要开展风电机组可靠性建模及分析技术,研究制定风电可靠性建模及可靠性分析相关的标准,建立完善的可靠性设计评价体系。

研究建立风电可靠性设计评价体系,需要研究更精细化的机组建模仿真评价技术、控制系统安全完整性评价技术、风电机组和关键部件可靠性目标匹配性评价等技术,建立适合风电当前技术发展趋势的风电机组可靠性设计评价体系,包括产品可靠性设计评价和可靠性设计工具评价。

2. 风电机组可靠性数据采集和分析技术

目前行业对风电机组运行质量评价有巨大的市场需求,但风电机组运行可靠性指标的定义及计算方法还没有统一标准,难以科学有效评价风电机组运行可靠性。由于风电机组实际运行环境复杂,不同的湍流强度、风切变、入流角等风况条件,偏航、变桨等控制策略会对机组性能产生很大影响,需要综合考虑各种影响机组发电性能的因素,评价机组实际性能与设计性能的差异。由此造成风电机组实际寿命与设计寿命也会存在较大差异,需要建立基于风电机组实际模型和风电场实际环境条件下的剩余寿命评价方法。

为解决上述问题,需基于机组建模仿真模型、SCADA 系统数据、运维检修数据、风资源数据等运行相关数据,通过风电大数据分析技术,开展风电机组运行数据、故障数据、维护数据、风资源数据等风电运行大数据收集,建立统一的风电机组运行可靠性计算方法,建立科学的风电机组发电性能计算方法,建立精确的风电机组剩余寿命评估方法,基于可靠性理论模型、大数据分析技术、建模仿真等技术手段,开展风电机组平均无故障运行时间等可靠性指标分析、功率曲线分析、风电机组在实际运行环境下的载荷和结构强度分析。

3. 风电机组可靠性测试技术

研究 10 兆瓦级以上风电机组全尺寸地面测试技术、地面测试系统运行控制技术,大型风电机组传动链及关键零部件的地面测试技术。特别是在动态载荷作用下,建设 120 米级风电叶片全尺度结构力学测试平台,建立超长叶片静力测试、多自由度疲劳测试和损伤破坏评价等测试技术体系,以及制定相关测试标准和方法,提出叶片安全性验证测试技术要求与准则。

研究海上风电机组环境适应性、可靠性测试技术,完善海上风电机组标准试验体系。掌握海上风电机组全寿命风浪耦合工况试验技术,建立海上风电测试基地。

6.4.5 结语

随着我国风电技术和开发水平的不断提升,提高风电装备可靠性成为行业共识。国内很多风电整机企业已经开展了提高风电装备可靠性相关工作,如开展风力发电机组可靠性评价标准的编制、在役风电设备可靠性数据统计分析,制定风电机组及重要部件故障类型列表、风电场故障列表以及数据采集典型机组确定条件等工作,为我国进一步开展可靠性设计等相关工作打下基础。

但是目前我国在风电装备可靠性建模、风电装备可靠性分析、风电装备可靠性测试方面较国外先进水平还有较大差距,为此我们提出以下几点建议:

（1）开展可靠性设计基础研究

我国在风电装备可靠性设计基础研究方面尚未部署相关项目，如风电机组运行数据的采集和分析，可靠性建模、可靠性设计方法等方面研究尚属空白，因此需要针对可靠性设计方法等相关理论开展深入研究。

（2）制订可靠性设计相关标准

风电装备可靠性设计需要建立一套相应的技术标准体系，如风电装备和风电场数据编码、风电装备运行数据采集、风电机组可靠性分析、风电机组可靠性测试等方面需要建立统一的标准。

目前，国外在风电装备可靠性设计标准方面也正在发展和完善，可以充分利用国际技术交流合作资源，制订好适合我国国情的风电装备可靠性设计标准。

（3）建设可靠性设计模拟试验平台

风电装备可靠性设计模拟试验平台包括物理模拟试验平台和数值模拟试验平台，目前我国在风电机组可靠性设计平台建设方面与国外存在较大的差距，没有系列的建设技术先进的能满足当前及未来风电装备技术升级需要的公共试验平台，特别是大容量风电机组传动链和关键零部件试验平台的欠缺，已经成为制约风电可持续发展的瓶颈之一，需要尽快解决。

（4）实施可靠性监督

风电机组可靠性设计不是单纯的风电技术问题，而是风电质量管理体系中的一个重要组成部分，需要有主管部门实行监督管理，特别是对风电机组和风电场数据采集的规范化、系统化和透明化的管理，以及风电机组公共试验平台的建设和使用管理要尽快提出明确的要求和内容。

参 考 文 献

王仲颖，时璟丽，赵勇强. 2011. 中国风电发展路线图 2050. 北京：国家发展和改革委员会能源研究所，24.

吴佳良，王广良，魏振山等. 2010. 风力机可靠性工程. 北京：化学工业出版社，227.

Blischke W R, Prabhakar Murthy D N. 2000. Reliability Modeling, Prediction, and Optimization. New York, USA：Wiley and Sons：200.

Castro Sayas F, Allan R N. 1996. Generation Availability Assessment of Wind Farms, IET Proceedings - Generation Transmission and and Distribution, 143(5)：507-518.

Christopher A. Walford. 2006. Wind Turbine Reliability：Understanding and Minimizing Wind Turbine Operation and Maintenance Costs, New Mexico, Sandia National Laboratories：7.

Mcmillan D, Ault G W. 2008. Condition Monitoring Benefit for Onshore Wind Turbines: Sensitivity to Operational Parameters. Iet Renewable Power Generation, 2(1): 60-72.

Rao, Singiresu S. Reliability-Based Design. 1992. New York, McGraw-Hill: 2140.

ReliaWind Report. 2011. Functional Block Diagrams Specifications: 17.

ReliaWind Report. 2011. Reliability Focused Research on Optimizing Wind Energy Systems Design, Operation and Maintenance: Tools, Proof of Concepts, Guidelines & Methodologies for a New Generation: 13.

Sandia Report. 2010. SAND2010-4530 Adapting ORAP® to Wind Plants: Industry Value and Functional Requirements.

Sandia Report. 2012. SAND2012-7328 Continuous Reliability Enhancement for Wind (CREW) Database: Wind Plant Reliability Benchmark.

Seebregts A J, Rademakers L W M M, van den Horn B A. 1995. Reliability analysis in wind turbine engineering. Microelectronics Reliability, 35(9): 1285-1307.

Tavner P J, Higgins A, Arabian H, et al. 2010. Using an FMEA Method to Compare Prospective Wind Turbine Design Reliabilties. European Wind Energy Conference (EWEC 2010): 1-10.

Taylor M, Ralon P, Ilas A. 2016. The Power to Change: Solar and Wind Cost Reduction Potential to 2025, IRENA: 54.

USNR Commission. 2012. Fault Tree Handbook (NUREG-0492), Washington, DC, Books Express Publishing: 200.

Welte T M. 2009. Using State Diagrams for Modeling Maintenance of Deteriorating Systems. IEEE Transactions on Power Systems, 24(1): 58-66.

Yang F, Kwan CM, Chang CS. 2008. Multiobjective Evolutionary optimization of Substation Maintenance using Decision-varying Markov Model. IEEE Trans. Power Syst. , 23(3): 1328-1335.

6.5　大型风电叶片的设计、制造与运维

随着风力发电技术的不断进步,风电机组的单机容量也从最初的十几千瓦发展到现在的兆瓦级,甚至向十兆瓦级、几十兆瓦级迈进。目前,全球运行的最大单机容量风电机组,其额定功率达到9兆瓦。然而,迫于传统化石能源的价格压力以及行业内的竞争压力,风电行业对于大型风电机组尤其是大型水平轴风电机组的技术改进和创新需求迫切。叶片作为风电机组转换风能的关键部件,其设计与制造和运维技术的发展对于整个机组的性能和可靠性至关重要。

6.5.1 大型风电叶片产业现状

据全球风能协会统计(GWEC),2015 年全球新增装机容量首次超过 60 吉瓦,2000 年至 2015 年 16 年间累计装机容量达到 432.9 吉瓦。亚洲装机量继续引领全球市场,欧洲和北美紧随其后,其中,中国自 2009 年以来,一直保持全球最大市场地位。2015 年的新增装机量和至 2015 年底的累积装机量均居全球首位。基于气候变化要求,风电价格下降以及美国市场稳定的预期,GWEC 预测在未来五年内,亚洲市场仍将保持在 50% 以上,欧洲市场稳步增加,北美市场将出现强劲增长,到 2020 年,全球累计装机容量将达到 792.1 吉瓦。可以看出,风电叶片的市场仍然具有巨大发展潜力。

随着全球风电市场转向低风速和海上风场的风能开发,叶片不断增长,图 6-5-1 显示了单机容量和风轮直径的发展趋势。目前,已经生产的全球最长风电叶片长 88.4 米(见图 6-5-2),由丹麦 LM 和 Adwen 公司共同开发,配套 8 兆瓦的海上风电机组。此外,达到 80 米及以上长度的风电叶片包括丹麦 SSP technology 生产的 83.5 米叶片、德国 EUROS 设计开发的 81.6 米叶片以及 Vestas 设计制造的 80 米叶片,它们将分别用于韩国三星的 7 兆瓦海上风电机组、日本三菱的 7 兆瓦海上风电机组和 Vestas 的 8 兆瓦海上风电机组。而更长的叶片已处于设计阶段。在气动性能方面,目前公开报道的商用风电机组的最大功率系数超过 0.5,由德国 Enercon 公司设计研发,通过综合优化叶尖,叶根过渡段以及机舱几何外形得到。在重量方面,英国 Blade dynamics 公司采用模块化的叶片设计和制造技术,生产了一支世界上最轻的 49 米叶片,并已通过 GL 认证,该技术将被用于 100 米长的风电叶片开发。

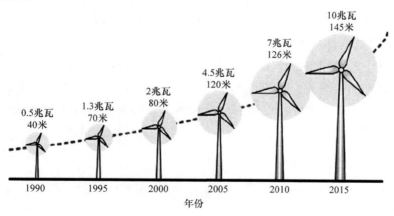

图 6-5-1 风电机组单机容量和风轮直径发展趋势

图 6-5-2　LM 生产的 88.4 长叶片将配套 Adwen 公司 8 兆瓦海上风电机组

在海上风电叶片设计与应用方面,西门子(SIEMENS)得益于欧洲海上风电市场的迅猛发展和自身的技术优势,已经走在世界前列。其采用 IntegralBlades 叶片设计制造技术生产的 58.5 米叶片已广泛用于海上 3.6 兆瓦风电机组,沿用此技术开发的 75 米叶片将批量生产并配套西门子 7 兆瓦机组用于英国东海岸东安格利亚一号海上风电场。我国叶片厂商也紧跟国际海上风电发展脚步,目前配套海上 6 兆瓦风电机组的叶片有中材科技的 77.7 米叶片,中复联众的 75 米叶片,艾朗风电的 75 米叶片,但其设计技术仍然依赖国外叶片设计公司如 Windnovation,Aerodyn 等。

在低风速叶片开发和应用方面,得益于国内低风速区的大规模开发以及叶片设计制造技术发展,国内多家叶片制造厂商走在了世界前列,吉林重通成飞新材料股份公司生产了 2 兆瓦级最长风电叶片,其长度为 57 米。其他叶片厂商,都有 50 米级 2 兆瓦的批量产品。但在低风速叶片设计方面,一些厂商仍然依赖国外叶片设计技术,不具备完全自主设计能力。

从总体上看,目前我国提供了全球最大的单一风电市场,国内叶片厂商在大型叶片的设计和制造技术上取得了长足进步,尤其是在低风速叶片开发和应用上走在世界前列。但在大型叶片设计与制造技术上与国外先进技术相比还有一定差距,没有先进的独特技术和产品应用。

6.5.2　大型风电叶片设计

随着叶片的大型化,叶片的运行雷诺数、载荷和重量不断增大,设计高效、低载以及轻质的叶片成为叶片厂商和研究院所不断追求的目标。因此,一些新的翼型、材料、叶片结构、制造工艺及设计方法不断出现,并逐渐应用到工程实践中。

1. 叶片气动设计

叶片气动设计的目标是寻求最佳的叶片外形,使得叶片在具备较高的风能捕获能力的同时,产生相对较小的载荷。

(1) 叶片翼型

作为叶片气动设计的基本要素翼型,对叶片的气动性能和载荷特性起着非常关键作用。早期的风电叶片翼型选自于航空翼型,如 NACA 系列翼型。但随着人们逐渐认识到风力机与航空飞行器在运行环境以及流场特征方面的差异,如较低的运行雷诺数、高来流湍流强度,多工况运行及表面易污染等特点,开始转向风力机专用翼型的开发。从 20 世纪 80 年代起,美国、丹麦、瑞典、荷兰等风能技术发达国家纷纷展开了风力机专用翼型的研究,并取得了一定成果。它们是美国国家可再生能源实验室(National Renewable Energy Laboratory,NREL)提出的 S 系列翼型(Somers D M,1997;Tangler J L,1995)、瑞典航空研究院设计的 FFA 系列翼型(Bjork A,1990) 、荷兰 Deft 大学设计的 DU 系列翼型(Timmer W A,et al,2003)、丹麦 Risø 国家实验室开发的 Risø 系列翼型(Fuglsang P,et al,2004)。这些翼型的最大相对厚度达到 53%(白井艳等,2010),在升力系数、升阻比、粗糙度敏感、失速特性上均具有较好的性能。其中,DU 系列翼型在风电行业中得到广泛运用。随着人们对风力机性能要求的提高和流场特征认识的加深,新翼型的开发正在持续进行。近年来,国内多所研究机构和大学也在进行风力机专用翼型研发。如中国科学院工程热物理研究所研发的 CAS 系列翼型(黄宸武等,2013;白井艳等,2010),其翼型最大相对厚度达到了 60%,且采用钝尾缘设计,具有较好的结构特性和气动特性,对提高叶片过渡段附近的气动性能具有重要意义(见图 6-5-3);

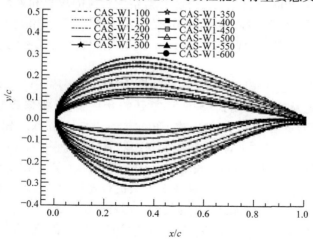

图 6-5-3　CAS-W1-XXX 翼型族几何外形

西北工业大学研发的 NPU-WA 系列翼型(乔志德等,2012),其设计雷诺数达到了 5×10^6,且在此雷诺数下具有较好的气动特性,对开发大型叶片具有重要价值;汕头大学和重庆大学分别将噪声要求引入到翼型的设计中(程江涛等,2012;刘雄等,2011),获得了低噪声的风力机翼型。总之,叶片大型化使得翼型运行的雷诺数不断提高,寻求高雷诺数下,气动、结构和噪声等性能综合较优的翼型是未来风力机专用翼型开发的方向。

(2)气动设计方法

除翼型外,叶片的气动外形主要由弦长、扭角、厚度及基叠轴位置等参数沿展向的分布情况决定。而叶片的气动外形对叶片的最大功率系数,年发电量以及叶片载荷有重要影响,因此,叶片的气动设计是一个多变量、多目标问题。

目前的叶片气动设计方法有两大类,一类是解析方法,另一类是数值方法。其中解析方法主要是根据动量叶素理论,即 BEM 理论,直接推导得到。在不考虑阻力损失和叶尖损失的条件下,根据 BEM 理论可以得到叶片的最优气动外形满足如下方程(Martin O. L. Hansen. ,2008;Burton T,et al,2011):

$$\sigma_r \lambda_r C_l = \frac{4 \lambda^2 \mu^2 a'}{\sqrt{(1-a)^2 + (\lambda \mu (1+a'))^2}} \tag{6-5-1}$$

$$a = \frac{1}{3}, \quad a' = \frac{a(1-a)}{\lambda^2 \mu^2} \tag{6-5-2}$$

式(6-5-1)、式(6-5-2)中,σ_r 为实度,$\sigma_r = 3c/2\pi r$;λ_r 为局部尖速比,$\lambda_r = \Omega r/V$;C_l 为设计攻角对应的升力系数;λ 为设计叶尖速比;μ 为展向百分比,$\mu = r/R$;a 为轴向诱导因子,a' 为切向诱导因子。

依据式(6-5-1)和式(6-5-2),通过选取设计尖速比,以及各截面设计升力系数,可以计算出各截面弦长。依据设计升力系数对应的攻角和入流角计算出截面扭角。该方法形式简单,无须迭代调整,设计速度快,适合初始设计。但由于它没有考虑各截面弦长、扭角之间的相关性,相邻截面之间很可能不能光顺过度,工艺可操作性差。

数值方法主要包括正问题方法和反问题方法。在采用正问题方法设计时,设计者依据设计经验或是采用式(6-5-1)得到的叶片弦长、扭角和厚度分布,利用 BEM 加修正模型的方法或涡方法或 CFD 方法。如 Aerodyn、Bladed、FOCUS、FLUENT、WT_perf 等软件,进行叶片的气动性能分析,通过手动迭代或采用优化算法进行自动迭代得到满足各项设计指标的叶片外形参数。在自动迭代方法中,设计者可以对叶片各截面的弦长、扭角等参数进行光顺性约束,可以对设计指标进行单目标和多目标设置,因此,设计的气动外形具有优良的气动性能和工艺可操作性,如美国可再生能源实验室开发的 HARP_Opt 软件。此外,为了设计出更高性能的叶片外形,Gunter Reinald Fischer 等(2014)提出了一种新的气动设计方法,它主要是突破了标准翼型限制,在优化设计过程中不断修改截面翼型,采用 Xfoil 软件分析得到的参数化翼型,计算新翼型的升阻力系数等气动性能参数,以此为基础进行叶片的气动性能分析,最终迭代得到满足设计要求的气动外形。该方法的最大缺点是修改后的翼型,其气动性能数据准确性难以评估。在反问题设计方面,目前只有 PROPID 软件。它是基于 BEM 理论开发,可以设计出满足设计者设定的径向升力系数分布和轴向诱导因子分布要求的叶片,目前应用较少。总的来看,未来几年大型叶片的气动设计仍将以正问题方法尤其是优化设计方法为主。随着叶片的大型化,叶片的气动与结构耦合愈加明显,进行叶片气动和结构的协同优化设计将成为一种趋势。

(3) 气动分析方法

大型风电叶片的气动分析方法许多,根据求解模型的角度不同,气动分析方法可以分成三大类:BEM 方法、涡方法以及 CFD 方法(徐宇等,2013)。

BEM 方法在第三类方法中计算时间最短,一般叶片性能的计算只需几秒钟。它将叶片分成多个叶素独立计算,容易与叶片的结构动力学模型融合。因此,它是目前工程设计中应用最广泛的叶片气动性能计算方法,也被目前商用的风力机专用软件 GH Bladed 和 FOCUS 所采用。当然,由于其较大的简化了实际风轮模型,在非定常模拟以及局部气动性能分析上,存在较大误差。因此,为了提高该方法的计算精度,一些结合理论推导和经验公式的修正模型不断产生(Du Z,et al,2000;Leishman J G,et al,1989)。

涡方法的核心思想是将风力机三维流场中的涡量分布简化为集中分布的线涡和面涡等形式,配合以刚性尾涡或自由尾涡模型进行风力机气动性能的计算。根据叶片附着涡量简化形式不同,又可分为升力线模型、升力面模型和三维面元模型。与升力线模型和升力面模型相比,三维面元模型不需要翼型的二维实验升阻力系数,计算精度更高。同时与 CFD 模型相比,其提高了三维流场的计算效率。南京航空航天大学(王芳等,2009)在计算风力机的绕流时,使用预定涡尾迹确定模型,并引入涡核结构和考虑黏性引起的耗散效应对模型进行修正,解决了涡尾迹方法在大叶尖速比时普遍存在的计算发散问题。中国科学院工程热物理研究所(王强等,2012;Wang Qiang,et al,2012)通过将面元模型分别同边界层模型以及降阶模型相结合,使面元模型的黏性计算能力得到拓展,且大分离流的计算精度得以提高。

CFD 方法在以上三类方法中精度最高,能够得到叶片周围高精度的三维流场结构和细节。常常用于叶片的气动性能评估、绕流流场分析以及尾流特性分析等。该方法假设前提少,在叶片的非定常计算分析中更具优势。但由于风力机三维流场多尺度性,来流风况的非定常、高湍流特性,叶片表面的不规则性,采用该方法计算非常复杂耗时,通常要在并行机或超级计算机上进行,限制了其在工程设计中的应用。

　　目前为止,一些学者对以上不同的分析方法进行比较,发现它们的计算结果具有较好的一致性。但由于风电叶片的非定常气动特性求解复杂,用于 BEM 修正的模型往往是基于近似理论或经验修正公式,其正确性通常在一定条件下成立,如动态失速模型(Kirk Gee Pierce. ,1996;Leishman J G,et al,1989)。因此需要进一步研究改进以扩展其适用范围,以适应大型化的发展趋势。随着叶片大型化、柔性化发展,气弹稳定性问题再次凸显,如何在叶片设计开发中避免颤振和气动弹性发散现象的发生将成为风电叶片气动设计重要的科学问题。

2. 叶片结构设计

　　叶片结构设计的目标是寻求保持叶片气动外形和结构可靠性的前提下,经济性最优的叶片材料铺层参数。叶片大型化在结构方面的主要挑战反映在叶片重力矩在载荷中所占比重大幅上升——摆振方向结构失稳成为突出矛盾。

(1) 叶片材料

　　材料是叶片结构设计的基础,同时对叶片的气弹响应特性以及结构性能具有非常重要作用。风电叶片材料在经历了木材、布蒙皮、金属蒙皮以及铝合金后,目前已经基本被玻璃钢复合材料取代。这主要是因为其具有以下优点:可根据风力机叶片的受力特点设计强度与刚度,最大限度地减轻叶片质量;容易成型;缺口敏感性低,疲劳性能好;内阻尼大,抗震性能好;耐腐蚀性、耐候性好;维修方便、易于修补。

　　玻璃纤维复合材料叶片主要使用的材料包括以下四类:玻璃纤维、树脂、粘结剂及芯材。根据叶片各部分的受力特点和功能属性,这些材料应用在不同的叶片位置,同时对于不同材料的性能要求也各有侧重。目前常用的玻璃纤维为 E-玻璃纤维,随着叶片的长度增加,对玻璃纤维的强度、模量等属性提出了更高要求,因此一些更高性能的玻璃纤维已经出现,如法国 Saint-Gobain 集团的 H 玻璃纤维;中国中材科技股份有限公司的 HS2 和 HS4 高强硅-铝-镁玻璃纤维;重庆国际复合材料有限公司的无硼无氟环保型 TM 粗纱等。

　　为进一步减少叶片质量,碳纤维逐渐应用到大型风电叶片中,如 Vestas 的 80 米叶片,SSP 的 83.5 米叶片,中材的 77.7 米叶片。已有的研究表明,碳纤维风电叶片相比玻璃纤维叶片减重可达 30% 以上。这主要是因为:碳纤维增强材料的拉伸弹性模量是玻璃纤维增强材料的 2—3 倍,其抗拉强度是玻璃纤维的 1.12—1.44 倍,且具有较高的抗压缩强度、抗剪切强度和优良的阻尼特性。此外,碳纤维的导电性还能避免雷击。其缺点主要是:韧性差,形变量不足,耐磨性及止滑性不佳,脆性较大;价格昂贵;容易受工艺影响(如铺层方向),浸润性较差,对工艺要求较高;成品透明性差,且难于进行内部检查。为了利用碳纤维高强高模的特性优势,同时控制叶片成本,碳玻混合技术已经成为大型叶片重要研究和应用方向。目前主要有两种途径,一种是在叶片的主承力位置铺设碳纤维,如梁帽,前后缘等,而在其他地方仍使用玻璃纤维。一种是直接将碳纤/玻纤混织成一体,然后作为一种材料进行铺设和制造。

近几年来,性能更佳的碳纳米管(CNTs)也得到研究人员和原材料厂商重视,相关的应用研究已经开始,如果能够较好的解决 CNTs 在树脂中的团聚问题,则该材料有望成为大型叶片的另一种重要材料。

随着人们对环保的要求越来越高,废弃叶片的处理已经逐渐成为一个严重问题。目前大多数叶片采用聚酯树脂、乙烯基脂以及环氧树脂等热固性树脂基体制成。这类叶片既难燃烧,又难降解,占用大量土地。研究低成本、可回收利用的绿色环保复合材料已成为目前重要研究方向。其中热塑性复合材料受到了科研人员和叶片厂商的广泛关注。因为,相比于热固性复合材料,它具有以下优点;可以回收;成型工艺简单,可以焊接;比强度高;一些机械性能好,如比刚度、延伸率、破坏容许极限均较高,延展性好;耐腐蚀性好;固化周期短。其缺点是热塑性树脂的熔融黏度高,工艺能耗高,耐疲劳性差。因此,寻求低熔融黏度高力学性能的树脂成为热塑性复合材料的研究重点。此外,生物质纤维材料的相关研究也已开展并尝试在叶片生产中进行应用。但由于此类材料与玻璃钢复合材料相比,综合性能较差,如竹制复合材料叶片强度低,亚麻纤维叶片制造成本高,还有待进一步研究改进。

(2) 叶片结构设计方法

目前,大型风电叶片主要由壳体、大梁、腹板、叶根增强、前尾缘增强以及防雷系统等部分组成(见图 6-5-4)。因此,叶片的结构设计主要是依据以上各部分的功能特点进行合理的材料布置。

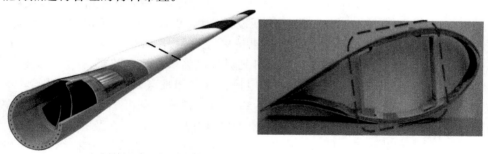

(a) 复合材料风电叶片经典结构　　　　　　(b) 叶片截面典型结构

图 6-5-4 复合材料风电叶片典型结构(后附彩图)

叶片结构设计需要考虑的因素众多,如模态分析、刚度分析、极限强度分析和疲劳分析。模态分析要求叶片的固有频率避开整机的共振区间;刚度分析主要是控制叶片变形,满足叶尖与塔筒间隙的设计要求;极限强度分析要求叶片在极限载荷作用下,材料和结构满足极限强度和屈曲稳定性要求;疲劳分析则是要求叶片各材料满足 20 年甚至是更高年限的使用寿命。随着叶片设计技术的进步,一些以往不太关注的结构性能逐渐成为叶片结构设计的必要设计指标,如结构胶的极限与疲劳强度分析、基体材料的 IFF 分析、非线性屈曲分析和铺层工艺的可操作性等。此外,叶片大型化和柔性化带来一些新的问题,如叶片的一阶扭转频率越来越低,叶片气弹发散以及颤振稳定性边界逐渐降低(Griffith, D. T. , et al, 2011),甚至威胁风电机组的正常运行,因此,叶片气弹稳定性分析将是未来大型叶片结构设计的必要内容,如何通过结构设计提高叶片的气弹稳定性具有重要意义。还有叶片的几何非线性问题,它对叶片的气弹耦合特性将产生重要影响,如叶片载荷。总之,为了设计更好的叶片,需要分析的设计指标会越来越全面。

在叶片结构设计方法方面,目前几乎均采用正问题方法进行叶片的结构设计。也就是依据设计经验和材料特性给定铺层或等比例放大已有的叶片铺层,利用工程梁模型或有限元模型(如 FOCUS、BModes、ANSYS、ABAQUS)进行叶片的各项性能分析,通过手动迭代或自动迭代的方法得到满足各项设计指标的叶片铺层信息,包括各材料位置、厚度、角度、叠放顺序等参数。而在自动迭代分析时,往往借助智能优化算法进行(如遗传算法、粒子群优化算法)。由于叶片结构铺层参数多样,可设计性强,该方法往往针对质量占比大的部分,如梁帽、后缘增强以及叶根增强。通过建立上述各部分的参数化模型和相应的叶片性能分析方法,并同优化算法耦合起来,最终达到优化叶片结构的目的,这也是目前提到的各种叶片结构优化设计方法。由于一些与结构有关的性能分析方法,如依据标准载荷工况的极限载荷计算,不易建立优化设计模型,所以此方法得到的铺层还需进一步检验。

优化设计方法对设计者的经验依赖度低,且计算快,适合初始叶片结构设计。手动迭代方法能够全面细致的分析每项设计指标,更适合叶片结构的详细设计。目前,有关叶片结构优化设计的研究越来越多(Jie Zhu, et al, 2014; Liao Cai-cai, et al, 2012),采用优化设计模型进行大型叶片设计已经成为一种趋势,但是如何建立更准确、更高效的结构设计指标分析模型是其重点和难点,如叶片疲劳分析、叶根预埋螺栓套与复合材料的接触应力分析和三维气弹响应分析等。此外,反问题设计方法是一种比较高效的设计方法,但由于风电叶片结构设计涉及的参数众多,至今还没人提出相关的设计模型。随着研究的深入,也许它能成为未来大型叶片设计的新途径。

（3）新型叶片结构

为了更好地解决风电大型化带来的相关问题,一些新型叶片结构不断提出,并部分得到商业应用。如 Blade dynamics 叶片设计公司提出了模块化设计技术以降低叶片质量,它将叶片的壳分成多块设计和制造,然后再组装成型。已完成 49 米的叶片设计。Wei Xie 等(2015)提出的可折叠(folding)叶片,叶片分成两段,叶尖段可折叠以降低载荷。为了解决大型叶片的运输问题,Enercon 提出了一种分段叶片,叶根段为钢结构并在尾缘安装有尾缘盖板以保证叶根段气动外形,叶尖段为复合材料叶片,通过螺栓将两段叶片连接起来。目前该叶片已经生产并批量装机。国内由中国科学院工程热物理研究所(2015)和保定华翼风电叶片研究开发有限公司共同研发的分段式风电叶片也已完成静力试验(见图 6-5-5)。

图 6-5-5　分段叶片静力测试现场

此外,随着对叶片运行可靠性要求的提高,在线监测叶片的运行状态和叶片载荷成为必要,这时需要在叶片内部植入光纤等其他应变测量元件(KIM S W,et al,2011),这些都会对叶片的结构设计提出新的要求。另外,随着叶片的大型化,针对不同问题的新型叶片结构形式不断出现,模块化设计和智能化设计因其在减重、运输及提高运行可靠性方面的优点,具有巨大应用潜力。

6.5.3　大型风电叶片制造

风电叶片的制造技术主要依据叶片的材料体系和三维几何结构发展。目前为止,针对复合材料叶片的成型工艺主要有手糊工艺、模压成型、预浸料铺放工艺、拉挤工艺、纤维缠绕、树脂传递模塑(RTM)、真空灌注成型工艺。这些工艺各有优缺点,可以根据叶片的材料体系、几何结构、几何尺寸以及铺层功能进行综合运用,以达到最佳效果。

手糊工艺是生产复合材料风电叶片的一种传统工艺。因为它不必受加热及压力影响,成本较低。可用于低成本制造大型、形状复杂制品。其主要缺点是生产效率低、产品质量波动大、废品率较高。手糊工艺往往还会伴有大量有害物质和溶剂的释放,有一定的环境污染。目前主要用于叶片合模后的前尾缘湿法处理。

模压成型工艺的优点在于纤维含量高、孔隙率低、生产周期短、精确的尺寸公差及良好的表面形状,适用于生产简单的复合材料制品。其缺点是模具投入成本高,不适合具有复杂几何形状的叶片。目前大型叶片基本不采用此工艺。

　　预浸料铺放工艺的主要优势是在生产过程中纤维增强材料排列完好,可以制造低纤维缺陷以及性能优异的部件,它是生产复杂形状结构件的理想工艺。碳纤维预浸料广泛应用于航空业中,其主要缺陷是成本高。此外,预浸料需要手工方式铺放,生产效率低。

　　拉挤工艺具有纤维含量高,质量稳定,易于自动化,适合大批量生产的优点,适用于生产具有相同断面形状,连续成型制品的生产中。但由于大型叶片的三维几何弯扭结构,该工艺很少使用。

　　纤维缠绕工艺能够控制纤维张力、生产速度及缠绕角度等变量,制造不同尺寸及厚度的部件。但应用于叶片生产中的一个缺陷是在叶片纵向不能进行缠绕,长度方向纤维的缺乏使叶片在高拉伸和弯曲载荷下容易产生问题。另外,纤维缠绕产生的粗糙外表面可能会影响叶片的空气动力学性能,必须进行表面处理。最后,芯模及计算机控制成本很大。

　　树脂传递模塑(RTM)属于半机械化的复合材料成型工艺,对工人的技术和环境的要求远远低于手糊工艺并可有效地控制产品质量。RTM缺点是模具设备非常昂贵,很难预测模具内树脂流动状况,容易产生缺陷。RTM工艺采用闭模成型工艺,特别适宜一次成型整体的风力发电机叶片(纤维、夹芯和接头等可一次模腔中共成型),而无须二次粘接。

　　真空灌注成型工艺是目前大型风电机组叶片制造的理想工艺,与RTM相比,节约时间,挥发物非常少,工艺操作简单,模具成本大大降低。相对于手糊工艺,成型产品拉伸强度提高20%以上。

　　鉴于真空灌注成型工艺在大型叶片应用上的优势,目前大型风电叶片制造主要以真空灌注工艺为主。近几年的研究也主要以此工艺为基础,针对叶片铺层厚度、新的高模材料、制造效率、叶片成型质量等方面进行的工艺尝试与改进(J. A. Sainz,2015;Stiesdal Henrik,et al,2003)。目前,具有创新性同时实用性较强的代表性叶片制造工艺有:西门子风电集团提出的 IntegralBlade 技术。它使用两个模具型面和其中的芯模型成一个封闭的型腔,在型腔里面随形铺放纤维材料和芯材。通过型腔内建立起的真空体系将基体材料注入模具内,一次成型大型风电机组叶片。与传统的真空灌注成型工艺相比,它具有的优点包括:节省人力和空间,无须粘接,质量可靠性高,不会释放 VOCs,对环境污染小。该工艺已广泛应用于西门子的不同型号叶片制造中;达诺巴特公司开发的叶片自动制造系统。它的主要功能包括自动喷胶衣、自动喷短切纤维、自动铺层、自动打磨、自动涂胶等。客户可以根据自身需求来选择整体自动化,也可以选择其中一个或几个功能。工作单元采用移动式悬臂梁结构,横梁上安装有十字滑轨,相应的工作功能头位于滑轨上,采用5轴控制,最终实现各工序的自动化操作。相对于真空灌注成型工艺,具有生产效率高,人工成本低,叶片质量稳定性好的优点(见图6-5-6)。

　　除了以上针对现有热固性复合材料体系的制造工艺,针对热塑性复合材料开

图 6-5-6　叶片自动制造系统

发的生产工艺也在不断发展(董永祺,2013)。如基于低黏度载液技术的湿法模塑工艺以及共混杂成型工艺(co-mingling):即热塑性树脂纤维与增强纤维共混杂而构成共混线纱(co-mingling yarn),共混线纱加热过程中树脂纤维熔化并浸渍增强纤维,直到彻底浸渍所有增强纤维。这些技术能一定程度上解决热塑性复合材料成型能耗高、纤维浸润差的问题。但要批量应用到大型叶片的实际制造过程中还有待进一步研究实验。

综上所述,大型叶片成型工艺将向着高成型质量,高生产效率,低生产成本和低环境污染的方向发展。一体化和自动化制造工艺以其在成型质量和效率上的巨大优势,将会成为大型叶片的制造趋势。同时,用于热塑性复合材料的制造工艺技术具有巨大发展潜力。其中,低黏度热塑性树脂的开发非常关键。

6.5.4　大型风电叶片运维

在风电场开发过程中,风电机组能否在额定运转时期内发挥出最佳性能是衡量风电场投资成败的关键因素之一。除风电机组本身具有比较好的质量外,其生命周期内的运营维护更加关键。2015 年我国风电新增装机量约为 3050 万千瓦,2020 年全国累计装机量将突破 2 亿千瓦。如此巨大的装机容量,将使风电机组运维市场成为风能产业新的增长点。

海上风电场与陆上存在诸多不同,因物流运输、运维人员海上交通与港口管理费用非常高。风电机组停机与大部件故障对海上风电场运维成本产生双重不利影响,海上风电场大部件的维修不便且更换时需要自升式驳船进行吊装,极大地增加了运维费用(黄玲玲,2016)。

叶片作为风电机组关键零部件之一,其状态的好坏直接影响着风电机组的发电效率。叶片工作在高空、全天候条件下,经常受到空气介质、大气射线、沙尘、雷电、暴雨、冰雪的侵袭,容易造成叶片损伤。传统的依靠人工巡检的方式发现叶片问题,不仅费时费力,而且效率低下,往往不能及时发现叶片潜在的问题和缺陷异常,这将对风电机组运行维护工作产生巨大影响,甚至导致安全事故。

风电叶片在生产过程中产生的缺陷可能会在后续风力系统正常运作过程中发生变化,从而造成质量问题,其中最为常见的缺陷就是叶片上的微小裂纹(通常产生在叶片的边缘、顶部或者尖端处)。而造成裂纹的原因主要来源于生产过程中的缺陷,如脱层等,通常发生在树脂填充不完善区域。其他缺陷还有表面脱胶、主梁区域脱层和材料内部的一些孔隙结构等。

风电叶片智能运维系统的优势在于通过整合大数据、对风电叶片进行全生命周期的运行评估,预测风电叶片的运行状况,并及时进行维护,防止故障发生,有助于实现从"故障运维"向"计划运维"的转变。

风电叶片智能运维系统利用最新的传感器检测、信号处理、大数据分析等技术(王文娟等,2016;Jae-Kyung Lee,et al.,2015;Kai Aizawa,et al.,2014),针对风电叶片的运行状态进行实时在线/离线监测。在风电机组的运行过程中,自动判别风电叶片性能劣化趋势,及时制定检修策略。系统应具有监测参数设置、趋势曲线显示、远程报警、设备故障诊断数据汇总分析及检修策略制定等功能。

6.5.5　结语

21世纪以来,全球风电产业迅猛发展。随着人们环保意识提高及风电技术进步,风电产业将继续保持高速发展态势。叶片作为风电机组的关键部件,它的技术发展对推进整个风电产业发展具有重要意义。为了满足大型叶片发展要求,新的翼型、材料、设计方法以及制造工艺不断提出,引领风电叶片的设计与制造技术向开发更高性能的叶片迈进。总的来看,大型叶片在气动设计、结构设计以及制造工艺和运维方面有如下发展趋势:

(1)在气动设计方面,高雷诺数下高性能翼型开发是气动设计需要迫切解决的问题。此外,发展高精度且高效的气动分析方法特别是用于求解大型叶片非定常空气动力学特性的方法,以及多学科协调设计方法将是风电叶片的重要研究方向。

(2)在结构设计方面,开发性能优越且环保的叶片材料将是目前材料研究的重点。在此基础上,优化设计技术以及反问题设计方法将是主要研究方向。此外,针对不同问题的新型叶片结构形式不断出现,模块化设计和智能化设计因其在减重、运输及提高运行可靠性方面的优点,具有巨大应用潜力。

(3)在制造工艺方面,具有高成型质量、高生产效率、低生产成本和低环境污染的成型工艺是未来的发展方向。一体化和自动化制造工艺以其在成型质量和效率上的巨大优势,将会成为大型叶片的制造趋势。同时,用于热塑性复合材料的制造工艺技术具有巨大发展潜力。其中,低黏度热塑性树脂的开发非常关键。

（4）在运维方面，风电叶片运维智能化是国内外风电发展的大趋势。特别是在海上风电场，高昂的运维费用使得发展智能运维系统成为当务之急。目前，急需发展针对大型叶片的传感器检测、信号处理、大数据分析等技术，真正实现从"故障运维"向"计划运维"的转变。

参 考 文 献

白井艳,杨科,李宏利等. 2010. 水平轴风力机专用翼型族设计. 工程热物理学报,31（4）: 589-592.

程江涛,陈进,Shen Wenzhong 等. 2012. 基于噪声的风力机翼型优化设计研究. 太阳能学报, 33(4):558-563.

黄宸武,杨科,刘强等. 2013. 风力机叶片外侧翼型粗糙敏感性分析与优化. 太阳能学报,34(4): 562-567.

黄玲玲. 2016. 海上风电机组运行维护现状研究与展望. 中国电机工程学报,36(3):729-731.

刘雄,罗文博,陈严等. 2011. 风力机翼型气动噪声优化设计研究. 机械工程学报,47(14): 134-139.

乔志德,宋文萍,高永卫. 2012. NPU-WA 系列风力机翼型设计与风洞实验. 空气动力学学报, 30(2):260-265.

王芳,王同光. 2009. 基于涡尾迹方法的风力机非定常气动特性计算. 太阳能学报,2009(9): 1286-1291.

王强,徐宇,王胜军等. 2012. 基于三维面元法的风力机三维流场计算. 中国工程热物理学会学术会议. 哈尔滨.

王文娟,宋昊,盛楠等. 2016. 基于光纤光栅传感的风电叶片监测技术浅析. 风能,2016(6): 78-81.

徐宇,廖猜猜,荣晓敏等. 2013. 气动、结构、载荷相协调的大型风电叶片自主研发进展. 应用数学和力学,34(10):1028-1039.

Bjork A. 1990. Coordinates and Calculations for the FFA-W1-xxx, FFA-W2-xxx and FFA-W3-xxx Series of Airfoils for Horizontal Axis Wind Turbines. FFA TN 1990-15, Stockholm, Sweden.

Buhl M L. 2004. WT_Perf user's Guide. National Renewable Energy Laboratory.

Burton T, Sharpe D, Jenkins N, et al. 2014. Wind Energy(second edition). 武鑫译. 北京:科学出版社.

Fuglsang P, Bak C. 2004. Development of the Risø Wind Turbine Airfoils. Wind Energy,7(2): 145-162.

Gunter Reinald Fischer, Timoleon Kipouros, Anthony Mark Savill. 2014. Multi-objective optimisation of Horizontal Axis Wind Turbine Structure and Energy Production using Aerofoil and Blade Properties as Design Variables. Renewable Energy,62:506-515.

Kai Aizawa, Christopher Niezrecki. 2014. Wind Turbine Blade Health Monitoring using Acoustic Beamforming Techniques. The Journal of the Acoustical Society of America ,135(4):23-92.

Kim S W, Kim E H, Rim M S, et al. 2011. Structural Performance Tests of Down Scaled Composite Wind Turbine Blade using Embedded Fiber Bragg Grating Sensors. International Journal of Aeronautical and Space Sciences, 12: 346-353.

Kirk G P. 1996. Wind Turbine Load Prediction using the Beddoes-Leishman Model for Unsteady Aerodynamics and Dynamic Stall. University of Utah Thesis, August.

Lee Jae-Kyung, et al. 2015. Transformation Algorithm of Wind Turbine Blade Moment Signals for Blade Condition Monitoring. Renewable Energy, 79(1): 209-218.

Leishman J G, Beddoes T S. 1989. A Semi-empirical Model for Dynamic Stall. Journal of the American Helicopter Society.

Liao C C, Zhao X L, et al. 2012. Blade Layers Optimization of Wind Turbines using FAST and Improved PSO Algorithm. Renewable Energy, 42: 227-233.

Martin O. L. Hansen. 2008. Aerodynamics of Wind Turbine(second edition). London: Earthscan.

Sainz J A. 2015. New Wind Turbine Manufacturing Techniques. Procedia Engineering, 132 : 880-886.

Tangler J L, Somers D M. NREL 1995. Airfoil Families for HAWTs. National Renewable Energy Laboratory.

Timmer W A, van Rooij R. 2003. Summary of the Delft University Wind Turbine Dedicated Airfoils. ASME, Journal of Solar Energy Engineering, 125(4): 488-496.

Wang Q, Wang Z X, Song J J, et al. 2012. Study on a New Aerodynamic Model of HAWT based on Panel Method and Reduced Order Model using Proper Orthogonal Decomposition. Renewable Energy, 48: 436-447.

Xie W, Zeng P, Lei L P. 2015. A Novel Folding Blade of Wind Turbine Rotor for Effective Power Control. Energy Conversion and Management, 101: 52-65.

Zhu J, Cai X, Pan P, et al. 2014. Multi-Objective Structural Optimization Design of Horizontal-Axis Wind Turbine Blades using the Non-Dominated Sorting Genetic Algorithm II and Finite Element Method. Energies, 7: 988-1002.

6.6　大型风电机组传动系技术

6.6.1　概述

经过 30 多年的发展，风能已成为电力供给中增长最快的能源，也是供应量最大的可再生能源（José Zayas, 2015）。风电场地正在经历着从富风区到普通风区、从陆地到海上、从近海到远海、从发达国家到发展中国家的拓展。

随之而来的是，作为风电产业核心的风电机组技术正经历着这样的演变：单机容量大型化——机组单机容量越来越大，叶轮直径大型化——同容量机组的叶轮直径也来越大，发电机高效化——永磁同步发电机越来越多地用在风电机组上，机组传动系最优化——传动系方案越来越倾向于直接驱动和中速传动。

随着海上风电的兴起，上述趋势越来越显现。由于海上风电对可靠性的苛刻要求与风电场建设成本的成倍增加,机组大型化中的可靠性和经济性成为人们最为关注的两种性能(Peter Jamieson,2011)。

　　由于机组的传动系方案对机组的可靠性和能量转换效率的重要性,国外一直非常重视研发和不断实践新型的机组传动系(Sebastian Schmidt et al.,2012)。从某种意义上说,从 20 世纪 80 年代至今的 30 多年中,现代风力发电机组的发展演变,可以认为基本就是机组传动系的技术进步的结果。从早期的定速定桨到变速恒频,从增速传动到直接驱动,从异步双馈发电机到永磁同步发电机,从高速传动向中速传动、低速传动,从分布式布局向集成式结构发展。

　　风电机组传动系是由机械传动和电气传动两部分构成的机电传动系统。机械传动部分包括主轴系(主轴、主轴承和轴承座),联轴器,增速齿轮箱,高速轴(含机械刹车、联轴器),发电机转子;电气传动部分包括整个发电机及变流器。

　　风电机组的传动系对风电成本有着直接或间接的重大影响。其一,传动系本身的成本占比较大,约占 40% 左右,同时如果过重还会导致塔架支撑的费用增加;其二,传动系或多或少的效率损失都会影响发电量,并增加冷却的负担;其三,如果停机,会带来维护的费用和发电量损失。因此,可靠性高、重量轻、传动效率高成为传动系技术优劣的重要指标,对于海上风电机组更加重要。现代风电机组有多种形式的传动系,见表 6-6-1。

表 6-6-1　风电机组传动系的类型

			传动系		
传动类型	传动速度	变速类型	变速方式	发电机类型	变流器类型
增速传动	高速传动	三级或四级增速	齿轮传动	双馈异步发电机	部分功率变流器
				励磁同步发电机	全功率变流器
	中速传动	一级增速		永磁同步发电机	
		二级增速			
		多极输出			
直接驱动	低速传动			励磁同步发电机	
				超导发电机	
其他传动		差速传动	液力	同步发电机	
			电动		
		无级传动	齿轮传动		
		液压传动			

（风轮 — 左侧纵向合并单元格，跨越增速传动、直接驱动、其他传动）

6.6.2　风电机组传动系技术现状

1. 国外风电机组传动系技术现状

欧美国家在风电机组传动系统技术研究和应用方面走在世界前列。其中,德国、丹麦、美国从基础研究、零部件配套、整机制造到风电场开发,具有完整的产业体系;西班牙以产业化见长;荷兰、英国以基础研究和设计咨询为主;法国、瑞典、芬兰在部分关键部件或系统配套和产业化方面有较好成效。

目前,在风电行业批量生产、销售并投运的主流风电机组中,高速双馈和直接驱动是两种成熟的技术路线,中速传动是近年来受到重视的一种有发展前景的技术路线。

(1) 高速双馈技术

在风电产业发展的早期,风电机组的零部件供应商是"兼职的",它们对机组的设计起着很大的主导作用,或者说,整机商只能选择相对通用的部件(如主轴、主轴承、齿轮箱、发电机和联轴器等)进行组合式设计,早期的分布式布局就是这种主导作用的结果。20 世纪 80 年代推出了丹麦概念的风电机组后,这种布局方式更加盛行起来。以至于后来到兆瓦级机组盛行变速恒频技术后,高速双馈型传动系方案都是据此演变而成的:发电机从简单的异步发电机演变成双馈异步发电机,再增加了一个部分功率变流器,其余部分是"按比例"放大。从百千瓦级、兆瓦级到目前的多兆瓦级机组中常见的三点式或四点式支撑结构,发电机通过高速轴连接布置在齿轮箱的侧后方。

这种传动系布局技术成熟,供应商充分而成本相对低廉,在各个国家风电机组产业化过程中扮演了非常重要的角色,排名靠前的整机制造商中,采用双馈型方案的占到多数。2008 年以前全球在新增装机中,采用高速双馈传动技术的机组曾占到 90% 以上,后来其他传动系机组的份额逐渐上升,但是,2016 年在全球新增装机中仍占到了 75% 以上(www.osti.gov/bridge,2010)。

目前双馈型机组容量最大的是 6 兆瓦风电机组。尽管风电机组制造商也针对影响较大的高速齿轮箱、电动变桨系统、双馈发电机等部件开展了大量的技术改进和开发,但随着机组单机容量的增大,其可靠性问题凸显,因此,在对可靠性要求更高的海上风电机组开发中逐渐放弃了这种传动系方案。

同时,在风电机组的并网性能要求严格的背景下,大部分风电机组制造商通过优化和加强并网特性能力,在陆地风电机组上仍然坚持高速双馈的技术路线。但是有的制造商已将高速双馈异步发电机换成了高速永磁同步发电机,形成了高速永磁的新传动系方案。

（2）直接驱动技术

在大多数风电机组制造商走高速双馈技术路线的同时，德国 Enercon 公司一直坚持采用直接驱动的传动系方案，风电机组单机容量从 1991 年的 330 千瓦一直发展到 7.5 兆瓦。由于其可靠性上明显优势，尽管售价略高，仍连续十多年在德国的年装机量保持领先地位，同时也是全球年度装机前十位的整机商。但由于采用电励磁的同步发电机结构复杂、重量大、成本偏高，特别是在机组容量大型化的过程中，励磁直驱机型的成本劣势逐渐显露。同时由于 Enercon 公司的经营战略是专注陆地风电机组，因此，尽管已开发出 7.5 兆瓦的样机并运行多年，至今仍无法在海上投运（Kerri Hart，et al. ，2014）。

2000 年前后，随着风电机组技术从定速到变速、定桨到变桨、百千瓦到兆瓦级、有齿轮到无齿轮的变化趋势愈加明显，有更多的风电机组制造商和研究机构参与到直接驱动技术的研发行列。德国 Vensys 公司将永磁发电机用于直接驱动的风电机组中，开发了 1.5 兆瓦风电机组，并通过中国金风科技的产业化平台，成功实现了机组产品的大批量生产和现场运行，使目前的直驱永磁技术逐步成为继高速双馈技术后又一主流的传动系技术路线。德国西门子（Siemens）公司从 3 兆瓦直驱永磁风电机组入手，先后研发了海上 6 兆瓦和 8 兆瓦海上风电机组。

（3）中速传动技术

德国风电设计公司 Aerodyn，除了开发常规的高速双馈型风电机组外，一直以来致力于中速传动技术的研究与开发，是全球研发中速传动型风电机组的先行者。其中的 Multibrid 5 兆瓦风电机组在英国、德国和法国的海上风电中都有应用。2001—2005 年间，美国可再生能源实验室（NREL）启动了 WindPACK 项目（R. Poore，et al. ，2002），委托独立的两个团队专题研究高速双馈、直接驱动和中速传动三种传动系方案的技术经济特性。两个团队的研究结论一致认为中速传动技术的度电成本最低，市场前景良好。之后，英国风电咨询公司（GH）也给出了类似的结论。Vestas 在研发 V164 海上风电机组之初，由两个团队分别用直接驱动和中速传动两个传动系方案进行概念设计，通过技术经济性对比后选择了后者，制造了目前全球单机功率最大 9.5 兆瓦机组。西班牙歌美莎公司（Gamesa）从 2007 年开始开发的 4.2 兆瓦风电机组就采用了中速传动的技术路线，一直沿用到后来和法国的 Areve 公司合资成立 Adwen 海上风电机组制造公司，并生产 AD8 兆瓦风电机组，该机组 180 米的叶轮直径是目前这个单机容量等级上最大的。

（4）其他传动技术

随着变速（转动）恒频（输出）的普及，风电机组中的变流器成为实现恒频定压输出交流电的必要部件。但是由于受制于电力电子技术和产品的局限性，变流器成为影响机组的可靠性（故障率与停机时间在 20％左右）短板部件之一，甚至大过齿轮箱的影响。于是人们又探索了替代变流器的技术——在发电机前端进行调速（变频），以省去变流器部件。基本的做法是在有齿轮箱传动系中的齿轮箱和发电机之间增加一套调速装置,可以是机械的(无级变速器)也可以是液力(液力耦合器)的,使发电机恒转速运行发电直接送入变压器。

目前的技术方案主要有两种,一是采用液压传动完全代替齿轮箱传动,既增速又变速,称为液压传动方案;另一种是将齿轮箱和液压系统集成起来,起增速和变速的作用,称为混合液压传动方案。经过 30 年的发展演变,目前还停留在实验室研究和试验应用阶段,未见成熟的批量应用(K. E. Thomsena et al. ,2012)。

液压传动技术的进一步应用是利用油液的长距离传输优势,将液压马达及其后续的部件移到塔架的底部,以方便风电机组的维护。在海上风电采用液压技术时,采用塔底的液压马达驱动海水泵,用高压海水驱动远位的水力发电机发电,再将电能用电缆送到岸上。美国喷气推进实验室(JPL)在 2012 年提出了一种从机舱液压泵到远站位液压马达进而同步发电机的长距离液压传动的方案。对海上风电机组,发电机可以置于岸上或海上平台;对于陆地风电机组,各个机位的顶置泵可以连接到公共的通向远位发电机的高压管路中,返回的低压油液也汇流到一个公共的管路,再送回到各个机组的液压泵。并搭建了一个 15 兆瓦的试验系统开展了包括部件选型、效率测试、经济性评价、仿真测试等研究工作。

2. 国内风电机组传动系技术现状

国内生产的风电机组基本上是从欧洲获得生产许可证后的机型,或简单升级和跟踪设计的机型。因此,在机组传动系总体研发工作方面与欧美国家相比还有差距,处在跟踪阶段,个别部件(如齿轮箱、发电机)也通过国内的实验平台做过一些试验验证的工作,积累了一定的经验。目前,采用的传动系类型,也有高速双馈、直接驱动和中速传动三种。

(1)高速双馈技术

高速双馈型传动系是我国从 2005 年左右开始大规模开发风电后,有 70% 以上的制造商采用的较多的一条技术路线。由于,技术来源主要引进国外的技术,在国内早期应用时出现过失效问题,影响风电机组的可靠性。后期通过技术改进有些成效,目前是国内风电机组主要采用的传动系型式。

(2)直接驱动技术

新疆金风科技 2003 年开始在国内最早引进直接驱动技术生产直驱永磁风电机组。从 1.2 兆瓦样机开始,到 1.5 兆瓦、2.5 兆瓦产品,目前已研发 6.0 兆瓦样机。从 2005 年开始,湘电风能和银河风电也先后分别从国外引进了 2.0 兆瓦和 2.5 兆瓦的直驱永磁技术,先后生产了 2.0 兆瓦、2.5 兆瓦、5.0 兆瓦的直驱型风电机组,和金风科技采用的外转子永磁发电机结构不同,湘电采用的是内转子永磁发电机结构。

(3)中速传动技术

随着我国风电产业的发展和进步,国内整机商也对其他型式的传动系也进行了有益的探索和尝试。2007 年,金风科技在承担科技支撑计划项目中提出了采用中速传动(半直驱)技术方案,自主研制了 3.0 兆瓦风电机组,2009 年并网发电,至今已稳定运行 7 年,在此基础上又研制了第二代样机试验运行。

2008 年,明阳风电引进德国 Aroedyn 紧凑型中速传动系技术(SCD),先后研发了 3 兆瓦和 6 兆瓦的陆地和海上风电机组。

2012 年,北京三力新能科技有限公司,针对年均风速 6 米/秒及以下的低风速区域风能市场的需要,开发了 2.0 兆瓦的 122 米和 130 米风轮直径的中速传动系风电机组。

(4) 其他传动技术

我国兰州理工大学对液压传动系技术也展开了研究,在一台 600 千瓦风电机组的传动系上进行改装,用定量泵取代原来的齿轮箱和发电机,风轮直接驱动液压泵,将高压油液输送到安置在地面的变排量液压马达,进而由马达直接驱动同步发电机发电。

3. 风电机组传动系技术发展趋势

无论是陆地风电机组还是海上风电机组,度电成本的最小化永远是行业所追求的目标,其中海上风电的要求更紧迫。欧盟和美国为了保持风电强国的地位,研发 10 兆瓦以上级别的风电机组,都对风电机组传动系开展了带有前瞻性、基础性和关键性专项研究,如欧盟的 UPwind 项目和 INWind 项目,美国的 NGD(下一代传动系)项目,2010 年,美国还专门召开了"先进传动系"专题研讨会。

在美国召开的"先进传动系"研讨会上,对下一代传动系技术进行了评估,要从根本上改进风电机组传动系的可靠性、运行性能和成本。超导发电机、先进永磁发电机、无级变速传动和流体传动系统、创新的非传统传动系是四个下一步重点的研究方向。

2015 年,丹麦技术大学(DTU)和 Vestas 合作研发了一台采用中速传动系的10 兆瓦样机,主要研究超长叶片的空气动力、气动弹性和结构的一体化设计,以最大限度地降低叶片的重量(Latha Sethuraman et al.,2017)。

基于 DTU 的 10 兆瓦参考样机,欧盟资助由 29 家风电行业的企业、研究机构以及大学等单位组成的联合体,开展旨在创新海上风电机组的 INNWIND 项目。项目要求风电机组能够用于 50 米及以上的海深地区,并大幅度降低发电成本。具体内容包括:研究并示范验证新设计的 10—20 兆瓦海上风电机组及其关键部件(K. Dykes et al.,2014),开发创新子系统和整机系统设计的评价体系。其中在传动系方案上,也开展了新型直接驱动发电机部件研究。特别是在直接驱动传动系的探索中,放弃了目前常规的永磁发电机,提出了超导发动机和准直驱发电机两种发电机方案。超导发动机采用 MgB_2 和 RBa_2Cu_3O(RBCO)两种材料的导线,其中RBCO 导线的价格昂贵,MgB_2 可能是实现最快的技术,但 RBCO 被认为是未来最便宜的技术。另外,采用磁性齿轮技术有可能开发出磁性准直驱发电机,其中的磁性齿轮和发电机是机械与电磁的集合体(William Erdman et al.,2016)。

美国能源部根据美国未来海上风电的开发需求,资助 NREL 研究下一代 10 兆瓦级风电机组的传动系方案。NREL 研究的主要方案是基于超导发动机的直接驱动方案和基于中速齿轮箱的中速传动方案(S. Struggl et al.,2014)。

就未来的陆地风电机组而言,在可开发风资源的逐步匮乏、机位土地资源的越来越多受限制的背景下,开发商更加追求风力发电的度电成本。由于行业配套能力的提升,使得目前主流的陆地风电机组单机容量提升到了 3 兆瓦级别至 4 兆瓦级别,但是各制造商乃采用原有的传动系技术路线,如 Vestas 3.45—4.2 兆瓦的高速永磁方案,Siemens 3.2—3.6 兆瓦的直驱永磁系列＋高速同步发电机系列,GE 的 3.2—3.8 兆瓦和 4.8 兆瓦高速双馈机型,Enercon 3.0—4.2 兆瓦的直驱励磁型机组等。

6.6.3　风电机组中速传动系技术

1. 中速传动系技术发展历程

(1) 中速传动系技术的概念研究

德国风电设计公司(Aerodyn Energiesysteme GmbH)是中速传动概念的首提者。在 1996 年申请了一个一级行星齿轮箱与发电机集成的专利(Siegfriedsen Soenke,2004),在实施时给出了多种可行方案。其中一种是仅使用一个主轴承的方案,该主轴承集成在齿轮箱内,是三列圆柱滚子轴承,如图 6-6-1 所示,这个方案

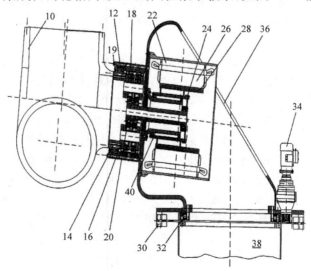

图 6-6-1　一个主轴承的方案

与后来研发的 Winwind 1 兆瓦风电机组在概念上是一致的。在 2003 年,又申请了一个单轴承内齿圈主动的专利(Siegfriedsen Soenke,2004),在实施时给出了一级和两级行星传动方案,还给出了齿轮箱与发电机间使用联轴器的方案,如图 6-6-2 所示,这个方案与后来研发的 Multibrid 5 兆瓦风电机组在概念上是一致的。

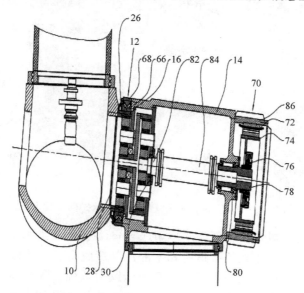

图 6-6-2　两级 NGW 演变的两级齿轮箱方案

　　Global Energy Concepts,LLC(以下简称 GEC)受美国国家可再生能源实验室(NREL)的委托,在 2000 年底到 2002 年初对风电机组传动系进行了系统研究(R. Poore et al. ,2002)。他们研究的内容有:传动系的替代方案,传动系的效率,风电机组的发电能力,风电机组的零部件成本,风电场的初始投资,运行维护成本等。研究结论是:在直接驱动、中速传动和高速双馈风电机组中,中速传动风电机组的度电成本最低。GEC 于 2002 年开始研制 1.5 兆瓦的中速传动风电机组样机,并取得一定成果,其传动系概念见图 6-6-3。

　　受 NREL 的委托,Northern Power Systems(NPS)在 2001 年底至 2005 年初对风电机组传动系也做了与 GEC 类似的系统研究。研究结论是:直接驱动风电机组和高速双馈风电机组的度电成本无显著差异,中速传动风电机组的度电成本最低。GEC 和 NPS 的研究结论一致。上述研究为后续中速传动系风电机组的研发奠定了一定的基础。

　　(2) 中速传动风电机组的研发

　　中速传动系技术是在 2010 年左右开始应用于风电机组产品研发的,在这之前 Aerodyn 先后主导研发了 Winwind 1 兆瓦、Winwind 3 兆瓦和 Multibrid 5 兆瓦风

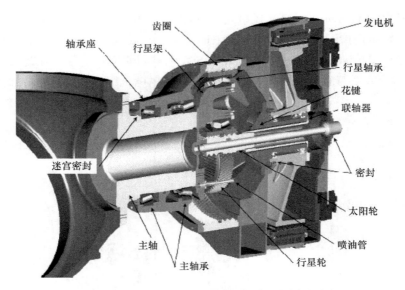

图 6-6-3　GEC 的概念机(1 级行星＋永磁同步发电机)

电机组。在此期间,歌美莎创新技术公司(Gamesa)也研发了 4.5 兆瓦中速传动风电机组,揭开了主流风电机组制造商和零部件制造商研发中速传动风电机组的序幕。之后,美国通用电气公司(GE)、维斯塔斯风力系统有限公司(Vestas)和西门子公司(Siemens)也先后分别申请了风电机组中速传动系的专利,其中 Vestas 专利(P. L. 詹森等,2013)应用于 V164－8 兆瓦风电机组和当今容量最大的 V164－9.5 兆瓦风电机组,见图 6-6-4。

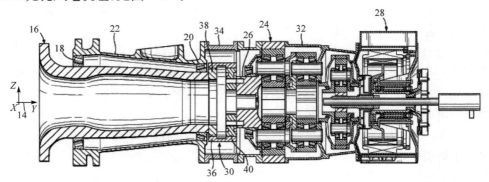

图 6-6-4　Vestas 中速传动实施例

　　另外,Aerodyn 在 2010 年也申请了一个中速传动风电机组的专利(S. 西格弗里德森,2013),见图 6-6-5。应用于 SCD3.0 和 SCD6.0/6.5 风电机组。此外,Clipper 公司曾研发过 10 兆瓦的中速风电机组。三星重工股份有限公司研发过 7

兆瓦的中速传动风电机组。

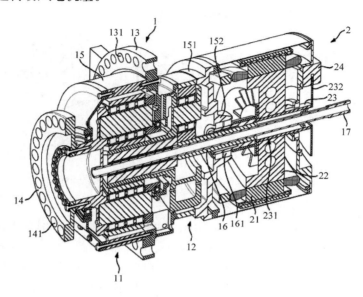

图 6-6-5　西门子传动单元实施例

　　国内新疆金风科技股份有限公司研发过 3 兆瓦中速传动风电机组,沈阳华人风电科技有限公司研发过 3.6 兆瓦中速传动风电机组,均未形成批量应用。明阳智慧能源集团股份公司研发了 3 兆瓦中速传动风电机组,产品已在风电场中投入运行。2012 年,北京三力新能科技有限公司成立以来,将中速传动作为公司的主导产品,先后完成了 2 兆瓦和 3 兆瓦中速传动风电机组的研发,2 兆瓦已经进入批量生产阶段。目前正在对 8 兆瓦中速传动海上风电机组进行研究。

2. 典型中速传动风电机组

（1）Winwind 风电机组

　　芬兰 Winwind 公司于 2001 年和 2004 年分别使用 Aerodyn 中速传动系专利,研发了 WWD 1 兆瓦和 WWD 3 兆瓦两种中速传动风电机组。

　　其中 WWD 1 兆瓦风电机组传动系使用了三列圆锥滚子轴承作为主轴承,轮毂直接连接齿轮箱的输入端,一级行星齿轮箱（增速比约 5.7）和永磁发电机共用壳体,该壳体后端面经法兰固定在底座上。

　　WWD 3 兆瓦风电机组传动系与 WWD 1 兆瓦风电机组传动系的主要差别是:使用了两级行星齿轮箱;主轴承使用了大尺寸的双列圆锥滚子轴承,发电机和齿轮箱不共用壳体,发电机的形状改为细长形,发电机与齿轮箱安装到一起后由齿轮箱法兰固定到底座上,如图 6-6-6 所示。

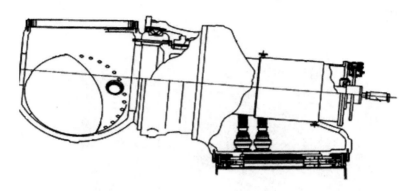

图 6-6-6　WWD 3 兆瓦(2 级行星＋永磁同步发电机)

(2) Multibrid 5 兆瓦风电机组

德国 Multibrid 公司也使用 Aerodyn 中速传动专利,在 2001 Pfleiderer 公司研发的 1.5 兆瓦中速传动风电机组(Christian Bak,2015)的基础上,2004 年研发了 Multibrid 5 兆瓦中速传动风电机组。M5000 风电机组传动系采用了双列圆锥滚子轴承作主轴承,齿圈主动,双联行星轮从动,太阳轮输出到永磁发电机,齿轮箱、发电机与底座共用壳体。严格说,这种行星传动是两级分流式的平行轴传动,如图 6-6-7 所示。

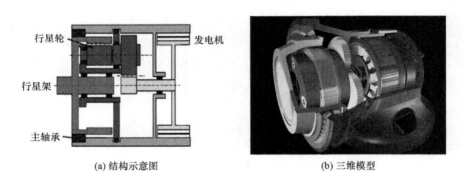

(a) 结构示意图　　　　　　　　　　　　　(b) 三维模型

图 6-6-7　M5000 传动系(2 级平行轴＋永磁同步发电机)

2010 年,Multibrid 被法国整机制造商 Areva 全部收购后,于 2015 年在海上安装了 120 台,是目前装机容量最多的中速传动风电机组。

(3) Gamesa G128-4.5/5.0 风电机组

Gamesa 中速传动风电机组 G128-4.5/5.0 的传动系采用了双主轴承支撑风轮,两级行星齿轮箱和永磁同步发电机,如图 6-6-8 所示。与之前的中速传动机组的主要不同是,叶轮有相对独立的主轴支撑着,齿轮箱和发电机和都在主轴之后。

Aerodyn 主导的中速传动机组的齿轮箱和发电机全部或部分处于叶轮和底座之间。

图 6-6-8　Gamesa 4.5/5 兆瓦机组示意图

（4）Adwen AD8-180 风电机组

Adwen 是 Gamesa 的全资子公司。AD8-180 是 Adwen 正在研发的 7 兆瓦风电机组，其传动系延续了 Gamesa 中速传动系方案，即采用双主轴承支撑风轮，两级行星齿轮箱和永磁同步发电机在主轴之后，如图 6-6-9 所示。与 Gamesa 4.5/5.0 风电机组最大的不同之处是：发电机与齿轮箱的连接更为紧凑，发电机电压等级由低压变更为中压。AD8-180 是目前世界上风轮直径最大的风电机组。

图 6-6-9　AD 8-180 风电机组在加载试验台上

（5）Vestas V164-7/8 兆瓦风电机组

Vestas 研发的 V164-7 兆瓦海上风电机组的传动系布局与 AD 8-180 风电机组类似，采用了双主轴承支撑风轮，两级差动行星齿轮箱和中压永磁同步发电机，齿轮箱和发电机设置在主轴后面，如图 6-6-10 所示。

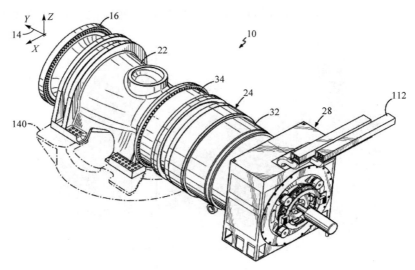

图 6-6-10　V164 传动系示意图

在此基础上，2014 年风电机组从 7 兆瓦升级到 8 兆瓦。2017 年又将 V164-8 兆瓦再次升级到 9 兆瓦和 9.5 兆瓦，这是目前世界上容量最大的机组。

表 6-6-2 给出了国内外中速传动风电机组传动系的性能参数。由表可知，在风轮支撑方式有两类。一类是大部分风电机组整机商制造采用的独立于齿轮箱的两个主轴承来支撑风轮，齿轮箱和发电机设置在主轴后面。另一类是 Aerodyn 采用的主轴承集成在齿轮箱内，主轴承、齿轮箱和发电机设置在风轮和底座之间。为了使齿轮箱的风险最小化，独立于齿轮箱的双主轴承方案可以更好地保证齿轮箱只承受扭矩。

表 6-6-2　中速传动机型

机型	开发者	吊装时间	风轮支撑	齿轮箱结构	齿轮箱增速比	电压
WWD1	Aerodyn	2001.9	集成在齿轮箱	一级行星	7	低压
WWD-3	Aerodyn	2004.11	集成在齿轮箱	两级行星	29/39	低压
M5000	Aerodyn	2004.12	集成在齿轮箱	两级准行星	9.8	中压
SCD3.0	Aerodyn	2010.8	集成在齿轮箱	两级行星	23.94/25.34	低压
SCD6.5	Aerodyn	2015.3	集成在齿轮箱	两级行星		低压
G128/132	Gamesa	2008.12	独立双主轴承	两级行星	37.88	低压
GWH3.0	金风	2009.12	独立双主轴承	两级行星	25/38	低压
V164-8/9	Vestas	2014.1	独立双主轴承	两级差动行星	38.3	中压
TP2.0	三力	2015.10	独立双主轴承	两级行星	38	低压
AD 8-180	Adwen	计划 2017	独立双主轴承	两级行星	41	中压

表 6-6-2 中还给出齿轮箱级数和速比,40 左右的齿轮箱增速比是两级传动较容易获得的,同时也是齿轮箱和发电机综合成本最优的配置。永磁同步发电的电压等级,在大容量风电机组上倾向于中压。

3. 中速传动风电机组的应用

风力发电机组的可利用率是可维护性和固有可靠性的综合指标,对陆地机组而言,良好的可维护性有利于提高可利用率,对固有可靠性的要求相对较低。海上风力发电机组的可达性较差,拥有良好的可维护性并不能提高可利用率,只有提高机组的固有可靠性才能保证机组的可利用率。直驱和中速机组的固有可靠性更高,这是海上机组普遍采用直驱或中速技术的重要原因。

表 6-6-3 给出了目前世界上单机容量 5 兆瓦及以上有一定装机量的风电机组,由表可知仅 Repower 采用的传统技术,Repower5/6 采用双馈方案。

表 6-6-3　≥5 兆瓦机型装机量统计(截止到 2017 年 3 月)

≥5 兆瓦机型	传动系技术	首台吊装时间	累计/(兆瓦)	近三年/(兆瓦)
Repower 5/6	双馈	2004. 10	1019	402
M5000	中速	2004. 12	640	600
G128/132-5	中速	2008. 12	164	46
GE/Alstom-6	直驱	2012. 8	42	30
SWT-6/7	直驱	2012. 10	241	223
V164-8/9	中速	2014. 1	258	258
XE128-5	直驱	2015. 11	50	50

不同传动系方案风电机组的累计装机容量进行统计的结果表明:近几年中速传动型风电机组的装机量增加非常明显,在累计装机容量方面已超过了双馈型风电机组,中速传动技术成为大型海上风电机组首选的技术方案,见表 6-6-4。

表 6-6-4　≥5 兆瓦不同传动系方案风电机组机装机容量

传动类型	累计装机容量/(兆瓦)	2013—2015 年装机容量/(兆瓦)
双馈	1019	402
直驱	333	303
中速	1062	904

不管是海上还是陆地,只有度电成本低才能保证较高的投资收益率。中速传动技术能够在海上应用的主要原因是该技术方案的度电成本低,在陆地低风速区域也同样适用。

中速传动的发电能力与直驱相当,在低风速和超低风速情况下与直驱相比基本不损失发电量;中速传动的成本比直驱机组低,接近双馈;中速传动风电机组的可靠性高,后续的运行维护成也低于双馈机组。在低风速和超低现速区域,中速传动风电机组在整个生命周期内的度电成本最低。

6.6.4　中速传动系的关键技术

中速传动是一种新型的传动技术,目前普遍的观点是,将含有一级或两级行星传动的传动系称之为中速传动,在中速传动系中齿轮箱、发电机和变流器三个部件是重点研究的对象。其中,齿轮箱又是重中之重。研究的目标是使中速传动系能满足可靠性、传动效率和经济性的综合要求,做到度电成本的最小化。为了达到这一目标,风电机组中速传动系有下列关键技术需要进一步研究:

(1) 传动系技术路线研究

对于超大功率高扭矩齿轮箱如果按常规成熟的行星传动技术路线,其尺寸重量将超出目前现有装备的加工能力,同时由于尺寸规格大,其加工精度也难于控制保证,必须要采用新的传动系技术路线,如多星轮传动、复合行星功率分流等来减少尺寸规格和重量,增加功率密度(Juan Gallego-Calderon,2015)。

(2) 基于大功率高扭矩传动的均载技术研究

为了保证大功率和高扭矩密度需进一步开展功率分流技术路线以及各传动支流均载技术和补偿机构研究(Yi Guo et al.,2014)。

(3) 大型轴承重量及间隙控制技术研究

更大规格尺寸和更大承载能力的轴承成为新的技术瓶颈,除了合理选择轴承的型号外,大尺寸轴承的优化设计和精密测试,安装和间隙的调整技术等深入研究,确保大功率齿轮箱的安全运行和寿命周期。

(4) 新型低速级行星轮支撑研究

双圆锥滚子轴承可以承受非扭矩载荷、均衡各行星轮的受载,滑动轴承支撑方案和行星轮的柔性销轴支撑,可以在额定功率和转速范围内,有效地均衡各行星轮齿上的载荷。

(5) 传动系塔顶维护与维修方案研究

海上风电机组及其关键部件的维护和维修是要重点考虑的难点问题之一,塔顶维护的概念是基于一旦齿轮箱出现故障后,可以在不下塔的情况下,在机舱内部完成修复,以降低运维成本。

(6) 大模数齿轮的先进加工工艺研究

包括齿轮加工刀具的设计加工、齿轮的深层渗碳技术和热处理变形控制技术、精密齿轮的齿形修形技术研究。

(7) 大功率齿轮箱测试技术研究

包括内部各传动轴系的应力研究和应力测试技术研究,应力测试包括台架应力测试和风场实地测试；大功率齿轮箱的台架负荷试车和加速疲劳寿命试验技术。

（8）发电系统技术研究

除了中速齿轮箱之外，永磁同步发电机也已逐渐成为主流发电机，无论是直驱传动的还是中速传动的。发电机大型化后，需要采用线损少、可靠性高的中压方案；为了降低制造费用，采用集中式绕线工艺；为了实现塔顶维护，需要设计成分段可拆的定子结构等。在发电机从低压升到中压后，中压变流器也是必然的选择。同时在功率模块新的材料和发电机、系统的拓扑结构方面都会带来新的课题和挑战。

6.6.5　结语

（1）风电机组传动系方案是决定风电机组可靠性和成本的主要因素。当今，风电强国均在开展大型海上风电机组传动系的技术研究和基础研究，以应对未来10 兆瓦以上级别海上风电机组研发的需求。

（2）随着海上风电机组的单机容量的增大，其传动系采用直接驱动和中速传动方案逐渐居多。

（3）中速传动系是 10 兆瓦级和以上的大型风电机组选择的传动系技术方案，使用传统的直接驱动方案，会面临巨大的成本压力，需要研发风电机组采用超导发电机和准直驱发电机。

（4）我国应充分抓住开发和应用中速传动技术的机遇，中速传动系具有全局综合最优的性能，特别是在低风速区域和海上风电开发中。

（5）中速传动系技术中最关键的是大功率齿轮箱技术，特别是既要高可靠性又要低成本的齿轮箱设计制造技术。

参 考 文 献

拉尔夫·马丁·丁特尔，阿尔诺·克莱恩-希帕斯，扬-迪尔克·雷默斯. 2013-01-02. 用于风力发电设备的驱动系统：中国，CN 102852738 A.

鲁斯霍夫 R，蒙高 P. 2013-06-19. 风轮机功率传输系统和架设包括该系统的风电场的方法：中国，CN 103168169 A.

西格弗里德森 S. 2013-07-17. 传动装置/ 发电机联接件：中国，CN 103210214 A.

詹森 P L，巴恩斯 G R，洛克汉瓦拉 M 等. 2013-05-29. 紧凑型齿轮传动系统：中国，CN 101865084 B.

Annual report 2001 Pfleiderer ag.

Christian Bak. 2015. The DTU 10MW Reference Wind Turbine. Presentation at Science Meets Industry.

G. Bywaters, V. John, J. Lynch. 2005. Northern Power Systems WindPACT Drive Train Alternative Design Study Report. NREL Research Report.

Georg Böhmeke. 2003. Development and Operational Experience of the Wind Energy Converter wwd-1. Presentation at EWEC2003 conference.

Georg Böhmeke. 2005. Development of the 3 MW Multibrid Wind Turbine.

Guo Y, Bergua R, Dam J van. 2014. Improving Wind Turbine Drivetrain Designs to Minimize The Impacts of Non-Torque Loads. Wind Energ. 2014.

Guo Y, Keller J, Zhang Z, et al. 2017. Planetary Load Sharing in Three-Point-Mounted Wind Turbine Gearboxes: A Design and Test Comparison. 3rd Conference for Wind Power Drives. Aachen, Germany.

Guo Y, Parsons T, Dykes1 K, et al. 2015. A Systems Engineering Analysis of Three-Point and Four-Point Wind Turbine Drivetrain Configurations. WIND ENERGY 1. 2015.

Henk Polinder, Jan Abraham Ferreira, Bogi Bech Jensen. 2013. Trends in Wind Turbine Generator Systems. IEEE Journal of Emerging and Selected Topics in Power Electronics, Vol. 1, No. 3, 9. 2013, 1(3): 9.

J. Cotrell, T. Stehly. 2013. An Assessment of U. S. Manufacturing Capability for Next-Generation Wind Turbine Drivetrains. NREL Research Report.

J. Keller, S. Sheng, J. Cotrell 2016. Drivetrain Reliability Collaborative Workshop. http://www.nrel. gov/wind/grc/meeting_drc_2016. html.

Jan Helsen, Patrick Guillaume. 2016. Characterization of The High-Speed-Stage Bearing Skidding of Wind Turbine Gearboxes Induced by Dynamic Electricity Grid Events. NREL Research Report.

Jonathan Keller, Bill Erdman. 2016. NREL-Prime Next-Generation Drivetrain Dynamometer Test Report NREL Technical Report.

José Zayas. 2015. Wind Vision: A New Era for Wind Power in the United States. http://www.osti. gov/scitech.

Juan Gallego-Calderon. 2015. Effects of Bearing Configuration in Wind Turbine Gearbox Reliability. 12th Deep Sea Offshore Wind R&D Conference, EERA DeepWind'2015.

K. Dykes, A. Platt, Y. Guo, A. Ning, R. King. 2014. Effect of Tip-Speed Constraints on the Optimized Design of a Wind Turbine. NREL Technical Report.

K. E. Thomsena, O. G. Dahlhaugb, M. O. K. Nissa, S. K. Haugseta. 2012. Technological Advances in Hydraulic Drive Trains for Wind TurbinesEnergy Procedia 24(2012).

Kerri Hart, Alasdair McDonald, Henk Polinder. 2014. Improved Cost of Energy Comparison of Permanent Magnet Generators for Large Offshore Wind Turbines. EWEA 2014. http://strathprints. strath. ac. uk/.

Latha Sethuraman, Michael Maness, Katherine Dykes. 2017. Optimized Generator Designs for the DTU 10-MW Offshore Wind Turbine using GeneratorSE. NREL Technical Report.

Peter Jamieson(Garrad Hassan UK). 2011. Innovation in Wind Turbine Design. United Kingdom: A John Wiley & Sons, Ltd. , Publication: 109-152.

R. Poore, T. Lettenmaier. 2002. Alternative Design Study Report: WindPACT Advanced Wind Turbine Drive Train Designs Study. NREL Research Report.

Sebastian Schmidt, Andreas Vath. 2012. Comparison of Existing Medium-speed Drive Train Concepts with a Differential Gearbox Approach. https://www. researchgate. net/publication.

Siegfriedsen Soenke. 1997-12-10. Gearbox-generator Combination for Wind Turbine: Germany, EP0811764.

Siegfriedsen Soenke. 2004-10-28. Planetary Gearing for a Wind Energy Generator has a Bearing Structure Where the Load From the external Rotor is Minimized on the Bearings and Gear Components to increase their life. Germany, DE10318945.

Struggl S, Berbyuk V, Johansson H. 2014. Review on Wind Turbines with Focus on Drive Train System Dynamics. Wind Energ. (2014). © 2014 John Wiley & Sons, Ltd.

William Erdman, Jonathan Keller. 2016. The DOE Next-Generation Drivetrain for Wind Turbine Applications: Gearbox, Generator, and Advanced Si/SiC Hybrid Inverter System. To be presented at the IEEE Energy Conversion Congress & Exposition.

Workshop report. 2010 Advanced Wind Turbine Drivetrain Concepts. http://www. osti. gov/bridge.

6.7　海上风电机组的环境、载荷与响应

6.7.1　概述

风电作为一种绿色的可再生能源,已经过几十年的发展。随着风电的发展,风电场已从陆地向海上延伸。海上风能资源优于陆地表现在:海面粗糙度小,风速大,离岸 10 千米的海上风速通常比沿岸陆地高约 25%；海上风湍流强度小,具有稳定的主导风向,有利于减轻风电机组疲劳；海上风能开发不涉及土地征用、噪声扰民等问题；海上风电场往往离负荷中心近,电网容纳能力强。因此,相比于陆地风电场,海上风电场在风资源、选址、风电机组装机容量、并网输送等方面具有明显的优势。

然而,也必须看到,海上风电机组所处的风浪流环境十分复杂,全生命周期的成本高,这使得海上风电场面临巨大的挑战。海上风电系统的设计既不能沿用陆上风电系统的设计方法,也不能借用海上油气资源开发平台的设计理论,因为海上风电与陆地风电和海上油气平台都有很大区别(周济福,林毅峰,2013),在系统结构、环境条件、荷载特征、流固耦合特性等方面都具有特殊性。因此,要积极稳妥地发展海上风电,除了要考虑陆上风电所涉及的气固耦合问题外,还亟须切实针对海上风电系统的结构特征、所面临的复杂风浪流环境条件及其与风机系统结构的流固耦合特性,开展深入的研究,包括:海上风资源评估、海上风电场所面临的复杂环境条件及其对风机支撑结构的载荷、支撑结构形式及其几何与运动特征、地基的承载能力及其与上部结构的耦合作用、结构腐蚀等。本章将就这些方面,对海上风电

研究的进展进行讨论,并提出亟待研究的关键科学技术问题。

6.7.2　海上风电场环境特性

　　与陆上风电场相比,海上风电场面临的环境复杂得多。首先,海上风电机组与塔架要经受台风/飓风的严峻考验;其次,风机支撑结构受到波浪、海流的作用,且风、浪、流是相互耦合的;第三,海上地基一般会出现冲刷、液化、软化等现象;第四,海上腐蚀环境不可忽视。这些都是陆上风电场无须考虑的复杂环境或可能引起风电机组支撑基础破坏的现象。此外,在某些特殊的海域,还必须考虑特殊环境条件。例如,我国大陆海岸线约 18000 千米,跨越地理纬度范围大,气候条件复杂。渤海在冬季有约 3 个月的冰期,在冬春季节还会有寒潮过境,而东海和南海在夏秋季节常遭受台风侵袭,南海内波对于海上风电系统也具有潜在的威胁。

　　因此,在我国建设海上风电场,除了要弄清楚风、浪、流、海床等常规环境特性外,还必须深入研究台风、寒潮等极端环境特性,以及海冰、内波等特殊环境特性。

　　1. 常规环境特性

　　常规环境包括:风、浪、流、水位、海床土性、温度、盐度、海生物等,其中风速、风向、波高、波向、周期、流速、流向、水位等是确定结构载荷的必要环境参数,附着在结构上的海生物会改变结构的特性,对结构受力和响应产生影响。

　　正确估计不同高度处的平均风速(即风速廓线)、风速分布的标准差、风湍流度等是必须的,风速廓线可用对数或指数律描述,概率分布一般服从 Weibull 分布。

　　对于波浪,需要确定长期的波浪谱、有义波高和谱峰周期等。根据具体情况,可以分别采用不同的波浪理论对其诱导的运动学特征进行定量描述。线性波理论可用于描述小振幅波,Stokes 波理论可以描述较大波高的情况,Boussinesq 高阶波理论和孤立波理论可以描述浅水波。事实上,根据波高、周期和水深三个参数可以确定采用何种波浪理论,由它们组合成的无量纲数

$$波陡参数:S=2\pi\frac{H}{gT^2}=\frac{H}{\lambda_0},$$

$$浅水参数:\mu=2\pi\frac{d}{gT^2}=\frac{d}{\lambda_0},$$

$$\text{Ursell 数}:U_r=\frac{H}{k_0^2 d^3}=\frac{1}{4\pi^2}\frac{S}{\mu^3},$$

可以量化波浪理论的适用范围,见表 6-7-1(DNV,2013)。其中,H 为波高,T 为波周期,d 为平均海平面下的水深,λ_0 和 k_0 分别为对应于波周期 T 的线性波的波长和波数。流函数理论比上述任何波浪理论的适用范围都宽,几乎适用于波浪破碎前的所有情形,但需进行数值计算,各阶流函数理论适用的范围如图 6-7-1

所示。

表 6-7-1　规则波理论的适用范围

理论	应用	
	水深	参数范围
线性波	深水和浅水	$S<0.006$；$S/\mu<0.03$
2 阶 Stokes 波	深水	$U_r<0.65$；$S<0.04$
5 阶 Stokes 波	深水	$U_r<0.65$；$S<0.14$
椭圆波	浅水	$U_r>0.65$；$\mu<0.125$

来源：DNV-OS-J101,2013

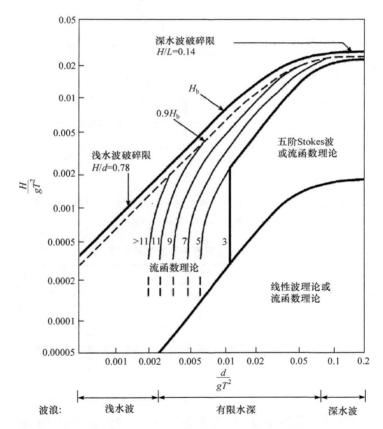

图 6-7-1　不同 S 和 μ 的情况下流函数理论达到最大速度和加速度误差小于 1% 所需的阶数
来源：DNV-OS0J101,2013

　　波浪在到达浅水区的风电场时，可能发生破碎，在确定用于设计的波浪参数时需要考虑波浪破碎现象。破碎波的特性受风-浪、浪-浪、浪-流、浪-床相互作用的影响,其运动学特征不能用上述理论进行描述,而是要依赖于波浪破碎的类型,不同类型破碎波的特征参数与破碎前波参数的关系值得深入研究。根据波陡和海床坡度的不同,破碎波有三种类型:溢破波(Spilling)、卷破波(Plunging)和崩破波(Surging),可按图 6-7-2 或表 6-7-2 来判断。溢破波(Spilling)发生在特定条件下,波面保持一个陡峭形状,波形和波运动可用高阶流函数理论描述;卷破波(Plunging)通常是由中等陡度的波沿斜坡海床爬升时突然破碎所致,其波高增加并大于局部水深对应的规则波波高的限值,且在波峰形成喷涌形状,砰击到固定结构时可产生较高的冲击载荷和局部压力,这种破碎波很难进行数值模拟,静水面以下的波形和运动可用高阶流函数理论描述;崩破波通常发生在大波长低波高的波沿斜坡海床传播时,其特性与前二者不同,但对于海上风电工程设计可能并不重要。

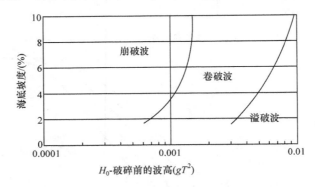

图 6-7-2　波浪破碎类型与海床坡度及深水区波高和周期的关系
来源:DNV-OS-J101,2013

表 6-7-2　破碎波类型的判别标准

溢破波	卷破波	崩破波
$\xi_0 < 0.45$	$0.45 < \xi_0 < 3.3$	$3.3 < \xi_0$
$\xi_b < 0.40$	$0.40 < \xi_b < 2.0$	$2.0 < \xi_b$

注:这里 $\xi_0 = \dfrac{\tan\alpha}{\sqrt{H_0/\lambda_0}}$,$\xi_b = \dfrac{\tan\alpha}{\sqrt{H_b/\lambda_0}}$,其中 α 为海床坡度,H_0 为深水波高,H_b 为破碎波高,λ_0 为未扰动波的波长。

来源:DNV-OS-J101,2013

　　需要指出,风、浪、流等环境条件并不是相互独立的,如:风对海面的剪切作用将产生浪,强风的剪切作用还会造成近岸增水或减水,从而引起水位升降,波与海底地形的相互作用会产生流,因此风、浪、流数据之间有着必然的联系,需要考虑它们的相互影响,应加强环境耦合效应的研究。环境条件的确定必须基于对长期观测数据的统计分析,DNV 规定,用于设计依据的统计数据最好应有 10 年以上

（DNV，2013），因此加强现场观测的研究与实施，建立海洋气象数据库十分必要，这包括：风速和风向；有效波高、波浪周期和方向；风和波浪的统计相关性；流速和流向；水位；海冰以及气温、水温、空气密度、水密度、盐度、水深、海生物等其他相关海洋气象参数。

对于常规风况进行预报也是风电场建设中的重要问题，因为无论是陆上风电还是海上风电，风电平稳输出是保障风电高效并网消纳的关键问题。然而，自然风的间歇性和随机性与电网连续平稳输电的要求相矛盾，这是风电并网所面临的主要制约因素。通过建立短期风速预报模型，对风速进而对风电机组发电功率进行实时预报，是解决这一问题、确保电网安全运行的有效途径之一（Kavasseri & Seetharaman，2009）。数值天气预报、统计类方法、人工智能算法以及空间关联算法是四种最为典型的预报方法。其中，时间序列分析方法（属于统计类方法）因其节省计算资源等优势，得到了较为广泛的研究与应用。该方法由 George Box 与 Gwilym Jenkins 两位学者提出并进行了系统性阐述，后来，逐步发展了自回归条件异方差模型 ARCH（Autoregressive Conditional Heteroscedasticity）、广义自回归条件异方差模型 GARCH（Generalized Autoregressive Conditional Heteroskedasticity）、ARMA（Autoregressive Moving Average）（Kamal&Jafri，1997）、SARIMA（Seasonal Autoregressive Integrated Moving Average）等，Liu 等（2011）、Wang & Xiong 等（2014）还分别建立了时间序列与自回归条件异方差的组合模型、时间序列与模糊逻辑的组合模型。这些方法各有优劣，它们对于不同地域、不同时间的风速序列的适用性需要研究，特别是，仅仅将风速作为输入数据的短期风速预报往往忽略了风的物理背景，未能将预报模型与实际风速的物理特性联系起来，这方面的研究尤其需要加强。吕国钦等（2016）通过选择不同的时间序列以及条件异方差的组合模型，详细讨论了我国东海大桥风电场的短期风速序列特性，并基于风电场的实测风速数据，分析对比了五个短期风速预报模型在单步及多步预报情况下的精度，优选出了适用于东海大桥风电场的短期风速预报模型。另外，掌握中长期风速的变化情况是评估风资源的重要指标之一。传统的风资源评估方法，往往假定未来的风资源与过去类似，忽略了平均风速的年际波动。如何考虑历年平均风速的变化情况，是建立更精确的中长期风速预报模型的关键之一。

2. 极端环境特性

极端环境包括：台风、寒潮及其诱导的极端波浪，是关乎风电机组生存安全的最重要的环境条件。

台风极值风速及其重现期是海洋工程设计的重要依据参数。长期以来，人们通常假设台风等极端环境事件为一平稳随机过程，即：其统计特征参数不随时间变化，并基于历史观测数据，来确定极端环境设计参数。然而，由于全球气候的变化，近年来极端海洋环境事件及其所诱发的灾害，如：2005年重创美国油气工业的飓风、2011年日本福岛核电站灾难等，促使工程界和科学界对极端环境事件的发生规律进行重新思考。Emanuel(2007)分析观测数据发现了热带气旋能量耗散指数PDI(power dissipation index)的增长趋势，Liu等(2006)利用极值理论分析热带气旋风速和密西西比河水位的长期数据，发现Katrina飓风的重现期为50年，而非原来认为的200年，Wang & Li(2010)研究表明，西北太平洋热带气旋活动呈现出非平稳随机过程的特征，即：年平均风速值随气温升高而增大、气旋强度有明显增长、台风及强台风年发生频次增加。我国东海、南海经常受到频发于西北太平洋的台风的袭击，渤海则常有寒潮过境，全球气候变化条件下台风、寒潮的演化趋势应引起人们的足够重视。因此，基于未来重复过去假设的平稳过程的风速预报方法与模型需要进行改进，发展基于非平稳过程的极值风速预报方法和相应的模型值得期待。

加强台风、寒潮等极端海洋环境条件下浅海风浪耦合机理与模型的研究，深化对极端环境下海浪生成、发展、耗散及传播演化的认识，对于分析海上风电系统的水动力载荷十分必要。从20世纪60年代起，以海浪谱传输方程来描述波浪的演化过程成为海浪预报的研究前沿，该模式的预报精度决定于如何合理描述方程的源函数项，包括：风能量输入、波波非线性作用、波浪破碎和海底摩擦引起的能量耗散等。迄今，海浪谱预报模式经过了三代演变和发展，风能量输入和能量耗散的描述方法也得到了不断的改进和完善，常用的模式有：WAM、SWAN和WAVEWATCH，全谱空间的第三代海浪数值模式WAVEWATCHⅢ得到广泛应用，但关于波龄和飞沫对风能量输入的影响、波浪传播方向对能量耗散的影响等仍然需要更深入的研究。

3. 特殊环境特性

对于某些海域的海上风电场，海冰、内波是需要考虑的特殊环境条件，腐蚀环境也是风电系统结构长期稳定运行的重要影响因素。

在高纬度海域（例如我国渤海）建设海上风电场，冰期不必考虑波浪，但海冰对结构的作用不可忽视。海冰密度、厚度、温度、压缩与弯曲强度、泊松比、冰块几何形状、浮冰运动方向和速度等物理力学性质、以及冰与结构的接触方式等都会影响结构所受的冰载荷。冰的厚度 t_{ice} 是一个重要参量，可通过下式进行估算

$$t_{ice} = 0.032 \sqrt{0.9 K_{max} - 50}$$

其中，K_{max} 为霜冻因子(frost index)，是一年中低于0摄氏度的日平均气温总和的绝对值。这些问题对于冰区海上风电场尤为重要，需加强研究。

在有内波产生的海域（例如我国南海）建设海上风电场，需要考虑内波对风电机组支撑结构的作用，内孤立波诱发的强流及演化分裂的内孤立波串将对支撑结

构的稳定性和疲劳破坏产生重要影响,需要加强内波产生与演化规律的研究。

腐蚀是海上风电工程设计必须考虑的重要问题,包括埋藏结构、淹没结构、水面结构(时而被海水浸没、时而暴露于空气中)和水上结构(始终暴露在空气中)的腐蚀对结构的稳定性有重要影响,腐蚀可降低结构承受各种载荷的能力,如:腐蚀产生的裂缝会造成应力集中。为了有效防治腐蚀,应加强防腐措施的研究,这有赖于对腐蚀电化学过程的深入了解,影响腐蚀过程的海洋环境包括:海水中溶解盐和污染物的种类和数量、溶解氧、温度、海水的运动等,海生物对淹没结构和水面结构的腐蚀过程也会产生影响。应针对埋藏结构、淹没结构、水面结构和水上结构的腐蚀环境,加强力学、化学、生物学的交叉研究,分别探索它们的腐蚀过程,以便制定不同区域结构的防腐措施。

6.7.3 海上风电机组支撑结构

海上风电机组支撑结构可分为固定式和漂浮式两大类。一般认为,在水深小于 50 米的浅海域,以固定式为主,当水深大于 50 米时,固定式成本高,宜采用漂浮式结构。

1. 固定式支撑结构

目前,最常用的海上风电机组固定式支撑结构是大直径单桩结构,欧洲海上风电场大多应用此结构。另外,重力式、三脚架、导管架、吸力桶等结构也被提出。我国以高桩承台结构为主。已有的各种固定式支撑结构的优劣对比见表 6-7-3(周济福,林毅峰,2013)。

表 6-7-3 典型固定式支撑结构优劣对比

类型	优点	缺点
单桩 Monopile	结构简单 安装简单 对较轻风电机组和浅水域效益高 适合海床条件较好的海域	刚度相对较低 灌浆连接问题
重力式 Gravity Base	结构简单 安装简单 浅水域效益高 应用经验多、可靠性好	需要进行海床处理 需要防冲刷措施 适合浅水坚硬海床
导管架 Jacket	刚度大 能适应较大水深 应用经验多、可靠性好	制造成本高 需大型安装设备 结构受力复杂 连接点应力集中、腐蚀

类型	优点	缺点
低三角架 Tripod	刚度相对较大 能适应较大水深	制造成本高 结构受力复杂 安装困难
高门架 Tri-Pile	安装相对简单 能适应较大水深	制造成本高 结构受力复杂 刚度相对较小
高桩承台 Pile Cap	对软土地基适应性好 刚度大，整体性和防撞性能好	水动力复杂
吸力桩 Suction Pile	安装简单 水深限制小 便于拆除和重复使用	不能用于砂砾层海床

与传统的固定式海洋油气开发平台相比，海上风电机组下部结构的直径往往较海洋油气开发平台的桩柱大，如单桩桩径一般为 4—7 米，重力式基础尺度更大，而海洋油气开发平台的桩径一般仅 1—2 米，上海东海大桥海上风电机组基础承台直径 14 米。并且，随着水深和单机容量的增大，桩柱尺寸还会向更大发展。

2. 漂浮式支撑结构

与固定式海上风电机组相比，漂浮式海上风电机组具有如下优势（段磊，李晔，2016）：机组所处的深水海域具有更丰富、优质的风资源；机组具有更好的工作条件，满负荷发电时间长，利用率高；机组在极端海况下具有更好的生存性，在台风等超过设计标准的极端海况下，机组可以通过一定范围的运动降低结构载荷，从而降低遭到破坏的风险；机组在深水海域具有更好的经济性。当前，漂浮式海上风电机组尚处于发展初期，其成本优势还未完全展现。

漂浮式海上风电机组最早于 1972 年由美国麻省理工学院的 Heronemus 教授提出，此后美国、欧洲和日本等国的许多研究所、大学和企业相继开展漂浮式海上风力机的研发，相继提出了张力腿平台 TLP(Tension Leg Platform)、柱体式（Spar-buoy）、半潜式（Semi-Submersible platform）、驳船（Pontoon 或 Barge）等形式。漂浮式海上风电机组还处于研究示范阶段。当前主要的技术形式分为单柱式、半潜式和张力腿式三种，其优劣如表 6-7-4。

表 6-7-4　典型漂浮式支撑结构优劣对比

类型	优点	缺点	使用情况
单柱式	结构简单、连续 重量轻,稳定性好 易于设计和制造	安装水深受限(大于 100 米) 安装需使用重型浮吊等特种 装备 维修需原位进行	已经有数台兆瓦级风电机组 样机投入使用,如 Hywind, Goto-FOWT 等
半潜式	安装水深灵活 安装可在 港口完成后拖航至机位 可拖航回港口维修	重量大,结构复杂,连接部件 多,不易于设计、制造,需配备 昂贵的主动压载系统	已经有数台兆瓦级风电机组 样机投入使用,如 WindFloat, Fukushima-Forward 等
张力腿式	安装水深灵活,重量轻, 稳定性好,安装可在港口完成 后拖航至机位	锚泊系统的载荷很大,需使用 特殊设备进行复杂的 原位装配	正在规划风电机组样机,尚未 投入使用,如 Blue H TLP, GICON-TLP 等

3. 新概念支撑结构

当前,海上风电机组支撑结构的概念多来自于海洋油气开发平台。然而,尽管人们对于海上油气开发的固定式和漂浮式平台的研究已开展多年,与油气开发平台等传统海洋结构相比,海上风电机组支撑结构具有其特殊性。首先,"高耸"的风电机组所受的风载荷比油气平台的水上结构所受的风载荷大得多,再考虑到高耸结构长径比大、刚度小的特点,在风载作用下,塔架易产生大的振动和变形,因此风载对海上风机系统的影响比海洋平台显著得多;其次,海上风电机组的高耸结构特征和受载特征决定了其下部结构要受到巨大倾覆力矩的作用,这将对结构系统的稳定性和固定式基础(包括地基)的强度产生显著影响;最后,在高耸风电机组的气动荷载与气动响应的耦合作用下,海上风电机组浮式平台的平移和旋转以及由此带来的锚链运动比海洋油气开发浮式平台显著得多,非线性效应强得多。因此,针对结构的高倾覆力矩和大幅强非线性运动特征,开展海上风电机组支撑结构的新概念研究十分迫切。

近年来,人们相继提出了一些特殊的漂浮式海上风电机组设计方案,如:在一个漂浮式平台上安装多台风力发电机组,如 FORCE Technology 公司的 WindSea 方案,日本学者还曾提出移动式海上风电场(sailing-type wind farm)的概念。上海交通大学海洋工程国家重点实验室提出的一种新型多立柱张力腿式浮动风力机概念(WindStar TLP system)(Zhao 等,2012),通过在风、浪、流水池对其进行模型试验研究(赵永生等,2016),表明由于其六自由度固有周期均远离通常海洋环境中的波浪周期范围,因而显示了良好的运动性能。

每种型式的海上风电机组支撑结构都有其适用条件,各有优劣,如何根据风资源以及风、浪、流、海床、地质环境条件等因素优选安全而又经济的结构,特别是,针对大容量风电机组大型化的发展趋势,漂浮式风电机组支撑结构研究当有待深入。

6.7.4　海上风电机组支撑结构的水动力载荷

海上风电系统既涉及风电机组的气动载荷与气动响应,也涉及风电机组支撑结构的水动力载荷和水动力响应。水动力载荷主要包括海流载荷、波浪载荷和冰载荷,其中海流载荷相对简单,而波浪载荷和冰载荷的研究尤其值得重视。

1. 海流载荷

海流可以是风生海流、潮流、密度流,也可以是长波形成的强流,如伴随潮波的潮流、风暴潮流、内孤立波导致的强流,还可能因波浪与地形的相互作用、大气压力变化而产生。海流对支撑结构的载荷可用下式计算

$$F = \frac{1}{2} C_d \rho U^2 A$$

其中,U 为水流速度;A 为结构在垂直于流向平面上的投影面积;C_d 为水流阻力系数。

2. 波浪载荷

随着海上风电的发展,风电场装机容量越来越大,大型化风电机组其支撑结构的桩柱或者水面浮体的尺寸也越来越大,而且当前海上风电机组主要在浅水海域,外海波浪传播到浅水域时波长减小,这很可能使得海上风电机组支撑结构的尺度接近通常意义上的大、小尺度结构的分界点 $D/L = 0.2$ 或 0.15(D 为结构尺度,L 为波长),例如东海大桥风电机组基础的高桩承台结构、江苏启东复合筒形风电机组基础等均属于这种情况。然而,由于在尺度比 0.2 左右工程计算方法差异较大,不够明确,工程设计中则采取大幅提高载荷分项系数的方法,缺少可靠理论的指导,荷载分项系数的取值具有很大盲目性。因此,研究波浪黏性力和绕射力随结构尺度比的变化,特别是中等尺度结构的波浪力,对海上风电场设计有着重要的指导意义和参考价值。

波浪载荷的影响因素包括黏性效应、绕射效应、非线性效应等,这些效应对准确估计结构承受的波浪载荷产生重要影响。为了弄清波浪载荷的构成和机理,人们提出了许多参数来描述这个问题,其中结构的尺度比是一个非常重要的参数。对于尺度比很小的情形,Morison 提出了一个半经验半理论的方法,认为波浪力由两部分组成,一部分是未扰动速度场产生的速度力,另一部分是加速度场产生的加速度力。对于桩柱尺度比很大的情形,可用绕射理论描述波浪力,该理论假定水体无黏,波浪作有势运动,并取线性化后的自由水面条件。Issacson(1979)认为,D/L >0.2 为大尺度结构,绕射效应不可忽略,应采用绕射理论计算波浪力;否则可以

视为小尺度结构,波浪黏性效应起主导作用,通常用 Morison 公式

$$F=\frac{1}{2}C_d\rho D|U|U+C_m\rho A\frac{\mathrm{d}U}{\mathrm{d}t}$$

来计算波浪力,其中 F 为作用在单位构件长度上的力,C_d 为拖曳力系数,C_m 为惯性力系数,ρ 为水密度,D 为构件直径,A 为构件的横截面积,U 为垂直于构件的水流速度分量。然而,Issacson 没有给出以 $D/L=0.2$ 作为判别大小尺度结构标准的具体依据。也有学者提出 $D/L=0.15$ 的判别准则。这说明,大小尺度海洋结构的判别准则并非十分明确,应该存在一个中等尺度结构的尺度比范围,这种中等尺度结构的波浪力是受黏性效应、还是惯性效应主导? 或者二者共同主导? 还是二者都可忽略? 由于通常情况下,尺度在 $D/L=0.2$ 附近的海洋工程结构物较少,针对这一问题的研究还鲜有报道。因此,采用高精度数值模拟方法,探索真实流体波浪力中的黏性力和惯性力随结构尺度比的变化规律,界定中等尺度结构的范围,发展不同尺度结构波浪力的计算方法,对于大容量海上风电机组的设计十分必要。

陈凌等(2016)基于 OpenFOAM 建立三维数值波浪水槽,对穿透水面的直立圆柱在线性波条件下的波浪力特征进行了详细研究。通过求解带自由面的 N-S 方程和 Euler 方程,分离出了圆柱结构所受的波浪黏性力,探讨了有限水深线性波条件下,圆柱结构尺度对波浪黏性力和绕射力的影响,提出了中等尺度结构的概念,并通过定量分析,给出了海洋结构的水动力分类界限及其所受波浪力的计算方法,他们认为:(1)$D/L\leqslant0.02$ 的桩柱或承台为小尺度结构,黏性效应不可忽略,绕射效应不明显,波浪力应采用 Morison 公式计算。当结构尺度很小时,由于自由表面的影响,波浪力也会表现出绕射效应,此时可适当降低 C_m 的取值,可取 1.8。(2)$D/L\geqslant0.2$ 的桩柱或承台为大尺度结构,黏性效应可忽略,绕射效应表现明显,波浪力应采用绕射理论或经线性绕射理论修正 C_m 值的 Morison 公式计算。(3)$0.02<D/L<0.2$ 的桩柱或承台为中等尺度结构,黏性效应和绕射效应均不明显,忽略这两种效应的误差分别小于 2% 和 4%。中等尺度结构的波浪力采用 Froude-Krylov 公式计算最为简便,若采用 Morison 公式,此时系数 C_d 可取 0.6,C_m 可取 2.0。

需要指出的是,这些结论暂限于线性波,强非线性波条件下结构所受波浪力对 Kc 数和雷诺数的依赖关系,还需进一步深入研究。

无论是采用 Morison 方程,还是绕射理论计算波载,都是先选择合适的波浪理论描述波浪运动,然后通过波浪运动的速度场和压力场,获得波浪力。然而,目前,海上风电大多位于浅水海域,深水区波浪传播至风电场时,将与地形相互作用,从而发生变形甚至破碎,这种变形或破碎的波往往很难用成熟的波浪理论进行描述,它们对海上风电结构的载荷尤其需要关注,因为与未变形的规则波相比,变形或破碎波与结构的相互作用复杂得多,人们对其作用力的研究远未成熟。

　　当海浪经过浸没于水中的构件时,将对构件产生拍击(slapping)或砰击(slamming)载荷。根据国际电工委员会标准(IEC61400-3,2005)的定义,近似水平的构件被上升的波面淹没时会受到近似垂直的砰击载荷,其最大值发生在位于平均水位的构件上;而海浪拍击与破碎波有关,拍击力可施加于任何倾斜度的构件,其最大值施加于平均水位以上的构件上。IEC61400-3(2005)推荐使用

$$F = \frac{1}{2} C_s \rho D U^2$$

计算砰击载荷,其中,ρ 为水密度;D 为构件直径;C_s 为砰击力系数,对于圆柱结构测得 C_s 的值一般介于 $\pi/2$ 到 2π 之间;U 为非水质点的速度,从理论上讲,用 $|U_s|U_p$ 代替式中的 U^2 更准确,其中 U_s 表示水面越过圆柱体直径的速度,U_p 表示垂直于圆柱体的水质点速度。DNV(2013)规范则根据破碎波的类型区分了破碎波载荷。对于 Plunging 型破碎波,砰击载荷可表达为

$$F = \frac{1}{2} C_s \rho A U^2$$

其中,U 为波峰中水质点的速度;A 为结构遭受砰击的表面面积,与破碎波来到结构的距离有关;C_s 为砰击力系数,但与 IEC61400-3 不同,DNV 规范认为对于光滑圆柱体,C_s 应不小于 3,但其上限仍为 2π。对于 Surging 或 Spilling 型破碎波,其对直径为 D 的直立圆柱的载荷可以按如下方法计算:首先,将柱体分为若干段,当破碎波趋近柱体时,某段从瞬时波面接触的瞬间开始穿透倾斜水面,此时作用于该段和其他还未完全穿透倾斜水面的结构段单位垂直长度上的力可表述为

$$f = \frac{1}{2} C_s \rho D U^2$$

这里,U 表示水质点的水平速度,而抨击力系数由下式计算

$$C_s = 5.15 \left(\frac{D}{D+19s} + \frac{0.107s}{D} \right), \quad 0 < s < D$$

其中,s 为该段结构的穿透距离,是在波传播方向上从柱体湿侧边缘到倾斜水面的距离。而对于完全淹没的结构段,则用 Morison 方程计算。

　　可见,如何对破碎波对结构的拍击或冲击载荷进行参数化以及相关参数如何确定是需要深入研究的问题。最近,Chen 等(2017)研究了高桩承台的波浪载荷特性,当波浪砰击承台底部时,承台下方水体内的压力可显著增大,从而可造成桩柱的波浪载荷较不考虑波浪砰击承台时显著增大。

3. 冰载荷

　　结构的冰载荷和冰激振动对于冰区风电机组结构十分重要。目前,这方面的理论很不成熟,特别需要加强研究。

冰载有静冰载和动冰载之分,静冰载由温度或水位变化时固定冰盖所施加,动冰载源自于风或海流引起的运动冰块。静冰载包括:固定冰盖因温度变化施加于结构的水平载荷或称为热力冰压、固定冰盖因水位变动施加于结构的水平载荷、固定冰盖因水位变化施加于结构的垂向力、冰堆或冰脊压力以及冻结于结构表面的冰的质量力等,动冰载主要是浮冰运动施加于结构的水平载荷。冰载的影响因素众多,包括:气象要素,如气温、风速与风向等;海洋要素,如盐度、水温、水位、流速与流向等;冰的几何、物理、力学性质,如冰龄、厚度、弯曲强度、破碎强度、冻结和解冻速度、破裂规律、冰块大小及运动速度与方向等;结构的几何特征,如尺寸、截面形状、表面斜度等;冰与结构的相互作用过程,如冰厚与结构尺度比、冰与结构接触特性、摩擦特性、碰撞特性等。

动冰载因其可引起结构的冰激振动甚至造成锁频而受到人们的重视。对于直径为 D 的直立圆柱结构,其动冰载可表示为

$$H_{dynv} = H_d\left(\frac{3}{4} + \frac{1}{4}\sin\left(\frac{f_n}{2\pi}t\right)\right)$$

其中,t 是时间,f_n 是结构的固有频率,H_d 是浮冰施加于结构的水平静冰载

$$H_d = k_1 k_2 k_3 t_{ice} D\sigma_c$$

其中,k_1 是与冰块接触的结构面的形状因子,k_2 是冰块与结构的接触因子,反映了连续破碎的冰是否与结构接触,k_3 是冰厚与结构尺度比的效应因子,反映了接触点处压力的三维特征,σ_c 是冰的破碎强度。如有防冰载的锥体结构,其动冰载与结构的固有频率无关,用冰的破碎频率 f_b 替换上式中的 f_n 即可。

关于冰载的计算公式很多,不同公式的计算结果相差很大,所涉及的系数如何取值具有很大的经验性,尚未取得共识。尽管 IEC61400-3(2005)推荐了各种静冰载和动冰载的计算模型,但相关系数的取值并未得到足够的现场或实验数据的验证。因此,DNV 规范特别强调(DNV,2013)应用这些冰载模型需要特别谨慎。

6.7.5 海上风电系统的流固耦合

海上风电系统是一个耦合系统,水上风电机组与塔架、水面浮体、水下锚缆和桩柱、地基等的受力、变形和运动都是不可分割的。对于漂浮式海上风电系统,在波流耦合水动力作用下,水面浮体和水下缆索或锚链的运动,比常规油气开采系统中相应结构的运动大得多,风电机组含塔架的运动及其高倾覆力矩效应还会进一步加剧支撑结构的运动。对于固定式海上风电系统,风电机组含塔架的气动力、水下结构的水动力除了要引起结构自身的运动外,还将对地基产生很大的倾覆力矩。因此,海上风电系统是一个强耦合系统,对该系统结构进行耦合建模,并进行耦合响应分析,是工程稳定性、安全性和经济性论证中的关键问题,也是该领域的前沿科学问题。

对于这一强耦合系统,亟须将叶片-机舱-塔架-支撑结构-地基作为一个整体,甚至还需要考虑伺服控制,从耦合系统的角度开展深入研究。然而,目前还很难达成一个全局的气动-水动-结构-地基-伺服响应的耦合分析模型或方法,因此,解耦分析仍然是必要的,发展局部子系统的耦合分析模型仍是必要的步骤。分别寻求有效的风电机组气动响应、水面浮体运动响应、水下构件流固耦合响应、桩柱-地基相互作用等分析手段,是一种解耦途径。这里,不讨论风电机组含塔架的气动响应,主要侧重于讨论:水面浮体的流固耦合、水下构件(锚链、桩柱等)的流固耦合、水上-水下结构(机舱-塔架-浮体-锚链)的流固耦合、流-固-土耦合。

1. 水面浮体的流固耦合

对于漂浮式风电机组,高耸风电机组与塔架的风荷载对漂浮式基座结构及其水下系泊系统的影响不可忽视,浮式基座的平移和旋转以及锚链的运动比海洋油气平台显著得多,非线性效应强得多。水波的非线性效应将导致水面浮体的平均漂移、低频振荡和高频振荡响应[(包括弹振(Springing)和铃振(Ringing)],平台慢漂水平位移往往很大,可造成作业困难、缆索拉断,低频振荡和高频振荡可激励浮体的低频和高频共振。20 世纪 70 年代初,人们开始注意到海洋结构的弹振(Springing)和铃振(Ringing)高频振动现象,并开展了大量的研究工作(Gurley & Kareem,1998;Chaplin et al,1997;Faltinsen et al,1995;Natvig & Teigen,1993),从而逐步认识到,弹振(Springing)是和频效应引起的常态响应,而 Ringing 是自由面非线性引起的瞬态响应,两者可造成结构疲劳和平台的突然振动。然而,这些研究主要是针对顺应式海洋油气平台(尤其是 TLP)展开的。针对海上风电机组结构,Marino 等(2013)新近提出了一种高效的模型,用于分析随机非线性波的影响,发现:非线性效应对结构响应的贡献是显著的,线性理论会低估波高;陡波会导致结构共振,类似于铃振(Ringing)现象;但如何解释该现象还需要更深入的研究。对于海上漂浮式风电系统,浮体与其缆索之间的相互约束、耦合效应比浮式油气平台系统强得多,是高度非线性的,需要开展深入研究,此时附加质量和阻尼系数的研究对于探索浮体的运动响应也十分重要。

恶劣海况下强非线性波浪及其与海洋结构物的相互作用已经成为海洋工程界关注的焦点,这对于漂浮式风电系统尤为重要。人们认识到仅靠提高设计极限波高是不够的,需要考虑由强非线性导致的波浪翻卷、破碎等瞬态时空特征及其对结构物的作用机理,目前人们对于瞬变恶劣海浪引起的结构物的非线性瞬态响应,以及翻卷、破碎海浪对局部结构的砰击特性等的认识和模拟方法还十分欠缺。

在高纬度地区建设海上风电场,冰与结构的相互作用需引起特别关注,尤其是碎冰与直立结构的相互激励问题。结构的固有振动频率会影响冰的破碎频率,从而冰的破碎频率可调制到结构的固有频率,这也是一种锁频现象。当这种现象发

生时,结构将发生冰激共振,这是冰区海上风电系统设计应避免的。DNV 推荐使用的调制发生条件为

$$\frac{U_{\text{ice}}}{t_{\text{ice}}f_n}>0.3$$

其中,U_{ice} 为冰块的速度,t_{ice} 为冰厚度,f_n 为结构的固有频率。

关于冰激振动的分析,可以假设如图 6-7-3 所示的锯齿状载荷时程,其最大值为水平静冰载,作用于结构的频率为结构的固有频率。对于有防冰载的锥体结构,可以认为冰的破碎频率与结构的固有频率无关,因而用下式计算

$$f_n=\frac{U_{\text{ice}}}{L}$$

其中,L 为冰的断裂长度,可用下式计算

$$L=\left(\frac{\dfrac{1}{2}Et_{\text{ice}}^3}{12\gamma_{\text{w}}(1-\nu^2)}\right)^{0.25}$$

其中,E 为冰的杨氏模量,ν 为冰的泊松比,γ_{w} 为水的比重。该式未反映冰速度的影响,可能误差较大。

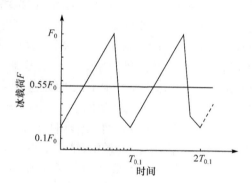

图 6-7-3　动冰载时程曲线 $\left(T_{0,1}=\dfrac{1}{f_n}\text{ 或 }\dfrac{1}{f_b}\right)$

来源:DNV-OS-J101,2013

冰与结构的相互作用非常复杂,相关的耦合理论几乎空白,数值模拟也很困难。目前,以冰区已建海洋工程为依托,加强现场观测,积累可靠的实测数据,为进一步开展海冰与结构耦合响应的理论分析和数值建模提供依据尤为紧迫。

2. 水下构件的流固耦合

这里的水下构件主要是指漂浮式支撑结构的缆索或锚链、固定式支撑结构的桩柱等,一般来说,这些构件的尺度较水波的特征波长小,具有大长径比的结构特征,其水动力响应与水流流速廓线、雷诺数、结构质量比(结构质量与其排水量之

比)、长径比、刚度等因素有关。

当波浪或海流经过构件时,漩涡脱落会在构件周围形成不对称的流场和压力场,对构件产生周期性的作用力,引起构件的涡激振动,这是海洋工程中结构疲劳破坏的主要原因。当涡激振动频率与构件振动的某固有模态频率相一致时,振动将更为强烈,出现"锁频"现象,振幅加剧,可能导致构件破坏。涡激振动不仅发生横向,也发生在流向。就振动形式而言,人们对横向涡激振动的研究较多,流向涡激振动的研究相对较少,二者的耦合研究则更不多见。就环境流场和结构特征而言,涡激振动的现有研究主要是针对简单的定常流(如均匀单向流)和刚性柱结构。

尽管人们针对水下构件的水动力响应开展了不少研究工作,但对于海上风电结构系统,迫切需要加强具有强非线性特征的柔性结构对复杂水动力条件的响应的研究,例如:在剪切流的作用下,大长径比柔性构件可呈现多模态参与锁频的特征,各阶模态的响应与锁频区域分布有关。也需要考虑波流共同作用的情况,甚至需要考虑内波、畸形波这类特殊水动力环境。

3. 水上-水下系统的流固耦合

如前所述,现阶段开展全系统风轮-机舱-支撑结构(包括塔架和下部结构)-地基的耦合作用研究还十分困难。对于漂浮式风电系统,可以考虑水面浮体运动与水下系泊缆或张力腿的耦合,而不考虑水面以上的塔筒和风电机组的影响,或者将塔筒和风电机组的影响通过作用力传递等简单途径加以考虑。郭双喜等(2016)认为,目前这方面的研究多采用准静态法模拟水下系泊线,主要考虑系泊系统的静态回复力,忽略系泊系统的惯性力、黏性水动阻力(Karimirad & Moan,2011)。FAST 是目前流行的风电机组响应分析软件,该软件由美国可再生能源实验室(NREL)开发,针对水平轴固定式风电机组开发,结合了模态方法和多体动力学方法,系泊系统的回复力也用准静态方法计算,忽略了系泊线的惯性力和黏性水动阻力,也没有充分考虑结构弹性,结构的自由度也仅考虑了有限个,如仅取叶片前两阶挥舞和摆振模态,并且模态、频率等结果是依靠其他软件事先计算出来再作为外部数据输入的。然而,随着水深的增大,系泊线长度大幅度增加,系泊线动力特性的影响变得显著,准静态方法会高估悬链线系泊的风电机组浮体结构的纵荡响应,研究表明,考虑系泊线的水动阻力会使风电机组系统响应有明显的差异,尤其是浮体结构的位移响应,且风电机组受到的疲劳载荷会有所降低。另外,风电系统的动响应分析目前主要采用多体动力学法和有限自由度法,简化了风电结构中的柔性部件,不能给出系统动响应过程中弹性部件的变形和响应,也没有考虑大尺寸风电机组的柔性结构之间的动力耦合。

因此,考虑系泊系统的动态效应,建立包含风轮、机舱、塔筒、浮体和系泊缆的局部子系统动响应分析方法与模型,分析波浪作用下的动响应,十分必要。郭双喜等(2016)基于有限元数值模拟,建立了包含动态悬链线式系泊系统在内整体风电系统的动响应时域模型,考虑了动响应过程中系泊系统的惯性力和水动阻力,他们研究表明:系泊系统的动态效应导致锚链上的张力变化幅度增大,最大张力会增大,最小张力会降低,随着浮体运动幅度增大,最小张力可减小为零,即系泊线发生松弛;系泊系统的动态效应在波浪频率远高于系统频率时,会加速结构瞬态项的衰减,但不会对浮体的小幅稳态运动产生明显影响,在波浪频率接近于系统频率时,明显降低浮体的响应位移;系泊系统的惯性力和黏性力会增大其回复刚度,动态回复力的值不仅与浮体的纵荡位移相关,还和其纵荡速度有关,即回复刚度具有方向性。

4. 流-固-土耦合

流-固-土相互作用或耦合响应是海上风电机组(特别是固定式海上风电机组支撑结构)中的重要科学问题,关乎风电机组基础的稳定性和安全性。对于固定式风电机组系统,需要考虑桩柱-土体的耦合,以及波流-桩柱-地基的流-固-土耦合等。这方面的研究需要加强波浪循环载荷、波流耦合载荷、桩柱振动、土体孔压响应、海床冲刷与液化、地基极限承载力等因素之间相互耦合机制的探索。

(1) 波流-桩柱-海床耦合

海上固定式风电机组支撑结构的桩柱直径较大,特别是单桩支撑结构,其直径可达 5—7 米,且随着大容量风电机组的发展,单桩直径还要更大,这比传统的油气开发平台的桩柱直径大得多。大直径桩柱会带来三方面的新问题:一是波浪载荷对应的 Kc 数较小(约为 0—10),对桩基周围的冲刷发展有重要影响;二是桩基具有较小的长径比,桩基周围的冲刷深度可达桩基埋深的比较大;三是桩基具有较大的抗弯刚度,桩柱在承载过程中往往处于刚性桩范围,桩—土相互作用机理与一般的柔性桩有较大区别(漆文刚,2015)。

因 Kc 数较小,大直径单桩基础的冲刷深度尚无可靠的预测方法,并且在近海区域,波浪与水流常常同时作用,使得问题更为复杂。目前,波浪或水流单独作用时桩体周围的冲刷问题已经得到了较为广泛而深入的研究,但是针对波流共同作用的情况则较少。漆文刚通过水槽模型实验,对波流共同作用下桩基周围的冲刷和桩周土体响应进行模拟,对"波浪/水流-桩体-桩周土体"的耦合机理进行研究,重点对波流共同作用下的桩周冲刷机理、极限平衡冲刷深度、桩周土体孔压响应等核心问题进行分析,发现:波流共同作用下的桩周冲刷主要受马蹄涡控制,波流共同作用下的冲刷发展速率和极限平衡冲深比水流单独作用时更大,尤其在流速较小(小于临界起动流速)时更为显著;由于波流非线性相互作用,当加载相同的波浪和和水流条件时,波流同向时的冲刷发展速率和极限平衡冲深比波流逆向时要大;Kc 数较小时,冲刷深度随流速增大而很快增加;Kc 数较大时,冲刷深度受流速的影响相对较弱；特别是，极限平衡冲刷深度与基于平均流速定义的 Froude 数存在很强的关联性，据此所得的极限平衡冲深预测误差在±25％以内。

桩基础在波浪、海流、潮汐等水动力荷载的作用下，发生局部和整体冲刷，从而使得桩基础承载力下降，对于初始埋深相对较浅的桩基，冲刷引起的水平承载力弱化效应尤为显著。研究桩基水平承载问题时，一般将桩基简化为弹性梁，将周围土体简化为沿桩身分布的一系列弹簧，通过建立弹性梁与周围弹簧之间的平衡关系，即可求解得到一定水平荷载下桩基的变形。根据对土体弹簧约束的不同描述，已发展出了一系列不同的计算方法，目前应用最广的桩基水平承载计算方法是被API(2011)和DNV(2013)等行业规范所采纳的针对砂土条件提出的 p-y 曲线计算方法。然而该 p-y 曲线仅根据有限组次的原位实验数据而得到，实验中桩基直径仅为 0.61 米，直接应用于大直径单桩的水平承载力分析可能产生较大的计算误差(Choo 等，2014)。因而，冲刷对桩基水平承载性能的影响逐渐引起工程界和学术界的关注(Lin 等，2014)。已有相关研究主要考虑了两方面的效应：一是冲刷诱导上部土体输移，从而导致剩余土体处于超固结状态，冲刷后表层土体力学特性发生了改变；二是冲刷坑几何尺寸的影响(Lin 等，2014)。最近，Qi 等(2016)提出土体有效深度的概念，引入了一种简便的 p-y 曲线修正方法，以考虑局部冲刷的影响。漆文刚 & 高福平(2016)建立三维有限元模型，模拟了桩土相互作用，获得了不同参数条件下的桩土相互作用 p-y 曲线，分析了冲刷对桩土相互作用的影响，结果表明：对于典型的海上风电机组单桩基础，冲刷后的水平承载桩基响应难以用传统的 p-y 曲线法进行准确预测；局部与整体冲刷的对比分析表明，在评价冲刷对大直径桩基承载力影响时需考虑冲刷坑坡角等形状参数的影响。

(2) 桩柱-地基耦合

海上风电机组支撑结构及地基基础的稳定性是保证风电机组长期安全运行的关键因素。海上风电机组结构的高耸特征带来一系列设计难题。其破坏形式和破坏部位非常复杂，可能产生超越极限破坏和累积疲劳破坏，破坏部位可能是支撑结构或地基。

海上风电机组支撑结构承受巨大的倾覆力矩，这一受力特点导致桩腿受压侧承受巨大的竖向压力，而受拉侧承受巨大的上拔力，这种受力状态，给承载力设计和沉降控制设计带来很大困难。确保基础刚度满足整个风电机组-支撑结构-地基系统的频率响应要求，避免系统产生过大振动，是保证风电机组安全运行之必需。由于风电机组设备的特殊要求，包括风电机组（含塔筒）在内的整个系统所允许的频率范围通常比较狭窄。海上风电机组支撑结构在海床泥面以上的悬臂段降低了结构的固有频率，增大了载荷的动力放大效应。因此，常规的拟静力分析可能难以确保结构设计的安全，需要采用合适的动力分析方法进行分析。

最大载荷超过地基极限承载力或者水动力载荷引起的长期应力循环导致海床地基土体强度衰减都会引起地基破坏。当水深较大时，海床面以上的悬臂结构高度大，在水动力和风荷载作用下，风电机组支撑结构会产生较大水平变形，给水平变形控制设计带来很大困难。因此，选择合理的计算模型对风电机组支撑结构和地基进行动、静力分析，准确掌握结构应力和变形状态成为工程设计的重要环节。支撑结构附近海床的变形和地基极限承载特性是海上风电系统设计分析面临的重要问题（漆文刚 & 高福平，2016）。在近海环境下，波浪循环荷载会引起海床土体内超静孔隙水压的周期性瞬态响应，有时还伴随孔隙水压的累积响应而使海床发生液化，波浪循环荷载引起的土体超静孔压响应及液化对于波流共同作用下的桩基附近的海床冲刷存在显著影响。加上高倾覆力矩的作用，海床承载力可能丧失或削弱，从而威胁海上风电机组的结构稳定性和安全运行。

由此可见，海洋环境载荷引起的海床冲刷与液化及其对海上风电机组系统稳定性的影响，涉及流体、结构和土体之间复杂的流-固-土耦合作用，加强高倾覆力矩和周期性水动力作用下海床冲刷与液化的耦合动力学过程及其对地基极限承载力影响机理的研究十分必要。

6.7.6　结语

（1）风能利用已经过几十年的发展，海上风能利用已成为当前的热点。海上风电机组在系统结构、环境条件、载荷特征、流固耦合特性等方面，均不同于陆地风电机组和海上油气平台。当前，迫切需要切实针对海上风电机组的结构特征、环境条件及其与风电机组结构的流固耦合特性，开展深入的研究，以发展适合海上风电机组设计的新理论、新模型与新方法。

（2）海上风电机组面临的环境条件复杂。发展常规风况的精细预报方法与模型，对于精确评估海上风能资源十分重要，也是保障风电高效并网消纳的关键问题。发展台风/飓风及与之相伴随的巨浪、内波、破碎波等恶劣环境条件及其相互耦合的描述理论与方法，并加强全球气候变化下这类环境条件演化规律的研究，是海上风电场涉及的重要科学问题，尤其值得关注。

（3）海上风电机组是海洋工程中的一种新型结构，开展海上风电机组新概念结构，特别是适应大型化漂浮式风电机组结构新概念的研究势在必行。风、浪、流耦合环境下，水下结构所受水动力载荷的描述方法与建模理论亟待发展，特别是关于大直径桩柱结构的水动力载荷、水面浮体的强非线性波（包括破碎波）砰击载荷、浮冰动载荷等的理论，亟待完善。

（4）海上风电机组结构是一个强耦合系统，海气环境与一体化的风轮-短舱-塔架-支撑结构-地基耦合结构相互作用的耦合建模方法与优化分析理论亟待研究与发展。当前，还很难达成一个气动-水动-结构-地基耦合的全局分析模型或方法，因而解耦分析仍然是必要的,发展局部子系统的耦合分析方法与模型是必要的步骤,这些局部子系统包括:水上结构的流固耦合、水面浮体的流固耦合、水下构件的流固耦合、水上-水下结构的流固耦合、流-固-土耦合等。

参 考 文 献

陈凌,周济福,王旭. 2016. 尺度参数对海上风电机组基础结构波浪力特征的影响. 中国科学:物理学力学天文学,46:124709.

段磊,李晔. 2016. 漂浮式海上大型风力机研究进展. 中国科学:物理学力学天文学,46:124703.

郭双喜,陈伟民,付一钦. 2016. 考虑系泊锚链动态特性的海上浮式风电机组整体系统动响应分析. 中国科学:物理学力学天文学,46:124711.

吕国钦,张会琴,李家春. 2016. 东海大桥风电场短期风速序列特性及其预报. 中国科学:物理学力学天文学,46:124713.

漆文刚,高福平. 2016. 冲刷对海上风电机组单桩基础水平承载特性的影响. 中国科学:物理学力学天文学,46:124710.

漆文刚. 2015. 大直径单桩基础的冲刷与液化机理及承载力研究. 中国科学院大学博士学位论文.

赵永生,杨建民,何炎平等. 2016. 新型多立柱张力腿式浮动风力机概念模型试验研究. 中国科学:物理学力学天文学,46:124712.

周济福,林毅峰. 2013. 海上风电工程结构与地基的关键力学问题. 中国科学:物理学力学天文学,43(12):1589-1601.

API(American Petroleum Institute). 2011. Geotechnical and Foundation Design Considerations. ANSI/API Recommended Practice 2 GEO First Edition.

Chaplin J R,Rainey R C T,Yemm R W. 1997. Ringing of a Vertical Cylinder in Waves. J. Fluid Mech,350:119-147.

Chen J,Zhou J F,Wang X. 2017, June 25-30. Numerical Investigation on Wave loads of the High-rise Pile Cap Foundation of Offshore Wind Turbines in East China Sea. Proceedings of the 27th International Ocean and Polar Engineering Conference,San Francisco,CA,USA:325-329.

Choo Y W,Kim D,Park J H,et al. 2014. Lateral Response of Large-diameter Monopiles for Offshore Wind Turbines from Centrifuge Model Tests. Geotech Test J,37(1):1-14.

DNV (Det Norske Veritas). 2013. Design of Offshore Wind Turbine Structure. Offshore Standard DNV-OS-J101.

Emanuel K. 2007. Environmental Factors Affecting Tropical Cyclone Power Dissipation. J Clim 20(22):5497-5509. doi:10.1175/2007JCLI1571.1.

Faltinsen O M,Newman J N,Vinje T. 1995. Nonlinear Wave Loads on a Slendervertical Cylinder. J. Fluid Mech,289:179-198.

Gurley K R,Kareem A. 1998. Simulation of Ringing in Offshore Systems under Viscous Loads. Journal of Engineering Mechanics,124(5):582-586.

IEC61400-3. 2005. Design Requirements for Offshore Wind Turbines.

Isaacson M. 1979. Wave-induced Forces in the Diffraction Regime. Mechanics of Wave-induced Forces on Cylinders：68-89.

Jeon S H，Cho Y U，Seo M W，et al. 2013. Dynamic Response of Floating Substructure of Spar-type Offshore Wind turbine with Catenary Mooring Cables. Ocean Engineering，72：356-364.

Kamal L，Jafri Y Z. 1997. Time Series Models to Simulate and Forecast Hourly Averaged Wind Speed in Quetta. Solar Energy，Pakistan：61(1)：23-32.

Karimirad M，Moan T. 2011. Wave-and Wind-induced Dynamic Response of a Spar-type Offshore Wind Turbine. Journal of Waterway，Port，Coastal，and Ocean Engineering，138(1)：9-20.

Kavasseri R G，Seetharaman K. 2009. Day-ahead Wind Speed Forecasting using f-ARIMA Models. Renewable Energy，34(5)：1388-1393.

Lin C，Han J，Bennett C，et al. 2014. Analysis of Laterally Loaded Piles in Sand Considering Scour Hole Dimensions. J Geotech Geoenviron Eng，140(6)：04014024.

Liu D F，Pang L，Fu G，et al. 2006. Joint Probability Analysis of Hurricane Katrina. Proceeding of the Sixteenth International Offshore and Polar Engineering Conference. San Francisco，California，USA：74-80.

Liu H，Erdem E，Shi J. 2011. Comprehensive Evaluation of ARMA-GARCH (-M) Approaches for Modeling the Mean and Volatility of Wind Speed. Applied Energy，88(3)：724-732.

Marino E，Lugni C，Borri C. 2013. A Novel Numerical Strategy for the Simulation of Irregular Nonlinearwaves and their Effects on the Dynamic Response of Offshore Windturbines. Computer Methods in Applied Mechanics and Engineering，255：275-288.

Qi W G，Gao F P，Randolph M F，et al. 2016. Scour Effects on p-y Curves for Shallowly Embedded Piles in Sand. Géotechnique，10. 1680/jgeot. 15. P. 157.

Wang J，Xiong S. 2014. A Hybrid Forecasting Model based on Outlier Detection and Fuzzy Time Series—A Case study on Hainan Wind Farm of China. Energy，76：526-541.

Wang L Z，Li J C. 2010. Non-Stationary Variation of Tropical Cyclones Activities in the Northwest Pacific. China Ocean Engineering，24(4)：725-733.

Zhao Y，Yang J，He Y. 2012. Preliminary Design of a Multi-column TLP Foundation for a 5-MW Offshore Wind Turbine. Energies，5：3874-3891.

6.8　风电装备制造绿色化与智能化

　　风电装备制造是我国制造业的重要组成部分。在《中国制造 2025》(国务院，2015)中提出"创新驱动、质量为先、绿色发展、结构优化、人才为本"的五项基本方针，并制定"制造业创新中心建设工程、智能制造工程、工业强基工程、绿色制造工程、高端装备创新工程"五大工程，绿色制造和智能制造始终摆在重要位置。

　　绿色制造主要是指在装备的设计、制造、安装、使用、回收过程中采用绿色环保的技术(詹建军，2014)，实现节能、低碳、低污染、循环利用，最终实现可持续发展。

智能制造,主要是指依靠智能装备、工业控制网络、工业软件、大数据等自动化、数字化、网络化相关技术,提高制造过程的智能化水平,全面改善制造过程。绿色制造和智能制造有区别,也存在相互联系。

6.8.1　风电设备制造绿色化

为落实《国民经济和社会发展第十三个五年规划纲要》和《中国制造 2025》战略部署,加快推进生态文明建设,促进工业绿色发展,国家工信部制定了《工业绿色发展规划(2016～2020 年)》,提出到 2020 年,绿色发展理念成为工业全领域全过程的普遍要求,工业绿色发展推进机制基本形成,绿色制造产业成为经济增长新引擎和国际竞争新优势,工业绿色发展整体水平显著提升。

风电装备本身是一种绿色能源装备,同时其制造过程的绿色化也是整个工业绿色发展的重要组成部分。随着风电产业快速增长,风电设装备制造绿色化已成为 21 世纪风电行业可持续发展的必然选择。绿色制造是一个综合考虑环境影响和资源效率的现代制造模式,就风电制造而言,绿色制造主要包括:制造环境的改善、降低制造损耗和能耗、风电设备的回收利用等。

1. 现状和趋势

风电装备制造过程包括:原材料的制造、主要零部件制造、装备的总体装配、设备运输和安装、设备运行维护维修、以及设备的回收和再制造等,是一个系统工程。

风电装备制造过程绿色化的重点是在金属材料和复合材料零部件的加工周期中减少污染,提高绿色化程度。表 6-8-1 中给出了目前风电产业绿色化程度较低的主要环节。

表 6-8-1　玻璃钢废弃物回收方法对比

类型	方法	适用范围	回收产物	用途	优点	缺点
化学回收	热解	包括被污染的 FRP 废弃物	热解气、热解油、固体副产物	用作燃料和新 FRP、热塑性塑料等的填料和其他用途	可处理被污染的玻璃钢	技术难度大、投资大、回收费用高
物理回收	粉碎、造粒	只是用于未被污染的 FRP 废弃物	粉碎料	用于 FRP、塑料、涂料和铺路材料	成本低、处理简单、回收粉料可直接利用	对污染的玻璃钢需要分类清洗
能量回收	焚烧	只适用于树脂含量较高的废弃物或塑料	热量	发电、热源	成本低、简单易行	对环境造成二次污染

　　除此之外,在风电设备运输、安装和运行维护过程中产生的能耗和对生态的局部损伤以及复合材料的回收和循环利用等也是不可忽略的方面。

　　近年来,针对上述问题,通过运用新型材料、加强绿色管理、采用新的技术等手段,风电设备制造绿色化程度有了较大的提升,表现在如下几个方面:

　　(1) 制造环境优化

　　风电机组整机制造环境相对简单,但在零部件,特别是风电叶片的生产过程中,在成型合模、后处理和叶根加工等工序中会产生大量的玻璃钢粉尘,污染车间环境,影响质量和人员健康。目前一般采用鼓风机和除尘系统相结合的方式,形成大风量切割房,将切割、打磨等工序中产生的尘源从车间的大环境中隔离。另外,还采用自带吸尘装置的自动切割机进行切割减少扬尘。除采用技术手段外,"5S"活动是制造环境优化的重要规范化管理,即整理(Seiri)、整顿(Seiton)、清扫(Seiso)、清洁(SeiKesu)和素养(Shitsuke)。

　　(2) 绿色制造工艺

　　在风电机组零部件生产过程中,目前已广泛采用绿色制造技术,包括绿色减排工艺技术、降低能耗工艺技术和保护环境工艺技术等。例如风电叶片从开放式生产的玻璃钢手糊工艺全面升级为封闭生产的真空灌注工艺是风电设备制造业绿色制造的一个成功案例。近年来,又不断升级采用自导流技术,减少灌注胶液和辅助材料的使用,提高风电叶片整体表面质量,另外在风电叶片模具制造中采用水加热系统降低电能损耗,而且还保证模具受热均匀,延长了模具的使用寿命。近期,LM 公司又将加热模具转换成了不加热模具,进一步降低了能耗和制造成本。

　　在风电机组机械零部件制造加工中已广泛采用数控加工技术和特种加工技术,提高了生产效率和加工质量,还节约资源保护环境。

　　(3) 选用新型材料

　　风电机组零部件新型材料的选用在提高制造绿色化过程中起到重要作用。预浸料是制造风电叶片的常用材料,美国赫氏公司研发的 Hexply M19 新型预浸料,是一种低度预浸料,其目标是将固化速度比现在的预浸料要快 15%—20%,可以降低能耗,而且可以在一周内生产更多的叶片。

　　另外,美国 PPG 公司研发的一种对环境友好的防护涂料,用于风电叶片和塔架。

　　(4) 回收再利用

　　风电装备回收再利用可分为几个层次,即整台产品整修翻新后重用;零部件整修翻新后的重用;材料回炉重新熔炼后再用。风电机组除风电叶片回收相对比较复杂外,其他大多部分是可以容易回收再生的,一般可使产品成本下降 10%—30%左右。

　　根据德国 DEWI 预测,2020 年将有近 5 万吨废旧叶片产生。目前大多数风电叶片是由热固性玻璃钢(FRP)制成的,其废弃物多数是采用传统的填埋和焚烧方法,不但占用大量的土地,还造成环境污染和增加费用,已成为社会问题,严重影响其进一步的利用。世界各国对玻璃钢的回收利用十分重视,研究也相对较早,其中较为经济适用的方法是热解回收法和粉碎回收法(见表 6-8-1)。

目前,一些风电叶片制造商开始研究用热塑性复合材料制造风电叶片,与热固性复合材料相比,具有可回收利用、重量轻、抗冲击性能好以及生产周期短等优点,但是工艺成本较高,限制了其在风电叶片中的使用,一些国家的企业正在联合开发低成本的热塑性复合材料制造技术,以及新的玻璃钢废弃物的回收方法的研究。

2. 任务和目标

风电装备绿色制造的任务和目标,紧密围绕中国制造 2025 绿色制造工程提出的"能效提升、清洁生产、节水治污、循环利用"四个方面展开:

(1) 进一步降低每千瓦风电机组制造过程的能耗成本,实现节能生产。

充分评估风电机组制造过程中的能耗,将制造能耗作为风电机组绿色指标的重要组成部分。通过降低风电机组制造过程中高能耗环节的能源消耗,机组运输环节中的能量消耗。到 2020 年,将该能耗成本降低 20％左右。

(2) 改善风电机组制造过程的生产条件,实现清洁生产。

在风电机组零部件的制造过程中,生产条件的清洁程度以需要在污染环境下工作的工时数进行评估,通过无人化生产,或通过除尘、空调等清洁生产装备。到 2020 年,将非清洁生产的工时数降低 50％左右。

(3) 减少风电机组制造过程的污染排放水平,实现减排生产。

在风电机组制造过程中,污染排放主要来自金属和复合材料加工过程中的粉尘、废水、废液。这方面,目前国内外尚缺乏有效的单一评估手段,仍然采用污染排放总量作为主要指标,将该指标降低 30％左右。

(4) 提高风电机组相关材料的循环利用率,实现循环经济。

研究风电机组退役后重要零部件的循环利用技术,提高风电机组的循环利用率。采用回收方式的材料包括金属结构件,其中使用寿命没有达到设计寿命的采用再制造的方式研究二次使用方法;研究机组寿命评估方法,延长健康机组的可服役时间;研究复合材料的回收和再利用技术,提高叶片大批退役带来的回收问题。

通过以上努力,风电机组绿色制造的总体目标是:在 2020 年前,降低主要生产环节的能耗 20％,非清洁生产所占的工时降低 50％,产生的污染物降低 30％,退役后原材料级别的可回收率达 50％重量。到 2025 年,进一步降低能耗 20％,非清洁生产所占工时降低到 2015 年的 20％,产生的污染物进一步降低 20％,退役后原材料级别的可回收率达 80％重量,零部件级别的回收率达到 20％。

在节能、节水、减排、降污方面,要符合《中国制造 2025》的 4 个定量指标,即到

2020 年和 2025 年规模以上单位工业增加值能耗较"十二五"末分别降低 18％和 34％；单位工业增加值二氧化碳排放量分别下降 22％和 40％；单位工业增加值用水量分别降低 23％和 41％；工业固体废物综合利用率由"十二五"末的 65％分别提高到 73％和 79％。

3. 实施途径

为了实现以上任务和目标，需要进行以下的工作。

（1）建立风电全产业链综合绿色化评估体系与指标，以绿色指标为导向，建立绿色指标的市场竞争机制。

通过制定面向具体产品特征的一系列绿色化评估指标，将机组的绿色化标准体系建立起来。在业主招投标过程中体现为绿色化分数，除技术分、商务分之外增加绿色分，并将工厂考核、人员劳保、工程现场管理等指标一并纳入，实现整体绿色化的"立法"工作。

通过绿色指标的竞争机制，推动上游企业实现绿色制造。通过绿色指标，规范业主在招投标过程中，对技术要求中缺少对上游统一标准缺失带来的标准错位问题。这一方面，在绿色建筑等领域已经开始的"绿建三星""绿建四星"的评估工作，对行业的发展，有很大的促进作用。

风电各个零部件的制造，其零件种类和工艺路线差别较大，不能采用统一的方式来处理。所以需要为各个零部件建立相应的绿色制造示范工程。

（2）打破企业边界，走协同创新、联合发展的路线，尝试新模式，成立绿色制造服务公司，将同类企业组织起来，联合研发，解决共性问题，并快速向行业推广。这个过程需要解决好企业所有者的共赢意识、资本市场的支持、管理体制的许可和知识产权的保护。

（3）优化制造环境，引入绿色制造工艺技术，选用新型材料和开展风电设备回收再利用研究，最大限度地减少污染，降低能耗，保护环境。

（4）将绿色制造与智能制造相结合，通过引入专用制造装备、立体仓库和智能物流设备，实现自动化生产，改善劳动环境减少能源消耗，降低企业内物流成本，提高产品质量。

（5）通过数字化和网络化技术，建立新型的产业链布局，通过深度的信息共享，建立产业链级别的质量追溯系统和绿色追溯系统。以互联网和物联网手段减少产业链协同过程中的交通和物流成本。

总之，本书提出的风电绿色制造总体方案，包括五项任务、四大指标、多项实施要点：建立绿色指标体系，整合行业能力，采用节能、清洁生产、绿色产品设计和工艺设计等方法，在工厂内绿色制造结合智能制造，在工厂外绿色制造走向绿色产业链，共同实现对制造过程中的能耗降低、清洁生产、污染控制、循环利用等目标，详见表 6-8-2。

表 6-8-2　风电绿色制造总体方案

	能耗降低	清洁生产	污染控制	循环利用
绿色指标(行业标准)	每千瓦机组电耗 用水量	每兆瓦机组非清 洁生产工时数	气液固污染排放量 碳排放量	材料回收率 零件重用比例
绿色服务(行业整合)	节能改造	除尘服务 劳动保护外包服务	污染物处理服务 碳交易服务	材料回收服务 再制造服务
绿色工艺(技术手段)	节能技术	无人化、少人化 工厂环境控制	污染物处理	绿色产品设计 回收技术
绿色工厂	智能化生产,智能化物流,智能化环境管理			
绿色产业链	产业链网络,绿色追溯系统,产业链空间布局与智能物流			

6.8.2　风电设备制造智能化

1. 现状和趋势

以机器人、物联网、云计算、大数据、人工智能为代表的第三次科技革命正改变制造业。2015 年我国启动实施智能制造试点示范专项行动的重大举措,对促进企业转型升级具有重要意义。智能制造的发展模式包括"离散型智能制造、流程型智能制造、网络协同制造、大规模个性化定制、远程运维服务"等五种新模式。

风电装备智能制造,是《中国制造 2025》的重要组成部分,是大型能源装备的智能制造的一个典型应用,具有智能制造领域的一般性规律。风电机组的制造过程是一个标准的离散制造过程。同时由于其地点分散、产业链长、专业分工细化具备网络协同制造的特点,年产量过几万台,不同风电场的机组配置都不完全相同,又具备大规模个性化定制的特点。另外,风电装备制造完成后,其运行模式采用符合远程运维服务的模式。

风电装备制造业智能化与其他装备制造业智能化有共性的方面也有其特殊性,其特殊性表现在如下几个方面:

(1) 风电成本下降。国际能源署(IEA)2016 年发布的可再生能源报告指出,到 2021 年,全球陆地风电成本将进一步下降 15％。我国预计"十三五"期间,风电机组市场价格也会下降 20％或者更多,因此对整个行业提出了技术升级的要求,只有提高劳动生产率,才能适应该变化。

(2) 质量标准提高。风电机组设计寿命 20 年是机械装备中寿命较长的;同时其运行环境复杂、维护保养条件较差,维护成本高,因此可靠性主要由制造质量保证。

目前风电机组质量问题已通过质量标准,使产品的质量信息明确化、具体化,并通过检测认证等第三方评价制度,贯彻落实标准的执行。同时,还建立质量监测、报告、披露和预警体系等。但是目前很多传统的生产工艺已不能满足产品的质量要求,而智能制造可以提高产品的可靠性。

(3) 个性化要求高。随着风电机组逐渐从风能资源一类风区、二类风区,走向低风速风场;从平原走向高海拔、高温、高湿、高寒等特殊环境;风电机组的个性化要求逐渐提高。由此带来风电机组设计也更加智能化和细分化,需要研发很多适合不同环境气候条件的定制化机组,给制造过程带来巨大挑战。大规模个性化定制,是风电设备智能制造要解决的关键问题。

(4) 运维地点分散。风电机组在大型机械装备中是属于运维分散度最高的装备之一。几万台风电机组,要求 20 年内运维时间少于每年 5%,其运行维护必须依靠网络化、智能化的远程运行维护系统来保障。

上述风电设备制造四个方面的特殊性所带来的大型化与产品价格下降的矛盾,质量标准提高与人工生产工艺的矛盾,大批量与个性化定制的矛盾,分散运行与高效运维的矛盾。依靠传统的、人工的和人眼的方式已无法满足制造信息在产品服役期间全程可追溯,产品具有一致性的生产制造运维的基本要求。智能制造,是降低成本、提升质量、满足个性化要求、实现分布式管理的唯一途径。

在风电机组新产品开发的过程中,主要成本来自制造第一台机组所需的模具、专用设备、测试设备、工装夹具等,高达 50% 甚至 70%。在传统风电制造企业中,一方面,装备柔性化不足、智能化不足,造成该装备只能适用于一种机型,限制了装备的使用范围和新产品的开发;另一方面,由于该装备柔性化不足,造成企业不愿投资于专用装备,而更愿意采用人工或其他临时手段,降低了智能化装备的投入。两者恶性循环,加上产品生命周期短,多品种,小批量,造成行业类智能装备得不到应有的快速发展,产品创新能力得不到应有的保障。

国外在智能制造领域,以制造过程推动产品的创新。在总装厂,从机组定位生产模式,转向柔性流水线式生产。采用气垫输运装备,将风电机组从一个工位,移栽到另一个工位,每一个工位有一种或多种改善该工序的专业化大型装备,一方面减少了人工的介入,提高了产品的一致性;另一方面,由于工位的移动,带来工序的固定,从而使得该工序环节的生产装备、检测装备、物流装备可以固定,并不断改进、优化。

2. 任务和目标

风电智能制造,首要目标是产品质量,在此基础上,必须从产品的大规模定制化等行业特点出发围绕"产品-工艺-装备"以及三者之间的相互协同作用,来制定智能化升级改造的任务和目标。

（1）减少人工操作带来提高制造工艺一致性，提升产品一致性。通过引进机器人等项目，以现代化的生产手段实现高效率、低成本生产"自动化"和数字化。

（2）引入智能制造领域的相关技术，提升智能装备比例。如增材制造技术在风电机组齿轮再制造中的应用。目标是在 2020 年实现智能装备比例超过其他行业平均水平。

（3）根据各个零部件的生产工艺特点和技术要求，建设数字化、网络化和智能化车间。对机加工类的智能车间，提升机床使用效率；对装配类智能车间，加快物流周转，用制造执行系统 MES 软件提升物流协同能力。

（4）打造全面的智能产业链，提高信息处理自动化比例，解决风电机组大规模与定制化之间的问题。通过自主创新、深化合作，突破与自身产品相匹配的物联网、云计算、工业大数据技术，实现管理"信息化"，在减少差旅成本的同时实现远程交流，提高质量检测的频度和信息反馈的准确性。

（5）建立服务型制造业，引入大数据中心、全球监控中心、远程专家系统和资产管理系统等技术。通过数字化运维，整合产业智能，解决风电机组分散性与高效维护之间的矛盾。实现新一代信息技术与制造装备融合集成创新和工程应用。

3. 实施途径

为了实现以上任务和目标，需要进行以下工作：

（1）强化工业基础，建立风电产业链工艺革新和质量指标体系

一方面，建立风电产业链地图，绘制每一种零部件的生产工艺路线，并针对性地提出该工艺改进的方法和思路；另一方面，建立每种零部件的质量指标体系，从该体系倒推该零部件的制造要求和智能制造方法。

（2）引入智能装备，提升制造过程的智能化水平

加快机器人的引入和产业布局。在机加工企业引入焊接机器人、磨削加工机器人、上下料机器人、机械臂等装备；在装配领域，引入装配机器人，研究风电行业大规模定制条件下，机器人的移动与装配台位的关系。

针对行业专用工艺，开发专用装备。针对风电行业轮毂和机舱内装配作业面空间狭小的特点，开发专用装配装备，或工装夹具，或助力装备，提高装配质量。针对风电叶片行业，开发专用的复合材料铺放、灌输、涂胶、黏接、切割、打磨等装备，有利于改善生产条件，并提高产品一致性。这类专用装备的研发，可以采用产学研合作的方式共同进行。

装备在批量较大有条件的地方建设柔性生产线。除数量巨大的标准件外，风电智能制造的生产线应采用柔性化设计，利用立体库、密集库等智能化仓储手段，采用 AGV 自动导航物流车等柔性输送技术，适当结合皮带输送、链条输送等传统物流自动化装备，利用搬运机器人连接物流系统与生产系统，实现生产系统的自动

上料、下料,并结合物流控制系统 WCS,制造执行系统 MES 工业软件,打造软件定义的柔性生产线。

(3)以工艺路线为主导,建立全面的智能制造体系

在风电机组零部件制造方面,我国已有比较完整的体系。根据不同零部件智能制造的自身特点,需要对每个环节进行智能化的升级改造,以风电叶片为例,其制造工艺智能化升级改造途径见表 6-8-3。

表 6-8-3 叶片制造工艺智能化升级改造途径

序号	叶片工艺	智能化制造起点
1	玻璃纤维布的剪裁	自动剪裁
2	玻璃纤维布的曲面铺放	自动化铺放,辅助激光指示
3	环氧树脂的真空灌输	自动混胶、过程控制系统
4	揭膜	叶根、尾缘切割设备
5	合模	自动涂胶,自动厚度检测
6	切割打磨	自动切割、打磨机器人
7	表面喷漆	自动喷涂,质量视觉识别

在提升风电机组装配过程的智能化方面,主要考虑供应链的管理、部装过程的自动化和总体装配的自动化。

以风电轮毂部装的装配过程为例,其特点是装配物料重,人力在无助力情况下难以搬运;空间狭小,布局紧凑,机器人等通用装备柔性无法满足要求;装配零部件种类多,形式各样,包括机械结构、传感器、电机、电控柜、电池、线缆和托架等;调试过程复杂。因此,需要针对产品具体情况,逐一对工艺步骤选取自动化、智能化的解决方案。

在风电机组 TAMR 过程的智能化方面,由于风电机组的最终装配要在现场完成,受到环境场地条件限制,智能制造采用的手段受限,需要采用现场的移动工厂的思路。对于关键零部件的最后装配,包括拧螺栓的力矩控制、拼风轮、轮毂接线等关键工艺步骤,统一以工厂化的方式纳入智能制造管理体系中。

风电机组安装完成后,其远程运维过程的自动化是远程运维型智能制造,是服务型制造业的一个典型应用。

(4)通过建立行业智能制造公共服务平台,改变过去分散化研发的模式,集中优势企业,进行联合开发,协同制造,重点解决大型化风电机组研发问题。

大型风电机组开发过程中,可借鉴的国外经验和资料比较少,单独依靠引进消化吸收,再自主创新的思路难以满足需要;同时国内外相关的产业链并不完善,建立过程需要巨大的投资,只有通过协同制造,才能减少重复投资,降低成本。可以由大型风电装备制造企业牵头,科技部门和行业协会协调,进行联合研发,兼容性

的协同制造,依靠数字化的数字化设计平台、数字化制造平台,减少模具等重复建设。

(5) 推动企业建立工业大数据运维平台,智能型风电场监测平台和预测性维修平台,要搭建行业大数据格式标准建设。

智能型风电场监测平台要具备运维信息的标准化采集、监控和存储,智能的移动监控功能,数字化的检修与维护,智能的故障诊断与分析,在线式的健康状态分析与评估等功能。同时,还可以通过大数据平台对风电项目运行情况进行分析,及时发现风电项目内的各种安全隐患,并基于检测和数据挖掘技术的大数据运维系统可将产生问题的隐患及时排除并制定与之相对应的运维策略,从而将风电运维成本降到比较理想的价格区间,提高发电效率。

预测性维修平台是基于对海量数据的分析和洞察,对风电机组进行预测性维修。未来的风电机组如同智能机器人,也会朝着认知计算的方向逐步前行,加上随着风电运维管理的标准化和专业化的逐步推进,未来风电运维服务正在向预防以及预测性的方向逐渐过渡。

最终,通过对风电机组的运行大数据、生产大数据和设计大数据的综合,建立起整个风电机组的全生命周期大数据管理平台。

(6) 风电机组全生命周期管理的智能制造,建立工业 4.0 示范产业。

风电绿色制造和智能制造具有较强的带动性和可推广性。风电机组制造具有小批量、多品种、大规模个性化定制的特点,涉及机械、结构、材料、电气、复合材料、气象等多个学科和领域,对产品运行要求高,要达到 20 年可靠性,适用环境范围广,属于复杂的装备制造业。

其结构件的制造过程管理、绿色化、智能化改造的方法和思路,对于其他产业有较强的借鉴意义;其电气相关零部件和子系统的制造过程,对智能装备的建设也有重要的借鉴意义(张亮等,2013);其维修维护管理、备品备件管理、产品质量追溯体系的建立,给分布式制造和运维提供经验,对未来大型装备全球化制造布局可以提供借鉴。

我国风电制造体系完整,国产化率高,风电场运维的智能化,对机组的备品备件的管理提出比较高的要求。如何让一个运行 20 年的风电机组获得良好的运维,能够得到及时有效的备品备件的支撑,这首先要求风电装备制造企业,有良好的信息化基础,能够实现产品——技术的全程可追溯,建立一批示范引领项目。争取在 2020 年,完成风电叶片、齿轮箱、发电机和变流器四个主要零部件智能车间示范工程和整机装配智能车间的示范工程的建设。

表 6-8-4　叶片智能制造工艺

	叶片、结构件	机组装配	吊装运输	运行维护
智能装备	叶片曲面打磨机器人 大型曲面喷漆机器人	柔性机组装 配机器人	顶升式吊装机	自提升检修机器人 自主飞行检验无人机
智能车间	叶片智能车间 轮毂智能车间 塔筒智能车间	电器柜装配智能车间 变流器装配智能车间 齿轮箱装配智能车间	智能搬运机器人	现场维修移动车间
智能工厂	叶片移动工厂 塔筒移动工厂	分片直驱电机 移动组装工厂	智能自调度系统	远程智能运维平台 智能故障诊断平台
智能产业链	产业链协同研发/制造一体化数字平台		智能虚拟工厂	远程优化系统
智能产品	智能自感知部件/智能自优化系统		跨平台运输系统	远程监控平台

6.8.3　结语

创新驱动发展的风电绿色制造和智能制造,是风电发展到一定阶段的必然选择,是风电行业面临降成本、提质量、大规模定制、分散式运维等行业特有问题和情况下,转型升级,具备可持续发展的唯一途径。

风电产业有比较大的规模作为支撑,风电产业有明确的指标进行引导,以核心技术带动,以创新驱动,聚集产业人才,我国风电绿色制造和智能制造有可能超越中国的视野,到达全球的高度。

参 考 文 献

毕鸿章. 2010. Hexcel 公司预浸料用于风能已获得德国劳氏船级社的认证. 高科技纤维与应用,
　　5:58.

陈红. 2006. 国外不饱和聚酯树脂工业新进展. 热固性树脂专家论坛.

陈云,崔学军,王洪艳. 2004. 环境友好型金属耐腐蚀乳胶底漆的研制. 涂料技术与文摘,25(5):
　　11-14.

戴春晖. 2007. 大型复合材料模具内置循环水加热系统设计研究. 国防科学技术大学.

德国政府. 2013. 德国工业 4.0.

丁邦敏. 2003. 5S 管理体系与 ISO 标准管理体系. 北京,中国计量出版社.

都志杰. 2016. IEA Wind T27 第八次专家会议简报. 中小型风能设备与应用. 2.

国务院. 2015. 中国制造 2025.

黄凌翔,宋晓萍. 2015. 风电机组控制系统的智能化. 大众用电. 4.

机构金融,2015. 工信部 2015 年将实施智能制造等专项行动. 中国机电工业,1:15.

江顺辉. 2016. 基于大数据分析的风电机组运行状态评估方法研究. 华侨大学.

李艳菲,李敏,顾轶卓等. 2012. 风电叶片用真空灌注型环氧树脂及其复合材料性能研究. 玻璃钢/复合材料.4:109-114.

史彬锋.2014.机械制造的质量运维分析与设计.科技创新与应用,7:76.

苏晓.2014.2013 年德国风电发展情况及可再生能源改革简析.风能.7:40-46.

王万雷.2006.制造执行系统(MES)若干关键技术研究.大连理工大学.

杨洪亮.2008.数控加工及特种加工技术.哈尔滨,哈尔滨工业大学出版社.

叶鼎铨.2009.LM 公司的玻璃纤维风轮叶片.玻璃纤维,(4):43-44.

詹建军.2014.机械制造过程中绿色制造技术应用.装备制造技术,7:229-231.

查申森,陆舆,闫安心等,2015.一种基于 RGV、AGV 的柔性输送系统.自动化与仪器仪表,2:
　　121-123.

张亮,韩晓萌.2013.浅谈智能化电气设备对智能电网的重要性.城市建设理论研究:电子版,
　　16:169.

6.9　风能多元化应用

规模利用风能的主要方式是并网风电,受电网建设滞后和市场消纳的制约,近些年并网风电存在日益严重的弃风问题,造成了资源的极大浪费。在此情形下,风能的多元化应用已成为增加可再生能源消费比重的一个重要途径(贺德馨,2011)。

6.9.1　多能互补

1. 应用背景

多能互补是一种含有多种类型能量的相互耦合、转换和传输的能源供给方式,可以同时包含电、热、气等多种形式能源,其目的是按照不同的能源资源条件和用能对象,采取多种能源互相补充,以缓解能源供需矛盾,促进生态环境良性循环,实现低碳清洁发展。

多能互补集成优化工程主要有两种模式:一种是面向终端用户的电、热、冷、气等多种用能需求,因地制宜、统筹开发、互补利用传统能源和可再生能源,优化布局建设一体化集成供能基础设施,通过天然气热、电、冷三联供、分布式可再生能源和能源智能微网等方式,实现多能协同供应和能源综合梯级利用;第二种是利用大型综合能源基地风能、太阳能、水能、煤炭、天然气等资源组合优势,推进风、光、水、火、储多能互补系统的建设运行。

多能互补集成优化工程是构建"互联网＋"智慧能源系统的重要组成部分,有利于提高能源供需协调能力,推动能源清洁生产和就近消纳,减少弃风、弃光、弃水限电,促进可再生能源消纳是提高能源系统综合效率的重要途径,对于建设清洁低碳、安全高效现代能源体系具有重要的现实意义和深远的战略意义。

2. 工作原理

(1) 微电网中的分布式发电

在分布式能源体系中,分布式发电(Distributed Generation,DG)是风能应用的一种有效途径,系统容量一般为几千瓦到几十兆瓦,结合了包括风能在内的多种能源和电力。与并网风电相比,分布式发电有以下优势(孟明等,2011):

1) 利用可再生能源在负荷中心附近就近供电,降低化石能源的消耗和输配电成本,减轻环境污染和负荷对电网的依赖;

2) 提供多种形式的能量,典型的热、电、冷三联产,实现能量的梯级利用,提高能源的总体利用效率;

3) 可并网运行也可独立运行,负荷调节灵活,与大电网配合可提高供电可靠性,例如能够在电网崩溃和意外灾害情况下维持重要用户的供电。

但同时,分布式电源的多样性、接入位置的分散性、以及部分可再生能源的间歇性和随机性等特点,也给分布式电源的并网带来了技术和管理上的难题。微电网作为分布式电源的有效组织形式,不仅能够充分发挥分布式发电技术在资源节约和环境保护方面的优势,同时还可有效解决其并网时的技术和管理难题,其基本结构如图 6-9-1 所示。

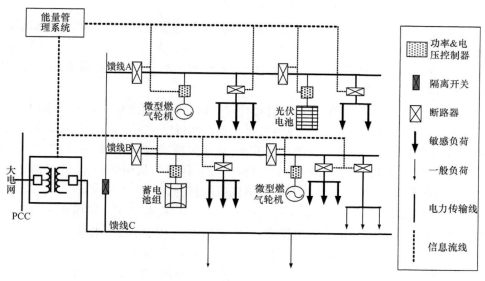

图 6-9-1 典型微电网结构示意图

微电网是由多种分布式电源、储能系统、能量转换装置、负荷以及监控、保护装置汇集而成的小型发配电系统,是一个能够实现自我控制、保护和管理的独立自治系统,既可以与电网并网运行,也可以孤岛运行(周志超等,2015)。

　　并网运行时,类似传统配电网,服从系统调度,可同时利用微电网内分布式发电和从大电网吸取电能,并能在自身电力充足时向大电网输送多余电能。当外界大电网出现故障停电或有电力质量问题时,微电网可以通过能量管理单元控制主断路器切断与外界联系,转为独立运行,此时微电网可实现网内全部负荷的高效安全供电。故障解除后,可通过微电网系统的自身调节,实现与大电网的同期并网。

　　不同国家和地区、不同机构对于微电网的关注点不尽相同,但可大致归纳为如下几点(周志超,2015):

　　1) 用于集成可再生分布式能源、提高供电可靠性及作为一个可控单元为电网提供支持服务。

　　2) 用于偏远社区、海岛、军事基地等地处偏远或负荷分散的地域,以本地可再生分布式能源为主的独立微电网系统在解决偏远地区安全可靠供电的同时,还可避免大电网的延伸建设,保护环境等。

　　3) 其他领域。如提供高质量及多样性的供电可靠性服务、冷热电综合利用,提高极端灾害天气下的电力供应能力,海水淡化、电解水制氢和偏远通讯基站等特殊负荷供电,互补供能系统与建筑一体化、风光互补路灯等市政工程。

　　综上分析,风能可与多种其他能源形成组合形成多能互补发电系统,应用模式灵活,可达到环保、高效节能的用电目标,是风能多元化发展趋势之一。

　　(2) 水电能源基地与风电互补利用

　　河流梯级开发形成的水电能源基地,具有数十亿至数百亿立方米水库调节库容,利用水库的调节性能,可方便地实现水能与风能、太阳能发电等的互补利用。梯级水库群的调节库容便是巨大的蓄能池,不仅可实行日调节、周调节,还可以实行季调节甚至年调节。

　　在水电能源基地,风电、水电联合运行时,从日尺度看,水电可根据风电出力的实时变化,利用自身具有的调节库容的有利条件和机组调节的灵活性,实时跟踪负荷,充分吸纳风能,并平抑风电的随机波动;从年尺度看,具有季调节性能、年调节性能的水电站,能调节风电年内的不均衡,优先发挥风电机组的作用,充分利用水电站已有的并网外送通道,达到充分吸纳风电的目的。

　　图 6-9-2 给出了风电、水电日内互补运行方式的基本原理。利用水电启停迅速、运行灵活、跟踪负荷能力强的特点,在风电出力增大时降低水电负荷,风电出力减少时增加水电出力,保持整体外送出力稳定。同时在风电因天气变化出力骤减时,快速响应,跟踪风电出力的实时变化,平抑电力输出,避免风电间歇性出力对电网的冲击,保障电力稳定供应。当出现水电满发的极端情形时,风电全部弃掉,水电按负荷需求满发。

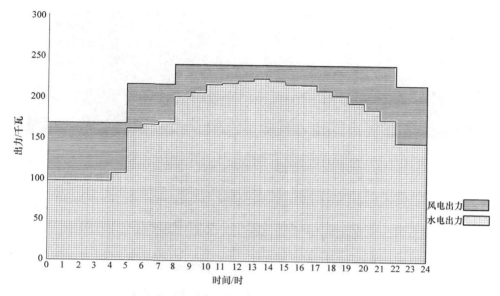

图 6-9-2　水电基地与其附近风电配合日运行方式示意图

3. 工程案例

(1) 浙江东福山岛风光柴储及海水淡化微电网

浙江舟山东福山岛是中国海疆最东的住人岛屿,全岛常住居民约 300 人。之前岛上居民用电长期由当地驻军的柴油发电机提供,用电紧张,且考虑到柴油运输成本,柴油发电费用昂贵。同时,岛上生活用水主要依靠现有的水库收集雨水净化及从舟山本岛运水。长期限时限量的电力供应和短缺的生活淡水供应严重制约着岛上旅游经济的发展,并影响着居民的日常生活。

考虑到岛上缺水缺电的现实及较好的风能和太阳能资源蕴藏,一个包含 7×30 千瓦风电＋100 千瓦光伏＋200 千瓦现有柴油发电机＋960 千瓦时的铅酸电池储能系统的独立微电网系统于 2011 年 5 月建成完成。该微电网成功发电以来,一直稳定运行。根据现场运行数据,风电和光伏的发电量渗透率基本在 40%—50% 间,有效地降低了柴油发电量,极大地缓解了岛上居民缺水缺电的现状,是建设生态海岛、环保海岛,促进海岛经济和提高海岛居民生活品质的典型案例。图 6-9-3 是现场风光储的运行照片。

(2) 雅砻江风光水互补清洁能源示范基地

规划中的雅砻江风光水互补清洁能源示范基地利用流域梯级水库群各个电站的调节性能,吸纳风电和太阳能发电,平抑风电、光电的不稳定性对电网的冲击,有利于资源的整合和实时集中控制与调度。

图 6-9-3　东福山岛风光柴储及海水淡化微电网系统

在雅砻江示范基地范围内,水电出力视来水情况分为汛期、枯期,其中 6—10 月为汛期,来水量大,月平均出力较大;11 月至次年 5 月为枯期,来水量小,月平均出力较小。从雅砻江示范基地风光水年内逐月特性上来看,如图 6-9-4,三种能源的天然互补性主要体现在水电与风电、光伏上。枯期水电月平均出力较小时,风电、光伏月平均出力较大;汛期水电月平均出力较大时,风电、光伏月平均出力较小。利用水电与风电、光伏的互补特性,可将电力打捆,充分发挥水电输出通道的作用。

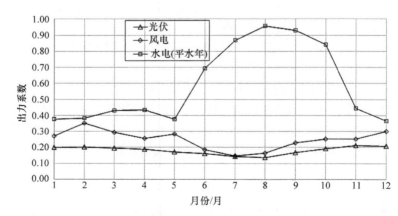

图 6-9-4　雅砻江示范基地风光水年内互补特性图

图 6-9-5 所示,从风、光、水三种能源日内出力特性上来看,雅砻江示范基地风电、光伏两种电源存在较强的天然互补性。风电在夜间出力较高,正午前后小风时段为出力低值区,而光伏刚好相反,夜间出力为零,出力较高的时段主要集中在上午 8 点—下午 16 点之间。利用风电光伏日内互补的特性,可以在一定程度上缓和风光两者的波动性。

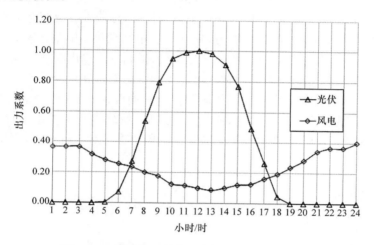

图 6-9-5　雅砻江示范基地风光水日内互补特性图

总体来说,风、光、水联合运行时,从年尺度看,雅砻江梯级水库群整体具有卓越的多年调节性能,能调节风电、太阳能发电年内的不均衡,充分利用水电站已有的并网外送通道;从日的尺度看,雅砻江水电基地可根据风电、太阳能发电出力的实时变化,利用自身具备调节库容的有利条件,实时跟踪负荷,平抑风电和太阳能发电的随机波动。

根据风光水各类电源日内不同时段变化特点和年内季节性变化特性,需要研究充分利用已建成梯级水库调节性能,实现风光水的日内和年内互补发电调度,在满足电网稳定运行要求的基础上,提出日内和年内联合调度及运行方式,尽量避免风光水电力资源的浪费,实现整体效益最大化。风功率预测结果将为多能互补实时运行提供基础条件,风功率预测领域急需解决的问题是如何进一步提高预测精度,并且将预报研究成果应用于实践中。

4. 发展前景

终端一体化集成供能系统以综合能源效率最大化,热、电、冷等负荷就地平衡调节,供能经济合理具有市场竞争力为主要目标。风、光、水、火、储多能互补系统以优化存量为主,着重解决区域弃风、弃光、弃水问题。

在新城镇、新产业园区、新建大型公用设施(机场、车站、医院、学校等)等新增用能区域,通过加强终端供能系统统筹规划和一体化建设,力求传统能源与风能、太阳能、地热能、生物质能等协同开发利用,优化电力、燃气、热力、供冷、供水管廊等基础设施布局,通过分布式能源和智能微网,实现多能互补和协同供应,同时实施能源需求侧管理,推动能源就地清洁生产和就近消纳,提高能源综合利用效率。

在青海、甘肃、宁夏、内蒙古、四川、云南、贵州等省区,可利用大型综合能源基地风能、太阳能、水能、煤炭、天然气等资源组合优势,充分发挥流域梯级水电站、具有灵活调节性能水电机组的调峰能力,建立配套电力调度、市场交易和价格机制,开展风、光、水、火、储多能互补系统一体化运行,提高电力输出功率的稳定性,提升电力系统消纳风电、光伏发电等间歇性可再生能源的能力和综合效益。

推广多能互补集成应用需要创新体制机制和商业模式,实施灵活的价格政策和激励政策,需要推动产学研结合,加强统筹规划、系统集成和优化运行等相关技术研究,推动技术进步,需要通过提升装备制造能力升级和工程示范,积累经验,提高效益、降低成本。

6.9.2　风电供热

1. 应用背景

"十二五"期间,电力供应由总体平衡、局部偏紧的状态逐步转向相对宽松、局部过剩。非化石能源快速发展的同时,部分地区弃风、弃光、弃水问题突出,"三北"地区风电消纳困难。局部地区电网调峰能力严重不足,尤其北方冬季采暖期调峰困难,进一步加剧了非化石能源消纳矛盾。如进入冬季后,甘肃、宁夏、黑龙江等省区的一些风电项目的弃风率更是高达 60% 以上。弃风限电带来的最直接后果就是巨额的经济损失,同时产生不良的社会影响,严重影响风电产业的持续健康发展。

我国北方地区风能资源丰富,特别是在冬季夜间时段风电的发电量大,随着北方地区风电开发规模的扩大,风电在冬季夜间与燃煤热电联产机组的运行矛盾日益突出,风电被迫减少出力甚至停止运行,造成大量"弃风"。一方面浪费了宝贵的清洁能源,另一方面又大量依靠燃煤供热,造成了严重的环境污染,致使大气环境质量不断恶化。推广风电清洁供暖技术,替代燃煤锅炉供热,不仅可有效利用风能资源,减少煤炭等化石能源消耗,而且对解决城镇供热等民生问题和改善大气环境质量具有重要作用(刘庆超等,2012)。

我国"三北"地区,尤其是内蒙古、新疆、青海地区,风能资源丰富,供热需求量大且供热地点相对分散,适宜利用风电等可再生能源进行分布式供热。积极发展内蒙古、新疆、青海等地区的风电清洁供热,对于能源结构调整、治理大气污染和减少散煤燃烧污染物排放意义重大。

2. 工作原理

风电供热或者风电供暖,本质上属于电力供热。风电供热的积极意义体现在储能、调峰及减排三个方面(杨建设,2015):

(1) 风电供热可以视为电力生产及储能利用。

从整个发电、输电、产热和供热的过程来看,由于风电供热弱化了电源生产的随机性和间歇性,供热系统以储热形式实现储能用能,缓解了可再生能源发电不连续性与用电需求连续性和可调性之间的衔接矛盾。

(2) 风电供热可以为电网负荷调峰做出贡献。

热力负荷可以依据电网要求安排用电运行方式,且可以借助储热设施平滑出力,在电网供、需两侧都有所作为,从而为降低电网负荷峰谷差及调峰做出容量贡献。

(3) 风电供热可以替代燃煤创造减排效益。

风电供热项目的核心设施为用电锅炉,如今城镇供热系统大多为燃煤燃气动力方式,"三北"地区风电供热设施的广泛运用有利于大幅度地减少 NO_x、SO_2 以及粉尘等污染物和 CO_2 排放,减少因开发利用化石能源所造成的环境问题,环境效益显著。

风电供热系统一般包括风电场、配电设备、电锅炉系统、储热系统、热力管网和热用户。考虑到风电的不确定性,风电场需要配置风功率预测系统,风电供热系统还需配置蓄热系统、燃煤供热锅炉等。整个系统需要在风电功率预测的基础上进行合理调配,以保证风电电力的最大使用和供热系统的正常、安全运行。

风电供热系统的主要设备为蓄热式电锅炉。蓄热式电锅炉利用低谷电蓄热,可削峰填谷,缩小电力供应峰谷差。电锅炉蓄热系统主要分为电阻式电锅炉、电极式电锅炉及电蓄热炉等种类,其中适合大规模风电供热系统使用的为电蓄热炉。高电压大功率电蓄热炉可以直接在 10 千伏至 66 千伏电压等级下工作,单台设备输入功率达到 10 万千瓦,蓄热能力可以达到 80 万千瓦时。设备储能容量大,具备实现大规模和超大规模城市区域 24 小时连续供热的能力。

电网是风电场和供热系统之间一个重要中间介质。如何最大限度地吸纳风电,减少弃风,就近满足市场供热取暖的迫切需求,降低煤炭消耗和减少排放,需要发挥好电网的传输和调节作用,需要推进适应风电清洁供暖发展的配套电网建设,研究制定适应风电清洁供暖应用的电力运行管理措施,从而保障风电清洁供暖项目的可靠运行。图 6-9-6 所示为供热站工作原理。

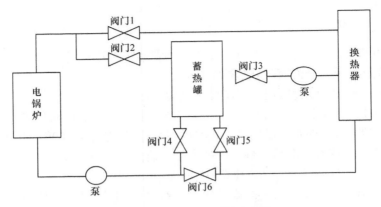

图 6-9-6　供热站工作原理图

3. 工程案例

内蒙古自治区作为我国最大的风电供热项目示范基地,先后在乌兰察布市察右中旗和四子王旗、赤峰市巴林左旗和林西县、通辽市扎鲁特旗 5 个旗县组织实施了 9 个风电供热示范项目,风电供热面积达 160 万平方米,供暖期消纳风电 2.5 亿千瓦时。风电供热模式可充分利用弃风期的电量,提高风电场上网电量,同时缓解因燃煤热电厂过多导致的大气污染物排放加剧的现象。

内蒙古四子王旗风电供热项目,位于内蒙古自治区乌兰察布市四子王旗吉生太乡境内,距呼和浩特市约 120 千米。供热站位于四子王旗政府所在地乌兰花镇西北部的富康小区,占地面积为 6277 平方米。风电场建设规模为 200 兆瓦,选用 100 台单机容量为 2 兆瓦的风电机组。供热站供热能力为 50 万平方米,选用 24 台容量为 2.16 兆瓦的电阻式电热锅炉,总计 51.84 兆瓦。

电热锅炉运行模式可分为电网负荷低谷时段运行模式与电网负荷高峰时段运行模式。电网负荷低谷时段,电热锅炉启动,将 70 摄氏度回水经电锅炉加热至 130 摄氏度的出水,锅炉出水一部分送至换热站经换热装置换热将热量供给热用户,另一部分热水送至蓄热装置储存起来。电网负荷高峰时段,电热锅炉关闭,蓄热装置独立承担供热,储存于蓄热装置的高温热水,经一次管网送至换热站将热量供给热用户。正常情况,在冬季电锅炉每晚 18 时到次日 8 时工作 13 小时,蓄热罐每天早 8 时到晚 18 时供热 11 小时。

4. 发展前景

在弃风限电严重的地区推广风电供热,不仅可以拉动需求侧的电量消费,缓解电网外送压力,而且为电网起到削峰填谷的作用,增强了电网安全运行的可靠性;同时替代常规的燃煤锅炉,可以减少污染物的排放,为节能减排做出贡献。

风电清洁供暖工作需认真分析和总结各地区冬季供暖状况,结合风能资源特点、风电电网消纳情况、当地电网负荷特性及峰谷电价等情况,综合研究利用冬季夜间风电进行清洁供暖的可行性,因地制宜的展开相关工作。以下几方面问题仍需进一步细化研究:

1) 风电清洁供暖项目以替代现有的燃煤小锅炉或解决分散建筑区域以及热力管网或天然气管网难以到达的区域的供热需求为主要方向,鼓励风电场与电力用户采取直接交易的模式供电。

2) 风电清洁供暖项目安排原则上以解决目前已有风电项目的弃风限电问题为主,控制为参与风电清洁供暖的新建风电项目规模。

3) 需要在进一步深化电力市场化改革,创新体制机制,研究探索符合市场化原则的风电清洁供暖商业模式。

4) 需要制定和健全风电清洁供暖工作的配套措施,如风电制暖设备与热力管网的衔接协调工作,适应风电清洁供暖发展的配套电网建设,适应风电清洁供暖应用的电力运行管理措施等,保障风电清洁供暖项目的可靠运行。

6.9.3　风电制氢

1. 应用背景

氢为无色、无毒、无味的气体,既可作为清洁的燃料和能源,也是重要的化工合成原料。工业上生产氢气的方法主要有三类:第一类是水电解制氢;第二类是化石燃料转化制氢,包括天然气水蒸气重整制氢、煤气化制氢等;第三类是其他含氢尾气变压吸附(PSA)或膜分离制氢。各类制氢方法各有其适用条件和技术经济可行性。电解水制氢应用较广,是氢的一种重要生产制造方法,其制造过程可以间断,可以在一定范围内调节,是一种可控负荷,其负荷特性同海水淡化类似。因此,电解水制氢能很好地利用风电、光伏等间歇性可再生能源出力,也可利用电网负荷低谷时的电力,可很好的解决电网负荷低谷时的风电消纳问题,也可风电就近制氢,减少大规模风电的远距离传输,同时促进氢能事业的发展和技术创新。

风电制氢符合新能源产业政策,提高风电利用率,又可降低制氢成本,具有较好的经济效益、社会效益和环境效益。目前美国、德国、日本等发达国家都在积极推动风电制氢产业,而我国的多个示范项目也已在筹划或建设中。

2. 工作原理

电解水制氢系统由补水系统、碱液循环系统、电解槽、气液分离装置、氢气纯化装置等部分组成,电解水制氢工艺流程如图 6-9-7 所示。

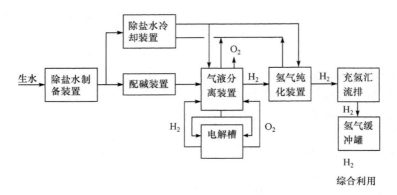

图 6-9-7　电解水制氢工艺流程

　　电解水制氢的投资和运维成本相对固定,但制氢所耗电力的价格、氢产品的市场和售价等随项目不同而不同,对项目的整体经济性影响较大。风电制氢一般有以下四种方式:

　　1) 在风电场附近制氢,制氢采用自备电厂模式,氢气在当地直接利用,用于煤化工等;

　　2) 在风电场附近制氢,制氢采用自备电厂模式,所制氢气通过管道或储运罐运输到一定区域内市场,再用于工业生产;

　　3) 在氢市场需求侧制氢,采用风电直供电模式,氢气就地利用;

　　4) 在风电场附近制氢,制氢采用自备电厂模式,所制氢产品接入当地天然气管道。

　　显然,不同的氢气消纳市场决定了氢气的储运和使用方式,进而决定整个项目的经济可行性。根据输送方式及使用终端的不同可分为三种方式,用储氢容器运输、建氢气管道输送、现有天然气管道掺氢输送。其中压缩储氢、液态储氢流程简单,技术成熟,运输较灵活,但运输规模有限、运输效率低。氢气管道运输投资成本较高,相比天然气管道的成本,高出 50%—80%,用氢成本随之提高,适用于规模较大的氢气运输,终端以用氢规模较大的大型的石化行业、化肥行业为主。现有天然气管道掺氢输送充分利用现有的天然气管道系统,天然气与氢气按照适当比例的混合气体可直接输送到已建成的各个终端、新建天然气管道的成本相比氢气管道低 50% 以上,并且可满足大规模制氢的应用终端需求。

　　图 6-9-8 是风电制氢与天然气综合利用的系统示意图,其在现有电网体制中利用风电场弃风电量通过电解水制氢设备制氢并与天然气按照适当比例混合提供车用混氢天然气或其他氢气需求市场。也可采用离网风电制氢,间歇性风电出力与制氢负荷特性相结合,风电出力就地利用,通过电解水制氢设备制氢自发自用模式。

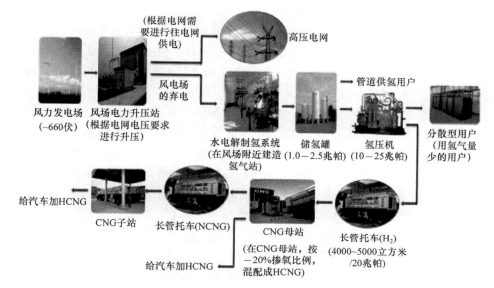

图 6-9-8　并网风电电解水制氢与氢混天然气综合利用系统

3. 工程案例

（1）河北省沽源风电制氢综合利用示范项目

河北省沽源风电制氢综合利用示范项目工程位于张家口市境内,目标为建设风电制氢综合利用示范项目。建设内容包括新建 200 兆瓦风电场(100 台 2 兆瓦风能发电机组)、10 兆瓦电解水制氢系统、氢气综合利用系统以及同期对原有变电站(220 千伏变电站)进行改扩建。

项目通过风能发电机发出的电力经机组变升压至 35 千伏,通过集电线路汇集后接入风电场升压站 35 千伏母线,再通过主变压器升压至 220 千伏后送入电网;当弃风限电时,通过升压站出线一回 35 千伏为制氢站提供电源进行电解制氢。风电制氢综合利用示范项目区域内,山区地下水为基岩裂隙水,地下水丰富。

纯化后压力为 2 兆帕的氢气从厂区氢气缓冲罐接出,进入压缩机压缩,压缩后的压力为 20 兆帕,压缩后的氢气可分两部分,一部分,也是绝大部分氢气,经压缩机厂房外的支管直接充灌至氢气长管拖车;另一部分,即少部分氢气,可进入灌瓶间充灌台,为 40 升氢气钢瓶充灌氢气。长管拖车内氢气直接外运,40 升氢气钢瓶装入集装格后,用卡车外运。

10 兆瓦制氢站预计可使用年弃风电量约 3506 万千瓦时,折减后折合满负荷运行小时数为 3504 小时。制氢站预计可利用的年弃风电量相当于提高风电场折合满发小时数约 175 小时。

（2）吉林省松原长岭风电制氢项目

吉林省松原长岭风电制氢项目，目标是为解决吉林省内风电场出现的大量弃风现象和满足长岭县城市能源供应的需要。建设内容包括新建 200 兆瓦风电场（132 台单机容量 1.5 兆瓦风能发电机组）、产能为 2 套 400 牛·米³/时的水电解制氢装置、氢气综合利用系统。

制氢站总用地面积为 1.27 时·米²。项目配置 2 套产能为 400 牛·米³/时的碱性水电解制氢装置，利用一期工程 100 兆瓦风电场的弃风电力制氢。最大的用电负荷为 5 兆瓦，为规划 200 兆瓦风电场最大功率的 5％。制氢站的外部供电电源来自拟建风电场的升压站，通过 10 千伏的架空供电线路输送至制氢站的变电站，经变压器转换为 380 伏的交流电。制氢站选用了两台电解槽，每台电解槽制氢额定容量为 400 牛·米³/时，使用直流电，电压为 274 伏，电流为 6600 安。通过整流器将 380 伏的三相交流电整流转换获得。制氢站所产生的氢气在制氢站区域内进入混氢站按照设定的比例与天然气混合后通过加气机外销，也可以通过专用的长管拖车外运销售；制氢过程的副产物氧气灌装成瓶外销。

利用规划风电场工程其中一期 100 兆瓦风电场的弃风电力制氢，每年可以回收风电场弃风电量约 1320 万千瓦时，按照风电场并网利用小时数 1800 小时计算，约占一期工程 100 兆瓦风电场弃风电量的 25.38％，可以增加风电场的等效利用小时数 132 小时。

4. 发展前景

风电制氢充分利用了电解水制氢过程的负荷可调可控特性，风电制氢能一定程度上提高风电利用率，降低制氢成本。但风电制氢经济性的最关键因素是氢市场，应优先选择限电程度高且有一定氢市场需求的地区开展风电制氢项目建设。同时，电解水制氢的技术成熟度和经济性也有待进一步提高，氢气的储运和氢气接入市政管网的相关市场配套政策也需进一步完善。

风电制氢要真正实现产业化，还需遵循因地制宜、试点运行、逐步发展的原则。目前阶段，应做好充分细致的市场需求调研、技术可行性、经济可行性、政策可行性等前期工作，选择弃风限电现象严重且有一定氢市场需求的地区开展风电制氢示范研究工作，为风电制氢产业的健康有序发展积累必要的基础。

6.9.4　风电储能

1. 应用背景

电能难以大规模储存，其生产、传输和消费几乎瞬间同时完成，并需在发电和负荷之间实时平衡，以获得传统电力系统所要求的充裕性和稳定性。以风电、太阳能发电为代表的可再生能源,都存在较大的不稳定性和多变特性,主要体现在系统备用留取、电力电量平衡、调峰调频、网络约束等方面会对电网的可靠性造成很大冲击,其大规模消纳成为世界性难题。配置足够的储能装置,可使电力系统运行方式发生根本性的变革。储能使发电与用电从时间和空间上分隔开来;电源发出的电力不再需要即时传输;用电和发电也不再需要实时平衡。作为未来电网的发展方向,智能电网通过储能装置进行电网调峰,以增加输配电系统的容量及优化效率。在整个电力行业的发电、输送、配电以及使用等各个环节,储能技术都能够得到广泛的应用,并有助于提高电力系统消纳风电的能力(国家电网公司,2013)。

风电储能是指在集中开发的风电场附近建设储能装置,将风电储存起来再利用,从而获得更加稳定的电能输出,提高上网比例,增强与电网的适应性以及与负荷的协调性。在风力强时候,除了通过风电机组向用电负荷提供所需的电能以外,将多余的风电转换为其他形式的能量在储能装置中储存起来,在风力弱或无风的时候,再将储能装置中储存的能量释放出来并转换为电能,向用电负荷供电。可见,储能装置是平滑风电出力,提高风电场出力可调度性的有效措施。

风电储能分为机械储能、电磁储能和电化学储能等。机械储能包括抽水蓄能、压缩空气储能、飞轮储能等;电磁储能包括超导线圈、超级电容器等;电化学储能包括铅酸电池、锂离子电池、钠硫电池等。在电力系统中,各类储能技术各有其适用的场景。在风电系统中的储能方式主要有抽水蓄能、蓄电池储能、压缩空气储能(余耀等,2013)等。目前除抽水蓄能外,其他储能技术储能容量有限、效率较低,成本较高,还没有得到普遍应用。表 6-9-1 为各类风力发电储能技术对比。

表 6-9-1 各类风力发电储能技术对比

储能类型		典型功型	典型能量	优势	劣势	应用方向
机械储能	抽水蓄能	100—2000 兆瓦	4—10 小时	大容量、大功率、低成本	场地要求特殊	负荷调节,频率控制
	压缩空气储能	100—300 兆瓦	6—20 小时	同上	场地要求特殊,需要燃气	调峰发电厂,系统备用电源
	微型压缩空气储能	10—50 兆瓦	1—4 小时	同上	同上	调峰
	飞轮储能	5 千瓦—1.5 兆瓦	15 秒—15 分	大容量	低能量密度	调峰,频率控制,节,输配电系统稳定性
电磁储能	超级电容器	1—100 千瓦	5 秒—5 分	长寿命、高效率	低能量密度	电能质量调节
	超导储能	10 千瓦—1 兆瓦	1 秒—1 分	大容量	低能量密度高制造成本	电能质量调节,输电稳定性

储能类型		典型功型	典型能量	优势	劣势	应用方向
电化学储能	钠硫电池	千瓦级—兆瓦级	分—时	大容量、高效率、高能量密度	高制造成本安全顾虑	各种应用
	铅酸电池	1千瓦—50兆瓦	1分—3小时	低投资	寿命短	电能质量
	锂离子电池	100千瓦—100兆瓦	1—20小时	大容量、寿命长	低能量密度	电能质量,可靠性,再生能源集成

2. 工作原理

(1) 抽水蓄能

抽水蓄能是目前电力系统中技术最成熟、储能规模最大、运行调度最灵活、应用最广泛的一种储能技术,在应急响应和适应负荷变化等方面具有显著优势,可担负调峰、填谷、调频、调相和事故备用等多种功能,对电网稳定运行和经济运行具有独特作用。在风电密集区域建设适当规模的抽水蓄能电站,利用电能与水的势能的转变,通过建设上、下两个水库,并安装能够双向运转的水泵水轮机组,充分发挥抽水蓄能与风电运行的互补性,将风能所产生的不可控的电能转变为电网可以接纳的稳定电能,并起到削峰填谷的作用,保持电网特别是高电压等级电网输电的稳定性,提高输电线路的经济性。规模化风电场配置抽水蓄能电站后,能显著增强电网安全稳定运行水平,相应提高电网接纳风电的能力,解决当前风电开发送出困难的实际问题。

因为上、下水库水头差以及可调节库容大小不同,各抽水蓄能电站的储能规模也不一样,能量释放时间可从几小时到几天不等,甚至可达一周以上。抽水蓄能电站是目前唯一达到吉瓦级的储能装置,同时转化效率较高,综合效率可达75%—80%,应用广泛(徐飞等,2013)。

(2) 电化学储能

电化学储能即通过蓄电池利用电池正负极的氧化还原反应进行充放电,一般由电池、直—交逆变器、控制装置和辅助设备(安全、环境保护设备)等组成。目前,蓄电池储能系统在小型分布式发电中应用最为广泛。根据所使用化学物质的不同,蓄电池可以分为锂离子电池、铅酸电池、钠硫(NaS)电池、液流电池等。图6-9-9为风电-储能电池示意图。

常见的电化学储能中,锂离子电池主要依靠锂离子在正负极之间嵌入和脱出来实现能量的储存和释放,具有能量效率高、能源密度大、存储性能优等特点,但单体容量较小。在兆瓦级大规模电池储能应用中,为了达到一定的电压、功率和能量

图 6-9-9　风电-储能电池示意图

等级,锂电池需要大量串并联成组使用。电池串联使用可以提高电池输出端电压,电池并联使用可以倍增电池组的容量。近年来,大容量锂电池储能系统在电力系统领域获得了较好应用。铅酸蓄电池技术成熟,动态调节过程很短,可以在很短时间内实现充放电切换,成本较低,应用较广泛,但寿命较短,且生产使用过程中存在一定的环境污染。钠硫电池是在温度 300 摄氏度左右充放电的高温型储能电池,负极活性物质为金属钠,正极活性物质为液态硫,已经成功用于削峰填谷、应急电源、风力发电等可再生能源的稳定输出以及提高电力质量等方面。在国外已经有上百座钠硫电池储能电站在运行,具有一定工程运用经验。全钒液流电池是液流电池技术发展主流,具有寿命长、能量和功率独立设计、易于调节、电解液可重复循环使用的优点(贾蕗路等,2014)。

3. 工程案例

(1) 河北张北风光储输示范工程

河北省张北风电场已经建成风光储示范项目,一期工程风电装机规模 98.5 兆瓦,光伏装机规模 40 兆瓦,电化学储能 20 兆瓦,配套建设 220 千伏智能变电站一座。自 2011 年 12 月 25 日,储能电站投运以来,运行平稳、安全,已累计处理电能 3230 万千瓦时,储能电站的能量转换效率约 89%。经过近五年的运行表明:储能系统能够满足储能电站监控系统的控制和调度,并实现了出力平滑、跟踪计划发电、参与系统调频、削峰填谷等多项高级应用功能。储能系统可以提高风-光伏电站发电的可预测性、可控性及可调度性。图 6-9-10 为河北张北风光储输示范工程所属光伏发电阵列现场。

图 6-9-10　张北风光储输示范工程所属光伏发电系统

（2）辽宁卧牛石风电场液流电池储能示范电站

辽宁卧牛石风电场液流电池储能示范电站建成于 2013 年 2 月,安装 5 兆瓦/10 兆瓦时全钒液流电池储能系统,包括储能装置、电网接入系统、中央控制系统、风功率预测系统、能量管理系统、电网自动调度接口、环境控制单元等。系统采用350 千瓦模块化设计,单个电堆的额定输出功率为 22 千瓦。该电站容量超过了日本住友电工在北海道的 4 兆瓦×1.5 时储能电站,成为世界上以全钒液流为储能介质的最大储能电站。

4. 发展前景

由于可再生能源规模化的接入电网、电力削峰填谷、参与调压调频、发展微电网等方面的需要,储能在未来电力系统中将是不可或缺的角色。储能系统的应用主要考虑能量密度、功率密度、转换效率、寿命、经济性、安全和响应时间等因素,各种储能技术都有其各自特点,都有其适合应用的场合。目前除了抽水蓄能比较成熟之外,其他的储能方式技术仍需进一步提升。

未来发展方向主要有如下几点:

(1) 开展未来电力系统储能技术应用需求分析及趋势评估研究。解决未来电网储能规模、应用场景、技术指标及运营模式的需求评估,给出未来电力系统储能技术需求和发展趋势。

(2) 开展含规模化储能的电力系统基础理论和关键技术研究。包括规模化、多样化储能技术在电力系统应用中的建模仿真、系统分析、运行控制及规划等研究,不同应用场景下对储能载体、中间转换及电网接入的关键技术研究,以及储能技术在电力系统的适用性和评价技术研究。

(3) 开展储能基础理论、关键材料和元器件、功率变换、系统集成和控制、多类型组合应用的研究,包括电池以及超级电容器重点解决规模化应用时的适用性、安全性、系统管理和评测表征等问题;抽水蓄能、压缩空气储能、储热、蓄冷和制氢重点解决提高效率和改善动态性能的问题以及飞轮、超导储能重点解决基础材料等科学问题。

6.9.5 风电海水淡化

1. 应用背景

同能源危机和环境恶化一样,淡水资源短缺且时空分布的不均衡也已成为全球面临的巨大挑战。海水淡化已成为未来解决淡水资源短缺的战略选择和必然趋势。

海水淡化从广义上可分为蒸馏法和膜法两大类,最常用的蒸馏法有多级闪蒸和低温多效蒸发;膜法中最具代表性的是反渗透。多级闪蒸曾经在中东地区得到大规模发展,之后逐渐被节能、廉价的低温多效蒸馏所替代。进入 21 世纪后,反渗透膜法由于技术本身的快速发展,相对于低温多效蒸馏法,能耗水平较低,自动化程度较高,因而反渗透膜法海水淡化投资和制水成本大幅度下降,其装机量已经超过了蒸馏法,成为当代应用规模最大的海水淡化主流技术。

即便如此,海水淡化仍属高耗能产业,如反渗透膜法海水淡化系统中,运行电能消耗成本仍占制水总成本的 44% 左右(李利平,2014)。但海水淡化系统能适应较大范围波动的输入电功率,而不会明显影响产水水质,也不会明显损害膜元件的性能,因而可作为调节性能良好的用电负荷。同时对于远离电网的海岛或偏远海边地区,可靠、经济的电力供应正是制约类似地区发展海水淡化工业的重要因素。

基于此,利用风电、光付等间歇性可再生能源出力为海水淡化系统供电,不仅能解决制约生活条件改善和经济发展的淡水资源短缺,还可以实现间歇性可再生资源出力的就近消纳,避免对大电网的并网冲击,减少能源消耗,降低环境污染。

2. 工作原理

图 6-9-11 为风光储海水淡化系统原理图。系统包含风电/光伏等可再生能源发电系统、储能系统、大电网/柴油发电机和海水淡化系统,各设备通过各自的变流器或变压器接入系统交流母线。系统主要负荷为海水淡化系统,该负荷对电能可靠性要求较低,不需要电能的持续供应且可以在一定程度内调节,这就为风电/光伏出力与负荷需求的实时平衡创造有利条件。

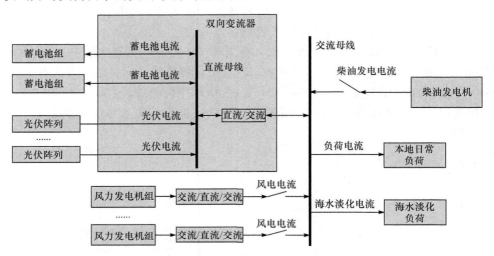

图 6-9-11　风光储海水淡化系统原理图

以风柴海水淡化系统为例,在系统运行过程中,海水淡化机组为可控机组,可根据风资源情况实时决定海水淡化机组投切数量。当风能强劲时,优先满足海水淡化系统和其他负荷的供电需求,其次是储能系统充电,调减柴油发电机出力或主动限制风机出力;当风能减弱时,风机最大功率出力,系统调减海水淡化设备的运行台数或整体退出运行,或必要时功率缺额由储能系统和柴油发电机适当补充。

在类似独立海岛的偏远地区,可以通过柴油发电机和储能系统,与风电/光伏发电系统、海水淡化系统等组成独立微电网,这是解决偏远地区居民用电和用水的有效途径。由于海水淡化系统用电特性可调可控,可以大幅减少对储能系统容量和功率的配置要求,提高供电、供水的经济型。

3. 工程案例

项目位于江苏省大丰市,是我国首个日产百万吨级独立微电网海水淡化示范工程,项目建成后最高日产淡化海水 10000 吨,其中一期工程按最高日产 5000 吨淡化海水规模建设,于 2014 年 3 月竣工并顺利出水。

图 6-9-12 为大丰风柴储海水淡化独立微电网系统的海水淡化装置,该系统以风力发电为主,柴油发电机发电为辅,为海水淡化提供电能。微电网系统内包括 1 台 2.5 兆瓦永磁直驱风力发电机、由 3 组 625 千瓦时铅碳蓄电池组成的储能系统、1 台 1250 千伏的柴油发电机组以及 3 套海水淡化装置。独立微电网系统的主要配电电压等级为 10 千伏,风机、储能系统、柴油机和海水淡化机组分别通过 10/0.4 千伏变压器与 10 千伏母线相连,通过微电网能量管理系统实现对整个系统的实时监测和运行调度。

图 6-9-12　大丰海水淡化独立微电网系统海水淡化装置图
来源:中国江苏网

非并网风电既能解决风电上网、脱网、弃风等难题,又能将绿色能源直接应用于海水淡化,可以减少网电所用燃料消耗,减少温室气体排放量,不但具有可观的经济效益而且具有良好的社会和环境效益。本项目的成功建设和运行,对于独立微电网系统的建设具有很好的示范作用和可复制性。

4. 发展前景

海水淡化已成为未来解决淡水资源危机的战略选择,全球已有 100 多个国家和地区在利用海水淡化技术。我国自 2012 年以来陆续出台了推动海水淡化产业加快发展的政策措施,将海水淡化作为水资源的重要补充和战略储备,优先发展海水淡化产业,产业规模、创新能力和相关标准体系发展均取得长足发展,为未来发展打下了良好基础。

针对独立海岛或沿海地区开展风电海水淡化综合开发,地域上一般具有较好的匹配性,在提高可再生能源利用的同时,可为缓解相近区域淡水紧缺问题提供一条有效途径。我国西部地区,用水问题一直是一个很大的发展限制,针对西部苦咸水地区推进超滤/纳滤苦咸水淡化供水项目、低压反渗透淡化和风能、太阳能等可再生能源耦合淡化项目建设,可以大大缓解日趋紧迫的用水状况。同时西部作为我国重要的可再生能源的基地,发展可再生能源耦合淡化项目也可大大降低苦咸水淡化的成本。

虽然业界普遍看好未来海水淡化市场,但需要指出的是:仅就风电海水淡化系统的直接技术经济性而言,目前还没有明显的优势。一方面,需要综合考虑间歇性可再生能源开发与需求侧协调发展将大大提高能源效率,降低社会经济发展成本,实现区域资源综合规划与开发;另一方面,也需考虑出台适用于海水淡化的补贴机制和政策体系用,用以支持产业前期的快速健康发展。

6.9.6　结语

低碳、环保、可持续是未来电力系统发展的一个重要目标,风能作为清洁能源必将在电网中发挥越来越大的作用,而不断发展和完善的风电技术使得风能的应用领域不断拓展,逐渐展现出多元化应用趋势。在风电多元化应用研究方面,一是要利用先进技术保证风电机组的高质量、长寿命、低成本,支持适应不同场景的新型风电机组的研发活动,拓展风电机组的适应性;二是要通过风能资源精细评估和优化布局实现风能资源的高效开发利用,提高风电场开发的市场竞争力;三是要依靠抽水蓄电、储能装置、分散消纳和智能电网等技术,平抑输出的波动性,解决弃风问题;四是要在机制、体制上有所突破,在投融资模式上有所创新,进一步推广哈密至郑州特高压输电、张北风光输储示范工程、内蒙古和新疆风电供热系统的示范作用,促进风电、电网和负荷之间的协调发展;五是要充分利用可再生能源多能互补技术,给海岛、偏远地区、特定工业负荷、通信基站、市政和居民生活等提供安全、经济、环保的电力供应,进一步拓展风电的应用场合。

只要深入开展风电多元化应用研究,突破其技术瓶颈和政策制约,风电产业一定能够实现可持续发展。

参 考 文 献

顾为东.2013.大规模非并网风能电系统—理论与实践,江苏人民出版社.

郭力,王成山,杨其国等.2015.江苏大丰风柴储海水淡化独立微电网系统.供用电.1:22-27.

国家电网公司"电网新技术前景研究"项目咨询组.2013.大规模储能技术在电力系统中的应用前景分析.电力系统自动化.37:3-8.

贺德馨.2011.中国风能发展战略研究.中国工程科学.6:95-100.

贾蕗路,刘平,张文华.2014.电化学储能技术的研究进展.电源技术.38:1972-1974.

李利平.2014.我国风电发展与利用风电进行海水淡化研究.中国能源.36:25-28.

刘庆超,张清远.2012.许霞.蓄热电锅炉在风电限电地区进行调峰蓄能.华电技术,34(9):75-82.

孟明,靖言,李和明.2011.风电多元化应用及其相关技术[J].电机与控制应用.38(3):1-6.

吴烽.1992.风能发电机并网技术综述.风力风电:(1):5-8.

徐飞,陈磊,金和平等,2013.抽水蓄能电站与风电的联合优化运行建模及应用分析[J].电力系统自动化年.1:149-154.

杨建设.2015.风电供热之路分析.风能.06:48-53.

余耀,孙华,许俊斌.2013.压缩空气储能技术综述[J].装备机械:69-74.

周志超,王成山,焦冰琦等.2015.风柴储生物质独立微电网系统的优化控制.中国电机工程学报.35:3605-3615.

彩　　图

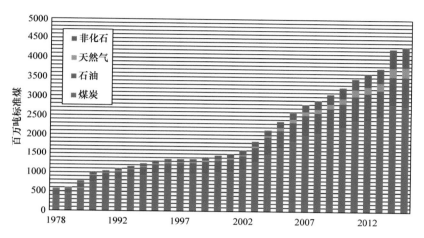

图 1-1-3　我国 1978—2015 年一次能源消费及结构

来源：国家统计局，中国统计年鉴 2016

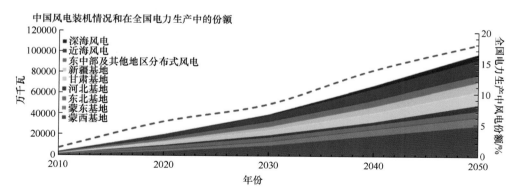

图 1-3-1　中国风电发展目标和布局

来源：国家可再生能源中心

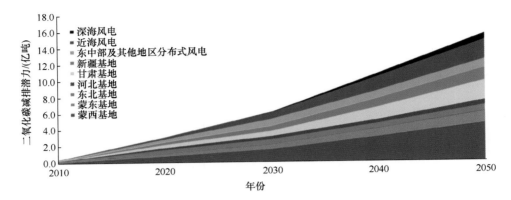

图 1-3-2　中国风电二氧化碳减排潜力

来源：国家可再生能源中心

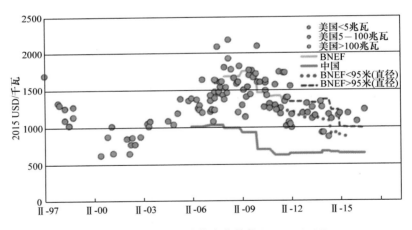

图 2-1-6　风电机组价格变化趋势(1997—2016)

来源：IENRE